모자이크 세계지도

한 권으로
끝내는
세계지리

145가지 궁금증으로 완성하는

모자이크 세계지도

푸른길

· 여는 글 ·

나는 늘 궁금했다. 왜 이슬람 국가들 가운데 많은 나라들의 국기에는 하나같이 그믐달이 그려져 있는 걸까. 도대체 이슬람교와 그믐달은 어떤 관련이 있는 걸까, 그런데 이슬람교와 관련 있는 달은 정작 그믐달이 아니라 초승달이다. 그렇다면 그 이유는 또 무엇 때문일까, 궁금함이 꼬리를 물고 이어진다. 그 이유를 이슬람 문화를 연구하는 국내 학자들에게, 그리고 이슬람 국가인 터키와 이집트를 여행하면서 이슬람 사람들에게 물어봐도 속 시원한 답을 얻을 수 없었다.

왜 나침반의 방위는 16방위를 따르는 걸까, 유럽의 성당과 교회 건물 꼭대기에 달린 풍향기에는 왜 수탉이 올라가 있는 걸까, 그리스의 파르테논 신전이 세계문화유산 제1호가 된 것은 어떤 이유에서일까, 불교가 태동한 인도에서 불교보다 힌두교가 번성한 것은 어떤 이유에서일까, 아프리카와 인접한 인도양의 마다가스카르섬에는 왜 아프리카 사람들보다 아시아 사람들이 더 많이 사는 걸까, 이란이 세계 유일이 마라톤 금지 국가인 이유는 무엇 때문일까 등등 왜 이리도 궁금한 것이 많을까. 모두 세계지리와 관련한 이야기이다. 이 책『145가지 궁금증으로 완성하는 모자이크 세계지도』는 그동안 필자가 현직에 근무하면서 틈틈이 세계지리와 관련하여 궁금하게 여겼던 내용들을 하나둘씩 정리한 결과이다.

전 지구적 차원에서 그리고 각 대륙별, 국가별로 각각의 주제를 선정하고 핵심적인 내용을 중심으로 간결하고 흥미롭게 구성하였으며, 아울러 다수의 지도와 사진을 참고하여 이해를 돕고자 노력했다. 각 주제별로 관련 참고 자료를 뒤적이며 내용을 정리하면서 씨줄과 날줄이 엮여 옷감이 짜이듯이 세계 지표 공간상의 다양한 인문·자연 현상들은 시간의 흐름과 공간의 변화가 만든, 즉 역사와 지리가 함께 내재된 결과임을 확인할 수 있었다. 이 책의 내용들은 다분히 지리적이면서 역사적이고, 또 역사적이면서 지리적인 이야기들이다. 따라서 역사와 지리를 공부하는 사람들 모두에게 도움이 될 것으로 생각한다.

이 책은 2011년에 출간된 『모자이크 세계지리』를 수정·보완한 것이다. 각각의 주제들에 대한 추가할 내용을 포함하여 최근의 이슈화된 시사와 새로운 정보를, 지도를 제외한 사진 또한 본문 내용에 부합되는 최적의 자료를 반영하고자 했다. 아무쪼록 이 한 권의 책이 세계지리와 세계사를 공부하는 학생들과 세계화 시대를 맞이하여 세계에 대한 지리적 지식을 넓히려는 일반 독자들에게 도움이 되었으면 하는 바람이다. 아울러 해외여행을 떠나는 사람들에게도 여행 국가를 이해하는 데 조금이라도 도움이 되었으면 한다. 끝으로 지면 관계상 미처 담지 못한 내용들은 후속을 통하여 더욱 알차게 소개할 것을 다짐하며 글을 마친다.

2019년 12월

歸巢 이우평

일러두기

1. 이 책의 외래어 표기는 국립국어원의 외래어 표기법 및 표기 용례를 따랐다.
   단, 일부 용어는 두산대백과사전의 용례를 따랐다.
2. 중국어 표기는 현대 중국어 발음법을 따랐으며, 일부 지명은 한자음을 병기하였다.
3. 일본어 표기는 일본어 발음법을 따랐다.

· 차례 ·

Tip

유럽

Tip

아프리카

Tip

아메리카

Tip

ASIA

아시아

세계 육지 면적의 3분의 1을 차지하는 대륙으로 전 세계 인구의 60%가 넘는 약 35억 5,000만 명이 살고 있다. 인류 최초의 문명인 메소포타미아 문명을 비롯하여 인더스 문명, 황하 문명과 같은 고대 문명이 태동하여 아시아 문명의 기초를 형성했다. 인종 적으로 대부분 황인종이지만 서남아시아와 남부아시아는 백인종에 속한다. 세계 주요 종교 모두가 아시아에서 발생했으며 세계 곳곳으로 퍼져 나가 세계사에 큰 영향을 미 쳤다. 일본을 제외한 대부분의 나라가 식민 지배를 받았으며 근대화가 늦어 후진국에 머문 나라들이 많다. 그러나 최근 세계의 중심이 아시아·태평양으로 옮겨지면서 역동 적인 경제 발전을 이루고 있다.

일본의 영토 확장 정책은
어떻게 이어져 왔을까?

소수 민족 아이누에 대한 차별과 억압

우리나라 사람들은 우리와 마찬가지로 일본도 단일 민족 국가일 것이라고 생각한다. 하지만 일본은 홋카이도, 혼슈, 시코쿠, 규슈 등 4개의 큰 섬과 수많은 작은 섬으로 이루어진 나라로, 소수 민족인 아이누를 비롯하여 현재 일본의 다수 민족인 야마토족 등 여러 민족으로 구성되어 있다. 그중에서 소수 민족인 아이누는 일본의 원주민으로서 기원전 5세기부터 홋카이도를 중심으로 일본 동북부와 사할린, 쿠릴 열도에 분포해 왔다. 아이누는 쌍꺼풀진 둥근 눈, 검은 피부, 몸에 난 많은 털, 남자의 경우 콧수염과 구레나룻 등 그 외양에서 다른 일본 민족과 뚜렷이 구별된다. 이는 북방계 황인종의 신체적 특징을 보여 주는 것이다. 하지만 그동안 아이누를 비롯한 많은 원주민이 일본 사회에 동화되어 그 특징을 순수히 간직한 원주민은 찾아보기 어렵다.

아이누Ainu란 '인간'이란 뜻으로 홋카이도 지방의 아이누 방언에서 나온 말이다. 일본인은 아이누를 에조蝦夷라고 부르며 이민족으로서 업신여겼고, 그들이 사는 곳을 에조치蝦夷地, 즉 야만의 섬이라 불렀다. 아이누는 처음에는 혼슈 지방에 정착했으나 12세기에는 혼슈에서 홋카이도로 밀려났다. 17세기에 일본은 아이누가 사는 홋카이도는 일본 땅이 아니기에 아이누도 일본인이라 할 수 없다며 아이누를 상대로 대규모 전쟁을 벌였다. 또한 아이누는 자신들이 일본인과 다르다는 점을 강조하기 위해 일본 말과 일본식 복장을 금지하는 정책을 추진하기도 했다.

19세기 초반 메이지 정부는 아이누에 대한 정책을 완전히 바꿨다. 1850년대부터 러시아가 홋카이도와 사할린 남부, 그리고 쿠릴 열도의 지배권을 넘보면서 일본

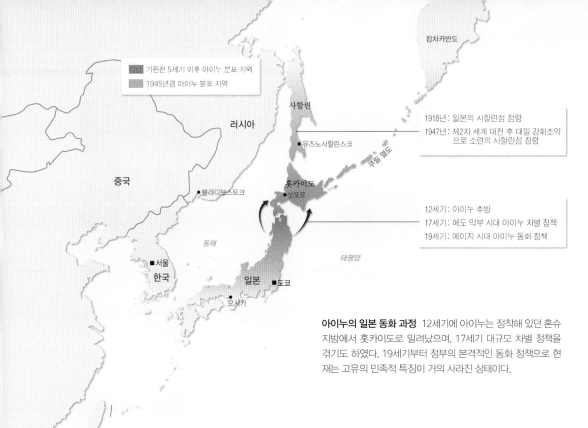

캄차카반도

러시아

중국

사할린

유즈노사할린스크

쿠릴 열도

블라디보스토크

홋카이도

삿포로

동해

서울

한국

일본

도쿄

오사카

태평양

기원전 5세기 이후 아이누 분포 지역

1945년경 아이누 분포 지역

1918년: 일본의 사할린섬 점령
1947년: 제2차 세계 대전 후 대일 강화조약
으로 소련의 사할린섬 점령

12세기: 아이누 추방
17세기: 에도 막부 시대 아이누 차별 정책
19세기: 메이지 시대 아이누 동화 정책

아이누의 일본 동화 과정 12세기에 아이누는 정착해 있던 혼슈 지방에서 홋카이도로 밀려났으며, 17세기 대규모 차별 정책을 겪기도 하였다. 19세기부터 정부의 본격적인 동화 정책으로 현재는 고유의 민족적 특징이 거의 사라진 상태이다.

의 강력한 경쟁자가 되었기 때문이다. 홋카이도를 거점으로 북방 진출을 꾀하던 일본은 아이누가 인종적으로 일본인과 다르지 않기 때문에 아이누는 일본인이 라고 주장하고 나섰다.

메이지 정부는 에조라는 말 대신 아이누를 공식 명칭으로 사용했다. 에조치도 홋 카이도로 이름을 바꾸면서 오키나와와 함께 일본의 행정 구역에 포함시켰다. 문화적으로는 아이누에게 창씨개명과 일본어 사용을 강요했으며, 일본인과의 통혼을 장려하는 등 본격적인 동화 정책을 추진했다. 또한 홋카이도를 개척하는 과정에서 강제 이주와 토지 약탈, 문화 말살이 이루어지면서 아이누는 문화 정체성을 상실해 버렸다. 이러한 차별과 억압으로 현재 아이누는 사회적 지위와 경제적 풍요로부터 소외되어 고통받고 있다.

일본은 2008년 아이누를 원주민으로 인정하면서 다음과 같은 의회 결의문을 채택했다. "근대화 과정에서 다수의 아이누가 차별을 받고 빈궁에 처했던 역사적 사실을 겸허히 받아들이고, 아이누를 독자의 언어, 종교, 문화를 보유한 원주민 으로 인정해야 한다."

일본의 원주민 아이누 아이누는 모나고 윤곽이 뚜렷한 얼굴의 원(原)아시아인 고(古) 황인종의 잔형으로, 기원전 5세기경 일본으로 이주하여 혼슈와 홋카이도에 정착하여 살았다. 그러나 1868년 메이지 유신 이후 일본인들이 홋카이도로 내서 이주하면서 삶의 터전을 빼앗겨 버렸고 현재는 멸족 위기에 처해 있다.

● 영토 확장을 위해 산호초를 인공 섬으로 바꾼 일본

일본은 우리나라와는 독도 문제로, 러시아와는 북방 4개 섬 반환 문제로, 중국과는 오키노토리 문제로 영유권 분쟁 중에 있다. 이 가운데 오키노토리는 수도 도쿄에서 1,740km 떨어진 공해상의 주권 없는 암초이지만 일본은 이를 1931년에 자국의 영토로 편입했다고 주장하고 있다.

오키노토리는 침대 크기보다 작은 2개의 작은 산호초 군락으로서 만조 때 70cm만이 수면 위로 모습을 드러내는 암초이다. 따라서 국제법상 영토로 인정받지 못하고 있는 곳이다. 그러나 1987년부터 일본은 이러한 산호초 주변에 철제블록을 쌓고 그 안에 콘크리트를 부어서 인공 섬으로 만들었다. 그러고는 2005년에 '도쿄도 오가사하라무라 1번지, 일본의 최남단 섬'이라는 글귀가 적힌 영유권 표지판을 설치했다. 이는 "인간이 거주가 가능하고 독자적 경제생활이 가능한 섬만이 배타적 경제 수역과 대륙붕을 갖는다"라는 국제 해양법 규정을 무시한 것으로 억지 주장인 것이다.

일본은 유라시아 대륙과 북태평양 사이에 울타리처럼 남북으로 길게 뻗어 있는 나라이다. 활 모양으로 구부러져 있는 본토 4개 섬은 남북의 길이가 2,500km에 이르지만 열을 맞춰 늘어서 있는 작은 섬들까지 포함하면 전체 영토의 길이는 3,000km에 육박한다. 이처럼 일본이 오키노토리를 인공 섬으로 만들면서까지 해양 영토를 넓히려고 하는 이유는 주변 200해리에서 배타적경제수역(EEZ)과 대륙붕의 권한을 주장할 수 있기 때문이다. 대륙붕에는 막대한 양의 석유 대체 자원인 메탄하이드레이트와 코발트, 망간 등의 광물자원이 매장되어 있다.

인공 섬 오키노토리시마 산호초 주변에 철제블록을 쌓고 그 안에 콘크리트를 부어 만들고, '일본의 최남단 섬'이라고 주장하고 있다.

중국의 장안이 아시아의 로마로 불리는 까닭은 무엇인가?

당나라의 장안은 세계 모든 문물의 블랙홀

로마 제국은 아우구스투스 이후, 오현제五賢帝가 등장하면서 황금시대를 맞는다. 로마의 경제는 크게 발달했으며 유럽 전역에 신전, 경기장, 극장, 목욕탕 등을 갖춘 도시들이 생겨났다. 또한 원활한 군대 이동과 물자 수송은 효율적인 통치의 근간이었기 때문에 이들 도시를 연결하는 도로망이 건설되었다. 이 도로망을 통해 멀리 중국 한나라의 비단과 도자기를 비롯하여 전 세계 모든 산물, 문화, 유행이 로마로 흘러들어 갔다.

서양에 로마가 있었다면 동양에는 장안(지금의 시안)이 있었다. 한나라 때 '자손들이 영원히 번창하기를 바란다'라는 염원을 담은 장안長安이라는 이름이 붙었다. 장안은 진나라 때부터 약 1,000년 동안 중국의 수도였다. 중국 최초의 계획도시로서 실크로드의 출발점이었던 장안은 당나라 때 동서 길이 9,721m, 남북 길이 8,651m, 약 100만 명이 거주하던 도시로 당시 동로마 제국의 수도 콘스탄티노플과 아바스 왕조의 수도 바그다드와 비견할 만한 국제도시였다.

당나라 때는 율령격식이 편찬되는 등 법과 제도가 효율적으로 정비됨으로써 사회·정치적 안정이 이루어졌고 고대부터 전승되어 온 중국 문화도 집대성되었다. 또한 전례 없는 물질적인 풍요 속에 경제가 발전했다. 7~10세

세계 모든 문물의 블랙홀 장안 당나라의 수도 장안은 서양의 로마와 견줄 만한 세계 교역의 중심지였다. 동서양으로 발달한 교역로를 따라 세계 각국에서 다양한 인종과 문물이 무여들어 국제두시루 번창했다

중국 최초의 계획도시이자 1,000년 동안 수도였던 장안의 성곽 당나라는 동서양 문명이 융합된 세계화를 성취한 대제국으로 동아시아 문명권 형성에 지대한 역할을 했다. 그 중심에 장안이 있었다. 그러나 당나라가 쇠퇴하면서 명나라 때 시안으로 이름이 바뀌어 지금에 이르고 있다.

시안에서 발견된 진시황릉 병마용갱 시안은 당나라에 앞서 한나라, 한나라에 앞서 진나라의 수도였다. 중국을 최초로 통일한 시황제의 무덤 부근에서 발견된, 흙을 구워 만든 병마용갱은 시황제 친위 군단의 강력한 위용을 과시한다.

기 세계의 모든 길은 당나라의 수도 장안으로 향했다. 동서 문명이 함께 어울린 세계의 중심지였던 장안으로 아랍, 페르시아, 인도, 베트남, 돌궐, 위구르, 신라, 일본 등에서 온 유학생과 유학승, 상인 등 수많은 외국인이 몰려들었다. 이렇게 당나라는 한나라 이후 혼란스러운 역사를 거치며 외국의 이질적인 이민족 문화를 수용하고 융합하는 개방적이고도 국제적인 성격을 지녔다. 이것이 바로 로마를 능가할 정도의 번영과 세계화를 이룬 비결이었다.

그러나 이름처럼 영속할 것 같은 장안도 당나라 말기 군벌의 발흥으로 왕권이 약화된 틈을 타고 황소의 난이 일어나 더 이상 회복 불가능하리만큼 파괴되었다. 이후 집권한 중국의 봉건 왕조들은 더 이상 장안에 수도를 두지 않았다.

● **중국적이지 않은 모든 것에 오랑캐 '호胡' 자를 붙이다**

자신을 세계의 중심으로 생각하는 중국의 사상 체계를 중화사상(中華思想)이라 한다. 자신의 문화에 대한 자부심이 유난히 강한 중국인들은 당나라의 비단길을 통해 당시 서방인 페르시아에서 들어온 모든 문물에 오랑캐를 의미하는 '호' 자를 붙였다. 호두(胡豆, 누에콩), 호산(胡蒜, 마늘), 호초(胡椒, 후추), 호과(胡瓜, 오이), 호마(胡麻, 참깨), 호적(胡笛, 페르시아 피리), 호모(胡帽, 페르시아 모자), 호희(胡戲, 페르시아 여자) 등이 그러하다. 호떡, 호빵, 호밀, 호박 또한 서방에서 중국으로, 다시 중국에서 우리나라로 들어온 것들이며 이름 또한 중국에서 전래된 것들이다.

중국이 티베트에 집착하는 이유는?

티베트가 지닌 경제적 가치와 군사·정치적 영향력

중국은 전체 인구의 90% 이상을 차지하는 한족과 50여 개의 소수 민족으로 이루어진 다민족 국가이다. 요즈음 중국 내 소수 민족들에서 분리 독립의 움직임이 일어나고 있는데, 그 가운데 티베트에서의 독립 요구가 가장 활발하다. 2008년에 티베트 독립운동 49주년을 기념하여 티베트 승려 600여 명이 중국 정부에 항의하는 시위를 벌였는데 이는 곧 독립운동으로 번졌다. 이를 무력으로 진압하는 과정에서 유혈참극이 일어나 중국은 국제 사회로부터 거센 비난을 받았다. 그러나 중국은 이를 내정 간섭으로 일축하면서 티베트의 독립 시위를 철저하게 봉쇄했다.

티베트Tibet는 몽골어로 '설상의 거주지'라는 뜻으로 중국에서는 토번吐蕃이라 불렸는데, 이 말이 서구에 전해지면서 국명이 티베트가 되었다. 유라시아 대륙의 심장부라 할 수 있는 티베트는 해발 5,000m로 우뚝 솟은 세계 최대, 최고의 고원 지대를 이루어 세계의 지붕 또는 세계의 용마루라고 불린다.

티베트는 약 7세기경 손챈 감포松贊干布가 강력한 통일 국가를 이루면서 전성기를 맞는다. 당시 티베트 왕국의 힘은 당 태종이 문성 공주를 손챈 감포에게 출가시켜 친화 관계를 유지해야 할 만큼 막강했으며, 당나라가 안녹산의 난 등으로 혼란에 빠져 조공을 바치지 않자 763년에는 수도인 장안을 함락시키기도 했다.

손챈 감포 이후 티베트는 남북으로 분열되어 쇠퇴하기 시작했고 원나라의 쿠빌라이에 정복되어 지배를 받았는데, 이때 원나라가 티베트의 라마교를 받아들여 국교로 삼기도 했다. 이후 강희제에 의해 청나라의 지배를 받게 되었다. 그 후 중국이 신해혁명으로 혼란에 휩싸이자 이를 틈타 티베트는 남아 있던 청의 군대를

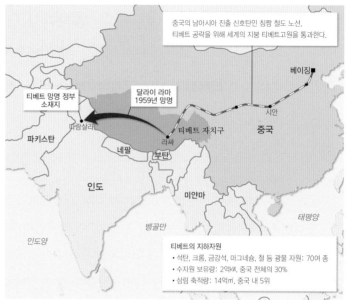

중국의 남아시아 진출 신호탄인 칭짱 철도 노선.
티베트 공략을 위해 세계의 지붕 티베트고원을 통과한다.

티베트 망명 정부
소재지

달라이 라마
1959년 망명

베이징

티베트 자치구

시안

파키스탄

다람살라

네팔

부탄

라싸

중국

인도

미얀마

벵골만

태평양

인도양

티베트의 지하자원
• 석탄, 크롬, 금강석, 마그네슘, 철 등 광물 자원: 70여 종
• 수자원 보유량: 2억kW, 중국 전체의 30%
• 삼림 축적량: 14억㎥, 중국 내 5위

티베트의 중국화를 상징하는 칭짱 철도 노선 중국은 1950년 티베트를 영토로 편입한 이후, 서서히 식민화하는 정책을 추진하고 있다. 티베트의 수도 라싸에 한족을 이주시킴과 동시에 티베트인들의 정신적 구심체인 라마교를 중국 문화유산의 일부로 격하시켰다. 베이징에서 라싸를 연결하는 칭짱 철도가 건설되면서 그 속도가 빨라지고 있다.

몰아내고 1913년에 독립을 선언했다.

티베트의 독립을 묵인하던 중국 정부는 1950년 중화 인민 공화국 정부 수립과 함께 티베트를 침략하여 티베트는 중국의 영토임을 천명했다. 티베트의 정치·정신적 지도자인 달라이 라마는 인도의 다람살라에 망명 정부를 수립하여 현재까지 중국을 상대로 독립 투쟁을 벌이고 있다. 현재 전 세계적으로 약 13만 명의 티베트 난민이 인도, 네팔, 미국 등에서 난민 생활을 하고 있다.

중국이 티베트를 침공하면서 명분으로 내건 것은 티베트의 농노 해방이었다. 그러나 중국은 곧바로 대국주의, 즉 중국의 모든 민족을 하나의 국가 안에서 통합한다는 기치를 내걸었다. 이는 역사적으로 중국 영토라고 여겨 왔던 외국의 영토를 우선적으로 자국의 영토로 귀속시키겠다는 것으로, 가장 먼저 공격 대상이 된 것이 티베트였다.

겉으로는 대국주의를 내세웠지만 중국이 티베트를 속국으로 삼은 실제 이유는 티베트의 정치·경제·군사적 가치 때문이다. 첫째, 티베트는 중국 영토의 4분의 1을 차지할 만큼 광활하다. 자국민의 거주지 확보라는 측면에서 티베트는 늘어나는 인구로 고심하는 중국의 숨통을 틔어 줄 수 있다. 둘째, 티베트는 석유와 천

연가스를 비롯하여 금, 구리, 우라늄 등 지하자원이 풍부할 뿐만 아니라 목재와 수력이 풍부하다. 셋째, 티베트는 인도를 기반으로 하는 서구 세력으로부터 중국을 보호하는 방어적 요새 역할을 하여 전략적 가치가 매우 크다. 중국이 가장 경계하는 대상은 미국이지만 티베트고원을 사이에 두고 있으며 핵무기를 보유한 인도 또한 무시할 수 없다. 현재 중국은 카슈미르 부근에서 인도와 국경 분쟁 중이다.

티베트 자치구 수도 라싸의 포탈라궁 1960년대 중국 전역을 강타한 문화 대혁명의 여파로 3,700여 개나 되던 사찰이 13개만 남고 모두 불탔다. 한때 달라이 라마의 궁성이기도 했다.

중국은 톈안먼 사건 때에도 베이징과 티베트에만 계엄을 선포했다. 이는 중국이 티베트의 분리 독립을 경계하고 있다는 것과 중국에 대한 티베트족의 반감을 보여 주는 것이다. 중국은 티베트의 독립을 인정할 경우 신장웨이우얼 자치구와 네이멍구 자치구 등에서도 독립을 요구하는 목소리가 커질 것을 염려하고 있다.

● **티베트에 라마는 있어도 라마교는 없다.**

디베트 불교는 인도로부터 전래된 불교가 티베드의 도착 종교인 본(Bon)교와 혼합된 종교로 네팔, 몽골 등에서 신봉되고 있다. 티베트 불교를 라마교라고도 하는데, 라마(lama)는 티베트어로 '최상의'라는 뜻으로 스승을 의미한다. 티베트 사람들은 불교의 가르침에 정통한 사람들로 제자들에게 가르침을 전수할 능력을 지닌 사람에게 라마라는 명칭을 부여한다. 티베트 불교의 최고 수장으로는 관음의 화신인 달라이 라마와 아미타불의 화신인 판첸 라마가 있다. 라마는 죽어도 다시 어린아이로 환생하기 때문에 살아 있는 부처로 통하여 절대적 존경의 대상이다. 일부 사람들은 티베트 불교를 라마라는 사람을 믿는 종교로 오인하기도 하는데,

티베트인의 신앙 도구 마니차 불교 경전을 새겨 돌릴 수 있도록 둥글게 만든 통으로, 통을 한 번 돌리면 경문을 한 번 읽는 것과 같다고 한다.

티베트 불교는 라마를 통해 부처의 가르침을 깨우쳐 주는 종교이지 라마 그 자체를 신봉하는 종교가 아니다. 라마교라는 용어는 중국이 티베트 불교를 부처가 아닌 라마를 신봉하는 변질된 불교로 비하하기 위해 만들어 낸 말이다.

왜 베이징이 중국의 수도가 되었을까?

유목생활과 농경생활을 동시에 할 수 있는 곳

베이징이 처음으로 중국 왕조의 수도로 등장한 시기는 전국 시대 연나라(진나라 시황제를 암살하려고 했던 나라이자, 고조선과 대적했던 나라) 때이며, 현재의 수도로 자리 잡게 된 것은 원나라 때부터다. 쿠빌라이는 중국을 정복한 후 대몽골국이라는 국명을 대원大元으로 바꾸고 지금의 베이징을 수도(大都라 칭함)로 정하면서 중국 본토를 기반으로 하는 새로운 왕조를 건설했다. 쿠빌라이는 새로운 도시 건설을 명했고, 20여 년의 대역사 끝에 중화식 도성으로 이루어진 바둑판 모양의 계획도시가 세워졌다.

천단(天壇) 기년전(祈年殿) 명나라 영락제 때 지은 천단은 매년 황제가 인간을 대표하여 풍작을 비는 제천 행사가 열리는 곳이다. 높이 약 38m, 직경 약 24m의 기년전은 천단을 대표하는 건물로 천자의 권력과 위엄을 느낄 수 있다.

중국 고대 왕국의 수도였으며 지정학적으로 중국 통치에 보다 유리한 곳들은 시안, 뤄양, 난징 등이었다. 그런데 쿠빌라이는 동북 변방에 머물렀던 베이징을 수도로 택했다. 사실 베이징을 수도로 정한 나라들은 원나라 이외에도 여진족이 세운 금나라, 한족이 세운 명나라, 만주족이 세운 청나라가 있다. 그런데 명나라를 제외하면 모두 북방에서 발흥한 이민족들이다. 이들이 하나같이 베이징을 수도로 택한 이유는 베이징의 기후 특성에 기인한다.

베이징은 연평균 강수량 약 500mm로 유목 생활과 농경 생활을 동시에 할 수 있는 곳이었다. 한족이 북방 유목민의 침입을 막기 위해 쌓은 만리장성은 유목과 농경지대를 가르는 선(강수량 약 500mm)과 대략 일치한다. 베

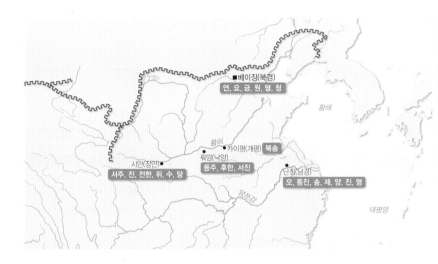

중국 역대 왕조의 수도 중국의 수도는 왕조에 따라 변해 왔다. 베이징은 유목 생활과 농경 생활의 경계 지점에 해당해 유목민으로 중국을 지배했던 거란족, 여진족, 몽골족 등은 베이징 이남에 수도를 정할 수 없었다. 명나라는 초기에 난징을 수도로 정했으나 1420년 영락제가 영토 확대를 목적으로 수도를 베이징으로 옮겼다.

베이징은 만리장성으로부터 남쪽으로 불과 80km 밖에 떨어지지 않은 곳에 위치한다. 베이징은 유목 생활을 하는 몽골인들에게는 자신들이 남하할 수 있는 최남단 지역이었다. 여진족과 만주족 또한 유목 이외에도 수렵과 농경을 함께 하며 살던 부족이었으므로 베이징을 수도로 택하였던 것이다.

원나라는 중국을 통치하면서 점차 한족의 중국 문화에 동화되었다. 유목민으로서의 정체성을 상실해 가던 몽골족의 원나라는 100년도 안 되어 패망의 길을 걸

명·청 왕조의 궁성 자금성 베이싱은 약 1,000년 동안 숭국의 수도로서 정치, 경제, 사회, 문화의 중심지였던 곳으로 도시 전체가 하나의 박물관이다. 명·청시대 24명의 황제가 기거한 자금성은 전체 면적 72만m²에 총 9,999개의 방이 있는 궁궐로 세계 최대 규모이다.

을 수밖에 없었다. 마지막 황제인 순제가 조상들이 살던 북방 초원 지대로 도주하면서 대원 제국의 중국 통치도 막을 내렸다. "내 자손들이 비단옷을 입고 벽돌집에 사는 날 내 제국은 망할 것이다"라고 후손에게 경고했던 칭기즈 칸의 말이 현실이 된 것이다.

한편 유목민이 아닌 농경민족인 한족이 세운 명나라는 어떤 이유에서 베이징을 수도로 정한 걸까? 원래 명나라는 원나라의 지배에 반발하던 강남 지역에서 봉기하여 세워진 왕조였으므로 초대 황제는 자신의 권력 기반인 난징에 수도를 세웠다. 그리고 아들들에게는 변방의 봉토를 주어 수도에서 멀리 떠나보냈다. 그러나 베이징에 자리 잡았던 넷째 아들(영락제)이 반란을 일으켜 난징을 불태우고, 자신의 세력 기반이면서 몽골과 국경을 맞댄 분쟁지역으로 전략적 요충지인 베이징으로 천도하여 북경北京이라 하였는데, 이때 베이징이라는 명칭이 처음 사용되었다.

● 중국의 국명도 차이나, 중국의 도자기도 차이나

중국의 영문 표기는 차이나(China)이며, 도자기를 칭하는 말 또한 차이나이다. 차이나라는 이름은 외국 상인들에 의해 진(秦)나라의 진(Chin)이란 이름이 서구에 처음 알려진 데서 유래했다.

도자기는 서양에서도 만들어졌으나 중국에서 만들어진 것에 훨씬 못 미쳤다. 1,200~1,300℃의 고열에서 굽는 중국의 도자기는 재질이 좋았을 뿐만 아니라 그 광택과 색채가 아름다워 최상품으로 인정받았다. 당시 유럽 사람들은 중국의 도자기를 어떻게 불러야 할지 몰랐다. 하지만 도자기가 중국에서 들어오는 주요 수입품이었기 때문에 국명인 차이나를 중국의 도자기를 부르는 말로 썼다.

한편 중국을 일컫는 또 다른 이름 중 하나가 차이나를 단순 음역하여 부른 지나(支那)이다. 지나는 19세기 중후반까지 한국, 일본 전역에서 일상적으로 사용되었다. 그러나 20세기 들어 서구 열강에 의해 중국이 몰락하면서 전통적인 중화체제가 무너졌고, 청일전쟁에서 승리하여 유럽 열강과 어깨를 나란히 했던 일본에 의해 지나(支那)는 중국에 대한 비하 명칭으로 변했다. 동중국해와 남중국해 등이 동지나해, 남지나해 등으로 불리기도 했던 데서 그 예를 찾아볼 수 있다.

당대에 유행하던 도자기 당삼채 백색 바탕에 녹색, 갈색, 남색 등의 유약을 사용한 도자기로서 당 문화의 국제적이고 귀족적인 특성을 엿볼 수 있다.

중국인들이 가을을 싫어하는 이유는?

가을에 살찐 말을 타고 와 약탈하는 공포스런 유목민

가을과 관련된 고사성어로 '하늘은 높고 말은 살찐다'라는 뜻의 천고마비天高馬肥가 있다. 중국에서 이 말은 '가을 무렵에 북방 오랑캐들이 살찌고 날랜 말을 이끌고 침략하기 쉬우니 미리 대비해야 한다'는 경고의 의미를 담고 있는 말로 쓰였다. 한족은 여름에 땀 흘려 농사지어 가을에 수확할 만하면 북방 이민족이 말을 타고 쳐들어 와 식량을 약탈해 가는 일을 오랫동안 겪어 왔다. 한대의 흉노족, 송대의 거란족, 명대의 여진족 등이 그런 북방 민족들이었다. 중국인들이 가을이 오는 것을 얼마나 두려워했는지는 『한서漢書』의 기록에서도 엿볼 수 있다. "흉노는 가을에 온다. 살찐 말과 강한 활과 함께."

북방의 초원 지대는 대지는 드넓지만 일조량이 적고 기온이 낮아 작물을 재배하기 어렵다. 이 때문에 유목과 수렵 생활에 의존하는 유목 민족들은 겨울에는 항상 배고픔에 시달렸다. 주린 배를 채우기 위해서는 따뜻하고 비옥한 남쪽으로 내려가 먹을 것을 약탈해 오는 수밖에 없었다. 한편 여름이 끝나갈 무렵 초원에서 자란 풀로 배를 채운 말은 가을에는 통통하게 살이 올라 최상의 상태였다. 흉노족은 기마 민족답게 활 솜씨와 승마 기술이 뛰어나 적을 기습하고 사라지곤 했다. 한족이 이런 흉노족을 당해 내기란 어려운 일이었다.

흉노족의 최고 지도자인 묵특冒頓 선우單于(흉노의 군주를 말함)는 한고조 유방과

매가 장식된 흉노 선우의 금관
기원전 3세기 말 중국의 한나라와 팽팽히 맞설 만큼 흉노족의 국력이 강력했음을 금장의 왕관에서 엿볼 수 있다. 그러나 기원전 1세기부터 왕위 계승을 둘러싼 내분과 한 무제의 공격으로 분열되어 역사의 무대에서 자취를 감추었다. 그중 일부가 서쪽으로 진출하여 게르만족을 로마 제국으로 대거 이동하게 만들었는데 그들이 바로 유럽을 공포로 떨게 한 훈족이다.

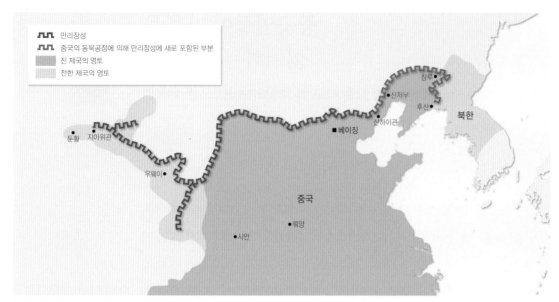

북방 유목 민족의 침입을 막기 위해 쌓은 만리장성 만리장성은 중국의 역대 왕조가 북방 유목 민족의 침입을 막기 위해 쌓은 성이다. 기원전 5세기경 춘추 전국 시대부터 쌓기 시작하였으며, 시황제가 중국을 통일한 후 장성을 연결하였다. 현재까지 원형이 제대로 남아 있는 성벽의 대부분은 명대에 만들어진 것이다. 만리장성의 총길이는 동쪽 끝인 발해만의 산하이관에서 서쪽 끝인 중앙아시아의 지아위관까지 약 6,300km에 달한다. 그러나 최근 중국은 동북공정의 일환으로 장성의 동쪽 끝이 압록강 변이라고 주장하며 장성의 길이를 종전보다 더 긴 8,851.8km라고 발표했다.

유목과 농경의 경계선을 이루는 만리장성 만리장성은 강수량 500mm의 한계선과 일치하는데, 강수량 500mm는 농경과 유목을 구분하는 한계 수치이다.

의 전투에서 승리하여 한과 화친 조약을 맺기도 했다. 조약의 내용은 형제의 맹약을 체결할 것, 한의 공주가 선우에게 시집갈 것, 해마다 솜, 비단, 곡식, 술 등의 조공을 바칠 것 등이었다. 이런 형태의 조약은 이후 한족이 통치했던 송, 명대에 이르기까지 거란족, 여진족, 몽골족과의 사이에서 반복해서 맺어졌다. 지난 수천 년간 가을이면 말을 타고 쳐들어오던 이민족들로 골머리를 앓던 기억이 남았는지 요즘도 중국인들은 가을을 좋아하지 않는다고 한다.

● 수나라와 당나라의 황제는 북방의 유목민이었다.

5, 6세기 중국은 선비족, 흉노족, 저족, 갈족, 강족 등 5개 이민족이 16개의 나라를 세우며 명멸해 간 이른바 5호16국의 혼란기였다. 오랜 분열 시대를 극복하고 중국을 다시 통일하여 수나라를 건국한 수 문제 양견(楊堅)과 이어 당나라를 건국한 당 고조 이연(李淵)은 모두 북방 유목민인 선비족의 후손이었다. 이는 다음의 예에서 엿볼 수 있다. 첫째, 수 문제와 그의 아들 양제에 이어 당 태종과 그의 아들 고종은 친히 전장에 참전하여 고구려의 침략에 온 힘을 쏟았다. 황제가 직접 전장에 나서는 것은 중국의 관습이 아닌 유목민들의 관습이었다. 둘째, 당 고종은 아버지인 태종의 후궁인 무조(武照, 측천무후)를 자신의 황후로 삼았고, 현종은 아들의 비인 양귀비를 후궁으로 삼았다. 이는 유교를 숭상하던 한족의 사회에서는 있을 수 없는 일이었지만 북방 유목민 사이에서는 극히 일반적인 풍습이었다. 셋째, 당나라에서는 파사교(波斯教, 중국어로 '파사'는 페르시아를 뜻함), 유럽의 네스토리우스교 등의 외래 종교가 아무 규제 없이 들어왔다. 이는 유목민의 종교적 개방성에서 비롯된 것이었다.

당대 정치의 중심지였던 화청궁 내의 화청츠(华清池) 최초 서주 말기 주유왕(周幽王)이 왕궁을 세웠고, 이후 당 태종과 현종이 증축하였다. 온천인 화청츠는 당 현종과 양귀비가 사랑을 나누던 곳으로 유명하다. 번성을 거듭하던 장안의 왕궁은 안사의 난 이후로 쇠퇴하기 시작했다.

중국은 어떻게 몽골을
두 동강 내었을까?

외몽골, 내몽골은 중국이 나눈 말일 뿐

현재 몽골은 중국과 러시아 사이에서 신음하고 있는 약소국이지만, 800여 년 전만 해도 몽골 제국의 후예국으로 중국과 러시아 등을 모두 지배한 바 있었다. 그러나 근대에 몽골은 중국에 의해 국토가 두 동강 나는 시련을 맞았다.

칭기즈 칸에 이어 제2대 칸이 된 셋째 아들 오고타이는 금을 멸망시켰고, 쿠빌라이는 남송을 멸망시켜 중국을 통일했으나 원나라는 한족의 명나라에 망하여 몽골 초원으로 되돌아갔다. 명나라를 멸망시키고 등극한 만주족의 청나라는 몽골의 부활을 두려워하여 몽골을 내몽골과 외몽골로 나누어 각기 다른 방법으로 통치했다. 그리고 영토를 확대하기 위한 방법으로 몽골 유목민으로부터 토지를 강탈하여 내몽골과 만주로 이주시킨 한족에게 분배하기도 했다. 신해혁명이 일어나 청조가 무너지고 중화민국이 세워지자, 몽골은 러시아의 지원을 받아 외몽골의 독립을 선언했다. 그러나 중화민국은 외몽골은 중국의 고유 영토라고 주장하며 독립을 인정하지 않았다. 볼셰비키 혁명으로 정국이 혼란에 휩싸인 러시아가 도움을 줄 수 없게 되자 중국은 바로 침공하여 외몽골을 점령해 버렸다.

그러나 몽골은 러시아 볼셰비키 혁명 세력의 지원을 받아 혁명군을 조직하여 중국군과 맞서 싸웠다. 제2차 세계 대전 후 중화 인민 공화국은 몽골 인민 공화국의 독립을 승인하고 외몽골에 대한 주권을 포기했지만 내몽골은 내주지 않았다. 중국은 자국 영토 내에 있는 몽골을 네이멍구 자치구로 삼았고, 자국 영토 밖의 몽골을 외몽골이라고 불렀다. 우리나라도 외몽골 공화국이라 부른 적이 있지만 현재는 몽골이라 부른다.

몽골 국기 빨강은 승리를, 파랑은 충성을 의미한다. 왼쪽 문양은 소욤보(煙臺, 몽골 문자로 구성된 문양으로, 몽골을 상징하며 국기와 국장 그리고 공식 문서에 사용된다)라고 하는데 자유와 독립을 상징하는 민족적 표상이다. 제일 위의 불꽃은 풍요와 성공을, 그 밑의 태양과 달은 하늘에 대한 숭배를, 끝부분의 창과 화살은 '적에게 죽음'을, 태극은 남성과 여성의 완전한 사랑을, 세로로 된 두 개의 막대는 단결과 힘을 의미한다.

한 나라에서 두 나라로 동강 난 칭기즈 칸의 후예국 몽골 몽골은 원래 하나의 나라였으나 근대로 접어들면서 중국에 의해 여러 차례 지배를 받다가 지금의 몽골과 중국의 네이멍구 자치구로 국토가 분리되었다.

몽골 수도 울란바토르 중심부 광장에 세워진 독립 영웅 수흐바토르 동상 수흐바토르는 1921년 7월 10일 소비에트의 적군(赤軍)과 연합군을 결성해 중국과 러시아의 백군(白軍)에 점령돼 있던 울란바토르를 탈환하고 몽골에 인민혁명 정부를 수립했다.

몽골 제국 통행증의 일종인 해청패 몽골 제국이 지배하는 간선 도로에는 약 1,500여 개의 역참이 있었으며, 이곳에서는 교통로를 따라 왕래하는 관리와 사절에게 통행증을 발급하여 말을 갈아탈 수 있도록 했다.

● '몽골의 평화Pax Mongolica'가 유지되었던 이유

칭기즈 칸은 한반도에서 유럽의 헝가리 초원에 이르는 제국을 건설하여 북서쪽의 몽골 고원은 셋째 아들 오고타이에게, 중앙아시아는 둘째 아들 차가타이에게, 남러시아 킵차크 초원은 첫째 아들 주치에게 주었다. 이후 이들은 오고타이한국, 차가타이한국, 킵차크한국을 세웠다. 그리고 나머지 몽골 본토는 막내 아들 툴루이에게 주었다. 툴루이의 셋째 아들 훌라구는 1258년 메소포타미아 지방을 침입하여 아바스 왕조를 무너뜨리고 일한국을 세웠으며, 툴루이의 둘째 아들 쿠빌라이는 1271년 원나라를 세우고 남송을 멸한 뒤 중국 전역을 통일했다.

몽골 초원의 통일을 시작으로 100여 년간 칭기즈 칸 혈통의 연합 왕국이 탄탄하게 유지되었다. 이로써 아시아와 유럽의 문화 교류가 활발해졌고, '몽골의 평화'가 도래했다[유럽에서는 몽골족을 '타타르(Tatar)'라 불렀기 때문에 '타타르의 평화'라고 하기도 한다]. 몽골의 평화가 유지될 수 있었던 것은 제국을 관리하는 효율적인 교통·통신 네트워크, 즉 역참 제도가 발달했기 때문이다. 100리(40km)마다 역참을 두었고 각 역참은 관리나 외국 사절에게 식량, 말, 숙소 등을 제공하도록 하였다. 하루에 말을 타고 70~80km를 달릴 수 있었기 때문에 제국의 동쪽과 서쪽 끝을 3개월 정도면 달릴 수 있었다. 제국 곳곳에서 일어나는 일들은 신속하게 중앙으로 보고되었고, 조세 거부와 군사 반란 등에 신속, 정확하게 대응할 수 있었다.

몽골 제국 몽골 제국이 거대 제국을 건설하여 몽골의 평화를 유지할 수 있었던 가장 큰 이유 가운데 하나로 역참 제도의 발달을 들 수 있다. 이로써 세계 각지의 사람과 문물이 교류할 수 있는 장이 마련되었다.

몽골족의 시력이
좋은 이유는 무엇일까?

ASIA

07

평균 4.0의 시력은 몽골의 독특한 육아법 덕분

몽골 유목민 가운데 안경을 쓴 사람은 거의 없다. 이들의 시력은 평균 4.0으로, 약 1km 밖에 있는 양의 암수를 구별할 수 있을 정도이다. 몽골 초원의 깨끗한 공기, 끝없이 펼쳐진 푸른 초원은 몽골족에게 좋은 시력을 선사한 자연환경이었다. 유목민에게 가축은 가족의 유일무이한 생계 수단이었기 때문에 초원에 풀어 놓은 가축이 없어지지 않도록 잘 감시해야 했다. 또한 부족 간 전쟁이 많았기 때문에 주변 지역의 경계를 게을리해서는 안 되었다. 천혜의 자연환경에 이런 경제·사회적 요인이 더해져 좋은 시력을 갖게 된 셈이다.

몽골 초원 몽골 유목민들의 뛰어난 시력은 깨끗한 공기와 광활한 초원의 자연환경, 가축을 돌보아야 하는 유목 생활 등에 적응한 결과, 발달한 것으로 보인다.

이 외에 '갓 태어났을 때의 철저한 시력 관리'라는 몽골 특유의 육아법을 들 수 있다. 몽골에서는 아기가 태어나면 삼칠일 동안 빛이 들어오지 않는 어두운 방에서 아이를 돌본다. 신생아의 시신경과 안구 조직 세포는 아직 미발달된 상태여서 신생아의 눈에 강한 빛이 닿으면 시신경이 손상되어 시력이 약해진다고 한다. 그래서 태양빛이 매우 강한 몽골에서는 신생아의 눈이 외부의 자극을 충분히 이겨 낼 정도가 될 때까지 빛이 차단된 어두운 방에서 아이를 돌본다. 이런 몽골의 육아법은 태어나자마자 신생아실의 눈부신 불빛 아래서 신생아를 돌보는 현대의 육아법과는 확실히 다르다.

최근 과학자들은 사람의 눈이 햇빛에 많이 노출되면 멜라토닌이 적어지면서 안구 길이가 늘어나 근시가 유발될 수 있다는 사실을 알아냈다. 햇빛이 강한 여름철에 태어난 아이들의 시력이 겨울에 태어난 아이들의 시력보다 좋지 않다는 것이다. 여기서 몽골 육아법의 과학적 근거를 찾을 수 있다. 그러나 몽골에 현대화된 문명이 들어오면서 울란바토르 시민들 가운데에는 안경을 쓴 사람들이 늘어나고 있다고 한다.

'몽골'과 '몽고'는 그 의미가 어떻게 다를까?

중국인들이 '몽골'을 비하하여 부른 '몽고'

칭기즈 칸이 세운 역사상 가장 거대한 제국을 몽골 제국이라 한다. 몽골은 20여 개의 종족으로 구성된 다민족 국가로, 이 가운데 몽골족이 전체 부족을 통일하여 국가를 이룬 후 민족과 국명으로 몽골이 사용되었다. '몽골'은 본래 두 단어가 합쳐져 만들어진 말이다. '몽'은 '올바른', '진실된', '기초'라는 뜻의 몽골어 '몽'이 변화된 형태이며, 본래 '강江'을 의미하던 '골'은 '중심', '중요', '축'이라는 뜻을 갖고 있다. 즉, 몽골은 '세상의 중심'이란 뜻이다.

현재 몽골의 정식 국명은 몽골 울스이다. 중국은 몽골을 한자어를 빌려 몽고라 부르는데, '몽골'과 '몽고'에는 어떤 의미 차이가 있는 걸까?

중국은 자신이 세계의 중심이라는 중화사상에 기반하여 동서남북의 주변 민족을 오랑캐로 생각하여 동이東夷, 서융西戎, 남만南蠻, 북적北狄이라고 불렀다. 동이는 '동쪽의 활을 잘 쏘는 사람들'로 예濊·맥貊·한韓 계통의 우리 민족과 왜倭 등을 말한다. 서융은 '서쪽의 창을 잘 쓰는 사람들'로 주나라를 몰락시키고 전국시대를 불러일으킨 견융犬戎 등을 말한다. 남만은 '벌레가 많은 남쪽지방'으로 광동성과 윈난성 일대에 거주하는 이민족을 말한다. 북적은 '이리가 많은 북쪽지방'으로 흉노, 돌궐, 몽골 등을 말한다. 진한 시대에 중국을 침략했던 훈족을 '시끄러운 노예'라는 뜻의 흉노匈奴로, 몽골 이전에 몽골고원에서 활약했던 튀르크족을 '미쳐 날뛰는 것'이라는 뜻의 돌궐突厥로 격하하여 불렀다.

중국인들은 북송시대부터 점차 강성해지기 시작하여 끝내 자신들이 단 한 번도 지배해 보지 못한 몽골을 가리켜 '무지몽매한 옛것'이라는 뜻의 몽고蒙古라고 불렀다. 이런 습성은 오늘날까지 이어오고 있다. 그러나 외교 관례상 국가의 명칭

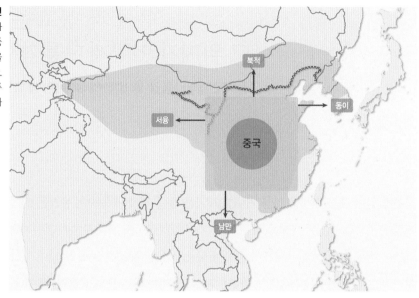

중화사상에 기초한 중국의 주변 민족 인식 중국은 자신의 나라를 세계의 중심으로 여기는 중화사상에 기초하여 주변 민족을 미개한 오랑캐로 낮잡아 여겼다. 우리나라를 비롯한 일본, 만주 등의 민족은 '동쪽의 오랑캐'라는 뜻으로 동이라고 불렀다.

은 모국어의 발음으로 불러주는 것이 일반적이다. 이에 우리나라는 중·고등학교의 교과서에 표기된 몽고 제국을 몽골 제국으로 수정한 바 있다.

오늘날 한국에서는 현대의 몽골(나라이든 민족이든)을 대부분 '몽골'로 표기하지만 워낙 몽고라고 많이 써 왔기 때문에 몽골 제국 등 역사적 의미로서의 '몽골'은 지금도 몽고라고 많이 표기하는데, '몽고'에 비하적 의미가 있다는 지적이 있어 차츰 역사적 의미로도 몽골로 대체해 나가고 있다. 일례로 2007년 고등학교 국사 교과서에서 이전까지 몽고 제국이라 표현했던 것을 몽골 제국으로 수정했다.

원나라의 수도가
두 곳이었던 이유는?

순행을 통해 통치 체계를 점검하기 위한 방식

수도를 두 곳으로 정해 양경제兩京制를 운영했던 나라로는 러시아와 중국이 있었다. 러시아의 황제는 겨울철에는 모스크바에서, 여름철에는 상트페테르부르크에 머무르며 통치를 했다. 중국의 명나라도 한때 북쪽의 베이징과 남쪽의 난징, 이렇게 두 곳에 수도를 두고 있었다. 원나라 또한 양경제를 실시했지만 이는 유목 민족 생활 양식의 연장선상에서 실시된 것이었다.

쿠빌라이는 수도인 베이징을 자신이 '살기 위한' 도시가 아니라 철저하게 '보기 위한' 도시로 만들었다. 궁중에 특별한 의식이 있다거나 날씨가 상당히 추울 때를 제외하고는 거의 입성하지 않았고, 성 안보다는 교외 야영지에 세워진 장대한 규모의 천막 궁전에서 지내는 것을 즐겼다. 이는 유목민으로서 항상 이동하는 몽골족의 습성을 보여 주는 것이었다.

원나라 황제들은 여름에는 내몽골 북서쪽에 있던 북쪽의 수도인 상도上都(지금의 둬룬)에서 여름을 나고, 겨울에는 남쪽의 수도인 베이징에 머물면서 통치를 했다. 3월에 베이징을 떠나 상도에 머물다가 9월에 다시 베이징으로 돌아오는 순행 방식의 통치가 90여 년간 지속되었다. 두 수도 사이의 거리는 275km로 양 수도를 오가는 데 20~25일이나 걸렸고 황제의 순행에는 후비, 태자 등과 관원, 황제의 호위병 등 10만여 명이 뒤따랐다.

원나라 황제가 두 수도를 오가며 순행 통치를 한 것은 북경의 여름 더위를 피하기 위해서였지만, 진정한 이유는 중원이라는 큰 대륙을 통치하기 위해서였다. 순행을 통해 황제가 머무는 곳 일대에 산재한 군사·경제적 기능을 점검하고 황궁이 위치한 곳으로 힘을 결집시키기 위해서였다.

내몽골고원의 한가운데에 위치한 상도 1256년 쿠빌라이는 이곳에 성을 쌓고 1260년 즉위한 뒤 1265년 상도라 명하였다. 원나라 황제의 여름철 피서지로서 수도인 대도(지금의 베이징)와 더불어 번영하였다. 그러나 원나라 말, 홍건적의 난으로 궁전이 불타고 황폐화되었다. 1369년 명나라의 원정에 의해 순제가 상도를 포기하면서부터 명나라의 지배하에 들어갔다.

원나라의 여름 수도였던 상도 베이징에서 북으로 275km 떨어진 상도(둬룬)는 원나라의 쿠빌라이가 세운 계획도시이다. 마르코 폴로가 『동방견문록』에서 상세히 묘사한 원나라의 여름 수도가 바로 상도이다. 원나라의 황제들이 상도와 베이징을 순행 통치한 또 하나의 목적은 유목 민족인 몽골족의 정체성을 유지하기 위해서였다.

유목 사회에서 결속력은 생존을 좌우하는 문제

칭기즈 칸은 몽골 제국 최초의 성문법인 자사크를 선포했다. 자사크는 '법령' 또는 '금지'를 의미하는 말로 칭기즈 칸 법전이라고도 한다. 자사크 제1조는 "간통한 자는 사형에 처한다", 제2조는 "수간獸姦한 자는 사형에 처한다", 제3조는 "거짓말을 한 자, 다른 사람의 행동을 몰래 훔쳐본 자, 마술을 부린 자, 남의 싸움에 개입해 한쪽 편을 드는 자는 사형에 처한다", 제48조는 "동성애를 한 남자는 사형에 처한다" 등등으로 자사크를 어긴 자는 모두 극형인 사형으로 다스리고 있다.

자사크는 원나라 말기 전란 도중 소실되어 그 내용 모두는 알 수 없다. 하지만 『몽골 비사』에 기록된 자료들 가운데서 그 일부를 확인할 수 있어 당시 생활상과 사회 통념 및 의식 구조를 엿볼 수 있다. 자사크의 조문들은 현대의 법 상식과 개념으로는 도저히 이해할 수 없는 것들이다. 하지만 남겨진 조문을 통해 왜 극단적인 형벌로 법조문을 어긴 자들을 다루었는지를 알 수 있다.

간통을 금한 제1조는 유목민의 관점에서만 이해될 수 있다. 유목을 하며 이동 생활을 하는 유목 사회는 네트워크 중심의 사회로 고립되면 죽는다. 집단 공동체를 이루지 못하면 외부의 위협으로부터 안전할 수 없기 때문에 무엇보다도 조직 구성원 간의 강한 결속력이 필요했다. 따라서 공동체의 내적 결속력을 약화시키는 행위는 공동체의 가장 큰 범죄가 되었다. 공동체의 기초가 되는 핵심 단위는

2006년 몽골 제국의 건립 800주년을 기념하여 세운 울란바토르 광장의 칭기즈 칸 동상 칭기즈 칸은 1204년 몽골 초원의 통일을 시작으로 한반도에서 유럽의 헝가리 초원에 이르는 광대한 몽골 제국을 건설했다. 그는 생전에 제국을 아들들에게 나누어주고 통치하게 했는데, 100년간 칭기즈 칸 혈통의 연합 왕국은 탄탄하게 유지되었다.

세계 유일의 원대 법전, 『지정조격』 칭기즈 칸은 최초의 헌법인 자사크를 제정하여 제국을 통치했다. 현재 법전은 『몽골 비사』를 비롯한 여러 역사서에만 단편적으로 기록돼 있을 뿐 원본은 없다. 그러나 2002년 경주 양동 마을 경주 손씨 종가에서 1346년(원나라 순제 6년, 고려 충목왕 2년)에 완성된 법전으로 현존하는 세계 유일의 원대 법전인 『지정조격』이 발견되어 몽골 역사 연구에 중요한 사료가 되고 있다. '지정(至正)'은 법전이 편찬된 당시 원나라 순제 때 쓰던 연호이며, '조격(條格)'은 법률 시행 규칙이나 세칙을 말한다.

가족으로, 이는 남편과 아내의 신의를 바탕으로 한다. 가족이 이웃과의 간통으로 무너지면 공동체 또한 무너지기 때문에 간통을 엄하게 다스린 것이다.

수간을 금한 제2조는 현대인들에게 거부감이 느껴질 정도이다. 광활한 고립무원의 대지에서 인간과 같이 생활하는 생명체는 동물밖에 없다. 그곳에서 약자에 대한 강자의 횡포로 인간에 의한 동물 성적 학대, 즉 짐승과 성교하는 수간이 일어났을 것이다. 수간을 법으로 금지했다는 것 자체가 이 같은 일이 흔히 일어났음을 보여 준다. 또한 몽골 유목민은 양, 말 등을 인간과 똑같은 한 가족으로 여겼는데, 이러한 동물에 대한 애정은 다음 제8조에 드러난다. "짐승을 잡을 때는 먼저 사지를 묶고 배를 가르며, 고통스럽지 않게 죽도록 심장을 단단히 죄어야 한다. 이슬람교도처럼 짐승을 함부로 도살하는 자는 그같이 도살당할 것이다."

제3조는 보편적으로 행해지는 잘못된 행동에 대한 규정이다. 이 조문의 핵심 또한 공동체의 결속력을 와해시키는 행동에 대한 경계이다. 초원은 물이 아주 귀한 곳으로 물은 그 자체가 생명수와 같았다. 물을 신성시한 사람들의 자연관은 "물과 재에 오줌을 눈 자는 사형에 처한다"라는 제4조로 알 수 있다. 유목민들이 물을 얼마나 소중히 여겼는지는 "물에 직접 손을 담가서는 안 된다. 물을 쓸 때는 반드시 그릇에 담아야 한다"라는 제14조와 "옷이 완전히 너덜너덜해지기 전에 빨래를 해서는 안 된다"라는 제15조에서 확연히 드러난다.

몽골족의 음식에서 유래한 훠궈와 샤부샤부

끓는 국물에 얇게 썬 고기와 각종 야채를 살짝 데쳐 양념에 찍어 먹는 음식인 샤부샤부. 샤부샤부는 일본어로 '살랑살랑', '찰싹찰싹'이라는 뜻으로 끓는 국물에서 고기를 꺼낼 때 나는 소리에서 유래했다. 샤부샤부는 쇼와昭和 시대(1926~1989년까지의 64년간 히로히토 천황의 재위기간을 말함)에 고안된 음식이다. 1955년 오사카의 한 음식점에서 샤부샤부란 이름의 요리를 내놓고 상표 등록까지 하여 세계적으로 널리 알려졌지만 샤부샤부는 사실 일본 음식이 아니다.

중국에도 샤부샤부와 비슷하지만 산양 고기로 만드는 훠궈火鍋가 있다. 중국인들은 이를 몽골족의 음식이라 하여 몽골 요리 또는 칭기즈 칸 요리라고 한다. 몽골군이 전투에서 얇게 썬 고기를 손쉽고 빠르게 먹을 수 있기 위해 고안된 음식이 바로 칭기즈 칸 요리라는 것이다. 오래전부터 몽골 유목민들은 고기를 얇게 썰어 겨우내 말린 보르츠라는 육포를 비상식량으로 준비하여 뜨거운 물에 불려 먹었다. 전투 시 시간이 없을 때 보르츠는 군사들의 체력을 보강하는 일품 먹을거리였다. 하지만 몽골에는 칭기즈 칸 요리가 없다.

어떤 사람은 샤부샤부의 얇게 썬 고기가 칭기즈 칸이 서방을 정벌할 때 적군을 칼로 난도질한 잔인무도함을 보여 주는 것이라고 말하기도 하는데, 이는 지나친 비약이다. 유네스코는 21세기를 맞이하여 세계 역사에서 가장 중요한 인물 가운데 하나로 몽골 제국의 칭기즈 칸을 꼽았다. 칭기즈 칸이라는 요리 이름은 중국인들이 이런 배경을 이용하여 상업적인 광고 효과를 거두기 위해 붙인 듯하다.

칭기즈 칸 요리라고도 불리는 샤부샤부 얇게 썬 고기를 끓는 국물에 데쳐 먹는 샤부샤부는 중국인들이 즐겨 먹던 화궈에서 유래되었지만 상업적으로 이용할 목적에서 광고 효과를 얻기 위하여 칭기즈 칸 요리로 불린다.

몽골반은
황인종에게만 있는 것일까?

모든 인종에게 있지만 유색인에게 많은 몽골반

우리나라 사람 거의 모두는 엉덩이, 등, 팔, 다리, 어깨 등 신체 일부에 푸른 반점, 즉 몽골반을 갖고 세상에 태어난다. 몽골반은 엉덩이에 많이 나타나는데, 우리나라에서는 삼신할머니가 빨리 세상에 나가라고 아기의 엉덩이를 쳐서 생긴 것이라는 이야기도 있다. 몽골반은 피부 깊숙한 곳에 있는 멜라닌 색소 세포가 표피를 통해 보이는 것으로, 거의 대부분의 황인종에게 나타나는 신체 형질적 특징이다. 몽골반은 진피 멜라닌 색소 세포가 표피로 이동하는 과정에서 특정 부위에 뭉쳐져 만들어지는 것으로 생후 3~5년 사이 점차 옅어지면서 거의 없어진다.

몽골반은 황인종에게만 나타나는 특징으로 알려져 있으나 이는 잘못된 것이다. 몽골반은 소수이긴 하지만 백인종에서는 약 10~20%, 흑인종과 인디언에서는 90% 이상, 히스패닉에서도 50~70%가량 나타난다. 이렇게 몽골반이 백인종보다 흑인종과 황인종 같은 유색인에게서 나타나는 것은 유색인의 몸에 멜라닌 세포가 많기 때문이다.

흑갈색의 멜라닌 색소 세포는 자외선으로부터 피부를 보호하고 체온을 유지하는 역할을 할 뿐만 아니라 인체의 피부색, 눈동자, 눈썹, 머리카락의 색을 결정한다. 흑인종은

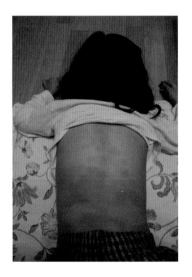

몽골반 황인종인 우리 민족과 몽골족은 모습이 많이 닮아 형제와 같은 느낌이 들 정도이다. 몽골반도 공통적으로 발견된다.

멜라닌 색소 세포 양이 다른 인종에 비해 현저하게 많기 때문에 피부색이 검고, 백인종은 멜라닌 색소 세포 양이 적기 때문에 피부색이 희다. 흑인 신생아의 피부는 검은색이 아닌 붉은색에 가깝기 때문에 엉덩이에 생긴 몽골반을 쉽게 확인할 수 있다. 하지만 자라면서 몽골반의 색이 점차 옅어지고 검은색 피부가 되기 때문에 몽골반은 잘 보이지 않는다. 미국에서는 백인들이 유색인의 어린아이에게 있는 몽골반을 부모에게 맞아서 생긴 멍으로 오인하여 경찰에 신고하는 일이 종종 있다고 한다.

● **멜라닌 세포의 색깔은 푸른색이 아닌 검은색**

몽골반은 푸른색으로 보이지만 실제로는 흑갈색의 멜라닌 색소 세포가 뭉쳐 있기 때문에 검은색에 가깝다. 태양빛 가운데 푸른색 광선을 제외한 다른 색 광선들은 피부 표면에서 모두 반사되지만 푸른색 빛만이 피부 속까지 침투한다. 이 빛이 세포에 부딪히면서 산란되어 푸른색으로 보이는 것이다. 이는 하늘과 바다가 푸르게 보이는 원리와 같다.

세계에서 가장 깊은 호수는 어디일까?

최대 수심 1,742m의 바이칼호

러시아 시베리아의 심장부에는 평균 수심 740m, 최대 수심 1,742m로 세계에서 가장 깊은 호수인 바이칼호가 있다. 바이칼이란 이름은 '풍요로운 호수'를 뜻하는 타타르어 '바이쿨'에서 유래한 것이다. 바이칼호는 약 2,500만 년 전 신생대 제3기에 정단층 활동으로 생긴 지구대에 물이 고여 형성된 단층호로서 초승달 모양의 호수이다. 수면의 표고는 455m이고, 호수 바닥은 해수면보다 1,285m 아래에 있어 육지에서 가장 낮으며 그 바닥에는 두께 약 6,000m의 퇴적물이 쌓여 있다. 주변 336개의 지류에서 바이칼호로 강물이 흘러들고 있지만 빠져나가는 곳은 안가라강 한 곳뿐이다.

시베리아는 한겨울에 −50~−40℃까지 내려가는 일이 다반사인 곳이지만 바이칼호 주변은 1월 평균 기온 −19℃, 8월 평균 기온 11℃로 온화한 편이다. 이는 바이칼호의 비열 때문이다. 바이칼호의 표면 수온은 여름철에 약 11℃, 겨울철에도 0.3℃이며, 심층 수온은 약 3.2℃를 유지한다. 바이칼호는 길이 636km, 둘레 2,200km, 수량 2만 3,000km^{3}로 세계 민물의 약 5분의 1을 차지한다. 이런 엄청난 양의 민물이 열을 머금고 있기 때문에 한겨울에도 다른 지역보다 따뜻한 공기가 머무를 수 있다. 바이칼호가 시베리아 대지를 덮어 주는 거대한 난로 역할을 하는 것이다. 바이칼호는 겨울이면 두껍게 얼어붙어, 호수 위로 자동차가 달릴 수 있다고 한다.

바이칼호는 북극해와 멀리 떨어져 있을 뿐만 아니라 바닷물이 아닌 민물 호수이다. 그런데 바이칼호에는 북극해에 사는 물범과 생김새가 비슷한 물범이 약 6만 마리 살고 있다. 이는 과거 바이칼호와 북극해가 레나강 또는 예니세이강을 통해

초승달 모양의 단층호, 바이칼호 바이칼호는 신생대 제3기에 정단층 활동으로 생긴 지구대에 물이 고여 형성되었으며 주변 336개의 지류에서 강물이 흘러들고 있다. 강물이 빠져나가는 곳은 안가라강 한 곳뿐으로 예니세이강을 거쳐 북극해로 흘러간다.

세계에서 가장 깊은 민물 호수인 바이칼호 시베리아 한가운데 위치한 바이칼호는 겨울이면 두꺼운 얼음이 얼어붙어, 호수 위로 자동차가 달리기도 한다. 그러나 겨울철 호수 주변은 비열이 큰 호수 덕분에 시베리아 다른 지역에 비해 기온이 높다.

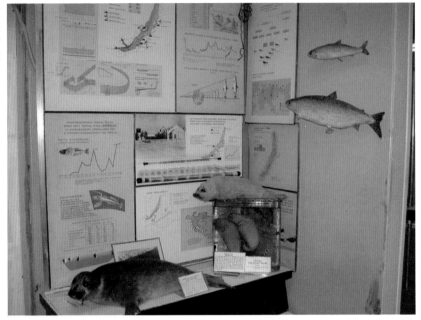

바이칼 박물관 이르쿠츠크 바이칼 호수 연안에는 바이칼 호수에 사는 물범을 포함한 1,500여 종의 동물과 1,000여 종의 식물에 관한 자료가 전시되어 있다.

이어져 있을 당시 물범들이 이 강줄기를 따라 바이칼호로 들어왔기 때문인 것으로 생각된다. 이후 지각 변동과 해수면 변동으로 북극해와의 물길이 차단되면서 이곳에 갇히게 되었고 민물에 적응하면서 독자적으로 진화한 것으로 보인다.

● **봄철 홍수를 막기 위해 폭격기를 동원하는 러시아**.....................

러시아는 봄철이면 종종 시베리아의 오비강, 예니세이강, 레나강 등의 하류 지역에 있는 얼음덩어리들을 폭파하기 위해 폭격기를 출동시킨다. 봄이 되면 겨울에 내린 눈과 얼음이 녹으면서 강물의 수위가 올라갈 뿐만 아니라 녹지 않고 남아 있는 얼음덩어리가 쌓여 강물의 흐름을 막기 때문이다. 얼음덩어리들이 너무 커서 분쇄 작업이 쉽지 않아 폭격기를 동원하여 공중 폭파를 시도하는 것이다.

세계의 지붕 히말라야산맥이 계속 융기하는 까닭은 무엇일까?

비행기와 인도 기러기만 넘을 수 있는 자연 장벽

히말라야산맥에는 세계 최고봉인 에베레스트산(8,848m)을 포함하여 해발 8,000m가 넘는 봉우리들이 14개나 있다. 이렇게 히말라야산맥을 포함한 지구의 거대한 산맥들은 지각의 판과 판의 충돌인 판구조 운동의 산물이다. 지각 판이 충돌하면 그 압력에 의해 지층이 물결 모양으로 휘면서 습곡 산지가 형성된다. 때로는 대륙판끼리 또는 대륙판과 해양판이 만나 산맥이 형성된다.

히말라야산맥은 대륙판인 인도판과 아시아판의 충돌로 형성되었다. 대륙판끼리 충돌하는 곳의 밀도는 서로 비슷하기 때문에 어떤 대륙판도 맨틀로 내려가려 하지 않는다. 이렇게 서로 밀어붙이는 강력한 힘에 의해 대륙이 충돌하는 전단부에서는 광범한 습곡과 단층을 수반하는 거대한 산맥이 형성된다.

약 7,000만 년 전 인도판은 적도를 지나 북쪽으로 이동하여 약 5,000만 년 전 아시아판과 충돌했다. 인도판이 계속해서 밀어붙이자 두 대륙의 가장자리가 깨지면서 밀쳐 올라가 두꺼워졌다. 그 결과 생성된 것이 히말라야산맥으로, 약 800만 년 전에 지금과 같은 높은 지형을 이루었다. 날카로운 히말라야산맥의 봉우리들은 침식을 오랫동안 받지 않아 그 형성 시기가 젊다는 것을 보여 준다. 지금도 북쪽을 향해 판 운동이 계속되고 있어 1년에 약 5cm씩 밀어 올려지고 있다. 하지만 침식 작용에 의해 봉우리가 마찬가지로 깎여 나가고 있어 산맥이 성장하고 있다고는 볼 수 없다.

에베레스트산의 해발 8,000m 부근에는 노란색 석회암 층인 옐로우 밴드가 나타난다. 지금은 상상할 수 없을 정도로 먼 남쪽에 있던 인도 대륙과 유라시아 대륙 사이에는 바다가 있었는데, 그 바다를 테티스해라고 한다. 인도판과 유라시아판

상공에서 내려다본 히말라야산맥 가운데 있는 가장 높은 봉우리가 세계 최고봉인 에베레스트산이다. 티베트에서는 예부터 초모랑마('세계의 어머니 여신'이라는 뜻)라고 불렸다. 1852년 영국의 인도 측량 국장인 조지 에베레스트 경이 지상에서 가장 높은 산임을 확인했다. 그 전에는 '15호 봉우리'로 불렸으나, 1865년 이후 에베레스트 경의 이름을 따서 에베레스트산으로 부른다.

의 충돌로 테티스해의 바닥에 있던 퇴적암의 흔적인 옐로우 밴드가 융기에 의해 높은 고도로 들어 올려진 것이다. 이 층에서 조개와 산호 등 바다에서 살던 생물들의 화석이 발견된다.

지구 둘레의 6분의 1에 이르는 거리에 걸쳐 있는 히말라야산맥은 비행기와 인도기러기 이외에는 도저히 넘을 수 없는 곳이다. 이렇게 히말라야산맥은 그 자체가 하나의 거대한 장벽과도 같아 지구의 기후 체계에도 적지 않은 영향을 미친다. 인도양에서 발원한 고온 다습한 기단은 6월 하순에서 8월 사이 대륙으로 내습하는데, 이때 히말라야산맥에 부딪히면서 큰 비를 몰고 온다. 세계 최대의 차 생산지로 널리 알려진 아샘 지방의 연평균 강수량은 1만 1,400mm나 된다. 이는 히말라야산맥이 계절풍인 몬순을 막기 때문이다. 또한 히말라야산맥은 12월에서 2월 말 사이 북쪽 시베리아 평원 부근에서 발원한 한랭 건조한 바람의 이동을 가로막아 냉기가 남쪽으로 빠져나갈 수 없게 한다. 이 바람들이 히말라야산맥을 넘지 못하고 대신 방향을 동쪽으로 바꿔 중국, 한국, 일본으로 차가운 북서풍을 몰고 오는 것이다.

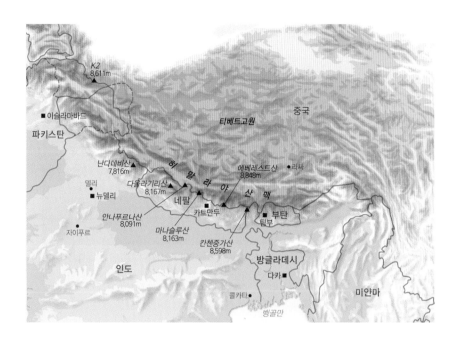

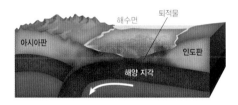

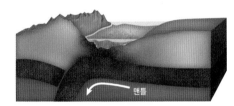

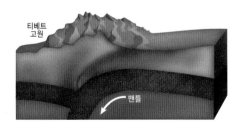

인도 대륙판과 아시아 대륙판의 충돌에 의한 히말라야산맥 형성 밀도가 같은 인도판과 아시아판끼리 충돌하여 두 판의 충돌 경계부가 마치 종이가 구겨지듯이 압축과 융기에 의해 솟아올라 히말라야산맥이 만들어졌다. 히말라야산맥은 여름철에는 인도양의 고온 다습한 몬순을 막아 산맥 남쪽에 큰 비를 내리게 하고, 겨울철에는 시베리아 평원의 한랭 건조한 북서풍을 막아 바람의 방향을 동쪽인 중국, 한국, 일본이 있는 동아시아 쪽으로 바꾼다. 한편 해양판과 대륙판이 충돌하면 언제나 밀도가 높은(무거운) 해양판이 대륙판 아래로 내려간다. 이러한 삽입에 의해 습곡 산지가 형성되는데 안데스산맥이 대표적이다.

● 세계의 지붕 히말라야를 넘어 나는 인도기러기의 비행 비밀

세계의 지붕이라 불리는 9,000m에 가까운 히말라야산맥의 상공은 산소가 부족하여 생명체가 호흡하기가 어려울 뿐만 아니라 우리나라 여름철 평균기온 약 25℃를 기준하더라도 기온이 영하 35℃가량인 극한의 조건을 지닌다. 그런데 이러한 극한 조건을 극복하고 히말라야산맥을 남북으로 넘나드는 새가 있다. 바로 인도기러기(인도의 기러기가 아닌 명칭 자체가 인도기러기)이다.

남북 간의 자연 장벽으로 작용하는 히말라야산맥 히말라야산맥(다울라기리봉, 8,201m))이 계속해서 융기하면서 남북 간의 장벽으로 작용하게 되었지만, 인도기러기는 이러한 극한조건을 극복하고 진화하면서 히말라야산맥을 넘나들고 있다.

인도기러기는 중앙아시아, 몽골 등지에서 봄, 여름, 가을을 지낸 다음 겨울이 되면 눈과 추위로 먹이 활동이 불가하다. 따라서 히말라야산맥을 넘어 남쪽의 인도로 약 8,000km가량을 날아와서 겨울을 난 후 이듬해 봄에 다시 본래의 장소로 되돌아간다.

그렇다면 인도기러기는 어떤 방법으로 극한의 히말라야산맥을 넘어 이동할 수 있는 걸까? 보통 새들은 해발 5,000m를 넘으면 산소가 부족하여 비행하지 못하지만 인도기러기는 9,000m가량을 넘나든다. 그 비결은 험준한 지형을 따라 부는

인도기러기

바람을 최대한 이용하여 마치 롤러코스터를 타듯 오르락내리락하며 비행하면서 이동하는 것이다. 높은 산을 만나면 날갯짓을 빨리하여 단숨에 정상에 올라가고, 정상서 계곡을 향해 부는 바람에 의지해 비행하면서 에너지를 최대한 아끼는 전략으로 장거리 고공비행을 하는 것이다.

히말라야산맥은 약 5,000년 전 형성되기 시작한 이후 지금까지 줄곧 조금씩 융기하여 해발고도가 상승하였다. 과학자들은 인도기러기 또한 히말라야산맥이 융기에 의해 점차 고도가 높아지면서 남북 간의 장벽으로 작용하게 되자 이에 따라 점차 강한 체력을 갖도록 진화하면서 적응해 온 것으로 보고 있다.

네팔과 부탄이
분쟁 중에 있는 이유는 무엇일까?

라마교와 힌두교의 대립으로 가깝지만 멀어진 두 나라

ASIA
15

히말라야산맥 남사면에 위치한 네팔과 부탄은 중국과 인도 두 강대국 사이에 있어 지정학적으로 완충 지대 역할을 하고 있다. 네팔과 부탄은 세계에서 가장 가난한 나라이지만 때 묻지 않은 마음과 대자연의 풍요로움을 만끽하는 은둔의 나라이다.

네팔은 인도·아리아계가 전체 인구의 80%이며 나머지 20%는 황인종인 티베트계이다. 히말라야 등반대의 짐을 나르고 길을 안내하는 인부로서 유명한 셰르파가 바로 티베트계이다. 네팔은 석가모니가 탄생한 나라로 불교 왕국이었다. 그러나 이슬람 세력에 쫓겨 밀려들어 온 인도인에 의해 점령당하여 힌두교 국가가 되었다. 힌두 사회의 특징인 카스트 제도가 아직 남아 있으며 티베트 불교인 라마교 사원도 곳곳에서 볼 수 있다. 네팔에는 세계 최고봉인 에베레스트산을 비롯하여 안나푸르나, 칸첸중가 등 8,000m를 넘는 봉우리가 여덟 개나 있다. 이것으로 벌어들이는 관광 수입은 네팔의 국가 재정에 큰 몫을 차지한다. 현재 마오쩌둥식 농민 혁명 노선을 추종하는 네팔공산반군과의 내전이 자주 일어나 정국이 불안한 상태이다.

부탄은 네팔과 달리 전체 인구의 60%가 티베트계 황인종이며 약 30%는 네팔에서 넘어온 인도·아리아계의 네팔인이다. 티베트 불교인 라마교가 국교로 국민 대부분이 라마교를 믿는다. 9세기경 티베트에서 넘어온 사람들이 부탄 왕국을 세웠고 그 과정에서 티베트의 영향을 많이 받아 풍속과 문화가 티베트와 유사하다. 부탄은 자연과 깨끗한 환경을 최대의 숭고한 가치로 여기기 때문에 외국인의 입국을 엄중히 제한한다. 등반대도 7년에 한 번씩 입국을 허가하며, 관광객은 연

네팔과 부탄의 갈등 네팔에서 부탄으로 가려면 인도 국경을 넘어가야만 한다. 1990년 부탄에서 네팔로 가는 네팔계 주민들에게 길을 열어 줬던 인도는 이들이 다시 부탄으로 돌아가는 길을 열어 주지 않고 있다.

6,000명으로 제한한다. 6인 이상의 단체가 아니면 입국 허가를 받을 수 없을 뿐만 아니라 관광객 한 사람당 하루에 쓰는 경비도 제한된다. 관광객들이 주는 팁 때문에 부탄인의 소박함이 사라지는 것을 염려하여 팁 또한 법으로 금지하고 있다. 부탄은 2004년부터는 나라 전체를 금연 지역으로 만든 세계 최초의 금연 국가이기도 하다.

이 두 나라는 현재 분쟁 중에 있다. 라마교를 신봉하는 부탄에서 힌두교를 믿으며 살고 있는 소수 민족인 네팔인에 대한 정책 때문이다. 현재 부탄에 살고 있는 네팔계 주민은 약 100년 전 부탄으로 일자리를 찾아 이주해 간 사람들의 후손이다. 1958년 부탄 정부는 이들을 부탄 국민으로 인정한 바 있다. 하지만 문화가 다른 네팔계 주민의 수가 증가하는 것에 위기감을 느껴 1989년 소수 민족을 배척하는 정책을 추진했다. 부탄 정부는 '부탄인의 나라'라는 일체성을 강화하기 위해 공적인 자리에서 부탄인의 민족 의상과 공용어인 종카어를 의무적으로 사용하도록 했다.

네팔계 주민들이 이에 강하게 반발하여 반정부 시위를 벌이자 정부는 이들을 강경 진압했다. 또한 이들을 모두 불법 이민자로 몰아 부탄에서 추방하여 10만 명에 가까운 네팔계 주민이 네팔로 넘어갈 수밖에 없었다. 이는 곧바로 부탄과 네

네팔의 수도 카트만두에 있는 스와얌부나트 사원 네팔은 석가모니가 탄생한 나라로 불교 왕국이었으나 이슬람 세력에 쫓겨 들어온 인도인들에 의해 힌두교 국가가 되었다. 네팔에는 티베트 불교인 라마교 사원이 곳곳에 있다.

불교 국가 부탄의 승려 부탄은 티베트에서 넘어온 사람들이 세운 나라이다. 따라서 티베트 불교인 라마교가 국교이며 풍속과 문화 또한 티베트와 유사하다. 세계 최빈국에 속하지만 물질적인 행복보다 정신적인 행복, 공동체 모두의 행복을 중시한다.

팔과의 외교 문제로 비화되었다. 네팔은 부탄이 이들 난민들을 받아들여야 한다고 주장하고 부탄은 부탄 국적이 없는 불법 입국자들은 받아들일 수 없다고 주장한다. 현재 부탄에서 쫓겨나 네팔 동부 난민 캠프에 머물고 있는 네팔계 부탄 난민들은 고향인 부탄으로 돌아가기를 희망하고 있다. 그러나 부탄의 입장이 강경하여 난민들이 다시 고향으로 갈 길은 요원해 보인다.

● 네팔과 부탄의 국기

세계에서 유일하게 사각형이 아닌 국기를 가진 나라가 네팔이다. 삼각형 두 개를 포개 놓은 형태로 달과 태양이 그려져 있다. 달과 태양으로부터 나온 광선은 네팔의 번영을 의미한다. 예로부터 달과 태양이 교대로 통치해왔다는 네팔의 종교적 신념이 반영된 것으로 종교 행사에 사용해오던 모형을 정형화한 것이라고 한다. 1847년 제정될 당시의 국기는 사람의 얼굴 형상이 그려진 태양과 달 모양의 깃발이었으나 1962년 새로운 네팔 헌법이 제정됨에 따라 지금의 국기로 수정되었다.

부탄은 용을 숭배하여 국기에 용이 그려져 있다. 부탄이라는 국명도 '용의 나라'라는 뜻이다. 유사한 깃발이 19세기 이래 국기로 사용되다가 1969년 정식으로 인정되었다. 용은 백성을 보호하고 악령을 쫓는 정의의 사도를, 용의 발톱으로 쥐고 있는 여의주는 부탄의 풍요로운 자연을 상징한다.

ASIA 16

타이 남자가 결혼을 위해 승려가 되어야만 하는 이유는?

싯다르타의 출가를 따르는 풍습, 부엇 낙

관광 대국으로 손꼽히는 타이는 아시아 국가들 가운데 유일하게 식민 지배를 받지 않은 나라이며, 인도에서 기원한 불교가 가장 융성한 곳이기도 하다. 타이는 국민의 95% 이상이 불교도로서 불교는 국민 생활에 절대적인 영향을 미치고 있다. 타이에 불교가 도입된 것은 최초의 통일 왕국인 수코타이 왕국이 세워진 13세기 중엽으로, 스리랑카에서 소승 불교를 받아들여 국교로 삼았다.

타이에서 국왕은 불교의 최고 덕목을 지닌 사람으로 국민 모두에게 불타의 자비심을 실천해야 한다는 가르침을 받는다. 실제로도 불교에 입문하여 수행을 통해 공덕을 쌓고 백성에게 은혜와 선정을 베풀도록 교육받는다. 수코타이 왕국의 리타이왕은 최초로 왕의 신분으로 출가하여 이러한 가르침을 편 왕이었다. 이후 출가 고행의 전통이 백성들에게 전파되어 민족 고유의 풍습으로 자리 잡았다. 이 과정에서 백성들은 국왕에게 경외심을 갖게 되었고 이 전통은 왕권을 강화하는 종교적 기초가 되기도 했다.

생의 한 시기를 승려로 보내야 하는 타이의 독특한 불교 풍습을 부엇 낙이라고 한다. 이는 싯다르타의 출가를 따르는 의식으로 붓다의 자식이 된다는 의미를 담고

서구 열강의 완충지, 타이 인도차이나 중심부에 위치한 타이는 아시아 각국이 서구 열강의 식민지가 되었던 시기에 유일하게 독립을 유지한 나라이다. 타이 서쪽의 미얀마와 인도를 지배한 영국과 동쪽의 베트남을 지배한 프랑스 사이에 식민지 지배를 둘러싼 충돌을 피하기 위한 완충 지대가 필요했기 때문이다. 1939년에는 국호를 시암에서 타이로 바꾸었다.

있는데, 이웃 나라 불교 국가인 미얀마에서는 '신퓨'라고도 한다. 남자는 스무 살가량이 되면 누구나 출가하여 사원에서 수도 생활을 해야만 한다. 물론 왕실의 남자들도 출가하는데, 그 기간은 보통 3개월에서 짧게는 일주일, 길게는 일 년 정도 된다.

이러한 출가 제도는 법적으로 규정된 것은 아니다. 하지만 어른이 되기 위해서는 꼭 거쳐야 할 의식이라 생각하기 때문에 대개의 남성들은 기꺼이 머리를 깎고 사원에 들어간다. 직장인이 출가 생활을 해야 하는 경우, 회사에서는 유급 휴가를 주어 이들의 출가를 돕는다. 승려 생활을 하는 동안에는 경제 활동을 할 수 없기 때문에 끼니는 모두 신도들이 바치는 음식 공양에 의지한다. 이렇게 일정 기간 수도 생활을 한 후 환속하면 성숙한 인간으로 인정받아 사회적 예우를 받는다. 출가 생활을 하지 않으면 취직, 결혼 등과 각종 인간관계에서 큰 손해를 본다. 타이에서 출가는

타이 문화를 형성한 구심점, 불교 타이에서는 출생, 결혼, 장례 등 모든 통과 의례에서 승려들이 경문을 읊고 성수를 뿌리는 등 불교가 국민의 일상생활에서 중요한 역할을 한다.

결혼을 위해서라도 반드시 거쳐야 할 남자들의 필수 코스이다. 출가 생활을 하지 않으면 그 자체가 흠이 되어 대개 신부 집안의 반대에 부딪힌다.

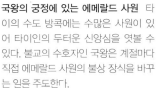

에메랄드 사원을 지키는 수호신상 타이 최고의 왕궁 사원으로 에메랄드 사원이라고도 부르는 왓 프라깨오 내부에는 12개의 수호신상이 있다. 무서운 모습을 한 수호신상은 우리나라 사찰 초입의 사천왕문에 있는 사천왕과 같이 악령으로부터 사찰을 지키는 역할을 한다.

국왕의 궁정에 있는 에메랄드 사원 타이의 수도 방콕에는 수많은 사원이 있어 타이인의 두터운 신앙심을 엿볼 수 있다. 불교의 수호자인 국왕은 계절마다 직접 에메랄드 사원의 불상 장식을 바꾸는 일을 주도한다.

하롱베이의 아름다움은
어디서 나오는 걸까?

탑 카르스트의 진수, 하롱베이

베트남 북동부 통킹만 안쪽에 있는 하롱베이에는 크고 작은 1,900여 개의 섬들이 있다. 에메랄드 빛 바다와 섬들이 빚어내는 환상적인 풍경으로 영화 「인도차이나」의 배경이 되기도 했다. 또한 빼어난 풍광과 그 지형이 갖는 자연사적 가치가 인정되어 1994년 세계 자연 유산으로 등록되었다. 하롱下龍은 글자 그대로 '하늘에서 내려온 용'이라는 뜻이다. 19세기까지 구전되어 온 전설에 의하면, 하롱만에서 베트족과 북쪽에서 해안을 따라 내려온 적과의 사이에 해전이 벌어졌다고 한다. 베트족이 수세에 몰렸을 때 옥황상제가 용들을 보내어 도왔는데, 그때 용의 입에서 쏟아진 수많은 진주가 바다에 닿자마자 섬으로 변했다는 것이다.

하롱베이 띠엔꿍 동굴 탑 카르스트 곳곳에는 석회암이 지하수와 바닷물에 용식되어 형성된 석회동이 발달한다.

수직 절벽의 탑 모양인 하롱베이의 첨봉은 석회암 지대에서만 발달하는 특이 지형에 속한다. 이러한 지형을 탑 카르스트 tower karst라고 한다. 하롱베이와 비슷한 경관을 지닌 중국의 구이린 또한 탑 카르스트에 속한다. 하롱베이는 구이린이 바다에 잠긴 모습과 같아 바다의 구이린이라고도 한다.

이곳은 고생대 약 5억~4억 년 전 적도 부근의 얕은 바다였다. 해저에서 성장한 거대한 산호초 군락이 오랜 세월에 걸쳐 두껍게 퇴적되어 석회암이 형성되었다. 이후 지각 변동을 겪으며 지반이 융기하여 육지화되었고, 석회암 층에 발달한 절리 면을 따라 빗물이 스며들면서 침식이 가해지기 시작했다. 오랫동안 나무뿌리와 바람에 의한 침식으로 절리 면이 넓어지면서 지층 깊숙이 거대한 동굴이 형성되었다. 침식에 약한 부분은 빠르게

중국
하노이 ■
하롱베이
통킹만
라오스
인도차이나해
타이
베트남
캄보디아
호찌민

깎여 나가 높이가 다른 넓은 구릉 대지가 형성되었다.

이 구릉 대지는 신생대 제4기 약 200만 년 전부터 여러 차례 빙하기를 겪으며 바닷물에 잠기고 드러나기를 반복했다. 이 과정에서 비바람과 바닷물 그리고 해풍에 의한 침식이 계속되면서 더욱 뚜렷한 탑 카르스트의 모양새를 갖추었다. 그리고 약 2만 년 전, 마지막 빙하기가 물러가면서부터 해수면이 상승하기 시작했다.

하롱베이의 탑 카르스트는 대부분이 바닷물에 잠기기 이전에 이미 형성되었다. 석회암은 광물이 풍부한 중성의 바닷물에는 잘 녹지 않는다. 하롱베이의 탑 카르스트는 주로 빗물에 의한 침식으로 형성된 것으로 바닷물에 의한 침식의 영향은 거의 받지 않았다. 탑 카르스트의 모양새가 거의 갖추어진 이후 바닷물에 잠겼고, 현재의 해수면에 이른 것은 약 6,000년 전으로 현재의 하롱베이의 경관 또한 그때 형성된 것이다.

석회암이 용식되어 형성된 탑 카르스트가 바닷물에 잠긴 하롱베이 전경

베트남에서는 정말
한자를 사용하지 않을까?

알파벳을 사용하는 중국 문화권의 나라

베트남은 중국 한나라에 정복당하고, 캄보디아의 크메르 제국에 흡수되는가 하면 근대 들어서는 프랑스의 지배와 일본, 미국 등의 침략을 받는 등 굴곡 많은 역사를 지닌 나라이다. 그 과정에서 베트남인들은 굳건히 나라를 지켜 왔으나 문자에서만큼은 자신들의 문자를 갖지 못하고 서양의 알파벳을 빌어 쓰고 있다.

베트남은 중국의 지배를 받던 1,000여 년간 중국에 대한 저항과 중국 문화의 수용이라는 양 극단에서 어려운 줄타기를 해 왔다. 하지만 문화적으로는 중국의 영향을 많이 받을 수밖에 없었다. 처음에는 한자를 사용했으나 8세기경 한자의 음을 빌리거나 의미를 합성한 문자 체계인 쯔놈chu nom을 고안해 한자와 혼용했다. 그러나 쯔놈은 한자보다 더 어려워 지식인들 사이에서도 사용되지 못했다.

1600년대 프랑스 선교사인 알렉산드르 드 로드Alexadre de Rhodes는 6성의 베트남 억양을 붙여 소리 나는 대로 로마자로 표기했다. 이로써 낱말의 뜻을 나타내는 꾸옥구quoc ngu를 만들었다. 꾸옥구는 합리적이고 쉽게 익힐 수 있었기 때문에 조금씩 일반인들에게 퍼져 나갔다. 그러나 꾸옥구가 만들어진 이후에도 한자의 위세는 수그러들지 않았다. 19세기 말에 베트남을 식민지로 삼은 프랑스의 최대 장애물은 유교 정신이었다. 프랑스는 유교 정신을 파괴하기 위한 방법의 하나로 한자의 사용을 억제하고, 꾸옥구 사용을 적극 권장했다. 이렇게 되자 베트남 지도층은 꾸옥구 사용은 프랑스의 식민 지배를 돕는 것이라며 저항하면서 오히려 쯔놈 사용을 강조했다.

1905년 러일 전쟁을 전후로 근대 민족주의자들은 민중의 계몽 없이 베트남의 독립은 요원하다고 판단했다. 그들은 민중 교육을 위해서는 쉬운 꾸옥구를 배워야

호찌민이 거주했던 가옥과 벽면에 적힌 베트남 문자 꾸옥구 중국 문화권에 속하는 베트남은 문자 표기를 한자가 아닌 알파벳으로 한다. 국어로 쓰이는 꾸옥구를 프랑스 선교사가 만들어 보급했기 때문이다.

한다고 생각하여 신식 학교를 세우고 꾸옥구를 통해 근대 교육을 전개해 나갔다. 이런 과정을 거쳐 꾸옥구는 급속히 보급되었고, 현재 베트남의 공용 문자가 되었다.

● 베트남 공산화 이후 세계로 전파된 베트남 쌀국수

베트남을 대표하는 음식은 찰기가 약한 베트남 쌀로 만든 국수인 포(pho)이다. 베트남 쌀국수는 원래 하노이 중심의 북부 음식이었으나 지금은 남부에서 더 유명하다. 1945년 하노이에 공산 정권이 들어서면서 모든 식당이 국영화되자, 가게를 빼앗긴 사람들이 남쪽으로 내려가 사이공(지금의 호찌민)에서 쌀국수 음식점을 열었기 때문이다. 하지만 사이공 정권이 붕괴되고 베트남이 공산화되면서 이들 대부분은 국외로 탈출하여 베트남에서 해 왔던 쌀국수 음식점을 열었다. 이렇게 베트남 쌀국수는 우리나라를 비롯하여 미국, 프랑스 등 해외에서도 쉽게 맛볼 수 있는 음식이 되었다.

아오자이가
사랑받는 이유는 무엇일까?

여성의 몸과 마음을 그대로 보여 주는 옷

베트남은 실리를 중시하여 자신과 전쟁을 치룬 나라와도 과감히 손을 잡는 현실적 적응력을 가진 나라이다. 베트남 하면 가장 먼저 떠오르는 복장 아오자이 또한 이런 베트남의 실리성을 보여 주는 옷이다. 아오자이의 '아오'는 베트남어로 '옷', '자이'는 '길다'는 뜻을 지닌다. 어깨부터 발목까지 내려오는 아오자이를 보면 남북으로 길게 뻗은 베트남 국토가 연상된다. 아오자이는 원래는 베트남 상류층 여성들만 입는 옷이었으나 오늘날에는 대중화되어 많은 베트남 여성이 즐겨 입는 대표적인 전통 의상이 되었다.

아오자이는 여성이 자신의 몸과 마음의 상태, 결혼 여부를 넌지시 알리는 알림꾼이 되기도 한다. 예컨대 여성이 어떤 남성에게 아오자이의 한쪽 깃을 깔고 앉도록 허락하면, 그를 사랑한다는 마음을 간접적으로 보여 주는 것이 된다. 생리 중

베트남의 전통미와 실용성을 겸비한 복장으로 베트남 여인들에게 사랑받는 아오자이 아오자이는 중국의 전통 의상인 치파오를 무더운 베트남 날씨에 맞게 개량한 옷으로, 키가 크지 않지만 서양형 몸매를 가진 베트남 여성들에게 잘 어울린다.

일 때는 보통 붉은색 또는 검은색 아오자이를 입는다. 미혼 여성은 아오자이 안에 흰색 바지를, 기혼 여성은 검은색 바지를 입어서 속바지 색깔로도 결혼 여부를 알 수 있다. 아오자이는 중국 여성의 전통 의상인 치파오를 무더운 베트남의 자연환경에 맞게 개량한 옷이다. 치파오나 아오자이 모두 여성의 몸매를 잘 드러내 준다는 점에서 비슷하지만, 아오자이는 활동성을 고려하여 속에 헐렁한 바지를 입는다.

아오자이가 베트남에 첫선을 보인 때는 1930년대로, 당시 베트남에 유행하던 유럽 패션에 베트남의 전통미를 덧붙여 새롭게 만든 것이었다. 1970년대까지 화려한 색과 모양으로 발전하던 아오자이는 베트남이 공산화된 직후 된서리를 맞는다. "아무것도 보이지 않으나 모든 것을 보여 준다"라는 말이 있을 정도로 얇은 옷감이 여성의 몸매를 훤히 보여 주기 때문이다. 아오자이는 공산주의자들에게 선정적이며 비생산적인 자본주의 퇴폐 복장으로 매도되어 한동안 자취를 감추었다. 그렇지만 베트남의 개방·개혁의 물결을 타고 1989년에 아오자이 미인 대회가 열리면서 아오자이는 베트남 사회에 다시 등장했다.

● 미라로 안치된 베트남 독립 영웅 호찌민

호찌민은 베트남의 독립과 통일이라는 두 가지 위대한 업적을 남긴 국민 영웅으로 추앙받고 있다. 구 베트남의 공산당을 이끌며 민족 해방을 목표로 세력을 넓혀 가던 호찌민은 1945년 9월 2일, 베트남 민주 공화국의 독립을 선언하고 구베트남 민주 공화국 초대 대통령을 역임했다.

청렴한 공직 생활로 베트남을 이끈 호찌민은 자신이 죽으면 화장하여 유골을 조국의 여러 곳에 뿌리라고 유언을 했다. 하지만 추종자들은 레닌, 마오쩌둥, 김일성처럼 그의 시신을 미라로 만들어 건물 안에 안치하였다. 소련의 붉은 광장과 중국의 톈안먼 광장처럼 하노이의 바딘 광장에 그의 묘가 있다.

하노이 바딘 광장의 호찌민 묘

ASIA 20

캄보디아는 어떻게 민족 국가를 유지할 수 있었을까?

민족적 자긍심을 일깨운 앙코르 와트와 앙코르 톰

동남아시아 인도차이나반도에는 미얀마, 타이, 캄보디아, 라오스, 베트남 5개국이 있다. 이 나라들은 수많은 소수 민족이 결합한 다민족 국가로서 민족 간 갈등으로 정국이 불안정한 상태다. 그런데 캄보디아는 인도차이나반도의 다른 국가와 달리 크메르인이 인구의 약 90%를 차지하여 단일 민족 국가라 할 수 있다. 크메르인은 선사 이래로 인도차이나반도 남부 메콩강 부근에 살던 황인종계의 원주민과 서방에서 이주해 온 인도계 사람들과의 혼혈로 등장했다. 크메르 문명은 이들 크메르인이 세운 동남아시아 최초의 국가인 부남국扶南國에서부터 시작된다(부남은 '산'을 의미하는 프놈Phnom이라고도 하는데, 수도 프놈펜의 이름이 여기서 유래했다). 부남국은 메콩강 삼각주를 중심으로 해상 교역국으로 번성했으며, 인도의 선진 문명을 받아들여 크메르 문자를 만드는 등 독자적인 문화를 발전시켰다.

800년경 자야바르만 2세가 크메르 왕국을 세우면서 크메르 문명은 최고 전성기를 맞는다. 대사원 앙코르 와트와 도성 앙코르 톰과 같은 장대한 석조 건축물이 세워지면서 그 문화는 활짝 피어났다. 크메르 왕국을 앙코르 왕국이라고도 하는

캄보디아의 상징으로 국기에도 있는 앙코르 와트 크메르인들이 끊임없는 외세의 침략에도 민족 국가를 유지할 수 있었던 이유는 그들이 이룩한 앙코르 문명에 대한 자긍심과 높은 민족의식 때문이다.

데, 이 시기에 앙코르평야를 무대로 크메르 문화가 융성했기 때문이다. 13~14세기에 이르러 타이와 베트남이 번갈아 침입하면서 수도 앙코르가 여러 차례 함락되자 크메르 왕국은 수도를 남쪽인 프놈펜으로 옮겨야 했다. 그들 국가의 계속된 침입을 받으면서도 힘겹게 왕국의 명맥을 이어 나갔던 크메르 왕국은 인도차이나반도에 진출한 프랑스에 보호를 요청하여 스스로 프랑스령이 되었다. 시아누크 국왕의 노력으로 1953년 캄보디아는 프랑스로부터 독립할 수 있었다.

끊임없는 외세의 침략에도 캄보디아가 크메르인 중심의 민족 국가로 설 수 있었던 것은, 크메르인의 강한 민족적 자긍심과 삶의 정신적 지주인 앙코르 와트와 앙코르 톰이 있었기 때문이다. 대부분의 사람들은 앙코르 와트를 불교 사원으로

캄보디아의 상징, 앙코르 와트 앙코르 와트는 불교 사원이 아닌 힌두교 사원이다. 수리아바르만 2세가 자신이 신의 아들로서 신과 대중을 연결시켜 주는 대변자임을 만천하에 드러내고 왕권을 강화시킬 목적으로 건축한 것이다.

생각한다. 하지만 앙코르 와트는 수리아바르만 2세가 브라만교의 주신 가운데 하나인 비슈누와 합일하기 위해 건립한 힌두교 사원이다. 신의 아들로서 신과 대중을 연결해 주는 대변자임을 만천하에 보여 주어 왕의 지배력을 강화시키기 위해 지은 것이다. 앙코르 톰은 자야바르만 7세가 세운 왕궁이자 도성으로 이후 여러 왕을 거치며 증축되었다. 내부에는 바욘, 바프욘, 피메아나카스 등의 여러 사원이 있다. 이 가운데 불교 사원인 바욘 사원 안에는 자야바르만 7세의 웃는 얼굴이 새겨진 50여 개의 불탑이 있다.

세계 문화유산으로 등록된 앙코르 유적 대부분은 사암으로 만들어진 것이다. 사암은 그 특성상 빗물에 쉽게 침식된다. 관리가 제대로 안 된 데다가 무성히 자라는 풀, 빗물 등 기타 자연 현상으로 유적이 많이 황폐해졌다. 현재 유네스코의 지원으로 보수 공사가 진행되고 있다.

'앙코르의 미소'로 널리 알려진 앙코르 톰 '위대한 도시'라는 뜻을 지닌 앙코르 톰은 힌두교 사원인 앙코르 와트와 달리 불교 사원이다. 당시 100만 명이 거주한 왕국의 도성이기도 했다.

● 이상향이 아닌 죽음의 땅으로 변해 버린 캄보디아

독립 후 캄보디아에서는 내전이 거듭되었고 1975년에 캄보디아 공산당인 크메르 루주의 지도자 폴 포트가 정권을 장악했다. 본명은 살로스 사(Saloth Sar)이지만 political potential의 'pol'과 'pot'에서 따온 말인 폴 포트로 더 잘 알려져 있다. 그는 자치 농경 사회라는 이상향 건설을 위해 도시 주민들을 농촌으로 강제 이주시키고 대형 토목 공사에 동원하며 중노동과 굶주림으로 죽어 가게 했다. 의사, 교사, 기술자 등의 지식인층을 민중을 착취하는 자본가 계급으로 몰아 각종 도구로 고문하고 처형하여 1979년까지 약 150만 명이 목숨을 잃었다.

캄보디아는 죽음의 땅인 킬링필드로 알려지게 되었다. 폴 포트의 극단적이고도 무모한 사회주의 실험은 캄보디아의 태평성대를 재현하기는커녕 캄보디아를 절망과 죽음의 세계로 몰아넣었다. 극악무도한 야만성과 참상이 알려지면서 폴 포트는 전 세계로부터 고립되었으며, 1979년 폴 포트 정부는 베트남에 의해 무너졌다.

폴 포트 정권에 의해 희생된 사람들의 유골과 사진

필리핀이 납치국이라는 오명을 쓰게 된 이유는?

대립, 테러, 손쉬운 총기 무장이 결합된 결과

마젤란이 세계 일주를 하던 중 필리핀에 도착한 이후, 필리핀은 마젤란을 후원했던 에스파냐의 식민지가 되었다. 필리핀이란 국명은 에스파냐의 국왕 펠리페 2세의 이름에서 유래한 것이다. 에스파냐의 오랜 식민 통치를 받아 전체 국민의 80%가 가톨릭교도이며, 미국의 지배를 받아 영어가 사실상 공용어이다. 필리핀은 세계에서 가장 많은 납치 사건이 발생하는 나라로, 반정부군에 의한 외국인 납치가 자주 일어난다.

에스파냐에 의해 가톨릭교가 필리핀에 전파되기 이전인 1300년경, 중국을 오가는 말레이 상인들에 의해 이슬람교가 이미 필리핀에 널리 퍼져 있었다. 에스파냐인들은 이슬람교로 개종한 원주민을 모로족으로 불렀다. 이슬람의 오랜 통치를 받았던 에스파냐인들은 모로족을 적대시했고, 가톨릭교로 개종한 원주민으로 구성된 정벌 부대를 동원하여 모로족을 민다나오섬 등 남부 지방으로 몰아냈다. 1950년 이후 정부는 가톨릭계 필리핀인들을 민다나오섬 등으로 이주시키는 정책을 폈다. 바로 이것이 오늘날 가톨릭계 정부군과 이슬람계 반정부군의 대립과 분쟁의 결정적 요인이 되었다. 계속된 차별과 억압, 빈곤에 시달리던 모로족 사이에서 점차 분리, 독립을 요구하는 목소리가 높아졌다. 이에 따라 1969년 모로족의 해방을 목적으로 무장 게릴라 조직인 모로민족해방전선이 결성되었다.

1996년 정부와 반정부군 사이에 평화 협정이 체결되어 내전은 종식되는 듯했다. 하지만 모로민족해방전선의 일파로 이슬람 원리주의자들로 구성된 아부 사야프가 1991년부터 은밀히 활동하기 시작했다. 아부 사야프는 아랍어로 '검을 든 자'라는 뜻으로, 알카에다와 같은 이슬람 무장 단체의 지원을 받아 민다나오섬에 이

필리핀 민다나오섬에서 이슬람 분리를 위한 독립 투쟁에 나선 모로족
이슬람교를 믿는 모로족은 가톨릭교를 믿는 세력에 의해 남부 지방으로 밀려났다. 이후 모로족에 대한 가톨릭계의 억압과 차별 정책에 반발하여 독립을 위해 무장봉기하였다.

루손섬

■마닐라

필리핀

•세부

민다나오섬

•다바오

바실란섬

홀로섬

▨▨ 모로족 거주지역

모로민족해방전선
• 창설: 1969년
• 거점: 민다나오섬 중서부

아부 사야프
• 창설: 1991년 모로민족해방전선에서 갈라짐
• 거점: 바실란섬, 홀로섬, 민다나오섬

슬람 국가를 수립하는 것을 목적으로 하고 있다. 2000년대에 일어난 외국인 납치와 테러, 암살 그리고 외국계 회사의 습격과 사회 시설 폭파 등은 모두 아부 사야프에 의한 것이다. 인질들의 몸값은 이슬람 분리주의자들의 반정부 활동 자금이 되기 때문에 이들은 국적을 불문하고 납치를 일삼고 있다. 필리핀이 국제 사회에서 납치국으로 낙인 찍힌 것은 가톨릭교와 이슬람교 사이의 뿌리 깊은 대립과 테러 조직의 자유로운 활동, 총기 무장이 손쉬운 사회 상황 때문이다. 현재 필리핀은 오명을 씻기 위해 대규모 반정부군 소탕 작전을 벌이고 있다.

필리핀 국기 색이
잘못된 이유는 무엇일까?
부족한 청색 천을 대신해 사용한 성조기의 짙은 청색

국기는 국가의 상징이자 민족의 얼굴로, 세계 모든 나라는 국기에 관한 특별법을 제정하여 국기를 엄격히 관리한다. 하지만 필리핀은 국기의 잘못된 색을 고치지 않고 100년 가까이 사용하고 있다.

필리핀 국기의 태양은 자유와 독립을 나타내며, 여덟 개의 햇살은 에스파냐에 항거한 여덟 개 주를 의미한다. 필리핀 국기는 청색, 적색, 백색, 금색 등 네 가지 색으로 이루어져 있다. 청색은 애국심과 정의, 적색은 용기, 백색은 순결과 평화, 그리고 세 개의 금색 별은 주요 세 지역인 루손섬, 비사얀 제도, 민다나오섬을 나타낸다. 이 가운데 잘못된 색은 청색으로 원래는 엷은 청색이었지만 지금은 짙은 청색이 사용된다.

최초의 필리핀 국기는 홍콩에 망명 중이던 아기날도Emilio Aguinaldo 장군의 부탁으로 그의 조카딸이 고안하여 제작한 것이다. 1898년 홍콩의 망명 정부인 애국자연합이 미국과 에스파냐의 전쟁을 틈타 독립을 선언하면서 국기를 처음으로 게양했다고 한다. 그러나 전쟁에 승리한 미국은 필리핀을 독립시켜 준다는 약속을 지키지 않았고 오히려 필리핀을 식민지로 삼았다. 필리핀 국기의 게양도 허락하지 않았다. 1920년이 되어서야 미국의 성조기와 함께 게양한다는 조건 아래 필리핀의 국기를 게양할 수 있었다.

필리핀 국기

오랜 식민 통치를 받으면서 필리핀 사람들 사이에서는 민족의식이 싹트기 시작했다. 독립에 대한 열망은 국기에 대한 높은 관심과 애정으로 이어졌다. 이런 분위기 속에서 국기 붐이 일면서 국기가 불티나게 팔렸다. 그런데 다른 천에 비해 엷은 청색 천이 크게 부족하여 할 수 없이 미국 성조기에 쓰이는 짙은 청색 천을 사용하여 국기를 만들어야 했다. 1984년 필리핀국립역사연구소에서 국기 수정 사업이 진행되었으나 필리핀 민주화 운동 등 국가적 혼란 상황이 전개되면서 흐지부지되었다. 이후로 어떤 조치도 취해지지 않아 필리핀 국기에는 지금도 짙은 청색이 쓰이고 있다.

필리핀의 역사는 에스파냐, 미국, 그리고 일본으로 이어지는 오랜 식민 지배의 역사인 동시에 독립 항쟁의 역사이기도 했다. 필리핀에는 이를 보여 주는 특이한 국기 게양법이 있다. 평화 시에는 국기를 그대로 게양하지만 전시가 되면 거꾸로 게양하여 윗부분의 청색이 아래쪽으로, 아랫부분의 적색이 위쪽이 된다. 필리핀 인들은 "나의 마음의 기, 그 태양과 별은 불붙고, 빛나는 국토 두 번 다시 압제에 덮이지 않으리"라는 필리핀 국가를 듣고 거꾸로 게양된 국기를 보면서 독립을 향한 투지와 용기를 얻곤 했다.

필리핀 성당 에스파냐, 미국, 일본 등의 오랜 식민 통치를 받은 결과, 필리핀에는 동양과 서양 문명이 공존한다. 필리핀은 에스파냐의 약 400년 식민 지배를 받은 결과, 국민 85%가 신봉하는 가톨릭교가 국교이지만 종교의 자유가 보장된다.

라푸라푸 추장 1521년 필리핀의 막탄섬에 상륙한 에스파냐의 항해가 마젤란을 살해한 라푸라푸 추장은 유럽의 침략자를 물리친 최초의 필리핀인으로 필리핀 국민들로부터 영웅으로 추앙받는다.

ASIA
23

세계 최대의
이슬람 국가는 어디일까?

국민의 약 90%가 이슬람교도인 인도네시아

사람들은 대개 이슬람교가 아랍을 중심으로 한 중동의 종교이기에 중동에 이슬람교도가 가장 많을 것이라고 생각한다. 하지만 전 세계 약 13억 이슬람교도 가운데 중동과 북아프리카 지역의 이슬람교도는 4억 명에 지나지 않는다. 동남아시아의 파키스탄, 인도, 방글라데시, 인도네시아, 말레이시아, 브루나이의 이슬람교도는 약 6억 명에 이르며 그 가운데서도 인도네시아는 국민의 약 90%가 이슬람교도로 세계 최대의 이슬람 국가이다.

이슬람교가 인도네시아에 전래된 것은 13세기 말이었다. 이때는 바다의 비단길이라 불리던 중동–인도–동남아시아–중국 남부에 이르는 해상 교역로가 확립되던 때였다. 사라센 상인으로 불리던 아랍 상인과 인도 상인들이 수마트라섬에 거주하면서 이들에 의해 점차 이슬람교가 전파되었다. 그러나 실제로는 7세기부터 인도네시아 군도와 믈라카 해협을 중심으로 교역을 하던 아라비아 상인들에 의해 원주민들이 서서히 이슬람교로 개종한 것으로 알려졌다. 인도네시아의 이슬람교는 율법과 원리를 중시하는 중동의 이슬람교와 완전히 다르다. 원주민들이 믿었던 힌두교와 불교의 영향이 남아 있었고, 성전聖戰인 지하드를 통해서가 아닌 동양의 해상 무역로를 따라 전파되었기 때문이다. 또 이슬람 국가들은 알라를 중심으로 단결력이 강한 공동체 사회를 이루지만, 인도네시아에서는 이슬람교가 국민의 구심적 역할을 하지 못한다.

우선 인도네시아 국민 대다수가 이슬람교도이긴 하지만 율법을 중시하지 않는 사이비 이슬람교도가 더 많다. 불교와 힌두교의 영향을 떨쳐 내지 못하면서 이슬람교의 율법이 국민들 마음속 깊이 자리 잡지 못한 것이다. 그래서 인도네시아

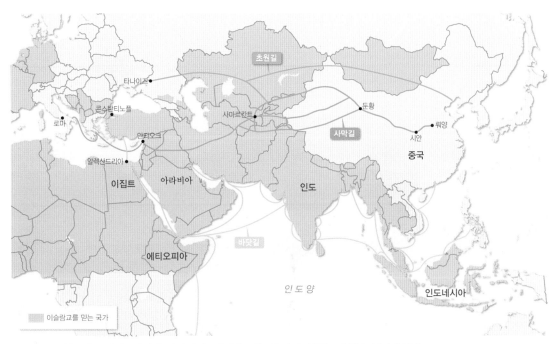

바다의 비단길을 통한 이슬람교의 전파 아랍 상인들의 해상 교역로를 따라 이슬람교가 동남아시아에 전파되었다. 동남아시아는 원래 인도에서 전파된 힌두교와 불교가 널리 신봉되고 있었다. 그러나 7세기부터 해상 교역로를 따라 아랍 상인들이 드나들면서 이슬람교가 동남아시아에 전파되었다.

인도네시아 보로부두르(Borobudur) 사원 이슬람교가 전파되기 이전에 인도네시아에서는 인도로부터 전래된 힌두교와 불교가 널리 신봉되었다. 자바섬 중부 욕야카르타 북쪽에 수많은 탑이 집합체를 이루고 있는 보로부두르 사원은 한때 불교가 널리 융성했음을 알려준다.

인도네시아 자카르타의 이스띠끄랄 이슬람 모스크 중동의 이슬람교는 열악한 자연환경과 정치적 투쟁 과정에서 발전해 왔으나 인도네시아의 이슬람교는 천혜의 자연환경과 종교, 문화의 다양성 속에서 조화롭게 발전해 왔다. 중동의 이슬람교는 계율과 원리, 원칙을 중시하지만 인도네시아의 이슬람교는 상생과 조화를 중시한다.

이슬람교도들은 이슬람 원리주의자들로부터 기회주의자이며 이슬람교로부터 일탈한 자들이라는 비난을 받곤 한다. 또한 인도네시아 이슬람 단체의 양대 산맥으로 정통 보수 지향의 나흐다뚤 울라마와 개혁 지향의 무함마디야가 있는데, 이들이 적대 관계에 있어 하나된 이슬람의 목소리를 내지 못하고 있다. 마지막으로 이슬람교도의 거주 분포도 지역마다 서로 다르며, 너무나 많은 민족 단체가 있어 '이슬람'이란 구호만으로는 하나로 통합될 수 없다. 주민의 90% 이상이 힌두교도인 발리 등에서는 이슬람에 대한 비우호적인 분위기가 팽배해 있기도 하다.

왜 인도네시아는
동티모르의 독립을 저지했을까?
티모르해의 막대한 석유와 천연가스

동티모르는 2002년에 인도네시아로부터 독립한 신생 국가로, 동티모르와 서티모르는 원래 티모르라는 하나의 섬나라였다. 티모르의 식민 통치권을 놓고 대립하던 포르투갈과 네덜란드가 리스본 조약을 체결하여 섬을 반으로 갈라 서쪽은 네덜란드, 동쪽은 포르투갈이 통치하면서 나뉜 것이다. 1940년대에는 일본의 식민지가 되는 등 티모르는 오랫동안 식민 통치를 받았다. 제2차 세계 대전이 끝난 후 서티모르는 인도네시아에 합병되었으나 동티모르는 계속 포르투갈의 식민지령으로 있었다. 1974년 4월 25일 민주화를 내걸고 포르투갈에서 쿠데타(카네이션 혁명이라고도 함)가 일어난 것을 틈타 동티모르는 독립을 선언했지만, 곧이어 인도네시아가 동티모르를 점령했다.

이후 동티모르는 지속적인 독립운동을 전개해 나갔고, 인도네시아의 수하르토 정권이 물러나면서 국제연합이 적극적으로 동티모르의 독립을 돕고 나섰다. 1999년 인도네시아로부터의 독립에 찬성하는 국민 투표 결과가 발표된 직후, 인도네시아의 지원을 받는 분리 독립 반대파들이 독립 지지파에 대하여 살인, 방화 등의 만행을 저질렀다.

인도네시아가 국제 사회의 규탄을 무릅쓰면서 동티모르의 독립을 저지한 이유로 먼저 종교적 갈등을 들 수 있다. 국민의 약 90%가 이슬람교도인 인도네시아와 국민의 약 99%가 가톨릭교도인 동티모르 사이의 종교적 갈등의 골이 깊다는 것이다. 그러나 근본적인 이유는 동티모르와 오스트레일리아 사이에 있는 티모르해 해저에 매장된 막대한 양의 석유와 천연가스 때문이다.

인도네시아는 티모르해의 유전 개발권을 오스트레일리아와 나눠 가진 바 있다.

인도네시아와 동티모르 인도네시아는 티모르해 해저에 매장된 석유와 천연가스 때문에 동티모르를 점령했으며 동티모르는 2002년 인도네시아로부터 분리, 독립하였다.

국제 사회의 비난에도 불구하고 오스트레일리아는 전 세계에서 유일하게 동티모르에 대한 인도네시아의 주권을 인정한 나라이다. 그러나 동티모르의 구스마오Xanana Gusmao 대통령은 발 빠르게 오스트레일리아와의 티모르해 석유, 천연가스 개발 협약에 서명했다. 바로 이것이 다른 무엇보다 국익을 우선하는 냉엄한 국제 사회에서 동티모르가 살아남기 위해서 첫 번째로 한 일이었다.

● 동티모르가 가톨릭 국가가 된 이유

인도양과 태평양을 연결하는 길목에 위치한 티모르섬은 14세기경 중국인과 인도인의 주요 무역 대상지였다. 16세기 들어 동남아시아의 향료 무역에 나섰던 포르투갈 상인들이 도착하면서 티모르섬은 포르투갈의 식민지가 되었다. 이후 1730년대 인도네시아 전역이 네덜란드 동인도 회사의 지배에 들어가면서 포르투갈과 충돌하였다. 전쟁에서 패한 포르투갈은 섬의 서쪽을 포기하고 동쪽만을 지배하게 되었다. 인도네시아의 영향으로 이슬람화한 서티모르와 달리 오랫동안 포르투갈의 지배를 받은 동티모르에서는 가톨릭교가 우세하게 되었다. 한편, 인도네시아의 영토인 서티모르에는 동티모르의 고립된 영토가 일부 있기도 하다.

불교가 인도에 발을 붙이지 못한 이유는 무엇일까?

힌두교로 융합된 생명력 잃은 불교

인도는 불교가 창시된 곳이지만, 인도 인구 약 12억 명 가운데 불교도는 약 0.8%에 불과하다. 인도 북부에 남은 몇몇 사원만이 인도가 한때 불교 국가였음을 보여 줄 뿐이다. 오히려 스리랑카와 미얀마, 타이 등에서 불교가 더 융성하다. 불교가 인도에 발을 붙이지 못하고 쇠퇴한 이유로 8세기경부터 인도에 침입하기 시작한 이슬람 세력을 들 수 있다. 그렇지만 근본적으로는 불교 자체가 종교로서의 사회적 역할을 다하지 못하면서 종교적 정체성을 상실하여 대중으로부터 외면당했기 때문이다.

불교는 처음에는 그 윤리 의식이 참신했고 만인의 평등관에 기초한 카스트 제도를 배격하여 인도의 하층 계급으로부터 폭넓은 지지를 얻었다. 그러나 시간이 흐를수록 일반 대중으로부터 멀어져 왕족과 사회 귀족층만을 위한 종교로 변해 갔다. 자기의 깨달음을 통해 윤리적 삶의 방식을 중시하는 엘리트 의식을 강조하다 보니 일반 대중과 유리된 것이다.

인도 대중들은 일상생활 속에서 의례나 제사 등을 중시했다. 하지만 불교에는 이를 수용하는 제도가 없어 대중들은 기존 힌두교의 방식을 따를 수밖에 없었다. 출가자들은 승원 안에서 불교 규칙과 승가 원칙에 따라 수행했지만 불교도들은 특별한 의례에 참가하기 어려웠기 때문에 불심은 차츰 약해졌다. 불교는 대중의 의식에 뿌리 깊게 박힌 민간 신앙과 현실 구제에 대한 소망을 경시했으며, 불교도들을 결집시키는 응집력 또한 없었다.

불교가 생명력을 상실한 채 인도 전역에서 점차 힌두화되어 가는 상황에서 이슬람 세력의 침입은 불교의 쇠락을 더욱 부채질했다. 유일신을 믿는 이슬람교와 불

불교의 전파도 인도에서 창시된 불교가 오히려 인도에서 쇠퇴한 이유는 불교 자체가 종교로서의 사회적 역할을 다하지 못하면서 종교적 정체성을 상실하고 내중들로부터 외면을 당했기 때문이다. 불교는 이후 중국을 거쳐 한국, 일본으로 전해졌으며 미얀마, 타이 등을 거쳐 인도네시아로 전파되었다.

소승 불교
대승 불교와 국가 전통의 혼합
소승 불교와 대승 불교의 혼합
티베트 불교

몽골

신장

4세기

3~11세기

고구려

기원전 3세기

372년

1세기

백제 신라

기원전 1세기말

일본

간다라

한

610년

티베트

네팔

7세기

동진

부탄

기원전 2세기

부다가야
(불교의 발상지)

미얀마

아잔타 인도

라오스

3세기

타이

베트남

앙코르 와트
캄보디아

기원전 3세기

실론

5세기

인도네시아

보로부두르

불교의 전파 시기
대승 불교
소승 불교

인도 북부 사르나트의 다멕 스투파 석가모니가 처음으로 설법한 사르나트는 석가모니가 태어난 룸비니, 도를 깨우친 부다가야, 열반한 쿠시나가라와 함께 4대 성지 가운데 하나로 꼽힌다. 6세기경 세워진 다멕 스투파 주위로 많은 사람이 돌며 불공을 드린다.

교의 자타불이自他不二 정신은 공존할 수 없었다. 이슬람 세력에 의해 사원이 파괴되고 승려들이 사원에서 쫓겨나면서 불교는 더욱 설 자리를 잃었다. 그 결과 1200년대 이후 불교는 인도에서 모습을 감추었다.

● **인도 국기와 화폐에 남은 불교**

고대 인도 마우리아 왕조의 아소카왕은 백성들에게 불교를 전파하기 위해 기둥에 왕의 조칙을 새겨 넣은 석주비를 전국 곳곳에 세웠다. 석주비의 사자는 왕의 권위를, 법륜은 윤회를 뜻하는 불법을 상징한다. 국민 대다수가 힌두교를 믿는 오늘날의 인도의 국기와 화폐에 불교를 의미하는 법륜이 남아 있다.

석주비

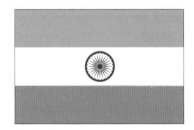

인도 국기

인도 화폐

이란보다 인도에 조로아스터교도가 많은 이유는 무엇일까?

ASIA 26

이슬람의 박해를 피해 인도로 이주한 조로아스터교도

니체의 『차라투스트라는 이렇게 말했다』의 주인공 차라투스트라의 이름을 그리스식으로 읽으면 조로아스터Zoroaster가 된다. 조로아스터는 조로아스터교의 창시자로서 조로아스터교는 불을 숭배하는 배화교拜火敎로 불리곤 하는데 이는 잘못된 것이다. 조로아스터교에서는 불을 통해 신의 본성을 깨달을 수 있다고 믿을 뿐, 불 자체를 숭배하는 것은 아니기 때문이다. 조로아스터교에서는 창조, 정의, 질서의 주신인 유일신 아후라 마즈다를 신봉한다. 여기서 '아후라'는 '신', '마즈다'는 '지혜'를 의미한다. 조로아스터교는 인간 세계를 선과 악, 광명과 어둠이 서로 영원히 대결하는 싸움의 장으로 보았으며, 마지막에 세상의 모든 악은 심판받게 될 것으로 보았다. 조로아스터교가 종교적으로 주목받는 이유는 당시의 다신교 체계를 유일신 체계로 변혁시키려 했고 선과 악, 최후의 심판, 세계의 종말과 같은 이원론적 종교적 개념을 처음으로 주장했기 때문이다.

아케메네스 왕조를 세운 다리우스 1세는 조로아스터교의 아후라 마즈다를 최고의 신으로 모셨다. 이후 조로아스터교는 다리우스 1세의 원정과 함께 현재의 이란을 중심으로 동쪽으로는 아프가니스탄, 서쪽으로는 페르시아 전역으로 전파되었다. 그러나 알렉산드로스 대왕이 이란 일대를 정복하면서 헬레니즘의 영향을 받아 한때 그 종교적 정체성이 불분명해졌다. 하지만 이후 사산조 페르시아가 조로아스터교를 국교로 삼으면서 조로아스터교는 다시금 발전하게 되었다. 사산조 페르시아는 조로아스터교의 경전인 『아베스타Avesta』를 집대성했으며, 조로아스터교 이외의 다른 종교들은 박해했다.

7세기 전반 무함마드에 의한 이슬람의 정복 시대가 시작되면서 사산조 페르시

조로아스터교 최고의 신 아후라 마즈다 아케메네스 왕조의 다리우스 1세 이후 모든 페르시아 왕은 자신들이 최고의 신으로부터 권력을 부여받아 세상을 다스린다고 주장하면서 왕의 무덤을 비롯한 주요 신전 등에 반드시 아후라 마즈다를 조각하도록 했다. 조로아스터교를 제국의 통치에 이용한 셈이다.

불을 통해 신의 본성을 깨닫는 조로아스터교를 표현한 벽돌 부조 조로아스터교는 영원히 꺼지지 않는 신전의 불을 보며 예배를 드리는 독특한 제사 형식을 취한다. 신전의 불은 항상 꺼지지 않고 타오른다.

아는 무너졌으며, 이슬람화가 추진되면서 교세는 크게 줄어들었다. 이슬람교로 개종할 것을 요구하는 압박이 심해지자 조로아스터교도들은 종교 박해를 피하기 위해 이란을 떠나 이웃한 인도로 이주했다. 인도에서 파르시parsi('페르시아'를 뜻함)교도로 불리는 사람들이 바로 이들의 후손으로 대부분 인도 서부 구자라트와 뭄바이 지역에 거주한다. 현재 인도에는 이란보다 훨씬 더 많은 약 8만 명의 조로아스터교도가 있다. 인도의 국민 기업인 타타 그룹의 기업주 타타 가문은 대표적인 조로아스터교도 가문이다.

● 조로아스터교를 믿는 이란에서 조장鳥葬 문화가 성행한 이유

조로아스터교를 믿는 이란에서는 라마교를 믿는 티베트에서와 마찬가지로 시신을 새에게 넘겨주는 조장 문화가 성행하였다. 그러나 새가 시신을 쪼아 먹게 하여 살을 분리한 후 뼈까지 부수어 모두 새에게 주는 티베트 조장과는 달리, 이란에서는 새가 살을 쪼아 먹게 한 후 뼈만 추려 내어 상자에 보관한다. 이처럼 조로아스터교에서 조장 문화가 성행한 것은 사람의 영혼은 영원하지만 육체는 땅에 묻힐 경우 썩어 흙, 물, 불 등을 오염시킨다는 자연 숭배 사상 때문이다.

조장할 때 남자와 여자의 시신을 놓는 곳이 다르며 성직자가 시신 옆에 앉아서 지켜보는데, 독수리가 시체의 오른쪽 눈을 먼저 파먹으면 그 영혼은 천국으로 가고, 왼쪽 눈을 먼저 파먹으면 지옥으로 간다고 믿었다. 그러나 이러한 조장 문화는 전근대적이라는 이유로 30여 년 전 법으로 금지되었으며 지금은 3일장을 거쳐 매장을 한다. 묘지는 죽은 사람의 나이, 신분, 빈부 등을 막론하고 똑같은 크기와 모양으로 만들어진다. 신 앞에는 누구나 동등하다는 믿음 때문이다.

조로아스터교의 조장이 행해지는 침묵의 탑 이란 야즈드의 낮은 구릉에 벽돌로 쌓은 제단인 침묵의 탑은 조로아스터교 전통에 따라 조장을 행하는 곳이다. 이곳에서, 죽은 자의 육체는 독수리의 밥이 되고 영혼은 하늘로 올라간다. 원래 조장은 하늘과 더불어 새를 신성시하는 신앙에서 비롯되었다. 따라서 새는 인간의 영혼을 하늘로 운반하는 매개체이며 영물이다.

간다라 불상은
어떻게 등장했을까?
불교와 헬레니즘 요소의 오묘한 결합

불교에서 부처의 형상을 본뜬 불상이 등장한 것은 부처의 입멸 후 약 500년이 흐른 뒤의 일이었다. 불상이 등장하기 전까지는 부처의 사리를 봉안한 불탑 중심의 신앙이 주를 이루었다. 불상이 처음 만들어진 때는 약 1세기경으로, 간다라라고 불리는 인도 북서부 파키스탄의 페샤와르 지방에서 만들어진 것으로 추정된다. 간다라 지방은 동서양을 잇는 길목에 있어 예부터 서남아시아 및 중앙아시아와 인도, 중국의 여러 문화가 교류하던 곳이었다. 간다라 지방의 초기 불교도들은 불상을 제작하지 않았다. 그러나 알렉산드로스 대왕의 진출과 함께 인간의 모습을 빌어 신상神像을 만들던 그리스 사람들의 조각 기술과 전통이 간다라 지역 사람들에게 전래되어 불상이 만들어지기 시작했다.

간다라 지방에서 만들어진 초기 불상을 보면 그리스 문화의 영향이 확연히 드러난다. 깊은 눈에 우뚝 솟은 콧대, 물결 모양의 머리칼에다 왼쪽에서 오른쪽으로 잡힌 옷 주름은 그리스풍의 아폴론 조각상에서 볼 수 있는 것이다. 이와 같이 간다라 불상은 인도풍의 불교적 요소와 그리스식 헬레니즘적 요소가 혼재되어 있다. 이런 이유로 간다라 불상을 '헬레니즘화된 부처' 또는 '인도화된 아폴론'이라고 부르기도 한다.

간다라 미술은 마우리아 왕조의 아소카왕과 쿠샨 왕조의 카니시카왕 때 전성기를 맞았다. 이때는 미소 띤 채 명상에 잠긴 듯한 얼굴, 길게 늘어진 미간 사이의 백호白毫와 같이 그리스 신상과는 많이 다른 인도적 모습의 불상이 제작되기도 했다. 인도 아잔타 석굴의 불상은 간다라 미술의 대표적 불상이다. 이후 간다라 미술은 중국(윈강 석불)을 거쳐 한국(석굴암), 일본(호류사)으로 전파되어 동아시

헬레니즘화한 부처　초기 불상의 모습은 그리스 아폴론풍으로, 인도풍의 불교 요소와 그리스식 헬레니즘 요소가 혼재되어 있다. 불교에 귀의한 그리스인들이 만든 이 불상의 미소를 '아르카익 스마일'이라고 한다.

간다라 미술 발생지와 불상 전달 경로 간다라 지방에서 중국으로 전파된 불상은 1세기경 투루판에서부터 조금씩 중국적인 얼굴로 변형되기 시작한다.

아 불교 미술에 큰 영향을 끼쳤다. 세계 문화유산으로 지정된 아프가니스탄 하타의 바미안 석불은 56m로 세계 최대 높이의 석불이었다. 그러나 아프가니스탄의 이슬람 무장 단체인 탈레반군의 폭격으로 사라졌다.

간다라 미술의 영향을 받은 석굴암 본존 불상 석굴암 본존 불상은 중국을 통해 간다라 미술이 우리나라에 전파된 가장 대표적인 증거이다. 동서 문화가 절묘하고 아름답게 융화된 예술의 결정체로서 신라의 미소로 통한다.

아잔타 석굴의 불상 불상 조각으로 대표되는 간다라 미술은 인도 마하라슈트라주 북서부에 위치한 아잔타 석굴의 벽화와 불상에 그대로 전수되었다. 아잔타 석굴은 인도 불교 석굴 예술의 진형을 보여 준다. 석굴 예술은 비단길을 타고 중국의 둔황, 윈강, 룽먼을 거쳐 우리나라의 석굴암으로 전해졌다.

인도, 파키스탄, 방글라데시의 분리 원인은 무엇이었을까?

ASIA
28

뿌리 깊은 종교적 갈등과 경제적 격차

세계 제2위의 인구 대국인 인도, 그리고 그 동서에 있는 파키스탄, 방글라데시는 약 60년 전까지만 해도 하나의 나라였다. 그러나 인도가 영국의 식민 지배에서 독립한 이후 정치적 격변을 겪으며 인도, 파키스탄, 방글라데시로 분리되었다. 이는 인도 주민의 대부분을 차지하는 힌두교도와 소수인 이슬람교도 사이의 뿌리 깊은 대립과 갈등에서 비롯되었다.

힌두교도가 대부분인 인도에 이슬람 세력의 침입이 시작된 것은 8세기부터였다. 조금씩 인도를 침입하던 이슬람 세력은 바부르가 인도의 혼란을 틈타 갠지스강 유역을 정복하고 델리를 수도로 삼아 무굴 제국을 세우면서 완전히 뿌리내리기 시작했다. 무굴Mughal이란 아랍어로 '몽골'을 뜻하는데, 이는 바부르가 칭기즈 칸의 후손이기 때문에 붙여진 이름이다.

무굴 제국은 다수 주민인 힌두교도를 회유하지 않고서는 인도를 하나의 제국으로 만들 수 없음을 알았다. 그래서 힌두교도에 대한 차별을 없애고 힌두교도와 우호적인 관계를 유지하는 데 힘썼다. 이 때문에 무굴 제국은 인도반도 전역으로 영토를 확장할 수 있었고 인도에는 이슬람 세력이 뿌리내릴 수 있었다. 그러나 너무 급진적으로 인도 전체의 이슬람화를 추진하면서 힌두교도들의 불만을 사 결국 제국은 혼란에 휩싸이게 되었다.

무굴 제국이 혼란에 빠진 18세기 후반, 호시탐탐 기회를 노리던 영국은 자유 통상권을 얻으며 점차 세력을 넓혀 갔다. 19세기가 되자 마침내 영국은 무굴 제국을 무너

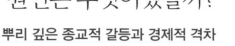

인도 최대의 이슬람 고탑, 쿠트브 미나르 '승리의 탑'이란 뜻을 지닌 높이 72.5m의 거대한 첨탑 쿠트브 미나르는 인도 최초의 이슬람 왕조인 노예 왕조를 창시한 쿠트브 웃 딘 아이바크가 힌두교에 대한 이슬람의 승리를 기념하며 세운 것이다. 힌두교와 이슬람교의 양식이 혼합되었으며 『코란』 구절이 새겨져 있다.

뜨리고 인도를 식민지로 삼았다. 영국은 인도를 지배하면서 주민들 간의 단결을 막기 위해 서로 다른 민족과 종교를 교묘하게 이용하여 대립시키는 정책을 폈다. 그러나 힌두교의 지도자 마하트마 간디가 이끄는 인도국민회의와 이슬람교의 무함마드 알리 지나가 이끄는 전인도이슬람연맹이 일치 단결하여 독립운동을 주도했고, 인도는 1947년 영국으로부터 독립할 수 있었다. 하지만 이 과정에서 소수의 이슬람교도들은 힌두교의 지배에서 벗어나 따로 이슬람 국가를 세우려 했다. 마침내 인도에서 분리된 이슬람 국가가 세워졌는데, 이 나라가 바로 파키스탄이다. 이 과정에서 수십만 명이 사망했으며 영토가 확정되면서 1,500만 명의 주민들이 힌두교도는 인도로, 이슬람교도는 파키스탄으로 이동해야 했다.

1947년, 파키스탄은 처음에는 인도를 사이에 두고 동쪽과 서쪽으로 분리된 형태로 독립했는데, 이는 벵골 분할령 때문이었다. 벵골 분할령이란 1903년 영국 지배 당시 행정의 편의를 도모한다는 명분 아래 반영운동이 활발한 벵골만 지역을

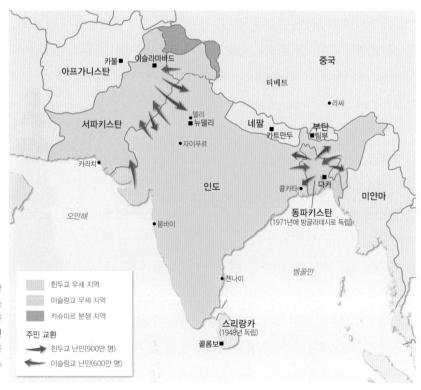

인도의 독립과 분할 하나의 나라였던 인도는 영국으로부터 독립하는 과정에서 주민의 대부분을 차지하는 힌두교도와 소수인 이슬람교도 사이의 뿌리 깊은 대립과 갈등으로 인도, 파키스탄, 방글라데시로 분리되었다.

분할하여, 서벵골의 힌두교도 거주 지역과 동벵골의 이슬람교도 거주 지역으로 분리하여 통치한 것을 말한다.

동·서파키스탄은 지리적으로 1,600km나 떨어져 있었을 뿐만 아니라 언어, 문화, 전통에도 큰 차이가 있었지만 인도에 대한 불신으로 한 국가를 이루었을 뿐이었다. 정치와 경제는 모두 서파키스탄이 관장했기 때문에 열세에 있었던 동파키스탄은 서파키스탄의 식민지나 다름없었다. 이에 동파키스탄은 독립을 요구했고, 이에 반대하는 서파키스탄과 동파키스탄 사이에 내전이 발발했다. 결국 1971년, 인도의 지원을 받은 동파키스탄은 전쟁에서 승리하여 '벵골의 나라'를 뜻하는 방글라데시로 국명을 바꿔 독립했다. 현재도 인도에서는 다수의 힌두교도들과 소수의 이슬람교도 사이에 충돌이 일어나고 있다. 2008년 인도의 뭄바이에서 발생한 테러는 이슬람 세력인 파키스탄의 무장 단체에 의한 것이었다.

● 인도와 파키스탄 사이의 화약고 카슈미르

카슈미르는 캐시미어 염소의 연한 털로 짠 직물인 캐시미어로 유명한 곳으로 인도, 파키스탄, 중국에 둘러싸여 있으며 1,100만 명이 거주하는 산악 지대에 있다. 그런데 인도 독립 당시 인도와 파키스탄 간에 명확한 국경선이 그어지지 않아 분쟁 지대가 되었다. 이 지역을 둘러싸고 대립한 인도와 파키스탄 모두 핵무기를 보유하고 있어 자칫하면 핵 전쟁으로 발전할 가능성이 있기에 세계의 이목이 쏠리는 곳이다.

카슈미르 분쟁의 원인은 카슈미르 지방의 영토 귀속 문제였으나 보다 본질적으로는 10세기부터 계속되어 온 이슬람교와 힌두교 간의 종교적 대립이다. 1947년 파키스탄과 분리될 때 카슈미르 주민의 절대 다수인 이슬람교도들은 파키스탄으로의 편입을 요구했으나 지방 토후왕이었던 마흐라자 하리싱이 인도로의 편입을 결정하여 이때부터 분쟁이 시작되었다.

인도와 파키스탄의 영토 분쟁이 계속되고 있는 카슈미르 지방

● 타지마할을 보지 않고는 인도를 여행했다 하지 말라

타지마할은 세계 건축미의 불가사의로 일컬어지는 흰 대리석 조각 예술의 극치로, "타지마할을 보지 않고는 인도를 여행했다는 말을 하지 말라"라는 말이 있을 정도이다. 순백의 대리석은 태양의 각도에 따라 하루에도 몇 번씩 빛깔이 달라지며 건물과 입구의 수로 및 정원의 완벽한 좌우 대칭은 균형미와 정갈함을 느끼게 한다. 1983년 타지마할은 유네스코 세계 문화유산으로 등재되면서, "인도에 위치한 이슬람 예술의 보석이며 인류가 보편적으로 감탄할 수 있는 걸작"이라는 평가를 받았다.

뭄타즈 마할 왕비는 왕자를 출산하던 중 젊은 나이로 숨지고 말았다. 타지마할은 왕비를 끔찍이 사랑했던 샤 자한 대제가 그녀의 넋을 위로하고자 만든 것이다. 외국의 건축가와 기술자, 최고급 자재 등을 조달하면서 22년 동안 매일 2만 명의 인부가 동원된 대공사였다. 샤 자한은 이 세상에 이보다 더 아름다운 대리석의 건물을 짓지 못하게 하기 위해서 타지마할이 완공된 후 여기에 동원된 유명한 석공들의 손가락을 잘랐다고 한다.

힌두교도에게 소란 어떤 존재일까?

소는 힌두교의 세 주신이 머무는 신성한 생명체

힌두교도들은 소(등에 혹이 달린 등혹소를 말함)를 신성시하여 소고기 먹는 것을 금한다. 힌두교도에게 소는 어떤 존재일까? 힌두교는 아리아인의 종교였던 바라문교가 인도 원주민의 토착 민간 신앙과 융합된 이후 불교의 영향을 받으면서 점차 종교 형태를 갖춘 인도의 고대 민족 종교이다. 힌두교는 천지 창조의 신 브라마, 파괴의 신 시바, 유지의 신 비슈누의 세 주신主神 외에 수백, 수천의 신을 모시는 다신교이다.

힌두교에서 소는 세 주신이 머무는 신성한 생명체이다. 수소는 남근상 링가와 함께 시바 신앙의 상징이며, 암소는 지모地母 여신의 상징으로 크리슈나 신이 타고 다니는 교통수단이자 수행원으로 통한다. 그래서 인도에서 소에게 체벌을 가하거나 해를 끼치는 행위는 힌두교에 반하는 행위가 된다. 인도에서는 소가 차도를 막아서도 소가 피할 때까지 기다리며, 거리를 돌아다니던 소가 부엌에 들어와도 나갈 때까지 마냥 기다린다. 인도에서는 햄버거에도 소고기가 아닌 주로 닭고기를 쓴다고 한다.

기원전 1500년경 인도에 침입한 아리아인들은 바라문교도로서 소를 산 제물로 바쳤다. 이로써 처음에는 소에 대한 금기가 없었음을 알 수 있다. 그러나 유목 사회에서 생활해 오던 아리아인들이 인도의 갠지스 강변에 정착한 이후, 고온 다습한 기후 조건에 적응하면서 점차 농경 사회로 전향하게 되자 소의 가치와 위상이 변화되었다.

농경이 본격화되면서 인구가 급증했으며, 이를 부양할 농업 생산량을 증대시키기 위해서는 더 많은 농지가 필요했다. 단단한 흙을 일구는 힘

힌두교의 등혹소 인도에서 등혹소는 크리슈나 신이 타고 다니는 고귀한 생명체로 여겨져 신성시된다.

인도 거리의 등혹소 인도에서 등혹소는 인간과 섞여 지낼 정도로 존중받지만 물소는 농경과 노역에 사용되고 식용으로 도살되기도 한다.

센 수소는 없어선 안 될 귀중한 노동력이었으며, 암소는 우유와 유제품과 같은 식료품을 안정적으로 공급하는 주요 식량원이었다. 식용할 고기를 얻기 위해 초지와 사료 작물을 재배하는 것보다 소의 노동력을 이용하여 농지를 개간하는 것이 몇 배나 더 큰 이익이 되었다. 이러한 사회·경제적 요인에 의해 소는 점차 사람들에게 신성한 가축으로 인식되었다.

그러나 이러한 요인 외에 종교·문화적 현상 때문에 소를 신성시하게 되었다는 의견이 점차 설득력을 얻고 있다. 힌두교가 인도인들 사이에 널리 전파될 무렵, 힌두교의 모체인 바라문교의 계급 제도에 대한 폐해와 모순을 지적하면서 등장한 종교가 불교였다. 이 당시 불교 또한 널리 교세를 확장하고 있었다. 소고기에 대한 금기는 힌두교가 불교와의 경쟁에서 종교적 헤게모니를 장악하기 위해 벌인 특별한 의식이 나중에 제도화되어 나타난 것으로 볼 수 있다.

● 힌두교도에게 신 그 자체인 갠지스강

기원전 1500년경 아리아인이 침입하여 드라비다족을 내몰아 데칸고원으로 쫓아내면서 드라비다족 가운데 일부는 갠지스강 유역에 정착했다. 평야 지대를 흐르는 갠지스강은 2~3년에 한 번씩 대홍수를 일으켜 주변 지역을 곡창 지대로 만들어 주었다. 이렇게 갠지스강은 새로운 인도 문명의 중심이 되었고, 오늘날 힌두교도들에게는 신 그 자체인 성스러운 강이 되었다. 갠지스강은 인도에서 '강가'라고 불리는데, '강가'는 '신의 어머니'란 뜻이다. 힌두교도는 종교적인 정화를 위해 갠지스강에서 목욕을 하며 죽어서 이곳에 뿌려지면 윤회가 끝난다는 믿음을 가지고 산다.

갠지스강에서 화장을 하는 인도의 힌두교도들 힌두교에 대한 이해 없이 인도인과 인도 문화를 이해하는 것은 불가능하다. 힌두교는 오랜 세월에 걸쳐 형성된 종교로서 사회 제도, 관습과 의례, 전통 등을 포괄하는 생활 양식이자 문화의 총체이기 때문이다.

ASIA 30

인도인 하면 떠오르는 터번과 수염은 무엇을 상징하는가?

인도의 소수 종교인 시크교도들의 모습

인도에서는 하얀 상하의에 수염을 길게 늘어뜨리고 머리에 터번을 두른 남자들을 볼 수 있다. 그 특이한 외양은 인도인을 대표하는 모습으로 여겨지기도 한다. 하지만 긴 수염과 터번은 남성 시크교도들의 상징일 뿐이다. 시크교는 15세기 초 인도 북서부 펀자브 지방에서 창시되었으며 이슬람교와 힌두교의 대립을 해소하고 두 종교의 사상을 융합한 종교이다. 또한 시크교는 개혁적 성격을 띠고 있어 이슬람의 여성 차별과 힌두교의 계급 제도인 카스트를 철저히 배격했다.

시크교는 철저한 평화주의에 기반한 종교였다. 하지만 이슬람교의 박해와 탄압이 심해지자 지도자 고빈드 싱은 '순수'라는 뜻의 군사 조직인 칼사Khalsa를 결성하여 교단의 전투성을 강조했다. 펀자브 지방에서 군사력을 키운 시크교도들은 영국 식민 통치 하에서 영국군과 싸웠으나 패하여 많은 교도가 처형당했다.

17세기 말, 고빈드 싱에 의해 오늘날 시크교도의 독특한 옷차림이 제도화되었다. 먼저 신으로부터 부여받은 신체는 그대로 보존해야 했고 머리와 수염은 깎아서는 안 되었다. 머리가 주체할 수 없이 길어지자 이를 둥글게 묶어 고정시키기 위해 터번이 생겨났다. 터번은 시크교에 대한 충성심을 보여 주는 것이었기 때문에 남성들은 터번을 꼭 써야 했다. 아울러 조직의 단결심을 의미하는 팔찌와 진리 수호를 위한 단검, 무릎 아래로 내려가지 않는 짧은 바지, 그리고 긴 머리와 이를 땋는 데 필요한 나무 빗, 이렇게 다섯 가지가 시크교도의 상징이었다.

시크교에서는 술, 담배를 금했고, 시크교도는 근면하고 성실한 사람들이었다. 이들 대부분은 상인이나 군인이었는데, 특히 해외 무역에 종사하는 사람들 가운데서 시크교도가 많았다. 해외 무역에 나섰던 시크교도들의 독특한 모습이 여러

터번을 두른 인도의 시크교도
인도인 하면 생각나는, 머리에 터번을 두른 인도의 시크교도들이다. 해외 무역에 나섰던 시크교도들의 독특한 모습이 여러 나라에 전해지면서 이들이 오늘날 인도인의 일반적인 모습으로 각인된 것이다.

시크교의 총본산 인도 암리차르의 황금 사원 인도 북부 펀자브주 최대의 도시인 암리차르에 있는 황금 사원은 시크교의 중심지로서 중요한 순례지이다. 저수시 중앙에 세워진 사원의 지붕이 금박으로 덮여 있다.

나라에 전해지면서 이들이 오늘날 인도인의 일반적인 모습으로 각인된 것이다. 최근 시크교도 가운데 젊은 세대는 머리를 자르고 터번을 벗기도 하여 시크교 공동체 지도자들의 고민이 깊어 가고 있다.

9·11 테러 이후 미국의 공항 보안이 대폭 강화되면서 시크교도의 터번을 벗겨 조사한 일이 있었다. 시크교도가 미국에 입국하면서 테러용 무기를 터번 속에 감추어 들여올 가능성이 있다는 것이었다. 미국의 시크교도들은 크게 반발했으며, 유대인과의 차별로 더욱 분개했다. 유대인의 전통 모자인 야르물케는 보안 검색에서 제외했기 때문이다.

● **'-아바드'는 이슬람의 식민 도시를 뜻하는 접미사**.............

무굴 제국은 제3대 황제인 악바르 대제 때 최대 번영을 맞는다. 인도에서 마우리아 왕조 아소카왕 이래로 가장 위대한 지배자로 불리는 악바르 대제는 '아리아인의 집'이란 뜻의 아그라 시와 아그라성을 건설했다. 또 이슬람의 식민 도시를 뜻하는 접미사 '-아바드'가 붙은 도시들을 곳곳에 건설했다. 아마다바드, 남인도의 하이데라바드 등이 그 도시들이다.

인더스 문명이
멸망한 이유는 무엇일까?

도시 건설에 쓰인 벽돌이 불러온 엄청난 재해

기원전 2500년경, 인더스강 유역에서 인류 4대 문명의 하나인 인더스 문명이 탄생했다. 그 중심지는 '죽음의 언덕'이라는 뜻의 모헨조다로, 그리고 하라파였다. 특히 모헨조다로에는 목욕탕, 곡물 창고, 집회장 등과 같은 대규모 건물들이 즐비했으며, 뛰어난 위생 설비로 도시 체계를 잘 갖추고 있었다. 모헨조다로에는 동서로 약 1.5km, 남북으로 약 1km에 달하는 도시 구역에 바둑판 모양의 시가지가 질서 정연하게 정비되어 있었다. 그런데 이렇게 뛰어난 문명 체계를 구축했던 인더스 문명이 어떻게 급작스럽게 멸망했는지는 그동안 수수께끼로 남아 있었다.

지금까지는 기원전 1500년경 아리아인의 침입을 멸망의 주된 원인으로 보았다. 그러나 최근 방사성 동위원소를 통해 정밀 측정한 결과, 인더스 문명은 기원전 2600년~기원전 1800년에 존속한 것으로 나타났다. 그렇다면 인더스 문명의 멸망 시기와 아리아인의 침입 시기에는 약 300년이라는 공백이 생긴다. 결과대로라면 인더스 문명은 아리아인의 침입 이전인 기원전 1800년경에 이미 멸망했기 때문이다.

인더스 문명을 집어삼킨 것은 모헨조다로를 비롯하여 하라파, 찬후다로, 데살파르, 카라반간 등의 도시들을 건설하는 데 쓰인 벽돌이었다. 인더스 문명권에 존재했던 도시들

인더스 문명을 대표하는 모헨조다로 유적 모헨조다로는 격자형의 잘 발달된 도로망을 갖추고, 집집마다 작은 욕실과 인류 최초의 수세식 화장실을 만들었다. 중앙의 높은 기단은 성채이며 중앙에 회의장이 있었던 것으로 보아 막강한 권력 집단이 존재했던 것으로 보인다.

오늘날 인도를 낳은 인더스 문명 인더스 문명은 기원전 2600년부터 약 1,000년간 인더스강 유역에 청동기를 바탕으로 번영한 고대 문명이었다. 메소포타미아 지역에서 인노의 고대 상형 문자가 새겨진 인장이 발견된 것으로 보아 이 지역과 교류하였음을 알 수 있다. 인더스 문명의 멸망 원인은 홍수에 의한 자연재해였다. 그러나 재해의 시작은 인간의 지나친 삼림 파괴였다.

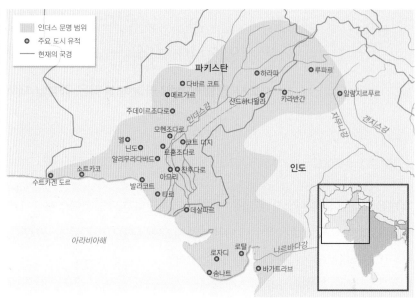

은 모두 불로 구운 벽돌로 완성된 계획도시였다. 각 도시들을 건설하기 위해서는 막대한 양의 벽돌이 필요했고, 벽돌을 만들어 내기 위해서는 엄청난 양의 나무가 있어야 했다. 결국 인더스강 유역의 수많은 삼림이 벌목되어 땔나무로 쓰였고, 이것으로도 부족하여 다른 곳에서 실어 와야 했다. 삼림이 모두 잘려 나간 민둥산에 비가 퍼부어 내릴 때마다 홍수가 일어나 농경지와 도시 곳곳이 물에 잠겼다. 이 과정에서 주변 농경 지대에 염분이 축적되면서 염해가 심해져 농사를 지을 수 없었고 인구 밀집 지역에서는 전염병이 발생했다. 사람들은 도시를 떠날 수밖에 없어 찬란하게 피어났던 도시 문명은 자취를 감추었다.

● **인도인의 정신적 고향인 인더스강**

아리아인들의 고향은 메마른 초원이었다. 초원에서 살았던 사람들에게 인더스강은 너무나 거대해 보여 마치 바다와 같았다. 인더스는 강, 바다를 의미하는 산스크리트어 '신두(shindu)에서' 유래한 말이다. 페르시아인은 '신두'에 'h' 발음을 덧붙여 '힌두'라고 불렀다. 이는 후에 인도를 대표하는 종교인 힌두교의 어원이며 오늘날 인도 국명의 어원이기도 하다. 이러한 의미에서 인더스강은 인도인의 정신적 고향이라고 할 수 있다.

스리랑카가 '인도양의 눈물'로 불리는 까닭은 무엇일까?

불교도 싱할리족과 힌두교도 타밀족의 대립

국토의 생김새가 눈물방울과 비슷하여 '인도양의 눈물'이라 불리는 섬나라 스리랑카. '빛나는 섬'이란 뜻을 지닌 스리랑카는 1948년 영국의 식민 지배에서 독립했다.

스리랑카의 현대사는 불교도인 싱할리족과 힌두교도인 타밀족 간의 대립과 반목으로 점철된 분쟁의 역사이다. 스리랑카에서 전체 인구의 70% 이상을 차지하는 민족은 싱할리족이다. 이들은 기원전 500년경 인도 북부에서 건너온 아리안 계로, 선주민인 베다족을 정복하고 왕국을 건설했다. 싱할리는 싱할리어로 '사자의 자손'이란 뜻인데, 스리랑카 국기에 칼을 든 사자가 그려져 있는 것은 이 때문이다. 싱할리족의 대부분은 인도에서 전래된 불교를 신봉하고 있었다. 기원전 2세기경부터는 남인도에서 드라비다계 타밀족이 침입하기 시작했는데, 타밀족은 최북단 자프나반도에 왕국을 세우고 점차 남쪽으로 세력을 넓혀 싱할리족을 위협하기에 이르렀다.

영국의 식민 통치 당시 남부의 싱할리족은 끈질기게 저항했다. 이 때문에 영국은 홍차 플랜테이션에 필요한 노동력을 지속적으로 확보하기 어려웠고, 이를 위해 인도에서 타밀족 노동자들을 대거 강제 이주시켰다. 1948년 스리랑카는 영국으로부터 독립했으나 독립과 함께 최대 민족인 싱할리족과 소수 민족을 대표하는 타밀족 간의 격렬한 싸움이 시작되었다. 압도적 우위에 있던 싱할리족은 정권을 장악하여 타밀족의 토지를 몰수하는 등 타밀족에 대한 차별 정책을 폈다.

1956년 싱할리어를 스리랑카의 공용어로 한 것을 계기로, 타밀족

스리랑카 국기 스리랑카 국기에 사자가 등장하는 것은 싱할리족이 스스로를 '사자의 자손'으로 여기고 있기 때문이다.

스리랑카의 폴론나루와 불상 스리랑카는 소승 불교의 메카로 통하는 불교 국가이다. 폴론나루와는 싱할리족이 세웠던 중세 스리랑카 왕국의 수도로서 13세기 후반까지 번영하였으나 타밀족의 침공을 피하여 천도한 뒤 폐허가 되었다. 거대한 화강암을 깎아 만든 갈비하라 석굴의 여러 불상 가운데 길이 14m의 거대한 와불이 장관을 이룬다.

스리랑카의 인종
싱할리족 74%
타밀족 18%
기타 8%

스리랑카의 종교
불교도 69.7%
힌두교도 15.5%
기타 15.2%

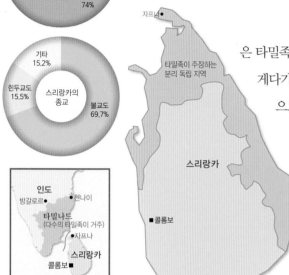

타밀족이 주장하는 분리 독립 지역

스리랑카

■콜롬보

인도
방갈로르● ●첸나이
타밀나드
(다수의 타밀족이 거주)
●자프나
스리랑카
콜롬보■

스리랑카 내전의 종결 싱할리족은 1815년 영국에게 멸망당할 때까지 2,300년간 명맥을 유지하며 스리랑카를 지배하였다. 불교도인 싱할리족과 힌두교도인 타밀족 간의 오랜 분쟁으로 스리랑카는 내전 상태에 있었으나 2009년 타밀 반군의 항복으로 내전이 일단락되었다.

은 타밀족만의 연방제 국가 수립을 위해 독립을 요구했다. 게다가 1972년 나라 이름을 실론에서 스리랑카 공화국으로 바꾸면서 실론 불교도들의 보호 육성을 국가 의무로 하는 내용을 헌법에 명시하자, 힌두교도인 타밀족은 분리 독립을 위해 게릴라타밀엘람해방호랑이를 결성하여 무력 항쟁으로 맞섰다. 인도 정부는 1987년에 스리랑카 내에 있는 자국민인 타밀족을 구한다는 명분을 내세워 분쟁에 적극 개입하기도 했다. 2009년 스리랑카 정부군의 타밀 반군 소탕 작전이 성공을 거두면서 싱할리족과 타밀족 간의 내전은 막을 내렸다.

● 실론 티, 홍차의 명성

홍차는 녹차에 비해 차의 빛깔이 붉다고 하여 붙여진 이름으로 스리랑카는 세계 제2위의 홍차 생산국이다. 19세기 중반까지만 해도 스리랑카 최대의 산업은 커피 산업이었다. 그러나 1823년 영국의 군인이자 탐험가인 브루스 소령이 아삼 지방에서 원주민이 마시는 차가 중국의 찻잎보다 이파리가 크고 맛이 좋다는 사실을 알아내면서 차 재배가 널리 행해졌다. 1869년 뜻하지 않은 병충해가 발생하여 커피 수확을 전혀 하지 못해 이를 대신할 작물로 아삼종의 홍차를 심으면서 홍차가 스리랑카의 대표적인 차 산업으로 발전했다.

'대륙의 심장', 중앙아시아 5개국은 어디인가?

이슬람이라는 테두리에서 벗어나 민족주의가 대두되는 곳

1991년 소련의 붕괴로 소비에트 연방을 이루었던 여러 공화국들이 분리 독립했다. 독립국 가운데 중국의 신장웨이우얼 자치구 서부와 카스피해 사이의 카자흐스탄, 투르크메니스탄, 우즈베키스탄, 타지키스탄, 키르기스스탄은 유라시아 대륙의 중앙부에 위치하고 있어 '대륙의 심장'으로 불린다. 인류 역사에서 이들 5개국이 위치한 중앙아시아 초원 지대는 격동의 근원지였다. 탁월한 기동성을 지닌 이곳의 유목 민족은 동쪽으로는 중국 문화권, 서쪽으로는 페르시아와 이슬람 문화권과 충돌하면서 동서 문화의 교류에 큰 역할을 했다.

이들 5개국의 공통점은 유목과 오아시스 농경 문화의 전통을 지녔으며 이슬람교를 신봉한다는 것이다. 이런 이유로 이들 나라를 중앙아시아 5개국이라 부르기도 한다. 중앙아시아 지역은 7세기 말에 침입한 아랍계 이슬람 왕조인 우마이아 왕조와 아버스 왕조의 지배를 받으며 이슬람화되었다. 11세기에는 튀르크계 이슬람 왕조인 셀주크 제국과 오스만 제국의 지배 아래 이슬람 문화가 확고히 뿌리내렸다.

구소련은 이 지역을 '튀르크족의 땅'이란 뜻에서 투르키스탄이라 불렀다. 튀르크족을 돌궐족이라고도 하는데, 중앙아시아 일대의 튀르크족은 서돌궐족이다. 이들이 서진하여 세운 나라가 바로 셀주크 제국과 오스만 제국이다. 그러나 중앙아시아 5개국 모두가 튀르크계 민족은 아니다. 5개국 가운데 타지키스탄은 페르시아계 민족이 주를 이루는데, 과거 사산조 페르시아가 아프가니스탄과 타지키스탄 일대를 지배했기 때문이다.

튀르크 문자가 새겨진 돌궐 비석 7세기 몽골 고원의 주인이었던 돌궐족은 북아시아의 유목 민족으로는 처음으로 문자를 사용하여 자신들의 기록을 비문으로 남겼다. 돌궐의 서양식 표기는 튀르크이며, 터키는 돌궐족의 일부가 서진하여 세운 나라이다.

아시아 **97**

동서 문명의 교차로 중앙아시아
동서 문화 교류의 생명줄이었던 초원길과 비단길이 지나는 곳에 위치한 중앙아시아 5개국은 동서 문명이 융합하는 대륙의 오아시스와도 같은 곳이다. 이들 5개국 이름 모두에 붙은 '-스탄 stan'은 페르시아어로 '지역'이나 '나라'를 의미하는 접미사이다. 이는 이슬람교로 결속한 아랍인들이 진출하기 이전에 이곳이 아케메네스 왕조와 사산조 페르시아에 이르는 페르시아인들의 지배를 받은 데서 기인한다.

과거 중앙아시아 5개국은 이슬람이라는 테두리 안에서 공존하고 있었기 때문에 민족이라는 개념이 그다지 중요시되지 않았다. 그러나 독립 후 근대화 과정에서 민족 자결을 부르짖는 민족주의 운동이 서서히 고개를 들면서 민족 갈등이 야기되고 있다. 튀르크계 국가의 맹주를 자청하는 터키를 중심으로 한 범튀르크주의와 페르시아 제국의 영광을 간직한 이란이 중심이 된 범이란주의가 팽팽히 맞서고 있는 것이다.

● **중앙아시아와 중부아시아의 차이** ....

중앙아시아의 지리·문화적 경계가 뚜렷하지 않아 중앙아시아를 규정하는 데에는 어려운 점이 있다. 중앙아시아란 명칭을 처음 사용한 사람은 19세기 중반 독일의 지리학자인 훔볼트(Alexander von Humboldt)였다. 그는 동쪽으로 만주 지역 싱안링산맥에서 서쪽으로는 카스피해까지를, 남쪽으로 히말라야산맥에서 북쪽으로는 알타이산맥까지를 중앙아시아로 보았다. 이것이 전통적으로 중앙아시아를 규정해 온 개념이었다. 그러나 지리·문화적 개념에서 중앙아시아(Center Asia)는 아시아의 중심이라 할 수 없다. 오히려 중간 아시아, 또는 중부아시아(Middle Asia)로 표현하는 것이 더 정확할 것이다.

왜 중앙아시아의 이슬람교도들은 돼지고기를 먹을까?

이슬람 교리의 유연성과 융통성

이슬람 문화권에서는 돼지고기를 엄격히 금하고 있다. 이슬람교도들의 돼지고기에 대한 혐오는 상당하여 돼지고기 햄 통조림을 냉장고에서 본 학생이 그 이후로 냉장고 문을 절대 열지 않았다는 말이 있을 정도이다. 사실 이슬람교도 자신들도 알라가 『코란』을 통해 먹지 말라고 지시했다고 말할 뿐 왜 돼지고기를 먹지 않는지에 대해 정확한 근거를 제시하지 못한다. 『코란』에는 "죽은 고기와 피와 돼지고기를 먹지 말라. 그러나 고의가 아니고 어쩔 수 없이 먹는 경우는 죄악이 아니라 했으니 알라께서는 진실로 관용과 자비로 충만하신 분이시다"라는 말이 있다.

알라가 돼지고기 먹는 것을 금한 것에 대해서는 학자들마다 그 생각이 다르다. 의학자들은 돼지에 있는 기생충이 인간의 몸에 해롭기 때문이라고 하며, 일부 학자들은 돼지의 습성이 불결하고 더러워 잘 씻지 않는데 이것이 몸가짐이 엄격한 이슬람 사회와 맞지 않기 때문이라고 말하기도 한다. 다른 견해로는 무더운 사막 기후에 돼지고기가 쉽게 부패하여 식중독에 걸릴 위험성이 크기 때문에, 소, 양 등은 고기 외에 우유, 버터, 양모 등의 부산물을 제공해 주지만 돼지는 노역에도 쓸 수 없고 고기 외에 특별한 이용 가치가 없기 때문이라는 견해 등이 있다.

하지만 끊임없이 이동해야 하는 유목 중심의 이슬람권의 사회·경제적 특성에 돼지 생태론을 접목해 보면 명쾌한 답을 얻을 수 있다. 돼지는 정착 농민이 기르는 가축이기 때문에 원거리를 이동해야 하는 유목민이 기르기에는 부적합하다. 또한 습한 기후에 사는 동물이기 때문에 낮 기온이 50℃에 육박하는 건조 지대에서는 살 수 없다. 돼지는 잡식성 동물로 곡물을 주로 먹는데, 곡물이 부족한 이슬람 사회에서 돼지는 인간과 경쟁 관계에 놓일 수밖에 없다. 이렇게 보면 이슬람 사회에서 돼지고기를 금한 것은 이슬람권 사람들이 생활에서 터득한 지혜의 하나로 여겨진다.

그렇지만 모든 이슬람 사회가 돼지고기를 금하는 것은 아니다. 『코란』은 굶주렸거나 불가항력적인 경우를 인정하여 아무 고기든 먹을 수 있게 하고 있다. 중앙아시아 국가들은 전 국민의 80% 이상이 이슬람교도인 이슬람 국가이지만 이곳에서는 돼지고기를 즐겨 먹는다. 건조 지대가 아닌 이곳 초원 지대에서 돼지고기를 먹지 않는 것은 오히려 심각한 자원 낭비일 뿐만 아니라 에너지 효율을 저하시키는 것이다. 왜냐하면 대대로 유목생활을 하면서 가축으로부터 식량 대부분을 얻었던 중앙아시아 초원 사람들에게 돼지는 또한 식량 자원의 하나로 버릴 수 없는 것이었기 때문이다. 중앙아시아의 이슬람 국가들은 민족의 문화나 자연조건에 따라 금기가 달라지는 것이 이슬람의 정체성을 약화시키는 것이라 생각하지 않는다. 이슬람교를 융통성 있는 종교라고 하는 것은 이 때문일 것이다.

● 알라와 『코란』

알라는 아랍어인 '알 일라(al-il h, The God)'의 줄임말이다. 유대교의 야훼(yahweb)와 같은 뜻으로 유일신이자 창조주, 심판자인 하느님을 말한다. 알라가 많이 쓰이는 말 가운데 하나는 '신의 뜻이라면'의 '인샬라(insha a Allah)'이다. 그 자체로 유일신인 하느님이라는 뜻의 알라에 '신'을 덧붙여 부르는 경우가 많은데, 이는 잘못된 것이다. 알라의 뜻을 정확히 보여 주는 문구가 사우디아라비아의 국기에 적혀 있다. "알라 외에 신은 없고 무함마드는 알라의 사도이다."

『코란』은 예언자 무함마드가 천사 가브리엘을 통해 유일신 알라에게 계시받은 내용을 집대성한 이슬람 경전이다. 무함마드는 글을 쓸 줄 몰랐기 때문에 처음에는 주변 사람들이 그의 말을 낙타 어깨뼈와 야자나무 껍질 등에 적어 기록했다. 그가 죽은 뒤 제3대 칼리프인 오스만은 그 글들을 긴 것에서 짧은 것 순서대로 총 30편, 114장, 6,342구절로 옮겨 묶었다. 『코란』은 원칙적으로 다른 나라 언어로 번역될 수 없기 때문에 외국어로 번역될 때는 『코란』이라 하지 않고 '코란의 해설서'란 뜻에서 『타프시르(Tafsir)』라고 한다.

사우디아라비아 국기

『코란』

이슬람교가
급성장할 수 있었던 이유는?

ASIA

칼이 아닌 포용력으로 급속히 전파된 이슬람교

이슬람교는 무함마드 사후 그의 후계자인 칼리프 시대를 거치며 대대적인 정복 활동에 나섰다. 7~8세기에 동쪽으로는 사산조 페르시아를 무너뜨리고 이후 중앙아시아로 진출하여 당나라와 벌인 탈라스 전투에서 승리함으로써 중국 서부 신장까지 세력을 떨쳤다. 서쪽으로는 이집트를 정복한 이후 아프리카 북부 해안을 거쳐 지브롤터 해협을 건너 이베리아반도의 서고트 왕국을 정복했다. 이로써 출현한 지 100년도 안 되어 거대한 이슬람 제국이 이룩되었다.

어떤 사람들은 "한 손에 칼, 한 손에 『코란』"이란 말을 언급하며 이슬람교가 전쟁과 폭력을 일삼는 종교인 양 비난하곤 한다. 19세기 영국의 역사학자 토머스 칼라일Thomas Carlyle은 이슬람 세력이 무력을 앞세워 개종을 강요하거나 개종하지 않으면 무자비하게 탄압했기 때문에 급성장할 수 있었다고 말하기도 했다. 그러나 이슬람교는 신앙을 칼로 강요한 적이 없으며, 무력으로써 이슬람교를 전파할 것을 명하는 내용은 『코란』의 어디서도 찾을 수 없다. 오히려 『코란』은 "종교에는 어떠한 강요도 있을 수 없다"라며 신앙의 자유를 강조한다.

이슬람교도에게는 이슬람교를 수호하고 확대시키기 위한 지하드, 즉 성전의 의무가 주어진다. 이슬람교가 정복 전쟁을 벌인 것은 이 의무를 다하기 위해서였다. 당시 서방의 동로마 제국이나 동방의 페르시아 제국의 지배 아래서 착취와 억압에 시달리던 많은 사람들은 이슬람의 진출을 반겼다. 납세의 의무만 지면 피정복민의 신앙의 자유를 보장해 주었을 뿐만 아니라 그들의 고유한 문화와 풍습 및 전통을 그대로 인정했기 때문이다.

이슬람교가 짧은 시간에 피정복민의 커다란 저항과 반발 없이 교세를 확장할 수

에스파냐 코르도바 메스키타 모스크

이집트 카이로 맘루크 모스크

이란 이스파한 이맘 모스크

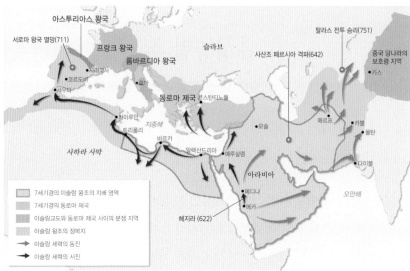

서로마 왕국 멸망(711)

아스투리아스 왕국

프랑크 왕국

롬바르디아 왕국

슬라브

사라고사

코르도바

로마

세우타

지중해

사하라 사막

카이루안

트리폴리

바르카

알렉산드리아

예루살렘

모술

사산조 페르시아 격파(642)

동로마 제국 콘스탄티노플

탈라스 전투 승리(751)

중국 당나라의 보호령 지역

가스

메르프

카불

물탄

다이불

아라비아

메디나

메카

오만해

헤지라 (622)

- 7세기경의 이슬람 왕조의 지배 영역
- 7세기경의 동로마 제국
- 이슬람교도와 동로마 제국 사이의 분쟁 지역
- 이슬람 왕조의 정복지
→ 이슬람 세력의 동진
→ 이슬람 세력의 서진

7~8세기 이슬람교 전파 과정 무함마드가 사망한 뒤 이슬람교는 본격적으로 아라비아반도 밖으로 확산되기 시작했다. 이슬람교가 100년도 안 되는 짧은 기간에 교세를 확장할 수 있었던 이유는 바로 이슬람교가 지닌 종교·문화적 포용력 때문이었다. 정복지 주민들은 억지로 개종할 필요는 없었지만 이슬람 법을 따르고 세금의 의무를 져야만 했다. "한 손에 칼, 한 손에 「코란」"이란 말은 이슬람 세력의 지나친 확장을 두려워했던 서구 그리스도 세력이 만들어낸 말에 불과하다.

오스만 제국 영광의 상징 터키 이스탄불의 술탄 아흐메드 모스크 사원 내부의 장식 타일이 푸른 색조를 띠어 블루모스크라는 이름으로 더 잘 알려져 있다. 오스만 제국의 제14대 술탄 아흐메드 1세가 1346년에 세운 모스크로, 우뚝 서 있는 첨탑 6개는 술탄의 권력을 상징한다.

있었던 것은 칼이 아니라 이슬람교가 지닌 종교·문화적 포용력 때문이었다. "한 손에 칼, 한 손에 코란"이란 말은 이슬람 세력의 확장에 위기감을 느낀 서구 그리스도교 세력이 이슬람교에 대한 혐오감과 반감을 갖게 하기 위해 만들어 낸 허상일 뿐이다.

● 세계 종교인 이슬람교를 회교라고 부르는 것은 적절할까?

중국의 신장웨이우얼 자치구를 비롯하여 간쑤성, 산시성 지역이 이슬람화된 것은 715년 당나라가 탈라스 전투에서 이슬람의 사라센 제국에 패한 이후부터였다. 14, 15세기 이곳에 정착한 돌궐족은 중국의 이슬람교도와 결혼했는데, 중국에서는 이들의 자손을 회족(回族)이라 불렀다. 또 이들 모두가 이슬람교도였기 때문에 이들이 믿는 이슬람교를 회교라고 했다. 이슬람교는 전 세계 인구의 약 4분의 1이 믿는 세계 종교 가운데 하나이다. 이런 이슬람교를 소수 민족의 이름을 따서 회교라고 부르는 것은 적절하지 않다.

신장웨이우얼 자치구의 투루판에 있는 이슬람교 모스크 이슬람교를 회교라고 하는 이유는 중국의 회족들이 믿는 종교이기 때문이다. 1644년부터 청조의 반이슬람 정책이 260년간 이어져 박해와 탄압으로 많은 회족이 죽었다. 현재 신장웨이우얼 자치구의 회족은 중국 정부를 상대로 분리 독립을 시도하고 있다.

초승달은 이슬람 국가의 국기와
어떤 관련이 있는 걸까?

깜깜한 그믐을 지나 새벽이 밝아 오는 모습이 형상화된 초승달

이슬람교는 그리스도교, 불교와 함께 세계 3대 종교의 하나로 중동 지역, 북부 아프리카, 동남아시아 국가들 가운데 대부분이 이슬람 국가이다. 이들 국가의 국기에는 공통적으로 초승달과 별이 그려져 있어 초승달은 이슬람교의 상징이라 할 수 있다. 하지만 이슬람교와 초승달이 어떤 관계가 있는지에 대해 이슬람 학자들 사이에서도 의견이 분분하다. 어떤 학자들은 오스만 제국의 시조인 오스만 1세가 자신의 가슴에서 초승달과 별이 커다랗게 솟아오르는 꿈을 꾸고 이를 콘스탄티노플의 정복을 암시하는 것으로 해석한 데서 기인한다고 말한다. 또 다른 학자들은 오스만 제국의 무라드 1세가 코소보 전투에서 초승달과 별이 뜬 밤에 피로 물든 전장을 보고 초승달과 별을 국기에 그려 넣었다는 데서 기인한다고 말한다. 하지만 이 이야기들은 역사적 근거가 미약하다.

그렇지만 비잔티움과 관련된 이야기는 그럴듯하다. 비잔티움은 달의 여신 아르테미스를 도시의 수호신으로 삼았기 때문에 초승달이 도시의 상징이 되었다고 한다. 로마 황제 콘스탄티누스 1세는 수도를 로마에서 비잔티움으로 옮기면서 도시 이름 또한 콘스탄티노플로 바꾸었다. 새 도읍지는 성모 마리아에게 헌납했는데, 이때 예수 탄생을 의미하는 '베들레헴의 별'과 아르테미스의 초승달을 합하여 초승달과 별의 문장이 만들어졌다고 한다. 그 후 동로마 제국을 무너뜨린 오스만 제국이 비잔티움의 문장을 이어받아 오스만 제국의 국장으로 사용한 데서 기인한다는 것이다. 그러나 이 이야기들에서 이슬람과 초승달, 별은 직접적 연관성이 없다. 610년 무함마드가 알라로부터 최초로 계시를 받던 때, 초승달과 샛별이 어울려 떠 있었기 때문이라는 말이 일반적으로 전해질 뿐이다.

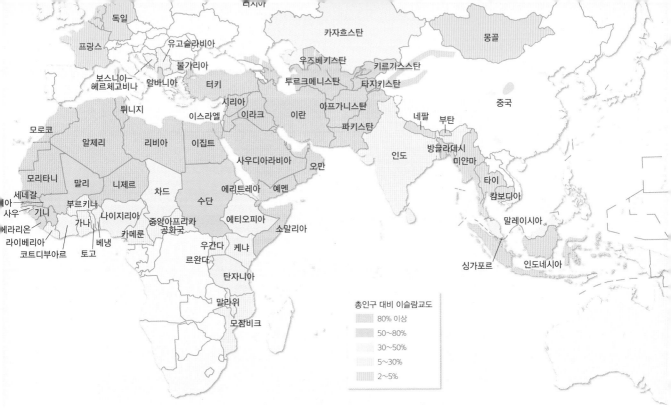

전 세계 이슬람교 분포 세계 3대 종교의 하나인 이슬람교는 전 세계 인구의 약 4분의 1 이상이 신봉하고 있다. 핵심 본거지인 중동 21개국을 중심으로 36개국이 국교로 삼고 있다.

이슬람에서 초승달은 중요한 상징으로 『코란』에는 초승달을 언급하는 부분이 등장한다. "그들이 그대 무함마드에게 초승달에 대해 물으면 그것은 인류와 성지 순례를 위하여 고정된 시간을 일러 주는 표시라고 말할지어다." 라마단은 이슬람력 아홉 번째 달 내내 동틀 무렵부터 땅거미가 질 때까지 음식, 술, 성교를 금하는 속죄 기간을 말하는데, 라마단이 초승달이 뜨는 기간에 시작하여 다시 초승달이 뜨는 기간에 끝나는 것도 이와 무관하지 않다. 이렇게 초승달은 이슬람 세계에서 깜깜한 그믐을 지나 새벽이 밝아 오는 모습이 형상화된 것으로 알라의 진리가 시작된다는 중요한 의미를 담고 있다.

이슬람의 많은 학자들은 초승달이 지니는 종교적 의미 이외에 문명사적 의미를 살펴볼 필요가 있다고 말한다. 이슬람교의 성지인 메카와 메디나는 메소포타미아 문명 발생지와 그리 멀지 않은 곳이며, 일찍이 비옥한 초승달 지대로 불리는 등 초승달과 관련이 깊다. 태양을 숭배한 이집트가 태양력을 사용한 데 반해 달

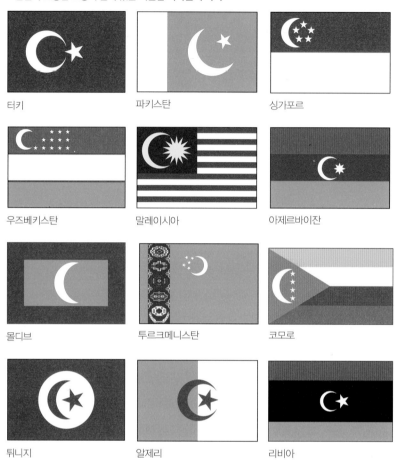

그믐달과 초승달 모양이 들어 있는 이슬람 국가들의 국기

터키   파키스탄   싱가포르

우즈베키스탄   말레이시아   아제르바이잔

몰디브   투르크메니스탄   코모로

튀니지   알제리   리비아

을 숭배한 메소포타미아에서는 태음력을 사용했다. 이슬람교가 창시되기 이전부터 수메르, 우르, 바빌론 등지에서는 달의 신을 주신으로 숭배하면서 달을 중심으로 생활해 왔다. 초승달은 이후 사산조 페르시아의 표식이기도 했다. 그래서 이슬람교를 창시했을 당시, 무함마드는 달을 상징적으로 사용하는 풍습을 그대로 받아들였을 것이다. 15세기에 오스만 제국이 초승달과 별을 국장으로 채택한 이후, 이슬람권에 이 도안이 퍼져 나간 것으로 알려졌다.

그런데 이슬람권 국가들의 국기에 그려진 달 모양은 투르크메니스탄을 제외하면 거의 모두 그믐달 모양이다. 사실 영어의 'crescent'는 초승달뿐만 아니라 그믐달을 포함하여 조각달 모양인 것을 두루 일컫는 말이다. 초기에는 오른쪽이 볼록한 초승달을 별과 함께 깃발 문양으로 사용했다. 그러나 그 모양이 시각적으로 불안정하고 어색해 보여 왼쪽이 볼록한 그믐달로 바꿔 사용한 것으로 생각된다.

● **적십자, 적신월, 적수정 모두 적십자의 마크**

1858년 스위스의 사업가 앙리 뒤낭은 이탈리아의 솔페리노에서 전쟁의 참화를 목격하고 인도주의 정신을 실현할 국제 단체의 설립을 제창했다. 그 결과, 1863년 스위스의 제네바에서 국제 간 협약에 의해 국제적십자사가 창립되었고 뒤낭은 스위스 국기를 본떠 국제적십자사 마크를 만들었다. 스위스 국기에는 붉은 바탕에 흰색 십자가가 그려져 있지만, 국제적십자사 마크에는 흰색 바탕에 붉은색 십자가가 그려져 있다.

십자가 모양의 적십자 마크는 이슬람권 국가들에게 거부감을 줄 수밖에 없었다. 그래서 적십자의 인도주의 정신과 뜻을 같이하는 이슬람권 국가들은 이슬람을 상징하는 초승달 모양의 적신월(赤新月)을 마크로 사용하고자 했다. 또한 유대교를 신봉하는 이스라엘에서는 자신들만의 고유한 표식인 다이아몬드 모양을 국제적십자사 마크로 사용할 것을 주장했다. 다이아몬드 모양은 '다윗왕의 별'을 뜻하며 적수정이라고도 한다. 적신월은 1929년 제네바 협약에서, 적수정은 2007년에 국제적십자사 마크로 받아들여졌다.

적십자

적신월

적수정

국제적십자사는 그리스도교권에서 사용하는 십자가, 이슬람교권에서 사용하는 적신월, 유대교를 신봉하는 이스라엘에서 사용하는 적수정, 모두 세 가지 모양을 마크로 사용하고 있다.

ASIA
37

증류주가
처음 생겨난 곳은 어디인가?

금주법이 있는 아랍 세계에서 생겨난 술

2006년 독일 월드컵에 출전한 사우디아라비아 선수들은 최우수 선수에 선정되더라도 수상을 거부하겠다고 밝힌 바 있다. 이 상의 후원사가 맥주 제조사인 버드와이저였기 때문이다. 이처럼 이슬람권에서는 술을 유난스러울 정도로 금기시하며 엄격히 법으로 금한다. 그래서 술과 아랍 세계는 아무런 관련이 없는 것처럼 보인다. 그러나 증류주(과일이나 곡물 즙을 발효시킨 발효주를 증류하여 얻은 술)가 처음 만들어진 곳은 메소포타미아 지방이다.

증류주는 이슬람교가 창시된 7세기경보다 훨씬 앞선 기원전 9세기경에 만들어졌다. 아랍에서는 주요 농작물인 대추야자 열매를 자연 발효시켜 이를 증류하여 만든 술을 아라그arag(아랍어의 '아라그', 몽골어의 '아라키', 만주어의 '알키', 한

술 대신 카페에서 커피를 즐기는 이집트의 이슬람교도 술을 만들어 낸 이슬람 사회에서 음주는 법으로 엄격히 금지되고 있다. 대신 이슬람 사회에서는 술을 대신할 커피와 차를 즐겨 마시는 문화가 발달하였다. 커피는 이슬람교도들이 커피 수출로 유명했던 예멘의 모카 항구를 통해 인류에 보급시킨 음료이다.

국어의 '아락주'라는 말의 어원은 고대 페르시아에서 젖을 의미하는 '락ac'이다. 이 말이 라틴어에서는 유산乳酸을 의미하는 락토lacto로 차용되었다)라고 한다. 또한 아랍에서는 일찍이 연금술이 발달하여 연금술사들은 알코올을 증류해서 향료나 화장품을 제조, 사용해 왔다. 오늘날 주정酒精.spirit을 알코올이라 하는데, 그 어원도 아랍어인 '알쿨alkuhl'에서 유래한 것이다.

아라그는 아랍 상인에 의해 유럽, 인도, 동남아시아, 중국 등으로 전해졌다. 당나라 때는 비단길을 통해 들어온 페르시아 술이 인기를 끌었다고 한다. 몽골은 서방 세계를 정벌하면서 아랍 세계로부터 아라그 제조법을 전수받았으며, 1277년 원나라의 쿠빌라이가 미얀마 원정길에 오르면서 그 제조법이 동남아시아에 전해졌다. 고려 시대 우리나라를 침공한 몽골은 일본을 점령하기 위해 개성, 안동, 제주에 병참 기지를 세웠다. 그때 몽골로부터 증류주 제조법이 전래되었는데, 안동 소주가 바로 그 제조법으로 만들어진 것이다. 우리나라에는 아라그에서 유래한 아락주라는 명칭이 아직 남아 있어 개성에서는 소주를 지금도 아락주라고 부른다.

● 연금술이 유럽보다 이슬람 세계에서 더 발달한 이유

연금술은 철이나 구리와 같은 값싼 금속을 금과 은 등의 귀금속으로 만드는 기술을 말한다. 연금술의 시작은 철기 문명이 시작된 기원전 1000년경부터이며, 이후 문명 발생지를 중심으로 금속 제조 기술이 빠르게 발달하였다. 기원전 3세기 이래 알렉산드로스 대왕에 의해 이집트와 그리스 문화가 통합되면서 연금술이 뿌리를 내렸다. 그러나 중세 유럽은 그리스도교가 지배한 사회였기 때문에 과학 기술은 암흑 상태에 있었고 연금술 또한 설 자리를 잃었다. 반면, 이슬람 세계에서는 그리스의 자연 과학에 대한 연구가 활발하게 이루어지고 있었기 때문에 연금술 또한 발달하였다. 이슬람 세계에서 발달한 연금술은 나중에 유럽으로 전해지면서 빛을 발하여 근대 화학 발전의 토대가 되었다.

근대 화학의 기초가 된 연금술 연금술은 구리, 납, 주석 따위의 비금속으로 금, 은 따위의 귀금속을 제조하고 불로장생의 영약까지 만들려고 했던 원시적 화학 기술을 말한다. 고대 이집트의 야금술과 그리스 철학의 원소 사상이 결합되어 탄생했으며, 아랍을 거쳐 중세 유럽에 전해져 근대 화학이 성립하기 이전까지 1,000년 이상 지속되었다.

페르시아에서 이란으로
나라 이름을 바꾼 까닭은?

아리아인의 후예임에 자긍심을 갖는 이란

제2차 세계 대전 중 아리아인의 종족 우월주의를 전면에 내건 히틀러는 유대인, 집시 등 아리아인이 아닌 사람들을 순수한 독일계 아리아인의 혈통을 더럽히는 존재로 몰아 대량 학살했다. 히틀러가 말하는 아리아인이란 누구이며, 이들은 독일계 게르만족과 어떤 관련이 있는 걸까?

아리아인은 인도 유럽 어족 가운데 한 부류로 중앙아시아 초원 지대에 살던 기마 민족이 인도와 이란으로 이주하여 정착한 민족을 가리킨다. 아리아인은 기원전 1500년경부터 유라시아 대륙의 문명 세계에 등장한다. 아나톨리아고원을 장악하고 함무라비 왕조를 무너뜨린 히타이트, 인더스강 유역을 침범하여 드라비다족을 내몬 아리아인, 이집트를 지배했던 힉소스 등이 모두 아리아인의 방계傍

系이다. 이들 가운데 인도, 이란에 정주한 일파는 스스로를 아리아인이라 불렀다. 아리아는 '고귀한'이라는 뜻이다.

19세기에는 인도 유럽어를 사용하는 민족이 셈족, 황인종, 흑인종에 비해 인종적으로 우월하다는 생각이 등장했다. 독일계 게르만족의 아리아인은 인류의 진보에 결정적인 기여를 했지만 비아리아인은 인류의 진보에 어떤 도움도 되지 않았기 때문에 제거해야 할 대상이라는 논리였다. 여기서 히틀러가 말하는 아리아인은 게르만족을 지

페르세폴리스 크세르크세스 문을 지키는 조각상 페르시아 제국의 지배를 받던 모든 민족의 대표들은 해마다 페르시아왕을 알현하기 위해 페르세폴리스 궁전의 크세르크세스 문을 통과해야만 했다. 다리우스 1세의 뒤를 이어 페르시아를 지배한 크세르크세스 1세가 세운 문은 '만국의 문'이라 불리는데, 문에는 사람 얼굴에 날개를 단 황소가 궁전의 수호신으로 조각되어 있다.

신하의 이야기를 듣는 아케메네스 왕조의 다리우스 대왕 페르시아의 영광을 기억하는 이란인들은 아리아인의 진정한 후예가 바로 자기들임을 강조한다. 아케메네스 왕조에 뒤이은 사산조 페르시아 또한 조로아스터교를 국교로 삼는 신정 정치를 실시하여 이란인의 민족의식을 더욱 강화했다. 사산 왕조가 이슬람 제국에 의해 정복되면서 이란은 이슬람화되었지만 아랍인이 아닌 아리아인으로서 페르시아풍의 독특한 이슬람 문화를 꽃피워 그 전통을 계승해 오고 있다.

아케메네스 왕조의 영광을 상징하는 페르세폴리스 궁전 페르세폴리스는 아케메네스 왕조의 지배를 받던 모든 나라의 뛰어난 기술과 지식이 결합되어 건축되었다. 기원전 518년부터 짓기 시작하여 200여 년간 한 세대를 풍미한 이 웅장하고 화려한 왕도는 기원전 330년, 알렉산드로스 대왕의 군대가 불을 질러 잿더미로 변하여 그곳에는 현재 왕궁 터만 남아 있다.

칭하는 민족적 개념으로서의 아리아인이 아니라, 인도 유럽 어족과 같은 계열의 어군을 사용하는 언어학적 개념으로서의 아리아인이다.

오늘날 자신들이 아리아인의 진정한 후예임을 강조하는 나라가 바로 이란으로, 이란은 '아리아인의 나라'라는 뜻이다. 이란인들은 이집트에서 인더스강에 이르는 지역을 정복하여 대제국을 건설한 아케메네스 왕조의 후예임을 자랑스럽게 여긴다. 페르시아라는 말은 이란 남부의 지명인 페르시스에서 나왔는데, 페르시스는 지금의 파르스로 과거 아케메네스 왕조의 수도였던 페르세폴리스를 말한다. 그리고 페르시스라는 말은 기원전 1500년경 이곳으로 이주한 아리아인으로 인도 유럽계 유목민의 한 부족인 파르샤('승마자의 땅'이란 뜻)라는 이름에서 유래한다.

이란인들은 스스로를 인도 유럽어계의 백인으로 여기기 때문에 자신들의 선조 국가인 페르시아를 동양을 대표하는 나라로 여기는 서구 역사관에 반대한다. 1925년 혁명으로 집권한 팔레비 왕조는 유럽의 압박에서 벗어나 민족의 자긍심을 회복한다는 의미에서 1935년 국명을 페르시아에서 이란으로 바꾸고 산업화와 근대화에 박차를 가했다.

● 이란이 다민족 국가인 이유

아랍과 터키, 그리고 인도의 중앙에 위치한 이란은 예부터 동서를 연결하는 교통의 요충지였기 때문에 다양한 민족이 공존한다. 약 50%를 차지하는 페르시아족, 즉 이란인이 중앙 사막 지대에 분포하고 있으며, 아제리족, 아랍족, 쿠르드족 등의 소수 민족이 여러 지역에 분포한다. 이란은 지배층인 페르시아족이 독자적인 문화에 대한 긍지가 매우 강하여 소수 민족과의 분쟁이 끊이질 않고 있다.

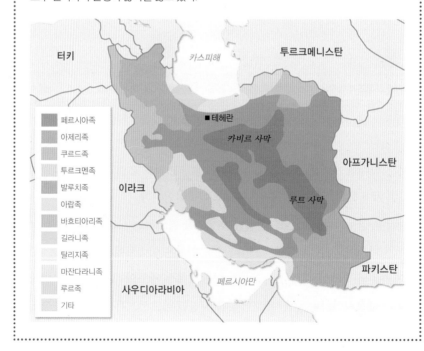

이란이 세계 유일의 마라톤 금지 국가가 된 이유는?

그리스에게 패한 치욕의 역사를 떠올리게 하는 마라톤

이란은 세계에서 유일하게 마라톤을 법으로 금지하고 있는 나라이다. 이란은 테헤란에서 열린 1974년 제7회 아시안게임에서도 마라톤 종목을 제외시켰다. 아케메네스 왕조 페르시아가 적대국이었던 그리스에게 패한 데서 비롯된 경기가 마라톤이기 때문이다. 마라톤은 떠올리고 싶지 않은 고대의 치욕을 생각나게 하기에 이란에는 마라톤 경기 자체가 존재하지 않으며, 마라톤 선수 또한 없다.

이란인의 조상은 인도 유럽 어족에 속하는 인종의 한 갈래인 아리아인들이다. 중앙아시아 초원 지대에 살던 아리아인들은 기원전 2500년경 이란고원 일대로 이동하여 정착했다. 이곳에서 뭉치고 흩어짐을 거듭하던 이란인들은 최초로 메디아 왕국을 세웠다. 메디아 왕국은 메소포타미아의 비옥한 초승달 지역을 사이에 두고 아랍계의 바빌로니아, 아시리아와 대립하다가 멸망했다. 그러나 뒤이어 아케메네스 왕조가 들어서면서 제국의 역사를 이어갔다.

다리우스 1세는 인도 북부에서 이집트, 불가리아에 이르는 거대한 제국을 이루어 내었다. 다리우스 1세는 광대한 영토를 다스리기 위해 리디아 속주의 수도 사르디스에서 페르시아의 수사에 이르는 약 2,700km의 왕의 길을 건설했다. 다리우스 1세의 침략을 물리친 것은 그리스뿐이었다. 다리우스 1세는 페르시아에 정복된 그리스 이오니아 지방의 식민 도시들이 반란을 일으키자 정벌에 나섰다.

기원전 490년 그리스를 침공했으나 폭풍으로 변변히 싸워 보지도 못하고 물러났던 다리우스 1세는 2년 뒤 아테네 북동쪽 40km 지점인 마라톤 평원에 상륙했다. 이에 그리스는 죽음을 각오하고 싸웠고 결국 페르시아군을 물리쳤다. 이 싸움에서 페르시아 병사는 약 6,400명이 전사했으나 그리스 병사는 190명만이 죽음을

아케메네스 왕조의 동맥, 왕의 길 페르시아 제국이 가장 융성했던 시절 다리우스 1세는 고대 엘람의 수도인 수사(행정부 수도)와 바빌로니아 수도인 바빌론, 메디아의 수도인 에쿠바타나 세 도시를 수도로 정하여 계절별(겨울에는 바빌론, 여름에는 에쿠바타나)로 거주지를 옮겨 가며 제국을 통치했다. 다리우스 1세는 거대한 제국을 다스리기 위하여 각 지역에 '왕의 눈과 귀'라는 총독을 파견하였으며 리디아 속주의 수도 사르디스에서 페르시아 제국의 수사에 이르는 약 2,700km의 '왕의 길'을 건설했다. 중간 중간에 빠른 말로 바꾸어 탈 수 있는 역참이 111군데나 있었으며, 낙타를 타고 석 달 걸리는 거리를 말로 1주일 만에 도달할 수 있었다.

터키 카파도키아에서 사르디스로 이어지는 왕의 길 사르디스는 현재 터키 마니사주의 사르트이다. 고대에는 리디아 왕국의 수도로 페르시아 제국의 중요한 도시였다.

맞았을 뿐이었다. 마라톤에서의 이 승리를 알리기 위해 아테네까지 달려간 그리스 병사 페이디피데스는 "이겼다!"라는 한 마디만 남긴 채 숨을 거두었다. 그의 죽음을 기리기 위해 생긴 경기가 바로 42.195km를 달리는 올림픽의 마라톤 경기이다.

그러나 페이디피데스가 마라톤 전투의 승전 소식을 아테네에 전했다는 사실이 헤로도토스(106-107)의 역사서에 언급되지 않은 것으로 보아, 오늘날 마치 전설처럼 퍼져 있는 마라톤의 유래에 관한 이야기는 후대 사람들이 지어낸 것으로 여겨진다.

● **그리스 병사가 달린 거리는 42.195km가 아니다** ....

마라톤은 42.195km를 달리는 경기로 1896년 근대 올림픽 제1회 아테네 대회 때부터 육상 정식 종목으로 채택되었다. 그러나 그리스 병사가 달린 거리를 실제로 측정한 결과 그 거리는 42.195km가 아닌 36.75km로 밝혀졌다.

제7회 올림픽까지는 올림픽 개최지 여건에 따라 경주 거리가 40km 전후로 일정치 않았다. 1924년 제8회 파리올림픽대회를 앞두고는 경주 거리를 통일하자는 의견이 대두되었다. 이에 제4회 런던올림픽대회 때의 경주 거리가 정식 거리로 채택되어 제8회 대회 때부터 42.195km가 되었다. 런던올림픽대회 때 영국 왕실은 마라톤 경기의 시작과 결승 광경을 지켜볼 수 있도록 윈저성의 동쪽 베란다를 출발점으로 하고 화이트 시티 운동장이 결승점이 되게 해 달라고 올림픽위원회에 요청했다. 이때의 거리가 바로 42.195km였다.

이슬람교의 수니파와 시아파는 무엇이 다를까?

칼리프의 정통성에 따라 나뉘는 수니파와 시아파

세계 모든 종교는 인류의 행복과 평화를 목적으로 한다. 하지만 각 종교는 교리, 사상 또는 교도들 간의 이권 등의 문제로 갈라져 반목하고 대립하기도 한다. 그 대립의 정도가 지나쳐 서로 피를 흘리고 종교의 본질에서 동떨어진 듯이 보이는 종교도 있는데, 이슬람교의 수니파와 시아파가 그렇다. 수니파와 시아파의 대립과 서로 간의 증오는 무려 1,000년 넘게 계속되어 왔다.

이슬람교가 교세를 확장하던 중, 무함마드가 숨을 거두자 후계자로서 이슬람교의 제정 통치자인 칼리프 계승 문제가 현안으로 대두했다. 이슬람교에서 칼리프는 신자들의 선택에 의해 결정되는데, 우마이야 왕조가 세워질 때까지 모두 4명의 칼리프가 있었다. 초대 칼리프 아부 바르크와 제2대 칼리프 우마르, 제3대 칼리프 오스만까지는 무함마드와 칼리프 사이에 직접적인 혈연관계가 없었으나 제4대 칼리프 알리는 무함마드의 사촌 동생이자 사위이기도 했다.

알리가 암살된 직후 무아위야는 알리의 장남 하산을 물리치고 칼리프를 자청하며 우마이야 왕조를 열었다. 우마이야 왕조 이후 칼리프의 지위는 세습되었는데, 우마이야 왕조가 이슬람의 정통파임을 주장하는 파가 수니파이다. 반면, 칼리프는 무함마드의 핏줄을 이어받은 알리 가문에서 나와야 한다고 주장하는 일파가 시아파로 이들은 알리 이전의 세 명의 칼리프는 찬탈자라고 말한다. 알리의 후계자임을 자청하는 시아파의 아바스가 우마이야 왕조를 무너뜨리고 아바스 왕조를 열면서 다마스쿠스였던 수도는 바그다드로 옮겨졌으며 이때 이슬람교가 크게 번성했다. 알리의 장남 하산의 자손들은 같은 시아파인 아바스 왕조의 정통성을 부인하며 저항했다. 차남 후세인의 자손들은 정치적 활동을 금한 채 종교적

시아파를 대표하는 이란 이스파한의 이맘 모스크 이란의 이스파한은 사파비 왕조의 수도로 17세기에 '세상의 절반'으로 불릴 정도로 최고의 전성기를 맞이하였다. 이스파한 이맘 광장의 모스크는 오스만 제국을 몰아낸 아바스왕의 명령으로 1638년 완공되었다. 내부와 외부가 모두 하늘색 칠보 도자기 타일로 빈틈없이 모자이크 처리되어 이란에서도 가장 아름다운 건축물로 꼽힌다.

활동에 매진하여 시아파의 정신적 지도자가 되었다.

756년 아바스 왕조에 의해 쫓겨난 수니파의 아브드 알라흐만 1세는 아바스 왕조로부터 이베리아반도를 빼앗아 후우마이야 왕조를 세웠다. 이 일을 계기로 수니파와 시아파 사이의 대립과 갈등이 전쟁으로까지 확대되었다. 이후 수니파와 시아파는 자신들의 왕조가 무함마드를 이은 정통 칼리프라고 주장하면서 서로 맞서고 있다.

수니파는 전체 이슬람교도의 약 90%를 차지한다. '수니'란 '무함마드의 말과 행동을 따르는 자들'이란 뜻으로 이집트, 터키, 이라크 등 아랍 대부분의 나라가 수니파에 속한다. 반면 시아파의 '시아'는 '도당, 파벌'이란 뜻으로 '알리의 추종자'란 뜻의 시아트 알리에서 유래한다. 시아파는 전체 이슬람교도의 약 10%를 차지하는데, 이란을 중심으로 아프가니스탄, 키르기스스탄에 퍼져 있다. 이란이 시아파의 중심 세력으로 자리 잡게 된 것은 사산조 페르시아 최후의 왕 아즈데게르드의 딸이 제4대 칼리프 알리를 낳았다는 구전이 전해져 많은 조로아스터교도들이 시아파 이슬람을 수용했기 때문이다.

수니파와 시아파 모두 알라를 숭배하지만 별개의 모스크와 서로 다른 종교 의식, 서로 다른 역할의 지도자를 추종하고 있기 때문에 그 공동체의 성격은 완전히 다르다. 수니파는 예언자 무함마드는 원래 무지한 인물로 신의 계시만을 전달한 보통 사람일 뿐이라고 주장한다. 반면, 시아파는 무함마드는 완전무결한 신적 속성을 소유한 인간이라고 주장한다. 1980년 발발한 이란-이라크 전쟁은 국경 지대의 영토 점유를 둘러싼 정치적 전쟁을 뛰어넘은 수니파와 시아파 간의 종파 전쟁이기도 했다. 하지만 수니파와 시아파는 알라를 믿는 이슬람교도라는 형제애로 똘똘 뭉치기도 한다.

● 우리나라에도 전파된 이슬람교

이슬람교는 한국 전쟁 참전국인 터키 군인들에 의해 우리나라에 처음으로 소개되었다. 1970년대 중동 건설 붐이 한창일 때, 중동 국가들과의 친목과 국내 이슬람교도들을 위해 국내에 이슬람 사원이 세워졌다. 정부가 서울 한남동 이태원에 부지를 내놓고 중동 국가들이 사원 건설비를 제공하여 1976년 완공했다. 이곳은 서울에 거주하는 이슬람교도들의 신앙의 구심점이자 고향 같은 곳이다. 현재 국내에는 약 4만 명의 신도가 있는 것으로 알려졌다.

서울 한남동 이태원에 있는 모스크

세계 최대의 관광 대국은 어디일까?

이슬람교의 두 성지가 있는 사우디아라비아

사람들은 세계에서 가장 많은 외국인이 찾는 나라로 찬란한 역사 유적과 화려한 예술, 다양하고도 진기한 요리를 맛볼 수 있는 프랑스를 맨 먼저 떠올리곤 한다. 뜻밖에도 세계 최대의 관광 대국은 중동의 사막 왕국이자 세계 제1의 석유 수출국인 사우디아라비아이다.

사우디아라비아가 석유로 벌어들이는 수익은 어마어마하지만 언젠가는 고갈될 유한한 자원이라는 점에서 사우디아라비아의 고민이 크다. 사우디아라비아인들은 "우리 할아버지는 낙타를 타고 다녔고, 아버지는 자동차를 타고 다녔으며, 우리는 제트기를 타고 다닌다. 그러나 우리 자식은 다시 낙타를 타고 다닐 것이다"라고 말하기도 한다. 그러나 석유를 대체할 사우디아라비아의 미래 동력을 메카와 메디나, 이 두 도시에서 찾을 수 있다.

이슬람교에서 성지 순례는 이슬람교도의 의무 사항이다. 순례의 목적지는 사우디아라비아의 메카와 메디나로, 메카는 이슬람교의 창시자인 무함마드의 출생지로 제1의 성지이며 메디나는 그의 무덤이 있는 곳으로 제2의 성지이다.

현재 이슬람 인구는 전 세계 약 60개국 13억 명 정도로 추산되며, 전 세계 이슬람교도들은 성지 순례 기간에 맞춰 성지 순례를 하고 싶어 한다. 하지만 일시에 이 많은 사람이 메카나 메디나로 몰려든다면 감당할 수 없는 사태가 벌어질 것이다. 그래서 사우디아라비아 정부는 각 나라에 일정 수를 할당하여 성지 순례를 허락한다. 그래도 해마다 400만 명에 이르는 이슬람교도가 사우디아라비아로 모여들며, 보통 1주일 동안 머문다. 숙박 시설 이용료와 1주일간 머물면서 이들이 소비하는 엄청난 돈은 사우디아라비아의 관광 수입으로 직결되어 국가 재정의 큰 부

무함마드 생전의 아라비아 이슬람력은 무함마드가 메카를 떠나 메디나로 탈출한 622년을 기원으로 한다. 무함마드가 태어난 메카, 무덤이 있는 메디나, 승천한 예루살렘이 이슬람교의 3대 성지이다.

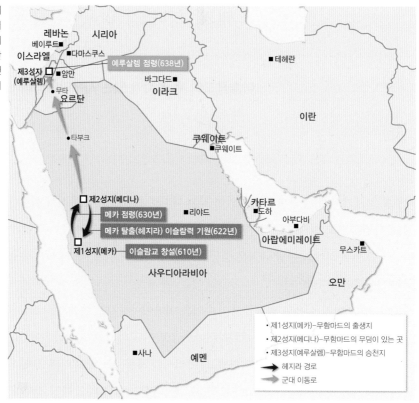

분을 차지한다. 성지 순례를 향한 발걸음이 계속되는 한, 사우디아라비아는 세계 관광 대국의 자리를 고수할 것이다.

한편, 석유 왕국 사우디아라비아는 '포스트 오일' 시대를 대비하여 관광 대국을 꿈꾸고 있다. 홍해상의 22개의 섬을 개발하여 2030년까지 관광객 1억 명을 유치한다는 '홍해 프로젝트'를 통해 관광 산업을 집중 육성한다는 것이다. 이를 위해 그동안 술 금지와 여성 단독 여행 금지 등의 제약을 완화하고 미혼 남녀 혼숙을 허용하는 등 보수적인 이미지 개선과 문호 개방 등을 시도하고 있다. 2019년 사우디아라비아의 국내총생산(GDP)에서 관광 산업이 차지하는 비중이 3.4%에 불과하지만, 막대한 예산을 투입하여 부족한 관광 인프라를 구축함으로써 관광 산업 활성화에 사활을 걸고자 하는 것이다.

이슬람교의 총본산 메카 이슬람교도들은 일생에 한 번은 사우디아라비아의 메카로 하지(hajj)라고 부르는 성지 순례를 해야만 한다. 사우디아라비아는 오랫동안 베일에 싸여 있던 나라이다. 그러나 현재 포스트-오일 시대를 대비하여 다양한 산업 정책을 추진하고 있으며, 이교도들에도 입국을 허용할 만큼 개방 정책을 추진하고 있다.

이슬람교 제3의 성지 예루살렘에 있는 바위의 돔 예루살렘은 메카, 메디나에 이은 제3의 성지이다. 이슬람교의 창시자 무함마드가 이곳에서 천사 가브리엘의 인도로 천국에 다녀왔는데, 이때 무함마드가 디딘 바위 위에 그의 발자국이 남아 있다고 믿어 '바위의 돔'이라는 모스크가 세워졌다.

왜 레바논을
살아 있는 종교 박물관이라고 할까?
무려 17개 종교가 미묘한 균형을 이루는 곳

중동 대부분의 국가는 이슬람교를 믿지만, 레바논에는 마론파 그리스도교를 비롯하여 이슬람교 종파들, 가톨릭교, 그리스 정교 등 17개나 되는 다양한 종교가 뒤섞여 있다. 이런 이유로 레바논은 종교의 모자이크 국가, 또는 살아 있는 종교 박물관이라 불리기도 한다.

레바논은 이처럼 종교적으로 매우 복잡한 나라이기 때문에 각 종파 간의 균형을 유지하는 것이 중요하다. 그래서 공직의 직무들을 각 종파간의 인구 비율에 맞춰 분배하는 독특한 정치 체계를 갖고 있다. 대통령은 가장 많은 종파 인구를 가진 마론파 그리스도교가, 총리는 이슬람교 수니파가, 국회 의장은 이슬람교 시아파에서 뽑는 것을 관행으로 하고 있다. 국회 의원 수 또한 종파의 비율대로 정해진다.

레바논은 11세기 말 십자군이 세운 나라 가운데 하나였고 이후 이집트 맘루크 왕조의 지배를, 1516년에는 오스만 제국의 지배를 받았다. 그러나 제1차 세계 대전이 끝난 후 오스만 제국의 압제가 심해지자 프랑스가 레바논 내의 그리스도교도들을 보호한다는 명분 아래 개입하여 레바논은 프랑스령이 되었다. 프랑스를 비롯한 서구 열강들이 이슬람 세력을 견제할 목적으로 레바논에 그리스도교 국가를 세운 것이다. 프랑스의 보호 아래 레바논에서 그리스도교는 다시 세력을 넓혀 이슬람교보다 우위를 점하게 되었다.

레바논의 헌정 체제는 인구 수가 많은 그리스도교도가 약간의 우위를 점하는 권력 배분안에 그리스도교도와 이슬람교도가 합의하면서 1943년 이래 별 무리 없이 시행되어 왔다. 하지만 이후 그리스도교도의 해외 이주와 인구 증가율 감소로

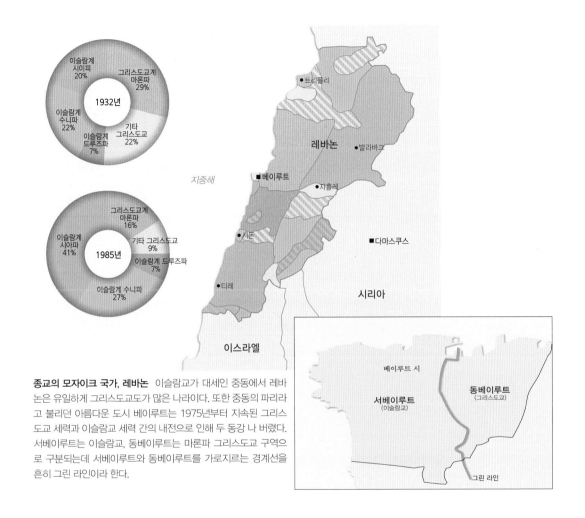

종교의 모자이크 국가, 레바논 이슬람교가 대세인 중동에서 레바논은 유일하게 그리스도교도가 많은 나라이다. 또한 중동의 파리라고 불리던 아름다운 도시 베이루트는 1975년부터 지속된 그리스도교 세력과 이슬람교 세력 간의 내전으로 인해 두 동강 나 버렸다. 서베이루트는 이슬람교, 동베이루트는 마론파 그리스도교 구역으로 구분되는데 서베이루트와 동베이루트를 가로지르는 경계선을 흔히 그린 라인이라 한다.

그리스도교도는 크게 줄었지만 이슬람교도는 부쩍 늘어났다. 조정된 인구 구성 비율로 정부 조직이 수정되어야 한다고 생각한 이슬람교도는 그리스도교 정부가 인구 조사를 하지 않자 불만이 극에 달했다. 더 나아가 그리스도교 정부는 그들의 요구를 무시하며 친서방 정책을 표방하고 헌법을 개정하면서 재집권을 꾀했다. 이에 이슬람교도들은 국민통일전선을 결성하며 대규모 반란을 일으켰다. 1958년 두 세력 간에 무력 충돌이 발생했고 내란의 확전을 막기 위해 미국이 참전하면서 정국은 소강 상태로 접어들었다.

1967년 제3차 중동 전쟁 결과, 팔레스타인 지방에서 쫓겨난 난민들이 대거 레바논으로 넘어오자 레바논 그리스도교 정부는 팔레스타인해방기구의 활동에 제재를 가하기 시작했다. 1975년 팔레스타인해방기구는 레바논 내의 이슬람교도들과 연합하여 그리스도교도에 조직적으로 대항했다. 국지적 분쟁은 곧바로 전면전이 되었다. 그러자 중동의 이슬람 맹주임을 자처하는 시리아가 사태 수습이라는 명분 아래, 이스라엘 또한 그리스도교도들을 보호한다는 명분 아래 정규군을 투입했다.

10년 넘게 지속되던 내전은 1989년 레바논의 국회 의원들이 새로운 헌법 개혁안에 합의하면서 막을 내렸다. 개혁안은 그리스도교와 이슬람교 사이의 국회 의원 비율을 6:5에서 5:5로 변경하고 그리스도교 대통령의 권한을 축소하는 내용으로서 이슬람 세력의 요구를 전격 수용한 것이었다. 이후 다소 정국이 안정되었으나 이슬람 무장 단체인 헤즈볼라('신의 당'이란 뜻)와 이스라엘 사이에서는 무력 충돌이 계속되고 있다.

● **마론파 그리스도교와 이슬람교 드루즈파**

마론파는 시리아에서 태동한 그리스도교의 한 교파로, 중동 일대에 약 150만 명의 신도가 있는 것으로 추정된다. 5세기경 수도사 성 마론(St. Maroun)을 따르는 신자들을 중심으로 형성된 마론파는 이슬람 세력이 침입하자 산악 지대로 피신하여 은둔과 명상의 신앙생활을 하며 공동체를 유지했다. 십자군 전쟁에서는 이슬람에 맞서 십자군에 합류하면서 동지중해 연안에서 그리스도교 세력의 상징이 되기도 했다. 마론파와 프랑스와의 관계는 각별하다. 16세기 이래의 오스만 제국의 지배 고리를 프랑스가 끊어 준 덕분에 마론파는 세력을 유지하여 레바논에 그리스도교 정부를 탄생시킬 수 있었기 때문이다.

드루즈파는 이슬람교의 12개 종파 가운데 하나로, 1017년 이집트 카이로에서 전파되기 시작하여 현재 대부분의 신자가 레바논에 거주한다. 이들은 알라의 예언자 무함마드를 따르는 종파와 달리 이집트 파티마 왕조의 제6대 칼리프인 알 하킴 비 암르 알라를 구세주로 여긴다. 이슬람교의 일파라고 하지만 이슬람의 성지 순례 기간에도 성지 순례를 하지 않으며 라마단 금식도 하지 않아 이슬람교와 별개인 종교로 보는 이들이 많다.

페니키아는 처음부터 뛰어난 해양 민족이었을까?

ASIA
43

항해술과 건조 기술을 익혀 바다로 나아간 페니키아인

페니키아인들은 정치적으로 통일 왕국은 이루지 못했으나 지중해 무역을 장악하며 지중해 각지에 식민 도시를 건설한 해양 민족으로 널리 알려졌다. 이들은 기원전 6세기경 지중해를 벗어나 대서양 해안을 따라 북으로는 브리튼섬, 남으로는 아프리카 서쪽을 따라 나이지리아 연안까지 항해한 것으로 알려졌다. 이는 인도 항로를 발견한 바스쿠 다가마보다 2,000년 이상 앞선 것이다.

페니키아라는 이름은 고대 그리스인들이 그들을 '붉은 사람들'이란 뜻의 포이니케스라고 부른 데서 유래한다. 페니키아에서 고둥을 들여와 그 분비액에서 나온 자주색 염료로 옷감을 염색했기 때문이다. 페니키아인들은 전 지중해 국가를 상대로 포도주, 올리브, 금은 세공품, 파피루스 등을 중개 무역했고, 주요 수출 품목인 염색 제품과 삼나무의 교역을 통해 부를 축적했다. 특히 그리스는 페니키아인들이 이집트에서 들여온 파피루스를 대량으로 수입하기도 했다. '종이와 관련한 책'이란 뜻의 '바이블'은 파피루스를 싣고 나르던 페니키아의 거대 항구 비불로스Biblos에서 나온 말이다.

처음부터 페니키아인들이 해양 민족인 것은 아니었다. 그들의 선조는 사막 지대에서 유목 생활을 하던 가나안인으로 알려졌다. 가나안인들은 기원전 3000년경 사막을 떠나 레바논에서 시리아에 이르는 지중해 주변으로 이동하여 정착했으나, 그들에겐 바다에 나갈 만한 항해술과 건조 기술이 없었다. 그러나 기원전 13세기 크레타와 미케네에서 '바

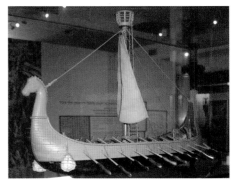

항해의 선구자 페니키아인들이 사용했던 배 뛰어난 항해술을 지닌 페니키아인들은 말머리 선수 장식을 한 배를 타고 지중해 곳곳에 식민 도시를 건설했으며, 기원전 6세기 최초로 지중해를 벗어나 아프리카와 아이슬란드 등을 항해한 유능한 항해 민족이었다.

지도 레이블:
에트루리아 / 피르기 / 사르데냐 / 알카레로도살 / 미나스드리오틴도 / 타로스 칼리마리 / 술시스 / 케르쿠안 / 리디아 / 타로시 / 카람볼로 / 루센트룸 / 이비사 / 카르타헤나 / 모틴 / 술루스 / 아르카디아 / 라페토스 / 키티온 / 아르바드 / 카르테이아 / 발라카 / 아브데라 / 카르테나 / 살다에 / 유티크 / 크레타 / 카리오 / 비블로스 / 팅기스 / 세시 / 하드루메타 / 시돈 / 리소스 / 루사디르 시가 라치군 / 티파사 / 몰타 / 페니키아 / 티레 / 모리타니아 / 히포레기우스 / 탑수스 / 타브라카 / 우실라 / 카르타고 / 오에아 / 레티스마그나 / 이집트

범례:
■ 페니키아인의 거주지
— 페니키아의 해상 활동 지역
→ 페니키아의 확장

해양 민족으로 맹위를 떨친 페니키아 해양 민족으로 이름을 떨친 페니키아인은 일찍이 기원전 6세기경 지중해를 벗어나 대서양을 오가며 해상 무역으로 부를 축적하고 많은 식민지를 건설했다. 기원전 10세기경 페니키아는 티루스, 시돈, 게발(지금의 주바일), 베로토(지금의 베이루트) 등 지중해 동부 연안의 주요 도시를 중심으로 리스본, 코르시카, 카르타고, 키프로스 등 지중해 전역의 식민 도시를 오가며 거대 상권을 형성하여 전성기를 맞는다. 그러나 이후 아시리아, 페르시아 제국, 알렉산드로스 대왕 등의 지배를 받다가 기원전 64년 로마의 속주가 되면서 역사의 무대에서 사라진다.

다의 민족'이라 불리던 사람들이 도리아인에 쫓겨 밀려오면서 페니키아는 해양 민족으로의 발판을 마련하게 된다.

의견이 분분하지만 여기서 바다의 민족은 오늘날 팔레스타인 지역에 살고 있는 팔레스타인 민족으로 알려져 있다. 그리스인들은 팔레스타인의 조상을 필리스티네스Philistines라고 불렀다. 필리스티네스는 원래 소아시아와 에게해의 섬들에 뿌리를 둔 해양 민족으로, 지중해 동부 일대에서 약탈과 침략을 일삼던 민족이었다.

이들과 가나안인들과의 혼혈인 페니키아인들은 이들로부터 항해술과 건조 기술을 익혀 바다로 진출하기 시작했다. 기원전 10세기경 페니키아는 티루스, 시돈 등 지중해 동부 연안의 주요 도시를 중심으로 리스본, 코르시카, 키프로스 등 지중해 전역의 식민 도시를 오가며 전성기를 맞는다. 그러나 기원전 64년 로마의 속주가 되었다.

레바논의 상징인 삼나무가 새겨진 레바논 국기 레바논인들은 자신들이 고대 해상 민족이었던 페니키아인의 후예임을 자랑스럽게 여긴다.

초기 페니키아인들은 주로 이집트를 상대로 삼나무와 파피루스 교역에 주력했다. 페니키아인들의 주 생활 무대였던 지금의 레바논은 고대에는 전 국토가 삼나무로 덮여 있을 만큼 삼림이 울창한 곳이었다. 이를 보여 주듯 레바논의 국기에는 삼나무가 그려져 있다. 하지만 선박 제조를 위해 수많은 삼나무가 잘려 나가 지금은 국토의 약 8%에만 삼나무가 있을 뿐이다.

● 페니키아인이 만든 알파벳

인류 문화에서 페니키아인들의 최대 업적은 오늘날 서구 문자의 기원이 된 알파벳을 고안해 낸 것이다. 기원전 2000년경 이집트의 상형 문자와 메소포타미아의 쐐기 문자 등이 사용되고 있었지만 복잡하고 이해하기 어려워 페니키아인들이 상거래 내역을 기록하는 데 어려움이 많았다. 기원전 17세기~기원전 15세기경 페니키아인들은 교역을 위해 소리나는 대로 적을 수 있는 22개 자음으로 이루어진 표음 문자, 즉 알파벳을 만들었다. 이 문자가 기원전 8세기경 그리스로 넘어가 몇 개의 모음과 자음이 더해져 그리스 알파벳이 만들어졌고, 이후 로마로 건너가 라틴 문자로 발전하면서 오늘날 유럽어의 기원이 되었다.

가장 오래된 페니키아 문자 페니키아 문자 가운데 기원전 11세기 비블로스왕 아히람의 석관에 새겨진 22개의 페니키아 문자가 가장 오래된 것으로 알려졌다.

ASIA
44

아르메니아는 왜
국제·경제적으로 고립되어 있을까?

이슬람 국가에 둘러싸인 그리스도교 국가의 어려움

아르메니아는 인접한 터키, 이란, 아제르바이잔 등과 함께 인도 유럽 어족의 아리안계에 속한다. 주변국들은 모두 이슬람 국가이지만 아르메니아는 그리스도교 국가로서 301년 세계에서 최초로 그리스도교를 국교로 삼은 나라로 잘 알려져 있다. 로마가 그리스도교를 국교로 삼은 것은 아르메니아보다 약 1세기 후의 일이었다.

아르메니아는 동방과 서방이 만나는 길목에 있어 주변 세력으로부터 끊임없는 침략을 받아 역사 이래 자신들만의 나라를 가진 적이 거의 없다. 기원전 1세기경에는 대아르메니아 고대 제국이 세워져 한때 로마 제국과 힘을 겨루기도 했다. 그러나 사산조 페르시아에 무너져 조로아스터교로 개종할 것을 강요받았다.

7세기 이후에는 이슬람 세력과 동로마 제국의 지배도 받았다. 이후에 세워진 소아르메니아는 십자군 전쟁 때 이슬람 세력에 대항하여 그리스도교 국가의 전진기지 역할을 하기도 했다. 1515년부터는 오스만 제국의 지배를 받았는데, 이때부터 아르메니아인들은 땅과 재산을 빼앗기고 전 세계를 떠돌아다녀야만 했다. 그 결과 오늘날 100여 개 나라에 1,000만 명가량의 아르메니아인들이 흩어져 살고 있다.

제1차 세계 대전 중 오스만 제국과 적대 관계에 있던 러시아에 점령된 후 아르메니아는 소련에 흡수되었다. 1991년 소련의 붕괴로 독립을 맞은 아르메니아는 약 500년 만에 자신의 나라를 갖는 기쁨을 맛보았다. 그렇지만 아르메니아는 현재 북한, 쿠바와 더불어 국제적으로 고립되어 있는 나라 가운데 하나이다.

제1차 세계 대전 중 패색이 짙어 가자 오스만 제국은 영토 내에 거주하던 약 150

종교적 고립국 아르메니아 주위의 대부분의 나라가 이슬람으로 개종했는데 아르메니아만이 개종을 거부하고 그리스도교 국가로 남아 고립되어 있다. 2009년 10월, 대학살을 둘러싼 적대국 터키와 100년 만에 수교에 합의하면서 관계 정상화를 시도하고 있다. 한편, 아르메니아는 아제르바이잔 내의 나고르노-카라바흐 자치주의 귀속 문제를 놓고 아제르바이잔과 분쟁 중에 있다.

만 명의 아르메니아인을 집단 학살했다. 적대국이었던 러시아를 도와 오스만 제국의 붕괴를 꾀하고 민족 국가를 세우려고 했다는 것이 그 이유였다. 오늘날 이 사건을 인종 대학살의 범죄로 규정하자는 세계 여론이 있으나 오스만 제국의 후예국인 터키는 대학살에 대하여 함구하고 있다. 오히려 이 문제를 제기하는 아르메니아에 대하여 국교 단절, 국경 봉쇄, 금수 조치 등 심각한 경제적 압박을 가하고 있다. 또한 아르메니아 대학살을 인정한 나라들에 대해서도 터키가 외교적 보복 조치를 가해 아르메니아는 이웃 국가들로부터도 고립되어 경제적 어려움을 겪어 왔다. 그러나 2009년 '100년 앙숙'의 역사를 이어 오던 터키와 아르메니아가 국교 수립과 국경 개방에 합의하면서 반목을 해소하고 화해의 시대를 맞았다. 한편 아르메니아는 현재 나고르노-카라바흐 자치주의 귀속 문제를 놓고 아제르바이잔과 분쟁 중에 있어 국제적으로 고립되어 있다. 1920년 이슬람 국가인 아제르바이잔을 합병한 스탈린은 아르메니아인의 세력 확대를 막고자 주민 대부분이 아르메니아인인 나고르노-카라바흐 자치주를 아제르바이잔 영토의 일부

아르메니아 그레고리 정교회의 총본산인 에치미아진 성당 아르메니아는 세계 최초로 그리스도교를 국교로 삼은 나라로, 에치미아진 성당은 2세기 말 세워진 세계 최초의 공식 교회이다.

로 삼았다. 소련이 붕괴되자 주민들은 독립을 시켜 주든가 아르메니아에 편입시켜 줄 것을 아제르바이잔에 요구했다. 아제르바이잔이 이들의 요구를 묵살하자, 아르메니아가 개입하면서 전면전으로 비화된 것이다. 이후 주변의 이슬람 국가들은 즉각 국경을 봉쇄하고 아르메니아에게 경제적 압박을 가하기 시작했다. 또한 같은 그리스도교 국가인 조지아(그루지야)와도 종교적 갈등으로 분쟁 중에 있어 아르메니아의 고민은 더욱 깊어지고 있다.

터키 카파도키아의 버섯 바위는 어떻게 만들어진 걸까?

비바람에 침식, 풍화된 화산 지형

터키 중부 내륙 아나톨리아고원에 있는 카파도키아에는 세계에서 보기 드문 진기한 암석 지형이 있다. 버섯 모양 또는 굴뚝 모양 같은 기묘한 암석들이 최고의 절경을 이루는 괴레메 계곡이 그것이다. 괴레메 계곡이 있는 카파도키아는 기원전 2000년경 최초의 철기 문명을 이루어 이집트와 대적했던 히타이트의 중심지이기도 했다. 이곳의 특이한 지형은 만화 영화「개구쟁이 스머프」의 배경과 영화「스타워즈」에 나오는 우주 계곡의 모델이 되기도 했다.

자연이 깎아 낸 조각품과 같은 바위들이 만들어진 것은 화산 지형이 오랫동안 비바람에 의해 침식, 풍화되었기 때문이다. 괴레메 계곡의 원래 지형은 약 200만 년 전 에르지에스산(3,916m)에서 분출한 화산암에 기인한다. 초기 화산 폭발과 함께 많은 양의 화산재와 분출물이 쏟아져 나와 넓은 지역을 두껍게 덮어 응회암 층을 형성했다. 이후 응회암 층 위로 점성이 약한 현무암질 용암이 분출하여 넓게 퍼져 대지를 덮었고, 용암이 식는 과정에서 수축이 일어나 지표면에 수많은 절리가 생겨났다.

이후 지표의 절리 면을 따라 빗물이 침투하여 침식과 풍화를 일으켜 점차 지층을 깎아 내기 시작했다. 폭우성 강수로 내린 빗물은 연약한 하부의 응회암 층을 보다 빠르게 깎아 내어 생크림을 짜 놓은 듯한 기이한 암석 지형을 만들었다. 그리고 침식이 계속되어 수로가 더 넓고 깊어지면서 점차 독립적인 하나의 암석 기둥들만 남아 버섯 모양의 특이한 암석 기둥이 형성되었다.

응회암은 칼이나 끌로 쉽게 깎인다. 이 점을 이용하여 오래전부터 사람들은 암석을 파고들어 가 내부에 교회나 주거 공간을 마련했다. 이곳에 사람이 살기 시작

카파도키아 괴레메 계곡의 버섯 바위 버섯 모양의 암석 가운데 아랫부분의 연한 색은 응회암이며 윗부분의 짙은 색은 현무암이다. 지금보다 더 습윤했던 시기에 지표의 절리 면을 따라 폭우성 강수에 의해 침식을 받아 형성되었다. 인간은 몇 세기에 걸쳐 자연적인 화산암의 형태를 주거 공간으로 개조하였다. 오늘날에도 약 1만 명 정도가 괴레메 계곡에 살고 있다.

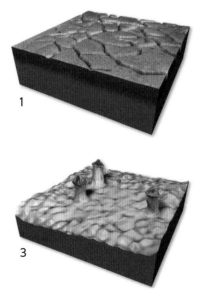

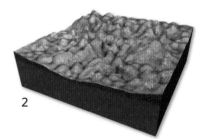

카파도키아 버섯 바위 형성 과정

1. 화산 분출에 의한 화산재가 넓은 지역에 두껍게 쌓여 응회암 층을 형성했다.
2. 응회암 층 위로 점성이 약한 현무암이 분출하여 넓게 덮였으며, 식는 과정에서 지표에 수많은 절리가 생겼다.
3. 절리 면을 따라 폭우성 강수가 집중되어 침식과 풍화를 일으키면서 암층을 깎아 내 버섯 모양의 암석이 형성되었다.

미로처럼 복잡하게 얽혀 있는 데린쿠유의 지하 도시 로마의 종교 박해를 피해 많은 그리스도교도가 지하의 깊은 곳으로 숨어들어 교회와 숙소를 마련하고 공동체 생활을 했다.

한 때는 약 4,000년 전으로 히타이트가 지배할 때부터라고 한다. 로마 시대에는 종교적 박해를 피해 그리스도교도들이 이곳으로 와 숨어 살았으며, 나중에는 지하 수십 미터까지 동굴을 파고 살았다. 암석 지대 곳곳에 그 흔적들이 남아 있다.

● 터키에는 터키석이 없다

12월의 탄생석으로 행운과 성공을 상징하는 터키석은 터키에서는 산출되지 않는다. 그런데도 터키석이라는 이름이 붙은 이유는 터키를 경유해 유럽에 전해졌기 때문이다. 터키석은 원래 이집트와 이란에서 산출되는 돌로, 13세기부터 '터키의 구슬'이라는 뜻의 프랑스어 '삐에르 뚜르쿼즈(Pierre Turquios)'에서 유래한 '터쿼이스(Turquoise)'로 통했다. 고대 페르시아에서 불렸던 이름은 '승리'라는 뜻의 '페로자(Ferozah)' 또는 '피로자(Firozah)'였다.

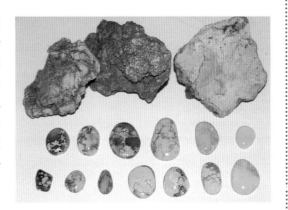

ASIA
46

산타클로스를
자기 나라 사람이라 우기는 이유는?

크리스마스 특수를 책임지는 산타클로스는 터키 사람

크리스마스 즈음에 세계에서 가장 바쁜 사람은 착한 아이들을 찾아다니며 선물을 주는 산타클로스일 것이다. 이맘때면 핀란드를 비롯한 노르웨이, 스웨덴, 덴마크, 아이슬란드 등 북유럽 국가들이 너 나 할 것 없이 산타클로스가 자기 나라 사람이라고 주장한다. 이는 유럽의 연말 경기가 크리스마스 특수에 크게 좌우되기 때문이다.

해마다 덴마크의 수도 코펜하겐에서는 세계산타클로스총회가 열린다. 산타클로스가 어느 나라 사람인가에 관한 논쟁이 수그러들지 않자 2003년 세계산타클로스총회에서는 덴마크령인 그린란드를 산타클로스의 고향으로 인정하는 데 공식

핀란드의 산타클로스 마을 산타클로스 마을은 여러 나라에 존재하지만 그 중 핀란드 로바니에미 근교의 마을이 가장 유명하다. 산타클로스 사무실로 쓰이는 위의 건물에는 매년 산타에게 보내는 전 세계 어린이들의 편지가 도착한다.

적으로 합의했다. 이로써 산타클로스의 고향을 둘러싼 원조 논쟁은 일단락된 셈이다. 하지만 현재 세계적으로 산타클로스의 고향으로 가장 널리 알려진 나라는 핀란드이다. 핀란드의 산타 마을인 로바니에미는 인구 3만 5,000명의 소도시이지만 해마다 40여 만 명의 관광객이 몰려든다. 이로써 연간 약 70억 원의 관광 수입을 올리고 있으니 산타클로스가 국가 경제에 한몫하는 셈이다.

빨간 털코트를 입고 순록이 끄는 눈썰매를 타는 산타클로스를 보면 그의 고향은 눈과 얼음에 쌓인 추운 나라일 것이라는 생각이 든다. 그러나 산타클로스는 지금의 터키가 있는 소아시아 지방 사람이라는 것이 정설이다.

서기 270년 로마의 속주였던 리키아(오늘날 에게해 연안 도시) 지방에 남몰래 선행을 베푸는 자선심이 많은 대주교 세인트 니콜라스가 살았다고 한다. 그의 사후 대주교가 생전에 행한 자선 행위에 얽힌 미담이 노르만족에 의해 동방에서 유럽으로 전해졌고, 이후 아메리카 신대륙으로까지 퍼졌다. 신대륙에 살던 네덜란드 사람들은 전해진 이야기 속의 대주교를 자선을 베푸는 사람의 모델로 삼았으며, 그를 '산테 클라스'라 불렀다. 이후 이 말이 영어식으로 표기되면서 지금의 '산타 클로스'가 되었다.

● 코카콜라 광고에서 탄생한 산타클로스의 모습

빨간 코트, 바지, 모자 그리고 검은 장화에 흰 수염을 단 산타클로스의 모습이 언제 어떻게 만들어졌는지 아는 사람은 별로 없다. 산타클로스의 모습은 세계인들이 즐겨 마시는 음료 가운데 하나인 코카콜라 광고에서 탄생했다. 1931년 코카콜라 회사는 겨울철 떨어진 매출을 올리기 위한 홍보 전략으로 지금의 산타클로스 모습을 만들었다. 겨울철에 따뜻한 느낌을 주며 코카콜라 회사의 로고를 의미하는 빨간색 옷, 콜라의 거품을 연상시키는 흰 수염, 그리고 콜라를 의미하는 검은색 장화로 단장한 산타클로스의 모습을 만든 것이다.

산타클로스 어린이의 수호 성인으로 희망과 낭만의 상징이기도 한 산타클로스는 현대 자본주의가 낳은 상품 가운데 하나이다.

터키 이스탄불은 어떻게 동서 문명의 교차로가 되었을까?

서로 다른 문화가 공존하는 아야소피아 성당

터키는 유럽과 아시아 두 대륙에 걸쳐 있는 나라로, 터키 최대 도시인 이스탄불은 지중해와 흑해로 이어지는 보스포루스 해협을 사이에 두고 유럽, 아시아와 마주하고 있다. 이스탄불은 메소포타미아, 오리엔트, 그리스, 로마, 비잔틴 문화와 이슬람 문화에 이르기까지 동서양을 아우르는 문명이 배어 있는 곳이다. 영국의 역사학자 토인비는 이스탄불을 '살아 있는 인류 문명의 야외 박물관'이라고 표현하기도 했다. 유네스코는 이러한 이스탄불의 역사적 가치를 인정하여 도시 전체를 세계 문화유산으로 지정했다.

이스탄불은 기원전 7세기경 그리스인들의 식민지(비잔티움)로 건설되었다. 이후 로마의 콘스탄티누스 1세는 새로운 로마를 건설하기 위해 이곳으로 로마 제국의 수도를 옮겼고, 도시 이름 또한 자신의 이름을 따서 콘스탄티노플로 바꿨다. 로마 제국이 동, 서로 분열된 후 이곳은 동로마 제국의 중심으로 1,000년 동안 군림했다. 또한 1453년 동로마 제국이 오스만 제국에게 멸망한 이후 1922년까지 오스만 제국의 수도로서 그 지위를 누려 왔다. 이렇게 하나의 도시가 1,600년이란 긴 세월 동안 전혀 다른 두 거대 제국의 수도 역할을 한 경우는 세계사에서 유례를 찾아볼 수 없는 것이다.

이런 이유로 이스탄불에는 동로마 제국의 그리스 정교 문화와 오스만 제국의 이슬람 문화가 함께 뒤섞여 있어 그 흔적을 도시 전체에서 찾아볼 수 있다. 대표적인 예가 바로 아야소피아 성당이다.

아야소피아 성당은 유스티니아누스 황제에 의해 500년대 중반에 세워진 건축물로, 성당 가운데에 지름 약 32m의 거대한 돔이 있는 대표적인 비잔틴 양식의 건

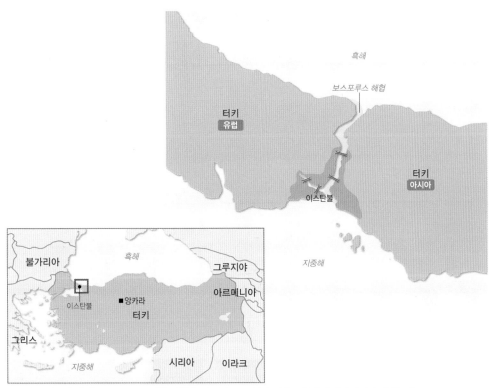

유럽과 아시아가 만나는 보스포루스 해협 해협을 사이에 두고 역사 이래로 유럽 세계와 아시아 세계는 수없이 대립, 충돌해 왔다. 이스탄불은 동서양의 문명이 만나는 교차로의 역할을 해 왔기에 이스탄불 도시 전체가 세계 문화유산으로 지정되었다.

축물이다. 그러나 오스만 제국이 이스탄불을 점령하면서 성당 내부의 모자이크에 회반죽을 덧붙여 놓았고 『코란』 구절을 적은 장식을 달았으며, 외부에는 연필 모양의 뾰족한 첨탑인 미나레트를 세워 이슬람 사원으로 개축했다. 터키 근대화의 아버지인 케말 아타튀르크Kemal Ataturk의 제정 분리 원칙에 의해 아야소피아 성당은 더 이상 그리스도교회도 이슬람 사원도 아닌, 과거 두 종교의 경배 장소였던 역사를 그대로 보여 주는 박물관으로 개조되었다.

교회 내부의 모자이크는 복원되어 동로마 제국 시대의 교회 역사를 보여 주고, 『코란』 구절을 쓴 벽면의 장식도 고스란히 남겨져 있다. 그리스도교 성화 모자이크와 이슬람교식 사원 장식이 하나의 건물 안에 공존함으로써 서로 다른 문화와 종교의 공존이 얼마든지 가능함을 보여 주는 곳이 바로 아야소피아 성당이다.

동서양 문명의 결집체 이스탄불의 아야소피아 성당 유럽과 아시아가 마주한 곳에 위치한 이스탄불은 1,600년 동안 동로마 제국과 오스만 제국의 수도였던 곳으로 동서양의 성격을 모두 지닌 도시이다.

500년 만에 햇빛 본 아야소피아 성당 내부 모자이크 벽화 성당 내부의 모자이크 벽화는 원래 유리에 금을 입혀 하나하나 박아 넣어 만든 것이다. 그러나 오스만 제국의 점령 후 성당을 모스크로 바꾸는 작업의 일환으로 벽화의 그림들 또한 이슬람교의 우상 숭배 금지의 원칙에 의해 회분으로 덧칠한 벽 속에 500여 년간 갇혀 있어야만 했다. 1930년대 시작된 복원 작업으로 인해 세상에 다시 빛을 보게 되었다.

그리스 정교 문화와 이슬람교 문화의 공존을 엿볼 수 있는 아야소피아 성당 내부 모습 성당 내부 벽면에는 동로마 제국 시절의 그리스 정교 성화가 그려져 있고, 이후 오스만투르크 제국이 지배하면서 설치한 이슬람교 「코란」의 구절을 적은 장식물이 공존함을 알 수 있다. 도시 전체가 세계 문화유산으로 지정된 이스탄불 곳곳에는 그리스 정교와 이슬람교 두 문화가 혼재하는 역사 문화 유적이 넘쳐난다.

● 터키가 유럽연합에 가입하려는 이유

아시아의 가장 서쪽에 있으면서 유럽과 맞닿은 자리에 있는 나라가 바로 터키이다. 터키 제일의 도시인 이스탄불은 보스포루스 해협을 끼고 서쪽의 유럽과 동쪽의 아시아 두 대륙에 걸쳐 있다. 그래서 터키는 유럽에도 속하고 아시아에도 속하여 어느 대륙에 속하는지를 판단할 수 없는 경우가 종종 있다. 대다수 터키인들은 스스로를 유럽인으로 생각한다. 터키는 국제 무대에서도 월드컵 대륙별 지역 예선을 아시아가 아닌 유럽에서 치를 만큼 유럽 국가로 분류된다. 그런데 터키는 수도 앙카라를 포함한 영토 대부분이 동쪽의 아시아에 있을 뿐만 아니라, 역사적으로 보아도 유럽의 그리스도교 세계와 경쟁한 이슬람 세력의 대표격인 오스만 제국의 후예국으로 아시아 국가가 분명하다. 그런데 터키는 인접한 유럽 경제권에 편입되기 위해 유럽연합 가입에 집착하고 있다.

유럽과 지리적으로 가까운 터키

유럽은 유럽연합에 의한 단일 자유 무역 지대이다. 따라서 터키는 지리적으로 가까운 유럽연합의 회원국이 된다면 관세 혜택 및 고용 창출 등으로 많은 경제적 이득을 얻을 수 있다. 1986년 유럽연합에 가입 신청서를 제출한 상태이지만 아직까지 결론이 나지 않고 있다. 유럽연합은 터키가 비민주적 정치제도 이슬람 국가라는 점, 쿠르드족과 같은 소수 민족에 대한 인권 문제, 낙후된 경제성, 높은 출산율 등을 내세워 가입 신청을 거부하고 있다. 만약 터키와 같은 거대 국가가 가입할 경우, 이슬람이라는 이질적인 문화가 들어오게 되어 문화의 통합이 어려워진다는 점, 유럽 헌법에 의해 영토와 인구 크기에 대비한 의회를 구성해야 하는데 이 경우 터키의 발언권이 커질 것을 우려하기 때문이다.

EUROPE

유럽

지구상에서 두 번째로 작은 대륙으로 전 세계 인구의 약 9%인 약 7억 5,000만 명이 살고 있다. 지중해에 뿌리를 둔 그리스 문명, 이를 계승한 로마 문명이 그리스도교와 결합하여 오늘날 유럽 문명을 형성하였다. 대부분 백인종으로 그리스도교를 믿고 있어 문화적으로 많은 동질성을 갖고 있다. 일찍이 해외 탐험에 앞장서고 산업혁명으로 근대화됨으로써 대부분이 선진 국가를 이루었다. 제1·2차 세계 대전을 치르며 폐허가 되다시피 했으나 빠르게 재건하였다. 새로운 강국으로 떠오른 미국, 중국, 일본과 경쟁하기 위해 국경을 허물고 관세를 자유화하는 등 정치·경제적 통합을 가속화하여 유럽 연합을 출범시켰다.

유럽에도
분단국가가 있을까?

민족과 종교 때문에 남과 북으로 나뉜 키프로스

키프로스는 시칠리아, 사르데냐 다음으로 지중해에서 세 번째로 큰 섬으로, 터키에서 남쪽으로 약 60km 떨어진 곳에 있는 섬나라이다. 키프로스는 이집트의 사랑의 여신 하토르와 동일시되는 그리스 신화의 사랑의 여신 아프로디테가 태어났다는 이야기가 전해 오는 섬이다.

키프로스는 지리적으로 아시아, 아프리카, 유럽을 잇는 곳에 위치하여 일찍이 정치·경제·군사적 거점으로 중시되어 왔다. 키프로스는 남과 북으로 나뉘어 30년 넘게 분단의 갈등을 겪어 온 유럽 유일의 분단국이다. 남쪽에는 키프로스 인구의 80%가량 되며 그리스 정교를 믿는 그리스계의 남키프로스 공화국이, 북쪽에는 전체 인구의 18%가량 되며 이슬람교를 믿는 터키계의 북키프로스 터키 공화국이 자리 잡고 있다.

기원전 15세기 무렵부터 미케네 문명의 영향을 받은 그리스인들이 키프로스에 정착하기 시작하여 섬의 주류를 형성했다. 그러나 오스만 제국이 키프로스를 점령한 이후 수많은 튀르크인이 이주하면서 이들은 터키계 키프로스인의 기원이 되었다. 남키프로스와 북키프로스의 모국인 그리스와 터키는 역사적으로 민족·종교적으로 대립하여 갈등 관계에 있었다. 특히 터키의 전신인 오스만 제국이 그리스를 400년 넘게 식민 통치한 적이 있었기 때문에 그리스인들의 터키에 대한 민족 감정은 좋지 않다.

20세기 들어 영국은 수에즈 운하를 지키기 위한 군사 기지로 삼기 위해 키프로스를 터키로부터 조차租借했다가 제1차 세계 대전 후 빼앗아 직할 식민지로 삼았다. 이후 그리스계 주민들 사이에서 키프로스를 그리스에 복귀시키려는 에노시

enosis 운동이 일어나면서 키프로스는 1960년에 영국으로부터 독립했다. 그러
나 인구의 대부분을 차지하는 그리스계 주민이 정치·경제적 지위를 독점하자 터
키계 주민들이 크게 반발하면서 민족 대립이 심각한 상황에 이르렀다. 1963년에
는 터키계 주민들의 권리를 제한하는 헌법 개정안이 강행 처리되면서 주민 간에
무력 충돌이 일어나 내란이 발발하기도 했다.

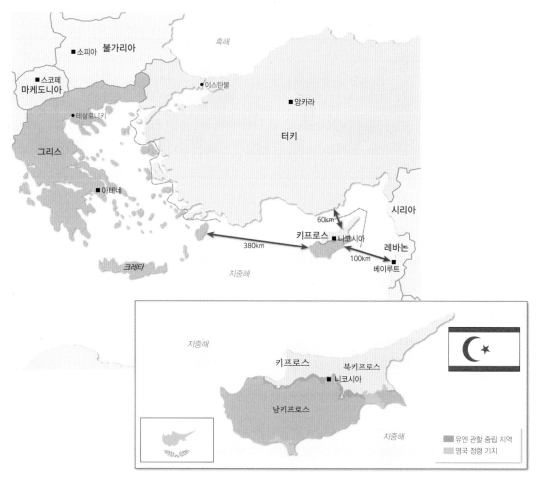

유럽 유일의 분단국가 키프로스 키프로스는 그리스계 주민의 남키프로스와 터키계 주민인 북키프로스가
대립하고 있어 분쟁의 불씨가 잠재해 있는 곳이다. 국토 중앙을 동서로 가로지르는 '그린 라인'은 지역의 경
계일 뿐만 아니라 유럽과 아시아를 구분하는 지리적 경계이기도 하다. 현재 남키프로스만이 유럽연합 회원
국이며, 북키프로스는 터키 정부만이 인정하고 있다. 북키프로스의 국기는 터키의 국기와 유사하지만 남키
프로스는 키프로스의 지도에 평화를 상징하는 올리브 나뭇잎을 배치했다. 국기의 금색은 풍부한 지하자원
인 구리에서 유래하였다.

키프로스의 민둥산 과거 키프로스는 구리의 채광과 제련을 위해 막대한 양의 땔나무가 필요했기 때문에 전 국토의 나무가 대부분 잘려 나갔다. 이로 인하여 국토 대부분이 민둥산을 이루고 있다.

1974년 그리스 군사 정권의 지원 아래 쿠데타가 일어나 친그리스 정부가 그리스와의 합병을 주장하자 터키가 터키계 주민 보호를 이유로 군대를 파병하여 북부 지역을 점령했다. 1983년 국제연합에서 터키군의 철수를 요구하는 결의안을 채택하자 이 지역은 북키프로스 터키 공화국으로 분리, 독립했다. 이 과정에서 북쪽에 살던 그리스계 키프로스인들과 남쪽에 살던 터키계 키프로스인들이 난민이 되면서, 각각 남쪽과 북쪽으로 강제로 추방되었다.

현재 키프로스 공화국은 남쪽의 그리스계와 북쪽의 터키계로 양분되어 사실상 2개국이 존재하고 있다. 북키프로스는 아직 국제적인 승인을 얻지 못하고 있으나, 남키프로스는 2004년 유럽연합에 가입했다. 이로 인해 외교적 고립과 경제적 수세에 몰린 북키프로스의 반발이 더욱 거세졌다. 2000년부터 국제연합의 노력으로 통일을 위한 남북 간 노력이 서서히 일기 시작했으나 큰 성과를 거둘 수 없었다. 그러나 분단 이후 남북 키프로스 모두에서 통일 성향의 대통령이 처음으로 집권하면서, 2008년 남북 정상 회담을 갖는 등 통일을 위한 첫발을 내딛기 시작했다.

하지만 넘어야 할 산이 많다. 남키프로스는 유엔 재결의에 의한 연방제 통일을 주장하는 반면, 북키프로스는 2개 국가 연합을 내세우고 있다. 또한 북쪽에 주둔 중인 3만 명의 터키군 철수도 해결해야 할 과제 가운데 하나이다.

● 구리에서 유래된 이름, 키프로스

구리는 여러 금속 가운데 가장 먼저 이용되면서 일찍이 인류 문명의 발전에 지대한 영향을 미친 금속이다. 키프로스는 1974년 전쟁이 발발하면서 구리 채굴이 중지된 상태이지만 고대부터 구리 산지로 유명한 곳이었다. 고대 이집트와 로마가 위대한 문명을 일으킬 수 있었던 요인 가운데 하나로 키프로스에서 수입한 막대한 양의 구리를 들 수 있다. 키프로스라는 국명은 바로 구리에서 유래된 말이다. 구리의 영어 표기인 쿠퍼(copper)는 라틴어 큐푸럼(cuprum)에서 나온 것이며, 이는 '키프로스로부터(from Cyprus)'라는 뜻을 갖는다.

2008년 발행된 키프로스 유로화 동전

대륙에 갇힌 바다, 지중해는 어떻게 만들어졌을까?

파란 하늘, 푸른 바다, 하얀 집

지중해 주변에는 흰색으로 칠해진 집들과 벽이 두껍고 창문이 작은 집들이 많다. 흰색은 강렬히 내리쬐는 햇빛을 반사시켜 주고, 두꺼운 벽과 작은 창문은 열기와 따가운 햇살을 차단해 주기 때문이다. 그리스와 로마의 신전을 비롯한 지중해 주변의 다양한 고대 건축물들은 이런 이유로 하얀 대리석으로 지어진 것이 많다. 눈이 시리도록 파란 하늘, 푸른 바다와 하얀 집, 이들이 엮어 내는 그림 같은 풍경은 지중해의 형성 과정, 기후와 밀접한 관계가 있다.

지금으로부터 약 6,500만 년 전까지만 해도 지중해는 동쪽으로 훨씬 더 길게 뻗어 있었고, 테티스해라고 불리던 거대한 바다였다. 그러나 아프리카 대륙이 북상하여 남쪽의 아라비아반도와 북쪽의 터키와 연결되면서 지금의 흑해와 연결된 거대한 대서양의 만이 형성되었다. 이후 서쪽에서 아프리카 대륙과 이베리아반도가 충돌하여 지브롤터에 자연 발생적인 거대한 댐이 생겨났고 육지로 둘러싸인 지중해가 만들어졌다. 이렇게 되자 바닷물이 지중해로 더 이상 공급될 수 없었다. 태양열에 의해 매일 4,000m^{2}의 바닷물이 1,000년 동안 증발되면서 지중해의 물은 바싹 말라 버렸고 지중해는 소금만 남은 거대한 소금 사막이 되어 버렸다.

약 50만 년 동안 지중해는 내내 이런 사막으로 있었다. 그러나 갑작스런 지각 변동으로 지브롤터의 자연 발생적인 댐이 붕괴되면서 매일 100m^{3}의 바닷물이 100년 동안 밀려들어 왔고, 이런 과정이 10회 이상 반복되면서 지금의 지중해가 만들어졌다.

이렇게 지중해는 대륙으로 둘러싸인 내해이며 헤라클레스의 기둥이라 불리는

유럽 문명의 어머니 지중해 지중해를 비롯한 흑해와 카스피해는 유라시아 대륙판과 아프리카 대륙판이 충돌하는 과정에서 만들어진 바다이다. 지중해는 유럽 문명의 모태가 되기 때문에 유럽 문명의 어머니라고 불린다.

지브롤터 해협을 사이에 두고 대서양과 연결된다. 바다로서 지중해는 그 규모가 너무 작아 태양이나 달에 의한 조석의 영향을 거의 받지 않기 때문에 큰 호수로 보아도 될 정도이다. 지중해는 이탈리아의 시칠리아와 아프리카 튀니지 본곶을 연결하는 해저산맥을 경계로 동쪽의 이오니아해와 서쪽의 티레니아해로 나뉜다. 기온이 더 높은 이오니아해에서는 바닷물이 해마다 1.5m씩 증발할 정도로 그 증발량이 엄청나다. 이 증발량을 메우기 위해 지브롤터 해협을 통해 대서양의 바닷물이 지중해로 밀려들어 오고 있다.

지중해 일대는 겨울철에는 북쪽의 기단이 남하하여 강수대가 형성되기 때문에 비가 내리며 온화한 날씨를 띤다. 반면 여름철에는 아열대 기단의 영향 아래 놓이기 때문에 거의 비가 오지 않는 무덥고 건조한 날씨가 지속된다. 해마다 반복되는 이러한 기후 특성을 지중해성 기후라고 한다. 지중해 일대는 여름철이 건조하기 때문에 이러한 날씨에 잘 견디는 올리브, 오렌지, 포도, 코르크 등을 재배하는 수목 농업이 발달했다.

지중해 그리스 히오스섬의 흰 가옥 지중해 주변의 집들은 하나같이 흰색으로 칠해져 있는데, 이는 강렬한 햇빛을 차단하기 위한 것이다. 또한 이곳은 지진이 자주 일어나 그 피해를 방지하기 위해 가옥과 가옥을 바짝 붙여 건축하는데, 이 또한 그늘을 넓게 만들어 더위를 피하는 데 도움을 준다.

● 크레타 문명의 크레타는 백악에서 유래

크레타섬은 지중해 동쪽 에게해 중앙에 위치하여 일찍이 이집트와 소아시아 등 동방과의 교류를 통하여 뛰어난 해양 문화를 이룩하였다. 이후 미케네섬에서 발생한 미케네 문명과 더불어 그리스 문명의 모태가 되었다. 크레타(creta)라는 이름은 지중해 주변에 널리 분포

하는 백악(白堊)에서 유래한 용어이다. 백악은 중생대 말 백악기에 단세포 플랑크톤인 유공충, 성게, 조개껍데기 등이 퇴적되어 형성된 암석으로, 성분은 석회암과 같으나 다공질이어서 가볍고 연한 것이 특징이다.

지중해 주변에서 발견되는 암석, 백악

파르테논 신전이
세계 문화유산 제1호가 된 이유는?

서양 문명의 모태는 그리스 문명

그리스를 대표하는 세계 문화유산은 파르테논 신전으로, 그리스 도시 국가들의 맹주였던 아테네가 기원전 479년 페르시아와의 전쟁에서의 승리를 기념하고 아테네의 수호신인 아테나를 기리기 위해 세운 신전이다. 수도 아테네의 아크로폴리스에 세워진 파르테논 신전은 역사의 한복판에 서서 영욕이 교차하는 그리스의 운명과 함께했다.

파르테논 신전은 그리스가 마케도니아와 로마에게 정복당하면서 수난의 길을 걷기 시작했다. 동로마 제국 시대에는 그리스도 교회로 이용되었으며, 파르테논 신전에 모셔져 있던 처녀의 아테나 상(아테나 파르테노스)이 콘스탄티노플(지금의 이스탄불)로 옮겨지기도 했다. 오스만 제국의 지배하에서는 이슬람 사원으로 이용되었으며, 오스만 제국과 도시 국가였던 베네치아 공화국의 전투 중에서는 파르테논 신전의 중앙부가 포격을 받아 무너져 내리기도 했다. 최근에는 자동차 배기 가스 때문에 부식이 심해져 유네스코가 중심이 되어 여러 차례 복구 작업을 해야 했다.

파르테논 신전은 아크로폴리스의 여러 신전 가운데 가장 아름답고 웅장한 건축물로 평가받는다. 가로 8열, 세로 17열의 기둥이 황금 분할의 조화를 이루며 수백 개가 늘어서 있으며, 기둥 하나하나는 직각이 아니라 중간 부분이 배가 부른 엔타시스(배흘림) 양식으로 설계되어 정교한 과학성이 돋보인다. 전체적으로 도리아식 건축 양식으로 세워졌고 신전에 장식된 예술성 높은 조각들은 세심한 조화를 이루고 있다. 파르테논 신전은 건축사·미술사·역사적으로 그 가치가 높아 세계 문화유산 제1호로 지정되었다.

유럽 문명의 뿌리, 그리스 문명 지중해를 무대로 탄생한 미케네 문명과 크레타 문명이 결합하여 그리스 문명이 탄생했다. 이후 그리스 문명은 로마에 전해져 로마 문명을 꽃피웠으며, 그리스도교와 결합하여 유럽 문명의 토대를 형성하였다. 해마다 많은 유럽인이 서양 문명의 뿌리이자 요람으로 여기는 그리스를 찾고 있다.

로마 문명 + 그리스도교

그리스 문명

미케네 문명

크레타 문명

그리스 국기의 의미 십자가는 그리스도 국가인 그리스가 이슬람 세력인 오스만 제국으로부터 독립했음을 상징한다. 9개의 줄은 1821년 시작된 독립 전쟁 때 사용했던 투쟁 구호 "자유냐 죽음이냐(Eleutheria e Thanatos)"의 9음절을 뜻한다.

세계 문화유산 제1호로 지정된 그리스의 파르테논 신전 서양 문명의 자존심으로 상징되는 파르테논 신전은 아테네의 아크로폴리스 언덕 위에 있다. 유럽인들에게 그리스 방문은 단순히 관광이 아닌 정신적 고향을 찾아가는 문명 순례와도 같다. 유럽연합뿐만 아니라 유네스코에서도 파르테논 신전의 개보수를 위해 막대한 예산을 지원하고 있다.

서양 세계는 그리스 문명을 토대로 로마 문명을 꽃피울 수 있었고 이후 그리스도교와 결합되어 오늘날의 서양 문명이 잉태될 수 있었다. 그리스는 사람을 중심으로 생각하고 사람을 존중하는 인본주의와 민주주의가 최초로 시작된 곳이다. 소크라테스, 플라톤, 아리스토텔레스로 이어지는 철학과 과학, 예술의 발전은 후에 르네상스를 거치며 서양 문명의 기틀이 되었다. 유럽인들은 이런 그리스를 서양 문명의 요람이자 자신들의 뿌리와도 같은 곳으로 여긴다. 이런 연유로 파르테논 신전을 세계 문화유산 제1호로 지정하고 유네스코의 심벌마크를 파르테논 신전 문양을 본떠 만들었다.

유네스코 로고 유네스코의 심벌마크는 그리스 아테네의 아크로폴리스에 있는 파르테논 신전을 본뜬 것이다.

그리스는 국토의 대부분이 산지이고 자원이 빈약하지만 곳곳에 남아 있는 고대 그리스의 유산 덕분에 연간 800만 명이 넘는 해외 관광객을 유치하고 있다. 유럽연합은 유럽 문명의 뿌리이자 자존심인 그리스의 문화재를 위해 해마다 막대한 예산을 지원하고 있기도 하다.

그리스 도시 국가들을
하나로 묶은 것은 무엇일까?

도시 국가들 간의 경쟁과 공동체 의식을 고취한 올림피아 대제전

그리스는 국토의 대부분이 산지로 이루어져 있어 농업 생산성이 낮았기 때문에 일찍이 바다로 진출할 수밖에 없었다. 항해술과 조선술이 발달한 그리스는 기원전 8세기~기원전 4세기에 걸쳐 마살리아(지금의 마르세유), 모나코, 니스, 칸, 네이스폴리스(지금의 나폴리), 비잔티움(지금의 이스탄불) 등 지중해에서 흑해에 이르는 곳에 1,000여 개의 식민 도시를 건설했다. 지중해 전역으로 진출하여 곳곳에 수많은 식민지를 건설한 그리스의 도시 국가들은 이들 식민 도시에서 유입된 풍부한 물산과 노예로 풍요로움을 만끽할 수 있었다.

그러나 지중해의 해상권을 놓고 벌어진 그리스와 페르시아와의 충돌은 피할 수 없었다. 페르시아의 다리우스 1세와 그의 아들 크세르크세스 1세의 침략으로 아

제1회 근대 올림픽이 개최된 판아테나이 경기장 1896년 아테네에서 개최된 제1회 근대 올림픽에는 14개국이 참가했다. 394년을 끝으로 중단된 올림픽 경기가 1,500년 만에 재개된 것이다.

테네의 수도가 함락되기도 했으나 아테네를 중심으로 한 도시 국가 연합군은 페르시아와의 전쟁을 승리로 이끌었다. 이 시기에 각각의 도시 국가들은 영토 팽창주의를 추구하여 그리스 전역의 정치적 패권을 차지하기 위해 경쟁을 벌였다. 그 가운데 페르시아와의 전쟁에서 결정적인 역할을 한 아테네가 중심 국가로 부상했다.

아테네는 페르시아의 재침략에 대비하여 델로스 동맹을 조직했다. 그러나 아테네의 독주가 도를 넘어서자 스파르타가 중심이 된 펠로폰네소스 동맹이 조직되었다. 그리스의 도시 국가들은 제각기 아테네와 스파르타 편으로 나뉘어 전쟁을 벌였다. 동족 간의 전쟁은 스파르타의 승리로 막을 내렸다.

그리스의 도시 국가들은 서로 정치적으로 독립되어 있었기 때문에 상호 간 대립과 항쟁이 끊이지 않았다. 그러나 그리스인들은 한편으로 자신들을 헬렌(인간에게 불을 가져다 준 신인 프로메테우스의 자손을 말함)의 후손으로 여겨 헬레네스라고 부르며 동일 민족임을 잊지 않았고 자신들의 단결을 강조했다. 이러한 공동체 의식에서 출발한 것이 바로 오늘날 올림픽의 효시인 올림피아 대제전이다.

올림피아 대제전은 원래 제우스와 제우스의 아내 헤라를 받들기 위한 것이었다. 도시 국가들 사이의 치열한 전쟁은 계속되었지만 4년마다 한 번씩 거행된 올림피아 대제전은 기원전 776년에 시작되어 1,000년 이상 지속되었다. 경기 기간 중에는 모든 전쟁 행위가 중지되었는데 이는 올림피아 대제전이 민족적 축제였음을 보여 주는 것이다.

올림피아 대제전에는 남자만이 참가했으며, 완전 나체로 행해졌다. 경기 종목은 달리기, 창던지기, 원반던지기, 멀리뛰기, 레슬링 등이었다. 권투, 전차 경기와 중무장 상태의 경주 등과 같은 종목이 있어 종교적 행사라기보다는 강한 전사를 육성하기 위한 군사 훈련적인 성격이 더 짙기도 했다.

고대 그리스 올림픽 레슬링 경기 4년마다 열린 올림피아 대제전 동안에는 도시 국가들 간의 모든 전쟁이 중단되었다. 올림픽 경기는 나체로 진행되었으며 올림피아 경기의 승리자에게는 월계수로 만든 관만이 수여되었을 뿐 어떤 부상품도 없었다.

● 30만 대군에 맞선 300명의 전사들

두 차례에 걸친 그리스 원정에 실패한 다리우스 1
세는 그의 아들 크세르크세스 1세에게 "그리스에
게 패배한 치욕을 잊지 말라"라는 유언을 남기고
죽는다. 크세르크세스 1세는 그리스와의 전쟁을
원하지 않았지만 그의 신하들은 선친의 유언을 받
들 것을 요구했다. 결국 이들에게 손을 든 크세르크
세스 1세는 기원전 480년, 30만 대군을 이끌고 그
리스 원정에 나섰다. 페르시아의 침공을 막기 위한
그리스 연합군 편성이 지연되자, 스파르타의 왕 레

영화「300」의 한 장면

오니다스는 죽음을 각오할 결심을 한다. 그가 이끄는 300명의 전사들은 그리스 본토에 상륙한 약 30만의 페르시아 대군
을 맞아 테르모필레 협곡에서 혈전을 벌이다 모두가 장렬한 최후를 맞는다. 그들의 영예로운 죽음으로 연합군을 조직할
시간을 번 그리스는 페르시아군을 살라미스 해협으로 유인하여 괴멸시킨다. 이를 영화로 옮긴 것이「300」이다.

알바니아와 코소보는 어떻게 유럽의 이슬람 섬이 되었을까?

포기할 수 없는 세르비아인의 성지 코소보

알바니아는 아드리아해에 위치한 산악 지대 국가로서, 유럽에서 가난한 나라들 가운데 하나이다. 알바니아라는 국명은 '백색의 나라'라는 뜻을 지닌 알바니아어에서 유래하는데, 이는 국토 곳곳에 백색의 대리암이 넘쳐나기 때문이다. 또한 알바니아인들은 자신의 나라를 '검은 독수리의 국가'라고 칭하기도 한다.

유럽 대부분의 나라들은 그리스도교 국가이지만 발칸반도의 알바니아는 이슬람 국가이다. 그리스도교 국가들에 빙 둘러싸여 있어서 알바니아를 이슬람의 섬이라고도 한다. 알바니아는 로마 시대 이래로 그리스도교를 믿었으나 1479년 오스만 제국에 점령되면서 이슬람교로 개종했다. 알바니아가 위치한 발칸반도 일대는 그리스 정교와 가톨릭교 등 다양한 종교가 뒤섞인 곳으로 민족 문제뿐만 아니라 종교 갈등도 심하다. 특히 이슬람교를 믿는 알바니아인들은 그리스 정교를 믿는 이웃한 세르비아인들과 크게 대립하고 있다. 세르비아의 코소보에서의 갈등은 대표적인 것이다.

코소보는 세르비아 영토 내에 있는 자치주로서 주민 대부분은 이슬람교를 믿는 알바니아인들이다. 세르비아인들은 전체 인구의 약 10%에 불과하지만 행정 및 주요 요직을 차지하며 다수의 알바니아인을 통치하고 있다. 1989년 세르비아 공화국의 대통령으로 당선된 밀로셰비치는 세르비아 대국주의를 공표하며 코소보의 알바니아인들을 탄압하기 시작했다. 코소보의 자치권을 박탈하고 알바니아어를 가르치는 학교를 폐쇄했다. 이에 알바니아인들이 독립을 기도하며 항거했으나 세르비아의 무력 진압으로 실패하고 말았다.

1996년 알바니아계 게릴라 조직인 코소보민족해방군이 코소보 경찰에 공격을

이슬람의 섬 알바니아 알바니아는 1944년 사회주의 국가가 되었으나 중국, 소련과도 외교를 단절하며 독자적인 행보를 펼쳤으며, 정치·경제적으로 가장 고립된 국가이다. 이슬람교를 믿는 알바니아는 가톨릭교와 그리스 정교를 믿는 주변 국가에 둘러싸여 이슬람의 섬이라 불린다. 이웃한 세르비아 내의 코소보에는 약 90% 알바니아인들이 살고 있어 세르비아와 갈등을 빚고 있다.

알바니아의 국기 알바니아의 국기에는 머리가 두 개인 독수리 문양이 들어 있다. 독수리는 알바니아인의 용맹무쌍함을 의미하며, 이는 오스만 튀르크를 상대로 싸운 알바니아의 민족 영웅 게오르그 스칸데르베그의 생가인 카스트리오타가(家)의 깃발에서 유래했다고 한다. 두 개의 머리는 알바니아가 동서양의 중간에 위치하고 있음을 의미한다.

가하는 사건이 일어났다. 이를 빌미로 1998년 세르비아는 알바니아인에 대하여 '인종청소'로 불리는 무차별 학살을 자행했다. 갈수록 사태가 심각해지자 북대서양조약기구가 즉각 개입했으며 1999년 알바니아와 세르비아는 코소보 자치주 인정을 골자로 하는 코소보 평화 협정을 체결했다. 그러나 세르비아는 이를 무시하고 오히려 공세를 강화했고 수천 명의 알바니아계 사람들은 인근 알바니아, 마케도니아 등으로 피난해야 했다. 사태를 종결시키기 위해 북대서양조약기구는 세르비아에 수개월간 폭격을 가했고 결국 세르비아는 평화 협정에 체결하고 군대를 철수했다. 그리고 코소보에는 북대서양조약기구의 평화 유지군이 주둔하게 되었다.

2008년 코소보는 세르비아로부터 독립을 선언했다. 세르비아는 즉각 이를 무효라고 주장했고 다시 양측 간에 긴장이 고조되고 있다.

세르비아가 코소보를 차지하기 위해 애쓰는 이유는 코소보가 자신들에겐 성지

코소보 프리슈티나에서 코소보의 독립을 축하하고 있는 알바니아계 사람들 중국과 러시아를 비롯한 일부 나라는 코소보의 독립을 적극적으로 반대하고 있다. 코소보의 독립을 승인할 경우 자국 소수 민족들의 분리 독립 움직임이 커질 것을 우려하기 때문이다.

나 다름없는 곳으로 과거의 영화와 자긍심을 상징하기 때문이다. 오스만 제국이 발칸반도를 지배하기 이전인 11세기 발칸반도의 주인은 세르비아 왕국이었고, 세르비아의 네만야 왕조의 중심지였던 코소보에는 많은 유적이 남아 있다. 그리고 1389년 오스만 제국과의 전쟁에서는 이곳에서 10만여 명의 세르비아 병사들이 장렬하게 산화하기도 했다. 하지만 현재 코소보 주민의 대부분은 알바니아인들이다. 코소보가 독립하면 인접국 알바니아공화국에 귀속될 것이 분명하기에 코소보의 독립을 반대하는 것이다.

알렉산드로스 대왕이
동쪽으로 원정길을 떠난 이유는?

미개 사회였던 서쪽, 문명 사회였던 동쪽

기원전 4세기경 그리스 북부 마케도니아의 알렉산드로스 대왕은 그리스를 손에 넣은 후 동방 원정을 떠나 이집트, 페르시아, 인도를 차례로 정복하여 인류 역사상 최초의 대제국을 건설했다. 또한 알렉산드로스 대왕은 그리스 문화와 오리엔트 문화를 융합한 헬레니즘 문화를 이룩하여 세계사에 큰 영향을 미쳤다.

왜 알렉산드로스 대왕은 서쪽이 아닌 동쪽의 인도까지 머나먼 동방 원정을 떠난 것일까? 정치·군사적 측면에서 보자면 알렉산드로스 대왕이 출현하기 이전부터 그리스는 지중해 패권을 놓고 페르시아와 여러 차례 충돌했다. 지중해 전역에 많은 식민지를 갖고 있던 그리스는 식민지로부터 노예와 물자를 안전하게 운송하기 위한 해상 교역로를 확보해야 했다. 페르시아의 계속적인 침략 위협에 시달린 그리스는 동방의 페르시아를 무너뜨릴 해방자로서 알렉산드로스 대왕을 절실히 필요로 했다.

알렉산드로스 대왕에게 서방 세계는 경제적 측면에서도 가치가 별로 없었다. 알렉산드로스 대왕이 동방 원정을 떠날 당시 서쪽의 유럽은 북부 아프리카 페니키아의 식민지인 카르타고를 제외하고는 오리엔트 세계만큼 문명화되지 못한 미개 사회였으며, 빈곤한 부족 연맹체의 소규모 도시 국가들이 산재해 있었다. 알렉산드로스 대왕은 이렇게 경제적으로 낙후된 유럽에 매력을 느끼지 못했고, 물산이 풍부하고 학문이 발달한 동방 세계로 원정을 나섰다.

오늘날 서구 문명의 원류인 그리스 문명의 상당 부분은 이집트, 페니키아, 바빌로니아, 페르시아 등 찬란한 오리엔트 문명에서 온 것들이다. 천문학, 기하학, 수학, 건축술 등은 이집트에서, 알파벳 문자, 염료 등은 페니키아에서, 정치 제도와

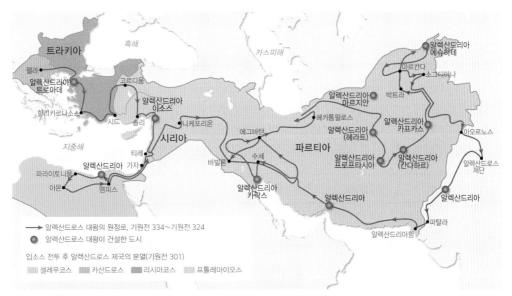

헬레니즘 문화를 이룩한 알렉산드로스 대왕의 원정로 알렉산드로스가 서쪽이 아닌 동쪽으로 원정길에 오른 것은 서쪽의 유럽 세계보다 동쪽의 오리엔트 세계가 더 발달해 있었기 때문이다. 알렉산드로스는 오리엔트 문화를 그리스화시킨 '그리스적인 세계', 즉 헬레니즘을 전파했다. 헬레니즘 문화는 인류 역사상 최초로 민족의 테두리를 뛰어넘은 국제적 문화였다.

서사 문학 등은 메소포타미아와 페르시아로부터 가져왔다. 또한 유리, 향수, 보석, 파피루스 등 여러 산물이 페니키아 등 모두 동쪽의 아시아에서 온 것이다.

알렉산드로스 대왕은 동쪽 세계의 끝인 인도의 인더스강 너머 앞바다에는 넓은 바다가 펼쳐져 있을 것으로 생각했다. 인도까지 진격한 알렉산드로스 대왕은 인도 너머로 아시아 대륙이 끝없이 펼쳐져 있는 것을 알게 되었다. 하지만 알렉산드로스 대왕은 더 이상 진군할 수 없었다. 처음 경험해 보는 무더위와 장마, 식량 부족, 주민들의 강력한 저항과 오랜 원정에 군대도 지칠 대로 지치고 열병까지 도지자 기원전 324년 알렉산드로스 대왕은 마침내 철군을 결심한다. 마케도니아의 수도 펠라를 떠나 2만km의 대원정길에 오른 지 10년 만의 일이었다.

● 유럽은 어디서 유래된 말일까?

당시 그리스인들은 세계의 중심을 그들이 살고 있는 그리스로 보았지만 사실 그리스 문명의 원류는 그들의 동쪽에 위치한 오리엔트라고 믿고 있었다. 다음의 그리스 신화는 유럽 문명의 원류가 아시아에 있음을 상징적으로 보여 준다. 제우스는 어느 날 페니키아 해변에서 꽃을 따는 미모의 페니키아 공주 유로파(Europa)를 보았다 순간 공주에게 반한 제우스는 황소로 변신해서 그녀를 유혹하여 등에 태우고 바다 건너 크레타섬으로 갔다. 이들 사이에서 태어난 미노스는 미노아 왕국의 시조로서 미노아 문명을 일으키고 이후 펠로폰네소스반도의 미케네 문명과 더불어 그리스 문명의 원류를 이룬다. 유로파가 제우스의 유혹에 빠져 황소를 타고 돌아다닌 지역은 이후 그녀의 이름을 따 유럽(Europe)으로 불렸다.

● 알렉산드로스 대왕과 고르디우스의 매듭

동방 원정에 나선 알렉산드로스 대왕이 소아시아에 있는 프리지아(기원전 12세기~7세기 히타이트가 몰락하면서 그 후예들이 세운 고대 왕국)의 고르디움을 통과할 때의 일이다. 고르디움의 신전 기둥에는 전차 한 대가 복잡하고 정교한 매듭으로 묶여 있었는데, 이 매듭을 푸는 자가 아시아를 지배하게 될 것이라는 전설이 전해 내려오고 있었다.

오랜 세월 아무도 풀지 못한 매듭을 본 알렉산드로스 대왕은 칼을 뽑아 단숨에 내리쳐 매듭을 끊었고, 예언대로 아시아 전체를 손에 넣었다. "고르디우스의 매듭을 풀다"라는 말은 이처럼 알렉산드로스 대왕이 상식을 넘어서는 기발하고도 파격적인 방법으로 문제를 풀었다는 데서 유래한 말이다.

고르디우스의 매듭을 자르는 알렉산드로스

하지만 매듭을 푼 것이 아니라 잘라 버린 행위는 알렉산드로스와 그가 세운 제국의 어두운 미래를 예고하는 것이었다. 알렉산드로스 대왕의 급작스런 죽음 이후 제국은 대혼란에 빠졌으며 후계자들 사이에서 권력 쟁탈전이 벌어져 아내와 아들도 후계자들로부터 죽음을 당했다. 제국은 알렉산드로스 대왕이 잘라 버린 매듭처럼 오리엔트와 소아시아를 지배하는 시리아의 셀레우코스 왕조, 이집트의 프톨레마이오스 왕조, 마케도니아를 지배하는 안티고누스 왕조로 조각나 버렸다.

알렉산드로스 대왕이 세운 도시들은 어떤 역할을 했을까?

도시는 동서문화의 교류와 융합의 전진 기지

아시아와 유럽에 이르는 대제국을 건설한 알렉산드로스 대왕은 정복한 땅 곳곳에 자신의 이름을 딴 알렉산드리아라는 도시를 세웠다. 당시 그가 세운 도시는 소아시아를 정복한 후 최초로 세운 알렉산드리아 트로아데를 비롯하여 알렉산드리아 이소스, 이집트의 알렉산드리아, 알렉산드리아 에슈하테, 알렉산드리아 칸다하르 등 70여 개에 달했으며, 현재 확인된 것만 해도 25개에 이른다.

알렉산드로스 대왕이 세운 도시 가운데 가장 유명한 도시는 이집트를 정복한 후 나일강 하구에 건설한 알렉산드리아이다. 알렉산드로스 대왕이 묻힌 곳이기도 한 알렉산드리아는 알렉산드로스 대왕의 사후 그의 부하였던 프톨레마이오스가

알렉산드로스 대왕이 동방 원정을 하면서 세운 도시들 알렉산드로스 대왕은 제국 내에 70여 개의 도시를 세워 그리스 문화를 전파했다. 알렉산드로스 대왕이 제국 곳곳에 도시를 세운 이유는 원정군의 물자를 보급하기 위한 군사 거점을 마련하기 위해서였다.

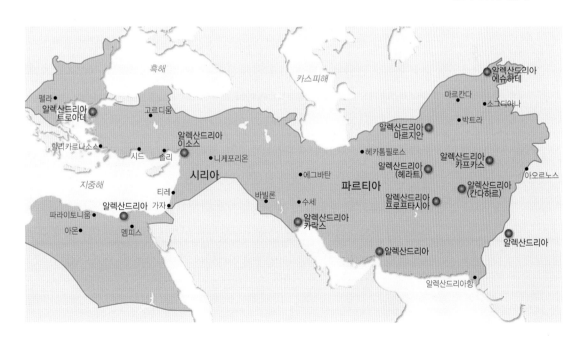

이집트 알렉산드리아 카이트 베이 요새 알렉산드리아는 '지중해의 진주'라고 불릴 만큼 아름다운 도시로 이집트의 제2의 도시이다. 1466년 맘루크 왕조의 술탄 카이트 베이가 일렉신드리아에 건설한 요새에는 고대 세계의 7대 불가사의로 손꼽히는 파로스 등대가 있었다.

세운 왕조의 수도가 되었다. 알렉산드리아는 그리스인, 이집트인 그리고 유대인 등 자유 시민만 해도 30만 명이나 될 만큼 당시 세계 최대의 거대 도시였다. 또한 헬레니즘 시대 300년간 문화, 경제, 학문, 예술, 상업의 중심지로서 "없는 것은 내리는 눈雪뿐"이라고 말할 정도로 번영을 누린 인류 최초의 세계 도시였다.

알렉산드로스 대왕의 꿈은 지중해와 오리엔트 세계를 하나로 통합하는 것이었다. 원정길에 학자들을 동반한 것도 바로 그 때문이었다. 그는 가는 곳마다 그리스식 도시를 세운 후 그리스 학자, 예술가, 기술자, 상인들을 이주시켜 그리스 문화와 언어를 현지에 전파했다. 또한 자신의 제국을 공고히 하기 위해 그리스인과 페르시아인의 국제 결혼을 장려했으며 페르시아인들을 그리스식으로 교육하는 한편, 페르시아 문물을 받아들이는 데도 주저하지 않았다.

알렉산드로스 대왕의 도시 건설로 그리스 문화는 널리 확장되었다. 이로 인해 그동안 닫혀 있던 동서양 문명의 교류가 폭발적으로 촉진되어 그리스 문화와 오리엔트 문화가 서로 융합한 헬레니즘 문화가 탄생했다. '모든 인류는 동포'라는 박애주의와 세계주의에 기초한 헬레니즘 문화는 이후 로마 문화에 전수되어 유럽 문명의 정신적 기초가 되었고, 인도에 전파되어 간다라 미술을 낳기도 했다.

마케도니아는 왜 국명을 놓고 그리스와 대립하는 걸까?

마케도니아라는 명칭은 그리스 유산의 일부

발칸반도는 정치적으로 유럽에서 가장 불안정한 곳으로 그 끝자락에 마케도니아라는 작은 내륙국이 있다. 마케도니아는 전前유고슬라비아 사회주의 연방 공화국 가운데 하나였으나 연방의 해체와 함께 1991년에 독립했다. 그런데 국명을 마케도니아로 정하자 이웃한 그리스가 이를 허용할 수 없다며 강력하게 반발했다. 양국 사이에서 약 2년에 걸친 갈등이 지속되다 결국 1993년 마케도니아는 '구유고슬라비아 마케도니아 공화국'이란 명칭으로 국제연합에 가입하며 국제사회에 등장했다.

마케도니아란 그리스 북부 지역을 가리키는 명칭으로 처음에는 그리스인들이 이곳에 살았다. 그러나 로마 제국의 지배를 받은 이후 6세기부터 슬라브족이 정착하면서 슬라브화되었고, 이후 동로마 제국과 오스만 제국에게 1,000년이 넘는 기간 동안 지배를 받았다. 1912년 그리스와 세르비아 연합군이 오스만 제국과 발칸 전쟁을 치른 후 마케도니아 북부는 세르비아가, 남부는 그리스가 차지하여 양분되었다. 현재 마케도니아 북부 주민의 대다수는 슬라브족, 남부 주민의 대다수는 그리스인으로 남북이 서로 다른 민족으로 대립하고 있다.

그리스는 마케도니아라는 명칭은 역사적으로 그리스 유산의 일부로, 순수하게 지리적 용어이지 민족적인 용어가 아니기 때문에 그 명칭은 쓰지 말아야 한다고 주장했다. 또한 그 명칭을 바꾸지 않을 경우, 마케도니아의 유럽연합 및 북대서양조약기구 가입에 거부권을 행사할 것이라고 위협했다. 그러나 마케도니아는 알렉산드로스 대왕이 태어난 나라라는 역사성과 마케도니아라는 국명을 수백 년 동안 사용해 왔다는 점을 들어 그리스의 어떤 압력에도 굴복하지 않겠다는 의

국명을 두고 그리스와 갈등을 겪는 마케도니아   마케도니아는 구유고슬라비아 연방에서 독립할 당시 국명을 마케도니아로 하려고 했다. 그러나 과거 이곳을 지배했던 그리스는 '마케도니아'가 자국의 지방 명이므로 국명으로 사용할 수 없다고 반대했다. 이로 인해 마케도니아는 구유고슬라비아 마케도니아 공화국이란 이름을 사용해야 했다.

지를 천명하였다. 그런 취지에서 2006년 마케도니아가 수도 스코페의 페트로비치 공항을 알렉산드로스 대왕의 이름을 따서 알렉산드로스 공항으로 바꾸기로 결정하였으며, 2011년에는 스코페에 높이 22m짜리 초대형 알렉산드로스 대왕 동상을 세우기도 했다.

그러자 그리스는 마케도니아에 대한 경제 봉쇄 정책을 강화하고 외교력을 통해 전방위로 압박을 가했다. 유럽연합 가입을 애타게 원하고 있던 마케도니아는 그리스의 요구를 모른 척할 수 없었다. 결국 마케도니아의 대통령은 "우리 국민들은 고대 마케도니아 왕국의 후손이 아니며, 다만 마케도니아로 알려진 지역에 사는 사람들일 뿐"이라고 밝히며 국명을 변경하였다.

그러나 그리스 국민들은 마케도니아가 국명에 마케도니아라는 이름 자체를 사용하는 것을 극구 반대하여 지금까지 국명을 둘러싼 양국 간의 외교 분쟁이 지속되었다. 27년간의 분쟁을 겪으며 2018년 양국은 북마케도니아로 국명을 변경하는 데 합의를 하였다. 그러나 그리스 국민들은 여전히 마케도니아의 이름을 사용해서는 안 된다고 주장하며, 마케도니아 국민들은 새로운 이름이 그리스에 굴복하는 것이라며 반대하고 있다.

● 국기마저 바꿔야 했던 마케도니아

마케도니아는 국명에 이어 국가를 상징하는 국기마저 그리스의 반대로 바꿔야 했다. 마케도니아는 1992년 독립하면서 '버지니아 태양(Virgina Sun)'을 형상화한 것을 국기로 선택했다. '버지니아 태양'은 햇살을 상징하는데, 1977년 마케도니아에서 발견된 고대 마케도니아왕의 무덤 상자에 각인된 무늬에서 따온 것이다. 무덤은 필리포스 2세 또는 그의 아들 알렉산드로스 대왕의 것으로 추측되며 그 무늬에 발견 지역의 명칭을 따서 '버지니아 태양'이라는 이름을 붙였다. 그리스는 마케도니아가 버지니아 태양을 국기로 삼은 것을 고대 마케도니아를 그대로 전승하겠다는 뜻으로 받아들여 국기 사용을 반대했다. 결국 마케도니아는 그리스와의 분쟁을 피하기 위해 1995년 10월 5일, 16개의 햇살에서 8개를 지운 지금의 태양 문양으로 국기를 수정했다.

무덤에서 발견된 버지니아 태양의 형상

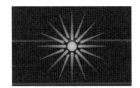

버지니아 태양이 발굴된 그리스 북부 마케도니아의 지역 상징

1995년까지 사용한 마케도니아 국기

현재 마케도니아 국기

'슬라브족의 모자이크'
유고슬라비아는 어떻게 사라져 갔을까?

여전히 남아 있는 대세르비아주의의 불씨

동부 유럽의 발칸반도는 동서 문명이 만나는 곳으로 여러 민족과 인종, 서로 다른 언어와 종교가 뒤섞여 분쟁과 충돌이 끊이질 않았기 때문에 유럽의 화약고라고 불린다. 20여 년 전 발칸반도에는 '남쪽의 슬라브족 나라'라는 뜻의 유고슬라비아 연방이 있었다. 각 연방 국가들은 슬라브족이라는 큰 틀에서는 공통점이 있었으나 언어와 종교가 달라 '슬라브족의 모자이크'라는 말이 유고슬라비아를 정확하게 표현한 말이라 할 것이다.

발칸반도는 슬라브족이 정착한 이후, 9~11세기 크로아티아와 세르비아 왕국 등이 건국되어 번영을 누렸으나 1398년 이래 대부분 지역이 오스만 제국의 지배를 받았다. 19세기에 이르러 오스만 제국이 약해진 틈을 타 남부의 세르비아는 독립했으나 북부의 슬로베니아와 크로아티아는 오스트리아-헝가리 제국의 지배 아래 들어갔다. 이어 오스트리아-헝가리 제국이 보스니아-헤르체고비나를 합병하자 이 땅을 자신들의 땅이라고 주장하던 세르비아와의 긴장이 고조되었다. 결국 1914년 보스니아-헤르체고비나의 수도인 사라예보를 순방 중이던 오스트리아 황태자를 세르비아 청년이 저격, 암살하면서 제1차 세계 대전이 발발했다. 오스트리아-헝가리 제국은 19세기 후반 오스트리아와 헝가리가 통합하여 두 나라를 오스트리아 황제 한 사람이 통치하되 헝가리의 자유와 자치를 허가한 이중 제국을 말한다. 이 제국은 50년도 안 돼 오스트리아 제국이 공화국이 되면서 붕괴되었다.

1915년 오스트리아-헝가리 제국이 붕괴되자 세르비아를 중심으로 슬라브족이 대동단결하여 슬라브족의 나라를 건설하자는 유고슬라비즘Yugoslavismo이 태동했다. 이로써 세르비아인, 크로아티아인, 슬로베니아인의 왕국이라는 연합 왕국이 세워졌고 1929년에는 유고슬라비아 왕국으로 이름을 바꾸었다. 그러나 세르비아 중심의 국가였기에 이에 불리함을 느낀 크로아티아와 슬로베니아는 연방주의와 분권화를 주장했다.

이로 인해 왕국의 기틀에 점점 균열이 생겨났고 제2차 세계 대전 중에는 독일과 이탈리아에 의해 분할 점령되기도 했다. 하지만 티토를 중심으로 하는 공산당의 저항 운동으로 독일을 물리쳤고 1945년 티토의 영도 아래 여섯 개 공화국(슬로베니아, 크로아티아, 세르비아, 몬테네그로, 보스니아-헤르체고비나, 마케도니아)의 연방 체제인 유고슬라비아 사회주의 연방 공화국(약칭 유고 연방)이 세워졌다. 유고 연방은 비동맹주의와 독자적 사회주의 노선이라는 외교 정책을 고수하여 소련과 갈등을 겪었다. 이로 인하여 경제 봉쇄를 당하는 어려움을 겪기도 했으나 이것은 오히려 유고슬라비아인들을 단결시키는 계기가 되었다.

유고 연방은 티토의 정치적 민족주의(다민족, 다인종, 다종교로 구성된 공화국 간의 갈등을 조정하여 각 민족 간의 이익을 대변하는 기풍) 아래 상당한 안정과 발전을 이룰 수 있었다. 그러나 내부적으로는 연방의 핵심인 세르비아와 여타 민족 간의 갈등이 끊이지 않았다. 티토가 죽고 1989년 동유럽의 자유화 운동이 전개되면서 민족들 간에 자신들만의 나라를 세우려는 민족주의가 팽창했다. 결국 1991년 슬로베니아, 크로아티아, 마케도니아의 독립을 시작으로 유고 연방은 분리의 길을 걷게 되었다. 다음 해에는 보스니아-헤르체고비나가 독립했고 세르비아와 몬테네그로는 유고 연방에 그대로 남아 신新유고 연방인 세르비아-몬테네그로를 결성했다. 그러나 2006년 몬테네그로마저 세르비아와 결별하면서 유고 연방은 역사의 뒤안길로 사라졌다.

발칸반도의 다수 민족으로 대大세르비아주의를 표방하는 세르비아는 유고 연방의 해체 과정을 그대로 지켜볼 수 없었다. 세르비아는 다른 나라에 거주하는 세르비아인들을 보호한다는 명분 아래 크로아티아 내전, 보스니아 내전, 코소보 전쟁 등 여러 차례 내전을 일으켜 국제 사회에서 비난의 대상이 되었다. 현재도 대세르비아주의의 불씨는 그대로 남아 있다.

유고슬라비아 사회주의 연방 공화국 초대 대통령 요시프 티토(Josip Broz Tito) 독자적인 사회주의 노선을 표방하며 비동맹 중립 외교를 펼쳐 구소련과 중국의 사회주의 국가로부터 기회주의적인 정치가로 비판받았다. 그러나 복잡한 민족과 종교로 이루어진 유고 연방의 분규를 수습하고 단일 국가로 만든 정치력 면에서는 긍정적으로 평가받고 있다.

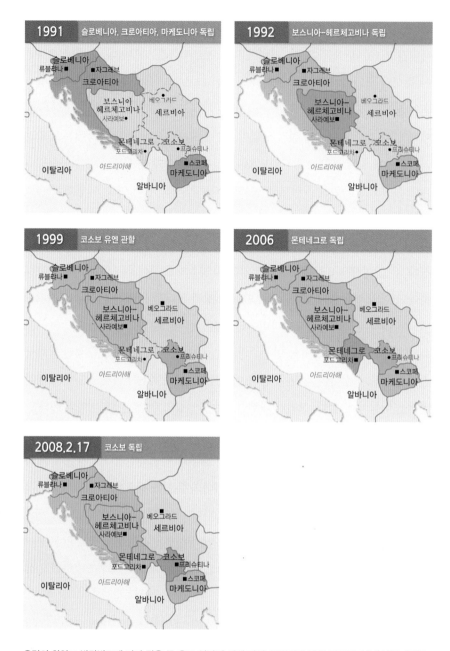

유럽의 화약고 발칸반도에 자리 잡은 구 유고 연방의 해체 과정 발칸이란 말은 터키어로 '산(山)'을 뜻하는
데, 오스만 제국이 이곳을 지배할 당시 트라키아의 하에무스산을 이곳을 대표하는 산으로 보고 발칸이라 부
른 데서 유래한다. 슬로베니아와 크로아티아는 오스트리아의 지배를 받아 가톨릭 문화권에, 세르비아는 그
리스 정교회 문화권에 속하며 보스니아—헤르체고비나에는 그리스 정교와 이슬람교 문화가 뒤섞여 있다. 알
바니아는 이슬람교 문화권에 속한다. 발칸반도는 이렇게 문화·종교적으로 매우 복잡한 곳이다.

슬라브 바다에 떠 있는 라틴 섬은 어디인가?

로마인의 피가 흐르는 루마니아인

발칸반도 북동부에 위치한 루마니아는 동서남북으로 우크라이나, 몰도바, 헝가리, 세르비아, 불가리아와 국경을 맞대고 있으며 흑해와 접해 있어 동서 교역의 중심지라고 할 수 있다. 또한 다키아, 로마, 슬라브, 이슬람까지 아우르는 다양한 문화가 혼합되어 루마니아를 동유럽의 진주라고도 한다. 동유럽 대부분의 국가가 슬라브어를 사용하는 슬라브족인 데 비해 루마니아는 라틴어를 사용하는 라틴계 루마니아인이 전체 인구의 80% 이상을 차지하고 있다. 이렇게 주변의 슬라

슬라브족 국가에 둘러싸인 '동유럽의 라틴 섬' 루마니아 루마니아를 둘러싼 대부분의 나라가 슬라브족인데 반해 루마니아는 전체 인구 80% 이상이 로마인의 피가 흐르는 라틴족이다. 국명도 '로마인의 나라'라는 뜻에서 루마니아로 했다.

루마니아의 민속춤 루마니아인들은 예부터 함께 모여 춤과 노래를 즐기며 향연을 여는 민족으로 루마니아의 민속춤은 천여 가지가 넘는다고 한다.

브족 국가들에 둘러싸여 있어 루마니아를 '슬라브 바다에 떠 있는 라틴 섬'이라 부른다.

루마니아인들은 자신의 나라를 로마인의 나라라는 뜻에서 롬니아Romnia라고 부르는데, 여기에는 스스로를 로마인의 후예로 여긴다는 뜻이 담겨 있다. 이곳은 1세기경 루마니아의 고대 선주민인 다키아인이 다키아 왕국을 건국하여 다스리고 있던 곳이었다. 유럽 최초로 대제국을 건설했던 로마 제국의 트라야누스 황제는 트란실바니아 알프스에 있는 금을 얻기 위해 이곳을 침입하여 로마에 병합시켰고, 카라칼라 황제의 칙령에 의해 다키아인들은 로마 제국의 시민권을 획득했다. 271년 고트족의 침략으로 로마 제국의 군대와 행정부가 다키아에서 철수한 이후, 다키아에 정착한 로마인과 다키아인들 사이의 혼혈이 거듭되어 로마화된 다키아인이 등장했다. 이들이 바로 현재 루마니아인의 조상으로, 자신들을 다른 이주 민족과 구분하기 위하여 로마인Roman이라는 용어를 사용한 것이다.

루마니아는 민족 이동 경로에 위치하고 있었기 때문에 로마군이 철수한 이후 1,700년 동안 북쪽과 동쪽에서 쳐들어온 여러 민족의 지배를 받았다. 그러나 오늘날까지 루마니아는 로마 제국의 언어인 라틴어의 명맥을 이어가고 있다.

● 루마니아의 민족적 영웅 드라큘라 백작

루마니아 하면 한여름 공포 영화에 빠지지 않고 등장하는 흡혈귀 드라큘라 백작을 떠올리는 사람들이 많다. 하지만 드라큘라 백작은 실존 인물이 아니며, 영국 소설가 스토커(B. Stoker)의 『흡혈귀 드라큘라』속의 주인공일 뿐이다.

소설의 역사 속 실제 인물은 15세기 루마니아의 전신인 왈라키아 공국의 왕 블라드 체페슈(Vlad Tepes)이다. 왈라키아 공국의 왕자로 태어난 그는 일찍이 오스만 제국에 의해 부친이 살해되고 자신은 오스만 제국의 포로가 되어 볼모 생활을 했다. 오스만 제국에 대한 적개심에 불탔던 체페슈는 이후 오스만 제국과의 전쟁에서 포로로 잡힌 수많은 튀르크 병사들을 뾰족한 꼬챙이로 찔러 죽이고 불태워 죽이는 등 극도로 잔인한 방법을 사용했다. 또한 법을 어기고 눈에 거슬리는 국내의 귀족과 작센계 상인들 또한 같은 방법으로 처형했다.

이러한 사실이 서방 세계에 알려지면서 사악한 악마처럼 묘사되어 드라큘라라는 이름이 생겨난 것으로 보이며, 연대기로 그의 행적을 읽은 스토커가 그를 모

흡혈귀 드라큘라 백작의 모델로 알려진 왈라키아 공국의 블라드 체페슈가 살던 브란성 브란성은 20세기 초까지 합스부르크의 마리 여왕이 거주했으며, 1948년 공산당에 접수되었으나 2006년 본래 주인인 왕가 후손들에게 반환되었다.

델로 소설을 쓴 것이다. 그러나 루마니아에서는 체페슈가 극악무도한 만행을 저지르긴 했지만 나라의 독립을 지키기 위해 용감히 싸운 민족적 영웅으로, 악의 무리를 가차없이 처벌한 민중의 지도자로 높이 평가되고 있다.

『아라비안나이트』의
백인 노예는 누굴까?

이슬람 세계에 노예로 팔린 슬라브족

노예 제도는 일찍이 인류가 문명 사회를 구축하기 이전부터 존재해 왔다. 동서양 문명 사회 모두 노예 제도를 기반으로 그 번영을 이룰 수 있었기 때문에 노예를 얻기 위해 수많은 전쟁을 치러야 했다. 이슬람 사회 또한 로마 제국과 마찬가지로 수많은 노예들에 의해 지탱되는 사회였다. 노예는 아프리카의 흑인 노예뿐만 아니라 백인 노예도 있었다. 『천일야화千一夜話』로 불리는 『아라비안나이트』에는 왕 옆에 덩치 큰 백인 노예가 팔짱을 끼고 서 있는 그림이 있기도 하다.

일찍이 고대부터 흑인뿐만 아니라 백인도 노예 시장에서 거래되고 있었다. 유럽에서 아시아로 팔려간 백인 노예의 대부분은 동유럽에 살고 있던 슬라브족이었다. 슬라브족은 아프리카에서 들여온 흑인과 함께 이슬람 세계의 충실한 노예들이었다.

영어의 slave는 노예를 뜻하는데, 포로라는 뜻의 라틴어 스클라부스sclavus가 스클라바sclava를 거쳐 슬라브가 된 것이다. 이는 로마 제국 당시 그리스도교를 받아들인 게르만족에게 붙잡혀 유럽 시장에 팔린 사람들 대부분이 슬라브족인 데서 유래되었다. 스칸디나비아반도 부근에서 살던 게르만족의 일파인 노르만족은 9~11세기 초 프랑스에 노르망디 공국, 이탈리아에 나폴리 왕국, 영국에 노르만 왕조, 그리고 러시아의 기원이 되는 노브고로드 왕국과 키예프 왕국 등 여러 나라를 세웠다. 이때 노르만족은 동남부 유럽의 그리스도교를 믿지 않는 슬라브족을 야만인으로 규정하고 노예로 삼아 서부 유럽과 이슬람 세계에 팔아넘겼다.

그렇지만 중세 그리스도교 사회에서 인간을 사고판다는 것은 상상도 할 수 없는 일이었다. 이렇게 사람들이 꺼려 한 노예 매매를 업으로 삼은 사람들이 바로 유

슬라브족 분포도 슬라브족은 원래 선사 시대에 아시아에서 발원한 민족이었으나 기원전 3000년~기원전 2000년경 동유럽으로 이주, 정착한 유럽 최대의 민족이다. '노예'를 뜻하는 슬라브족의 명칭은 로마 제국 당시 그리스도교도들인 게르만족에게 붙잡혀 서부 유럽과 이슬람 세계에 팔린 사람들 대부분이 슬라브족인 데서 유래한다.

게르만족
라틴족
슬라브족
아시아계 민족
기타

러시아

벨라루스

폴란드

우크라이나

체코 슬로바키아

슬로베니아
크로아티아 세르비아 불가리아
마케도니아

대인이었다. 당시 그리스도교 국가 사람들은 이슬람 세계에 들어갈 수 없었으나 유대인들은 이슬람 세계와 그리스도교 세계 양쪽을 자유롭게 오갈 수 있었기 때문에 노예 중개인 노릇을 했다. 이런 이유로 오늘날 유대인에게 노예 상인이라는 딱지가 붙은 것이다. 영국 대문호 셰익스피어가 집필한 『베니스의 상인』은 당시 런던 시민이 고리대금업자이자 노예 상인인 유대인에 대한 조롱과 증오심에 뿌리를 두고 출간된 작품이다.

● 천일야화, 아라비안나이트

『천일야화』는 6세기경 페르시아에서 전해진 구비 문학을 아랍어로 기술한 설화이며 『아라비안나이트』라고도 불린다. 주요 이야기 180편과 짧은 이야기 108여 편이 있으며 15세기 이전에 수집, 완성되었으나 작자는 알려지지 않았다.
사산조 페르시아의 샤푸리 야르왕은 아내의 부정을 겪은 뒤 여성을 증오하여 결혼식을 치른 다음 날 신부 죽이기를 일삼는다. 그러던 중 신부가 된 세헤라자데라는 여인이 재미있는 이야기를 들려주자 왕은 이야기를 계속 듣고 싶어 그녀를 죽이지 않는다. 이야기는 1001일 밤 동안 계속되고 결국 왕은 세헤라자데와 함께 행복한 여생을 보내게 된다. 『아라비안나이트』에는 연애, 범죄, 여행담, 역사, 교훈담, 우화 등 가공과 실재가 뒤섞인 다양한 이야기가 들어 있으며 주로 바그다드와 카이로, 다마스쿠스, 바스라 등을 배경으로 하지만 이야기의 무대가 중국과 인도까지 미치기도 한다.

헝가리는 동유럽 국가들과
어떤 차이가 있을까?

마자르족이 마자르어를 쓰는 곳

아시아계의 마자르족이 전체 인구의 90% 이상을 차지하는 헝가리는 루마니아, 슬로베니아, 세르비아, 크로아티아, 우크라이나 등 슬라브족에 둘러싸여 있다. 이들이 사용하는 마자르어 또한 슬라브어와는 다른 계통에서 기원한 우랄어에 속한다.

이와 같이 헝가리만이 다른 동유럽 국가들과 민족과 언어에서 다른 것은 마자르족의 조상이 유럽이 아닌 우랄산맥과 볼가강 사이 중앙아시아의 초원 지대에서 살았기 때문이다. 따라서 마자르어는 언어 계통상 우랄어의 일파인 핀우그르어(핀란드어와 에스토니아어)에 속하여 슬라브어인 인도 유럽 어족과 구분된다. 그런데 이 우랄어는 터키어, 몽고어, 퉁구스어를 아우르는 알타이어와 뿌리가 같기 때문에 유사점도 많다. 학자에 따라서는 우랄어와 알타이어를 한 계통으로 보아 우랄·알타이어로 부르기도 한다. 뿌리가 같은 만큼 헝가리어와 우리말에는 공통점이 많다. 실제로 우리말과 헝가리어는 말과 문장의 어순이 비슷할 뿐만 아니라 비슷한 발음을 지닌 단어도 여럿 있다. 우리말의 아빠는 헝가리어로 '어부Apu', 엄마는

민족과 언어의 섬 헝가리 주변 동유럽 국가 대부분이 슬라브족인데 반해, 헝가리에서는 그들과 친연 관계를 찾아보기 어려운 아시아계 마자르족이 인구 90% 이상을 차지한다. 언어 또한 슬라브어가 아닌 우랄·알타이어를 사용하여 민족과 언어의 섬을 이룬다.

'어녀Anya'이다.

중앙아시아 초원 지대에 살던 마자르족은 서쪽으로 이동했던 중국 북방의 기마 민족인 말갈족의 일부인 것으로 전해진다. 895년 족장 아르파드가 이끄는 마자르족은 서진하여 카르파티아산맥을 넘어 동유럽 일대를 정복하고 헝가리의 다뉴브강 유역의 대평원에 자리 잡았다. 이후 마자르족은 서쪽에 있던 프랑크 왕국의 영토를 여러 차례 침략하여 살육과 약탈을 일삼으며 중부 유럽을 공포의 도가니로 몰아넣었다. 9~10세기 유럽 전체를 휩쓸며 맹위를 떨친 마자르족의 출현을 보고 유럽인들은 앞서 유럽을 공포에 떨게 했던 아틸라 대왕이 이끄는 훈족이 다시 돌아왔다고 생각했다.

마자르족의 후예임을 엿볼 수 있는 헝가리 우표 헝가리에서 발행되는 우표에는 정식 국명인 헝가리 대신 마자르란 이름이 새겨져 있다. 헝가리인들 스스로가 1,000년 전 유럽 세계를 재패했던 마자르족의 후예임을 자랑스럽게 여기고 있기 때문이다.

그러나 서진을 거듭하던 마자르족은 신성 로마 제국 초대 황제인 오토 1세와의 흐펠트 전투에서 패하여 더 이상 서진하지 못하고 헝가리 평원에 정착했다. 그리고 1001년 이스트반 1세의 지휘 아래 비옥한 헝가리 초원 일대에 강성한 헝가리 왕국을 구축하고 그들만의 문화·언어적 정체성을 유지했다. 오늘날의 헝가리인들이 바로 이들의 후예이다.

이후 헝가리의 왕들은 로마 교황의 도움으로 왕위를 확립하여 계속적으로 그리스도교를 전파하고 국가를 발전시켰다. 그러나 헝가리는 동유럽의 중앙부에 놓인 지리적 위치 때문에 끊임없이 다른 민족의 침입을 받았다. 1,000년에 가까운 세월 동안 황인종 형질을 가진 마자르족은 주변 여러 유럽계 민족과 혼혈을 거듭하면서 점차 백인종화되었다. 지금은 헝가리의 마자르인에게서 동양적인 모습을 찾아보기 어렵다.

헝가리의 수도 부다페스트 부다페스트는 다뉴브강을 사이에 두고 '부다(부더)'와 '페스트(페슈트)'라는 두 도시가 하나로 합쳐져서 형성된 도시로, 부다에는 왕궁과 관청가, 귀족 등 지배계층이 살았고 페스트에는 주로 서민들이 살았다고 한다. 1001년 이스트반 1세의 지휘 아래 다뉴브강 동쪽 페스트를 수도로 한 헝가리 왕국을 세우면서 헝가리의 중심도시로 자리잡게 되었다.

유럽 고대사의 종말을 부른 훈족은 누구인가?

EUROPE 13

뛰어난 기마 민족인 훈족은 흉노족의 후예

4세기 중엽, 유럽은 혜성같이 등장한 중앙아시아 기마 민족인 훈족에 의해 대격변을 겪어야 했다. 뛰어난 기마술과 활 솜씨를 지닌 훈족은 닥치는 대로 불태우고 살육과 약탈을 자행하여 전 유럽을 공포에 떨게 했다. 훈족은 동고트와 서고트 왕국을 차례로 정복한 후, 로마까지 진격하여 로마를 초토화시켰다. 훈족의 침입으로 야기된 게르만족의 대이동, 그리고 훈족에 의한 서로마 제국의 붕괴 등으로 유럽 고대사는 종말을 고했다.

유럽 고대사의 종말을 가져온 훈족의 이동 훈족의 침입은 게르만족의 이동을 촉발시키고 로마 제국의 붕괴를 초래하여 유럽 고대사의 막을 내리게 하는 결과를 가져왔다. 동유럽의 헝가리는 훈족의 후예들이 세운 나라로 알려졌다.

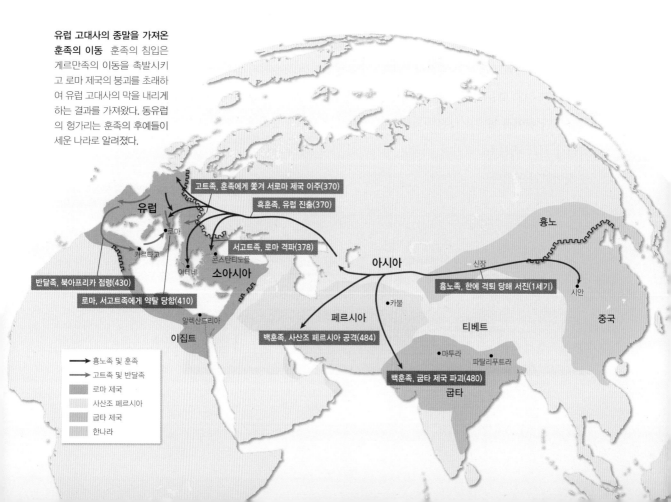

고트족, 훈족에게 쫓겨 서로마 제국 이주(370)

흑훈족, 유럽 진출(370)

유럽

로마

카르타고

서고트족, 로마 격파(378)

콘스탄티노플

아테네

소아시아

반달족, 북아프리카 점령(430)

로마, 서고트족에게 약탈 당함(410)

알렉산드리아

이집트

흉노

아시아

신장

흉노족, 한에 격퇴 당해 서진(1세기)

시안

중국

페르시아

카불

티베트

백훈족, 사산조 페르시아 공격(484)

마투라

파탈리푸트라

백훈족, 굽타 제국 파괴(480)

굽타

→ 흉노족 및 훈족
→ 고트족 및 반달족
로마 제국
사산조 페르시아
굽타 제국
한나라

훈족은 버팀목을 장착한 나무 안장과 안장에 다리를 고정시키는 등자, 엄청난 파괴력을 지닌 활과 삼각 철화살로 무장했다. 또한 정예의 기마병들로 구성되었기 때문에 막강한 기동력과 전투력을 발휘했다. 훈족의 기병과 맞붙어 본 적이 있는 유럽 군사들은 "훈족의 생업은 전쟁이고 그들의 일자리는 말등이다"라고 말하기도 했다. 성직자들은 훈족이 「요한계시록」에 나온 하늘이 보낸 기사이며, 신이 분노하여 그들을 단죄하기 위해 훈족을 보냈다고 생각하기도 했다.

헝가리 부다페스트에 있는 아틸라 동상 최근에 헝가리인들은 아틸라의 군사와 함께 유럽으로 옮겨 간 흉노족의 후예가 아니라 이들과는 별도로 중앙아시아 부근에 살던 다른 흉노족의 일파라는 주장이 제기되고 있다. 다른 한편으로는 5세기경 헝가리 평원에 잔류한 훈족 세력과 이후 9~10세기경 다시 유럽을 침략했던 유목 기마 민족인 마자르족이 합쳐져 오늘날 헝가리인을 이루었다는 주장도 있다.

훈족은 고대 중국사에 등장했다가 중국인들에 의해 중앙아시아로 밀려난 흉노족의 후예일 것이라고 보는 견해가 지배적이다. 그 이유로 첫째, 그리스의 천문지리학자 프톨레마이오스의 세계 지도에 훈족의 거주 지역으로 표시된 지점들은 사마천의 『사기』「흉노전」에 나온 흉노족의 지역과 일치한다. 둘째, 동로마 제국 사절단의 일원으로 아틸라의 궁정에 머물렀던 그리스의 역사가 프리스쿠스는 넓은 어깨와 가슴, 키는 작지만 말 위에 앉으면 커 보이는 인상, 납작한 코, 작고 찢어진 눈 등으로 훈족의 모습을 묘사했는데, 이는 황인종의 특징과 일치한다. 셋째, 훈족의 '훈hun'과 '흉兇'의 명칭이 비슷하다는 점이다.

흉노족은 중국의 전국 시대에 등장한 북아시아 역사상 최초의 유목 기마 민족으로 당시 중국인들이 그들의 침략 때문에 만리장성을 쌓아야 할 만큼 공포의 대상이었다. 서한 초기 중국의 역사 무대에서 갑자기 사라졌으나 그로부터 약 400년이 지난 후 유럽 사회에 훈이라는 이름으로 모습을 드러낸 것이다.

기원전 약 50년경 흉노는 오랜 전쟁으로 국력이 쇠약해졌으며 왕위를 둘러싸고 내분이 일어나 북흉노, 남흉노, 서흉노로 분열되었다. 남흉노는 중국으로 동화되었으며, 북흉노는 선비족에 점령되어 세력을 잃었다. 서흉노는 만리장성에 가로막혀 더 이상 남진할 수 없었으며, 인구 과잉과 혹한으로 인한 식량 부족 때문에 초원에서의 삶을 더 이상 지탱하기 어려웠다. 결국 이들은 아랄해, 카스피해, 흑해를 지나 유럽 카르파티아산맥 분지까지 이어지는 초원 지대를 따라 대이동을 감행했다.

453년 신의 채찍이라 불리던 아틸라왕의 갑작스런 죽음으로 훈족은 와해되었고 그의 아들 가운데 하나가 훈족의 본거지인 다뉴브강 유역에 헝가리 왕국을 세웠다. 이를 근거로 서양의 고대사 연구가들은 헝가리Hungary의 '헝hun'은 '훈', 즉 '흉'으로 흉노족의 이름이며 '가리gary'는 땅을 뜻하는 말이기 때문에 헝가리를 흉노의 땅으로 보고 있다. 실제로 헝가리와 흉노족 사이에는 풍속학·언어학적 측면에서 많은 유사성이 발견된다. 그러나 고대부터 흉노족과 백인종 간의 오랜 혼혈이 이루어져 오늘날 헝가리인들과 전통적 흉노족은 생김새가 확연히 다르다.

● 훈족과 맞선 중국판 잔 다르크, 뮬란 ....

만리장성으로 둘러싸인 중국 위나라 국경 북쪽에서 훈족이 쳐들어오자 온 나라에 징집령이 내려진다. 파씨 가문 외동딸 뮬란은 늙은 아버지를 대신하여 남장을 하고 전장에 나선다. 중국판 잔 다르크로 활약한 뮬란은 기지를 발휘하여 훈족의 침입을 격파하는 데 큰 공을 세운다. 나중에 여자임이 밝혀져 쫓겨나지만 훈족 잔당들의 황궁 침입 음모를 알아내어 황제를 구한다.

「뮬란」은 「목란시(木蘭詩)」라는 중국 북방 민가(民歌)에 바탕을 둔 이야기로 1998년 미국의 월트디즈니사가 애니메이션으로 제작되기도 했다. 영화 속에서 뮬란과 그 주위 사람들은 인간미가 넘쳐나는 인물로 묘사되고 있지만 흉노족은 날고기를 먹고 약탈과 살육을 일삼는 야만인으로 그려지고 있다. 이와 같이 「뮬란」은 서구 중심적 시각의 영화로, 동서 문명을 혼합시켜 세계사의 발전에 지대한 공을 세운 유목 민족의 문명을 야만스럽고 미개한 문명으로 치부한다. 하지만 훈족은 이후에 나타난 유목 민족인 유연, 돌궐 등과 더불어 주변 정착 민족과 끊임없는 대립으로 인류 문명의 발전에 지대한 공헌을 했다.

체코슬로바키아가
분리와 통합을 거듭한 이유는?

평화적 합의로 분리된 체코와 슬로바키아 공화국

체코슬로바키아 지역에 최초로 정주한 사람들은 기원전 5세기경의 켈트족이었다. 1세기에는 게르만족이, 그리고 5~6세기경에는 슬라브족이 이주, 정착했는데, 바로 슬라브족이 지금의 체코슬로바키아인의 조상이다. 체코슬로바키아는 같은 슬라브계이지만 서로 다른 민족인 체코인과 슬로바키아인이 오랫동안 분리와 통합을 거듭해 온 역사를 가지고 있다.

체코슬로바키아는 서쪽의 체코와 동쪽의 슬로바키아로 구분되는데, 서쪽의 체코를 다시 둘로 나누어 그 서쪽을 보헤미아, 동쪽을 모라비아라고 부른다. 체코슬로바키아의 원형은 833년에 그리스도교를 국교로 삼아 개국한 모라비아 왕국이다. 그러나 헝가리의 마자르족이 침략하여 슬로바키아를 점령함으로써 이후 이 지역은 체코와 분리되어 약 1,000년 동안 헝가리의 지배를 받았다. 이로 인해 역사의 중심은 체코로 옮겨졌다.

체코에서는 모라비아 왕국이 쇠퇴하고 새로이 보헤미아 왕국이 들어섰다. 보헤미아 왕국에서는 신성 로마 제국의 황제가 선출되는 등 14~15세기에 황금시대를 맞았다. 그러나 보헤미아 왕국 또한 19세기 후반에는 오스트리아-헝가리 제국의 속령이 되었다. 이후 1918년 체코는 슬로바키아와 함께 연합하여 체코슬로바키아 공화국을 세웠다. 그러나 나치 독일의 침공으로 체코와 슬로바키아가 분리, 점령되었고 1945년 소련군에 의해 해방되어 다시 통합되었다.

하지만 1993년에 또다시 체코와 슬로바키아 두 개의 공화국으로 분리되었다. 이렇게 분리된 데에는 여러 이유가 있지만 가장 큰 이유는 경제적인 격차였다. 체코는 보헤미아 시대부터 유리, 제철, 기계, 자동차 산업 등 공업이 발달하여 서방

분리와 통합을 거듭한 체코슬로바키아 체코와 슬로바키아는 같은 슬라브계이지만 민족이 서로 달라 오랫동안 분리와 통합을 거듭해 온 역사를 지녔다. 1990년대 동유럽의 민주화 과정에서 두 국가 간의 경제적 격차 때문에 또다시 분리되었다.

• 보헤미아, 모라비아: 보헤미아는 체코의 서부, 모라비아는 동부에 해당되는 곳으로, 기원전에 이 지방에 정주한 켈트족의 일파인 보이(Boii)족에서 비롯된 역사적인 명칭이다. 9세기 슬라브족이 민족 국가를 세웠으나 이후 독일 룩셈부르크가와 오스트리아 합스부르크가의 지배를 받았다.

• 슬로바키아: 헝가리 마자르족의 침략으로 1,000년간 지배를 받았다. 이로 인하여 현재 슬로바키아에 사는 50만 명(전체 인구의 10%)의 헝가리인에 대한 차별 문제로 헝가리와 갈등을 빚고 있다.

건축의 도시 프라하를 대표하는 성 비투스 성당 체코의 수도 프라하 전체는 중세 건축물들이 즐비하여 유럽 건축의 전시장과도 같은 곳이다. 한때 신성 로마 제국의 왕궁이었으나 지금은 대통령 관저로 쓰이는 프라하성은 중세 유럽 건축의 결정체라고 할 수 있다. 왕궁 옆의 성 비투스 성당은 프라하성과 함께 체코를 대표하는 건축물에 속한다.

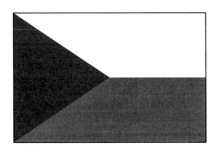

체코 국기 적색과 흰색은 대(大)모라비아 제국의 문장에서 유래한 국민 색이다. 1920년 슬로바키아와 병합하여 독립했을 당시 슬로바키아 국기의 파랑색을 더하여 새 국기를 만들었다. 삼각형의 뾰족한 부분은 카르파티아산맥을 상징한다.

슬로바키아 국기 하양·파랑·빨강의 3색기로서 중앙부 왼쪽에 방패 모양의 십자가 국장이 있다. 1993년 체코슬로바키아로부터 분리. 독립하면서 1848년 당시에 사용하던 기에 국장을 넣어 새로운 국기를 만들었다.

측의 자본 도입이 용이했지만, 슬로바키아는 농업이 발달했으며 공업은 소련과 관계된 군수 관련 산업 등이 전부였다. 따라서 서방 측의 투자가 적어 경제 규모에서 체코와 큰 차이가 났다. 다른 하나의 이유는 개혁 과정에서 정치와 권력이 지나치게 체코에 집중됨으로써 느낀 슬로바키아의 소외감이었다.

이런 점들이 슬로바키아의 민족주의를 더욱 자극했고, 슬로바키아인들은 체코에 피해 의식을 가지는 것보다 독립하는 것이 낫다고 판단했다. 체코 입장에서 보자면 상대적으로 못 사는 슬로바키아가 떨어져 나간다 해도 자신들에게 당장의 별다른 불이익은 없었다. 이런 이유로 분리 과정에서 슬로바키아와 체코 사이의 유혈 사태는 일어나지 않았다. 이전의 분리와 통합은 자신들의 의사와 무관하게 주변 외세에 의해 결정된 강제적인 것이었다. 하지만 1993년의 분리는 두 민족 간의 합의에 의한 것이라는 점에서 그 의미가 다르다.

● '달러'의 어원은 체코의 보헤미아 은 광산

세계에서 가장 널리 통용되는 화폐는 미국의 달러로 1785년에 공식적인 화폐 단위로 채택되었다. 이 '달러'라는 말은 보헤미아 지방의 성 요하임(St. Joachim)이라는 산골짜기 이름에서 유래된 것이라고 한다. 이 골짜기는 체코슬로바키아의 첫째가는 은광이었고, 1516년 이 골짜기에 설치된 조폐국에서 만들어진 은화를 탈러(Taler)라고 불렀다. 이 은화가 세계 각지로 퍼지면서 음운 변화가 일어나 달러(dollar)가 된 것이다.

왜 모스크바를
제3로마라고 부를까?

동로마 제국 멸망 이후 로마 제국의 영광을 계승한 러시아

모스크바를 제3의 로마라고 한다. 고대에서 중세 이전까지 유럽의 정치·종교적 상황을 살펴본다면 그 이유를 짐작할 수 있을 것이다. 로마 제국의 콘스탄티누스 1세는 혼란에 빠진 국론을 통일하고자 313년 밀라노 칙령을 발표하여 그리스도교를 공인하면서 수도를 콘스탄티노플로 옮겼다. 이후 그리스도교는 로마 교황의 권한 문제와 성상 숭배 문제를 놓고 로마 교구와 콘스탄티노플 교구가 서로 대립하다 1054년 로마 가톨릭교와 그리스 정교회로 분열되었다.

로마는 고대부터 근대에 이르기까지 정치·종교적으로 유럽의 중심이었다. 당연히 제1로마는 로마 가톨릭교의 본산으로 교황이 사는 이탈리아의 로마였다. 동로마 제국의 수도인 콘스탄티노플은 제1로마를 대신하여 제2로마로 불렸다. 그러나 동로마 제국 또한 오스만 제국에 의해 멸망하여 이슬람의 지배를 받게 되었다. 이후 로마 제국의 영광을 계승하며 등장한 나라가 바로 러시아였다. 러시아는 그리스 정교회를 자신만이 지켜낼 수 있다고 하면서 수도인 모스크바가 제3로마라고 주장했다.

러시아 정교회의 역사는 러시아의 전신이었던 키예프 공국에서부터 시작된다. 988년 키예프 공국의 수장 블라디미르 대공이 콘스탄티노플을 방문했을 때, 그리스 정교회의 모습에 심취하여 그리스 정교회를 국교로 받아들이게 되었다. 14세기 전반 키예프 공국이 모스크바 대공국으로 발전하면서 황제의 비호 아래 러시아 정교회의 교세는 크게 확장되었다. 동로마 제국의 마지막 황제인 콘스탄티누스 11세는 오스만 제국의 공격이 임박하자 로마 교황에게 군사적 도움을 구했다. 이는 그리스 정교회가 이단으로 여겨 등을 돌렸던 로마 가톨릭과의 야합을

동로마 제국 멸망 후 로마 제국의 영광과 전통을 계승한 모스크바 오스만 제국에 의해 동로마 제국이 멸망한 후 러시아는 로마 제국의 영광을 지켜 낼 나라는 자신뿐이라며 모스크바를 '제3로마'라고 주장했다. 앞으로 모스크바를 대신할 제4로마는 나타나지 않을 것이라며 모스크바의 영원한 번영을 확신했다.

■ 모스크바(제3로마)

③ 제3로마의 상크트바실리 대성당 동로마 제국의 붕괴와 함께 제2로마가 오스만 제국의 세력에 들어가자 러시아는 그리스 정교를 지켜 낼 유일한 희망은 모스크바뿐임을 확신했다. 모스크바의 붉은 광장에 있는 상크트바실리 대성당은 모스크바 대공국의 황제였던 이반 4세가 러시아에서 카잔한국을 몰아낸 것을 기념하여 세웠다.

■ 로마(제1로마)

■ 콘스탄티노플(제2로마)

① 제1로마의 산피에트로 대성당 가톨릭교의 본산인 산피에트로 대성당은 교황이 거주하는 이탈리아의 바티칸 시국에 있다. 전 세계 가톨릭교도들의 정신적 고향으로 매년 많은 사람이 찾는다.

② 제2로마의 아야소피아 성당 동로마 제국이 오스만 제국에 의해 멸망하기 전까지 그리스 정교회의 본산으로 로마를 계승한 대표적인 성당이다. 오스만 제국은 아야소피아 성당에 미나레트를 세워 이슬람 사원으로 활용하였다. 터키의 정교 분리 원칙에 의해 현재는 박물관으로 이용되고 있다.

의미했기 때문에 러시아는 크게 실망하지 않을 수 없었다.

이에 러시아는 동로마 제국과 그리스 정교회에 크게 반발했다. 당시 콘스탄티노플 총대주교의 영향 아래 있던 러시아 정교회는 독자적으로 모스크바 대주교를 선출하여 분리, 독립했다. 동로마 제국이 멸망하자 러시아는 수도 모스크바가 명실공히 로마의 영광을 계승한 제3로마임을 천명했다. 그리고 앞으로 모스크바를 대신하는 제4로마가 더 이상 존재하지 않을 것이며, 모스크바는 영원히 번창할 것으로 확신했다. 이에 대한 러시아 국민의 믿음으로 정교회의 수장인 황제, 즉 전제 군주의 권력이 강화되었다. 러시아인들의 높아진 민족적 자긍심은 몽골 지배로부터의 해방을 앞당겼으며, 전제 국가로서 러시아가 영토 확장에 나서는 데도 크게 기여했다.

● 소련 시절 수난의 역사를 겪은 러시아 정교회

러시아 황제들은 러시아 정교회가 국민들 삶의 뿌리였기 때문에 정교회에 대한 통치권을 강화하기 위해 전국 곳곳에 많은 성당을 세웠다. 이때 세워진 성당이 1,600여 개나 되었다고 한다. 그러나 1917년 볼셰비키 혁명으로 러시아 제정이 무너지고 공산 정권이 들어서면서 종교는 부정되어 정교회는 극심한 탄압을 받았다. 스탈린 시대에는 수많은 성당과 사원이 불타거나 파괴되었으며, 때로는 수영장이나 화장실 등으로 이용되기도 했다. 그러나 구소련 붕괴 후 러시아인들은 자신들의 삶의 뿌리였던 러시아 정교회의 성당과 수도원을 복구하기 위해 적극 나서고 있다.

러시아의 옛 수도인 상트페테르부르크에 있는 그리스도 부활 성당 1881년 3월 1일 러시아의 황제 알렉산드르 2세가 폭탄 테러에 의해 암살당한 곳에 세워진 사원으로 '피의 사원'이라 부른다. 모스크바의 상크트바실리 대성당을 본떠 세워졌다.

칼리닌그라드가 러시아 본토와 떨어져 있는 이유는?

발트 3국의 독립으로 유럽에 남겨진 칼리닌그라드

세계에서 가장 큰 영토를 가진 나라는 유라시아 대륙에 걸쳐 있는 러시아이다. 그런데 발트해 부근으로 시야를 돌려 보면 특이한 점이 눈에 띈다. 발트해 연안 폴란드와 리투아니아 사이에 또 하나의 러시아 영토인 칼리닌그라드가 있기 때문이다. 칼리닌그라드는 알래스카가 캐나다를 사이에 두고 미국 본토와 떨어져 있는 것처럼 리투아니아와 벨라루스를 사이에 두고 러시아 본토와 떨어져 있다.

칼리닌그라드는 러시아 연방 491개 주 가운데 하나이며 면적은 1만 5,100km² 으로 러시아 전체 면적의 0.5%밖에 되지 않는다. 인구는 약 100만 명으로 러시아계가 약 80%를 차지한다. 칼리닌그라드는 러시아의 수도 모스크바로부터 약 1,200km, 가장 가까운 러시아 도시 프스코프에서는 약 600km 떨어져 있다.

칼리닌그라드는 제2차 세계 대전 이전까지는 독일의 영토로서 쾨니히스베르크 라고 불리던 곳이었다. 독일의 철학자 칸트가 태어나 묻힌 곳이지만, 오늘날 칸트의 유적을 둘러보기 위해서는 독일이 아닌 러시아로 가야 한다. 제2차 세계 대전 이후 소련의 강제 점령으로 독일인은 거의 모두 추방되었고, 1946년 소련 최고 회의 의장인 미하일 칼리닌의 이름을 따서 칼리닌그라드로 이름이 변경되었다. 소련이 군사적 이유만으로 독일로부터 칼리닌그라드를 강

유럽에 남겨진 러시아의 고립 영토 칼리닌그라드 소련의 붕괴로 발트 3국이 독립하면서 칼리닌그라드는 본국 러시아로부터 고립된 섬과 같은 영토가 되었다. 원래 독일의 영토였으나 겨울에도 얼지 않는 부동항이 절실했던 러시아가 강제로 빼앗았다.

제로 빼앗은 것은 아니다. 서유럽으로 가는 창구를 확보하기 위해서 겨울에도 얼지 않는 발트해의 항구가 절실했기 때문이다.

사실 칼리닌그라드는 소련이 붕괴되기 전까지는 잘 알려지지 않은 땅이었다. 소련 치하에서 칼리닌그라드 주민들은 리투아니아와 벨라루스를 한 나라처럼 여겨 러시아 본토를 자유롭게 오갈 수 있었다. 그러나 소련의 붕괴와 함께 러시아와 칼리닌그라드 사이에 있는 벨라루스와 발트 3국(에스토니아, 라트비아, 리투아니아)이 독립하면서 칼리닌그라드는 러시아 본토와 뚝 떨어지게 되었다.

러시아 본토와 분리된 후, 칼리닌그라드 주민들은 처음에는 별다른 문제 없이 양쪽을 오갈 수 있었다. 그러나 리투아니아와 폴란드가 비자 없이는 자국을 통과할 수 없다고 주장하면서 러시아는 어려움에 처하게 되었다. 러시아는 이 문제를 해결하기 위해 본토와 칼리닌그라드 사이에 고속 무정차 열차 운행을 제안하기도 했으나 받아들여지지 않았다. 결국 2002년 러시아와 유럽연합 정상 회담에서 러시아 국적자의 경우 비자나 다를 바 없는 간이 통행증을 받아 왕래할 수 있다는 협약을 맺었다. 2004년 폴란드, 벨라루스, 리투아니아가 유럽연합에 가입했고, 이 나라들을 비자 없이 통과하던 전례가 사라져 칼리닌그라드 주민들은 고역을 치르고 있다.

'발트해의 홍콩'으로 주목받는 칼리닌그라드 구소련 시절 칼리닌그라드는 구소련과 서방 세계, 즉 바르샤바조약기구와 북대서양조약기구가 대치하는 지점에 있었기 때문에 전략적으로 중요한 역할을 수행했다. 그러나 냉전 체제가 막을 내리면서 주목받지 못하다가 발트해 해저에 매장된 풍부한 원유와 수산업을 토대로 발전을 모색하고 있다. 칼리닌그라드는 발트해의 홍콩이 될 만큼 발전 잠재력이 높은 곳이다.

발트해에 자리 잡은 칼리닌그라드에는 러시아와 동유럽을 잇는 가장 가까운 항구가 있기에 이곳은 전략적으로 중요한 곳이다. 발트해 원유의 90%가 생산되는 칼리닌그라드는 자유 무역 지대로 지정되면서 '발트해의 홍콩'으로 도약을 꿈꾸고 있다. 한편, 칼리닌그라드가 경제 발전을 이루기 위해서는 자치권을 얻어야 한다는 주장을 펴고 있어 러시아는 이 주장이 분리 독립 운동으로 비화되지 않을까 우려하고 있다.

● 이웃 나라와 가장 많은 국경을 맞대고 있는 나라, 중국과 러시아

이웃 나라와 가장 많은 국경을 맞대고 있는 나라는 중국과 러시아이다. 중국은 대한민국, 베트남, 라오스, 미얀마, 몽골, 부탄, 네팔, 인도, 파키스탄, 아프가니스탄, 타지키스탄, 키르기스스탄, 카자흐스탄, 러시아까지 모두 14개 나라와, 러시아는 몽골, 대한민국, 중국, 카자흐스탄, 그루지야, 우크라이나, 벨라루스, 아제르바이잔, 에스토니아, 라트비아, 핀란드, 노르웨이까지 모두 12개 나라와 국경을 맞대고 있다. 그러나 유럽 쪽에 떨어져 있는 칼리닌그라드를 포함시키면 폴란드와 리투아니아가 새롭게 추가되어 중국과 러시아 모두 14개 나라와 국경을 맞대고 있는 셈이 된다.

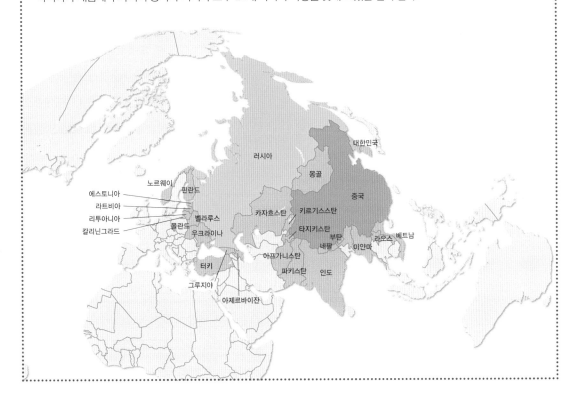

러시아인의
선조는 누구일까?

바이킹의 후예 루시가 세운 나라, 러시아

언어학적 관점에서 보자면 오늘날 러시아의 주요 민족은 동슬라브족이다. 슬라브족은 처음에는 카르파티아산맥 북동쪽 삼림 지대에 살고 있었으나 5~6세기에 주변 지역으로 이동했다. 동슬라브족은 현재 드네프르강, 볼가강, 돈강 등이 있는 동쪽의 러시아, 우크라이나, 벨라루스 지역으로 이주한 슬라브족을 말한다.

그러나 혈통으로 보자면 오늘날의 러시아인은 동슬라브족이 아니라 게르만족의 일파로 북쪽에서 내려온 노르만족(바이킹)의 후손이다. 노르만족은 로마 제국 번영기에 북해 연안의 스칸디나비아반도 일대에 흩어져 살고 있었다. 로마 제국으로부터 선진 문명을 수용한 이들은 선박 제조 기술과 항해술을 익히며 성장, 발전했다. 이후 노르만족은 9~11세기에 걸쳐 대서양과 지중해를 휩쓸면서 유럽 전역을 세력권에 두었다. 일부 노르만족은 여름철이면 발트해를 건너 드네프르강을 따라 흑해 연안을 오가며 교역하기도 했고 때로는 해적이 되어 약탈을 일삼으며 점차 이 지역의 제왕으로 군림했다.

슬라브족은 스칸디나비아의 북방인을 루시Lucy인이라고 불렀다. 『러시아 원초 연대기』에는 루시인 가운데 올레그라는 수장이 동슬라브족을 복속시키고 지배권을 확립했으며, 러시아 역사에서 최초의 통일 국가인 키예프 공국을 세웠다는 내용이 있다.

이후 이곳으로 이주한 정복자 노르만족과 피정복자 슬라브족은 문화·혈연적으로 빠르게 융합되었다. 키예프에 거점을 마련한 노르만족들은 복속된 주변 영토의 주민들에게 조공을 받거나 약탈한 물건을 발트해와 흑해로 가져가 교역으로 많은 이익을 얻었다. 이후 국제 교역을 통해 점차 국력을 키웠으며, 블라디미르

대공은 그리스 정교를 국교로 수용하고 키릴 문자를 받아들이는 등 제국으로의
발전을 도모했다.

일부 러시아 민족주의 사학자들은 노르만족의 별칭인 루시에서 러시아라는 국
명이 유래했다는 설에 강력하게 이의를 제기하고 있다. 고대 러시아인은 슬라브
족의 한 부류이며, 오늘날의 러시아인은 고대 러시아인이 북유럽을 정복한 후 그
지역의 토착 원주민과 오랜 세월 혈연문화적으로 결합되면서 형성된 새로운 민

노르만족의 유럽 대륙 진출 경로 9~11세기 유럽을 휩쓴 노르만족은 스칸디
나비아반도와 유틀란드반도 등 발트해 연안 지역에 살던 게르만족의 일파인
노르만족이다. 이들은 인구 증가에 따른 식량 부족과 차가운 기후로 약탈과 이
주를 할 수밖에 없었다. 이들은 멀리 아이슬란드를 거쳐 그린란드에 정착했으
며 아메리카까지 진출하기도 했다.

바이킹 점령 지역
바이킹 대륙 진출 경로

북방 노르만족의 후예로 알려진 러시아인 '시베리아의 파리'로 불리는 이르쿠츠크에서 결혼식을 마친 부부와 친구들이 한자리에 모였다. 오늘날 러시아인들은 게르만족의 일파인 노르만족과 슬라브족 간의 혼혈이 거듭되면서 형성된 민족이라는 설이 우세하다.

족이라는 것이다.

그 주장의 근거는 다음과 같다. 고대 북유럽 문자로 새겨진 비문이나 문헌 속에 나타난 루시라는 말은 민족이 아닌 지리적 개념으로서 고대 동유럽 평원에 발달한 도시 국가들을 지칭한다는 것이다. 다른 하나는 9~11세기 노르만족이 활약하던 시기에는 루시라는 말조차 없었으며, 스칸디나비아에서 루시라는 말이 최초로 등장한 시기는 13~14세기라는 것이다. 그러나 아직까지 상당수의 학자들은 최초 연대기의 기록대로 루시가 노르만족의 일부였다는 견해를 받아들이고 있다.

● 민족적 동질성을 수립하는 데 기여한 키릴 문자

키릴 문자는 그리스 정교를 믿는 러시아, 불가리아, 세르비아 등 슬라브어 사용자들을 위해 9세기에 개발된 문자이다. 키릴 문자는 그리스 정교회의 선교사 성 키릴로스가 고안한 것으로 알려져 있는데, 로마자인 알파벳과는 그 모양이 완전히 다르다. 지금은 러시아를 비롯하여 우크라이나, 벨라루스, 카자흐스탄 등 구소련 국가들과 구소련의 지배 또는 그 영향을 받았던 발칸반도의 나라들, 몽골 등에서 사용된다. 오늘날 러시아 문자의 모체가 된 키릴 문자의 등장은 러시아라는 민족적 동질성을 마련하는 데 크게 기여했다.

이르쿠츠크 향토 박물관의 입구 벽면에 적힌 러시아의 키릴 문자 그리스 문자의 P가 R로, N이 H로 대체되고, R은 알파벳 R과 좌우 모양이 반대일 뿐만 아니라 N의 경우 알파벳 N과 발음도 다르다.

왜 아이슬란드의 국토는 넓어지고 있을까?

국토 확장을 이끄는 힘, 활발한 화산 활동

유럽의 끝, 북대서양에 있는 아이슬란드는 빙하가 국토의 8분의 1을 덮고 있어 말 그대로 얼음의 나라이다. 그러나 붉은 마그마와 뜨거운 온천이 솟아 나오는 불의 나라이기도 하다. 아이슬란드는 북위 63°~66°의 고위도에 있어 추위가 맹위를 떨칠 듯 보이지만 멕시코 난류가 흘러 오히려 그린란드보다 따뜻하다.

아이슬란드의 국토는 해마다 조금씩 넓어지고 있다. 이렇게 국토가 확장되는 주요 요인은 아이슬란드가 대서양 중앙 해령에 위치한 화산섬이라는 데 있다. 중앙 해령 화산대는 태평양과 인도양으로 연결된 가장 길고도 거대한 화산대로, 총연장 약 6만 5,000km에 달한다. 화산 활동은 사실 육지에서보다 해저에서 더 활발한데, 이곳 해령을 중심으로 지각판이 갈라지면서 새로운 땅이 만들어지고 있는 것이다. 아이슬란드를 남북으로 가로지르는 중앙부의 화산 지대('갸우'라고 함)는 대서양 중앙 해령이 통과하는 곳으로, 마그마가 계속적으로 열하 분출裂罅噴出하면서 땅덩어리를 북서−남동쪽으로 밀어내고 있다.

화산 폭발하면 분화구에서 용암과 같은 화산 분출물이 흘러나오고 뜨거운 화산재가 버섯구름처럼 하늘 높이 솟아오르는 모양을 떠올리기 쉽다. 그러나 열하 분출은 지표의 갈라진 틈으로 용암이 분출하는 것으로, 흘러나온 용암이 낮은 저지대를 메우면서 굳어 넓은 용암 대지를 이룬다. 아이슬란드의 국토가 넓어지고 있는 것은 이러한 용암 대지로 새로운 땅이 만들어지기 때문이며, 이로써 해마다 0.6~1cm씩 국토가 확장되고 있는 셈이다. 대서양 중앙 해령을 중심으로 해저 면적 또한 동서로 조금씩 넓어지고 있다. 그래서 아프리카 대륙과 남아메리카 대륙은 점점 더 멀어지고 있는 반면 태평양은 그 면적이 조금씩 좁아지고 있다. 이는

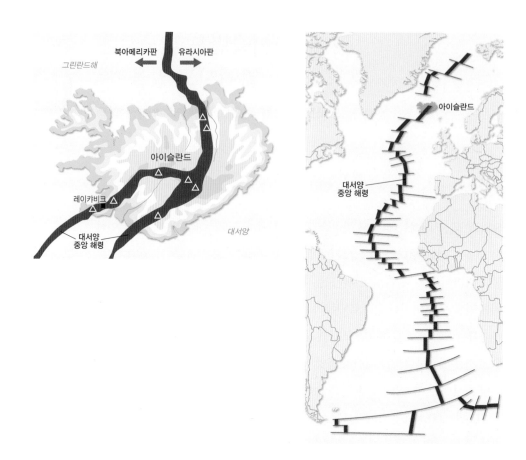

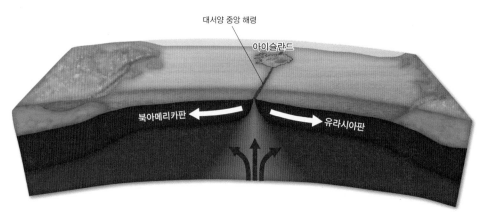

대서양 중앙 해령 위에 위치한 아이슬란드 대서양 중앙 해령을 중심으로 유라시아와 북아메리카 지각판이 서로 갈라지면서 새로운 땅이 계속해서 만들어지고 있다. 아이슬란드는 대서양 중앙 해령이 통과하는 곳에 있기 때문에 국토를 남북으로 가르는 화산 분출대를 따라 국토가 동서로 조금씩 확장되고 있다.

아이슬란드의 싱벨리어 국립 공원 아이슬란드 남서쪽 싱벨리어 국립 공원에서는 지각의 갈라진 틈으로 마그마가 분출되어 형성된 지형을 찾아볼 수 있다. 갈라진 틈으로 마그마가 분출하여 국토가 북서·남동쪽으로 확장되고 있다.

레이캬비크 블루 라군 블루 라군은 화산활동으로 인한 지열을 이용해 만든 세계 최대의 해수 온천지로 뛰어난 경관을 자랑한다. 온천수에는 다양한 광물질을 포함하여 피로 해소와 피부병에 특효하여 연간 40만 명의 관광객이 찾는 명소이다.

태평양 해양판이 유라시아 대륙판, 필리핀 판 등과 부딪히면서 무거운 해양판이 가벼운 대륙판 밑으로 밀려 들어가기 때문이다.

● **국토가 사라질 운명에 처한 나라, 몰디브**

아이슬란드와는 반대로 국토가 사라질 운명에 처한 나라들도 있다. 태평양, 대서양, 인도양 등 대양에 위치한 섬나라들이 그러한데, 지구 온난화로 인한 해수면 상승으로 국토가 조금씩 바닷물에 잠기고 있다. 대표적인 나라가 인도양의 휴양지로 유명한 몰디브이다. 몰디브는 약 1,200개의 섬으로 이루어져 있으나 섬 전체 면적은 298km²에 불과하다. 국제연합 산하 IPCC(기후변동에 관한 정부간 패널)에 따르면 1901년부터 2010년까지 전 지구 평균 해수면은 약 19cm 상승했다고 한다. 몰디브는 국토 중 가장 높은 곳이 해발고도 2.4m에 불과하여 해수면 상승으로 21세기 중에 수몰될 위기에 처해 있다. 나시드 대통령은 2009년 10월 기후 변화 위험을 경고하기 위해 각료들과 함께 해저 내각 회의를 열어 세계의 주목을 받았다.

추우면 추울수록 교통 사정이 좋아지는 나라는 어디일까?

세계에서 호수가 가장 많은 핀란드

핀란드는 전 국토 면적의 10%가 넘는 곳에 5만 5,000개 이상의 호수가 있어 호수의 나라로 불린다. 이런 수많은 호수는 지역 간 교통에 큰 장애가 되지만 겨울이 되면 사정이 달라진다. 북위 60°~70° 사이에 위치한 핀란드는 대륙성 기후로, 수도 헬싱키의 평균 기온은 −7℃이며 −30℃까지 떨어질 정도로 춥다. 이런 강추위로 호수는 두껍게 꽁꽁 얼어붙어 덤프트럭이 다녀도 끄떡없을 정도의 교통로로 이용되어 겨울철에는 주민 생활에 편의를 제공한다. 겨울철 날씨가 따뜻하여 호수가 얼지 않으면 오히려 교통에 어려움을 겪기 때문에 핀란드 사람들은 겨울철 날씨가 추우면 추울수록 좋아한다고 한다.

핀란드의 호수들은 약 200만 년 전 이후 반복된 빙하 시대에 일어난 침식과 퇴적 작용으로 만들어졌다. 약 1만 년 전에는 마지막 빙하가 물러가면서 기온 상승으로 빙하가 녹기 시작했다. 그러자 거대한 빙상의 무게에 눌려 있던 지각이 엄청난 하중으로부터 벗어나게 되었고, 복원력을 지닌 지반은 빠르게 융기했다. 이때 빙하에 눌려 움푹 패인 저지대에 빙하가 녹은 물이 고이면서, 대규모 호수가 여러 곳에 만들어졌다. 핀란드의 호수들은 모두 이런 과정을 거쳐 형성된 빙하호로서 빙하 시대의 산물이다.

호수의 나라 핀란드 핀란드는 전 국토 면적의 10%가 넘는 곳에 5만 5,000개 이상의 호수가 있어 호수의 나라로 불린다. 이 호수들은 모두 빙하 시대의 산물이다. 겨울이 되어 꽁꽁 얼면 교통로로 이용된다.

핀란드 서해안 중부 보트니아만에서는 빙
하의 후퇴에 따라 지반이 100년에 약 1m,
즉 1년에 약 1cm의 비율로 계속 융기하고
있다. 이로 인해 리플로트 스캐리 가르(스
칸디나비아어로 '빙하가 많은 작은 섬'이
란 뜻)라고 불리는 작은 섬과 사주가 계속
형성되고 있다. 섬들 주변과 섬과 섬 사이
의 해저도 계속 같은 비율로 융기하고 있어
넓은 범위에 걸쳐 육지가 늘어나고 있는 셈
이다. 지난 200년 동안 융기하여 육지화된
해저 지형의 면적은 180km²에서 240km²

로 약 33%나 늘어났다. 현재도 계속적으로 작은 섬들이 바닷속에 출현하면서 호
수들 또한 점점 더 늘어나고 있다.

핀란드 서해안 일대의 주민들은 일찍이 고기잡이를 주업으로 삼아 왔다. 그러나
지반의 융기로 물이 빠지면서 항구가 빠르게 육지로 변해 가자 오늘날에는 어업
을 포기하고 농업으로 전향하고 있다. 현재 이들은 바다가 육지로 변한 땅을 개
간하여 경작지를 점차 넓혀 가고 있다.

'3S의 나라' 핀란드 핀란드를
가리켜 '3S의 나라'라고 한다.
'3S'는 핀란드어로 호수를 의
미하는 '수오미(Suomi)', 건강
목욕법으로 널리 알려진 '사우
나(Sauna)', 민족 음악가 '시벨
리우스(Sibelius)'를 뜻한다.

● 북유럽 유일의 공화국, 아시아계 핀족의 핀란드

북유럽의 거의 모든 나라가 입헌 군주제를 채택하고 있지만 핀란드는 대
통령이 통치하는 공화제를 유지하고 있다. 또한 다른 북유럽 국가들은 주
로 게르만계 노르만족이지만 핀란드는 아시아계 민족으로 언어 또한 독자
적으로 핀어를 사용한다. 민족은 기원전 4000년~기원전 3000년경 러시
아 남부 볼가강 유역에 살았으나 기원전 200년부터 발트해 연안으로 이
동하여 거주했다. 기원전 100년경에는 핀란드만을 건너 핀란드에 들어가
선주민인 라프족을 북쪽으로 몰아내고 지금의 핀란드의 주인이 되었다. 8
세기 무렵에 이 지역에 먼저 정착한 노르만족의 일파인 스칸디나비아인들
과 교류하면서 혼혈이 되어 지금과 같은 모습으로 된 것으로 보인다.

노르웨이의 해안선이
국토 면적에 비해 긴 이유는?
수많은 빙하의 침식으로 생겨난 피오르

북서 유럽에 위치한 노르웨이는 한때 세계를 뒤흔들었던 바이킹의 나라로 잘 알려져 있다. 북위 50°에서 71°에 걸쳐 있어 북부 지방에서는 4월 말에서 7월 말까지 해가 지지 않는 백야白夜 현상이, 11월 말부터 1월 말까지는 해가 뜨지 않고 밤만 지속되는 극야極夜 현상이 나타난다. 노르웨이는 알래스카와 거의 비슷한 위도에 있지만 멕시코 만류의 영향으로 알래스카보다 따뜻하다. 면적은 일본과 비슷하지만 해안선의 길이는 약 1만 8,000km에 이른다. 이처럼 노르웨이가 좁은 국토 면적에 비해 긴 해안선을 가지게 된 이유는 북해와 맞닿은 남서 해안에 발달한 피오르fjord라는 빙하 지형 때문이다.

피오르는 '내륙 깊이 들어온 만'이란 뜻을 지닌 노르웨이어로, 빙하가 깎아 만든 U자 골짜기에 바닷물이 유입되어 형성된 좁고 기다란 만을 말한다. 빙하는 퇴적된 눈이 중력의 작용으로 이동하는 하천을 말하는데, 이 눈덩이의 두께가 30m 이상이 되면 상당한 하중이 지표에 가해진다. 중력에 의해 비탈 경사면을 따라 빙하가 이동하게 되면 지표의 바닥과 측면이 깎여 나가 U자형의 골짜기가 형성된다. 이후 해수면이 상승하면서 바닷물이 들어와 과거 빙하가 흐르던 골짜기를 메우면 좁고 긴 협만이 생겨난다. 오늘날 노르웨이의 남서 해안선이 복잡한 것은 약 200만 년 전부터 이렇게 여러 번 빙하로 뒤덮이며 침식을 받아 형성된 피오르가 발달했기 때문이다. 노르웨이의 빙하 면적은 만년설을 포함하여 3,400km²에 달하며 약 1,700개의 빙하가 발달해 있다.

바이킹이 타고 활약했던 오세베르그선 게르만계의 노르만족인 바이킹은 800~1000년에 사이 유럽에 진출하여 무자비한 해적 활동으로 공포의 대상이 되었다. 그들의 만든 배는 밑바닥이 낮고 날렵하여 수심이 얕은 내륙 깊숙한 하천 상류까지 쉽게 이동할 수 있었다.

피오르는 높이 약 1,000~1,500m의 깎아지른 듯한 절벽으로 수심도 깊다. 가장 대표적인 송네피오르는 그 길이가 약 200km이며 가장 깊은 곳의 깊이는 1,300m, 양쪽 암벽의 높이는 1,000m를 넘는다. 알래스카 남부 해안, 캐나다 동부 해안, 그린란드 해안 등의 피오르 또한 빙식곡에 바닷물이 밀려 들어와 형성된 것이다. 요즈음 지구 온난화의 영향으로 해수면이 상승하여 피오르가 점차 커지고 있다. 빙하가 빠르게 녹으면서 지반이 거대한 하중의 압력으로부터 벗어나 100년에 약 1m의 융기율로 빠르게 융기하고 있다.

노르웨이의 해안선 피오르 노르웨이가 좁은 국토 면적에 비해 긴 해안선을 가진 이유는 빙하의 산물인 피오르 때문이다. 노르웨이의 상징적인 경관을 이루는 피오르는 국토 남서 해안에 집중적으로 발달했다.

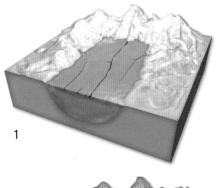

1

2

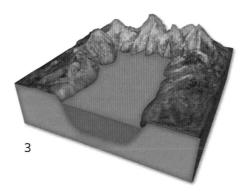

3

피오르 형성 과정
1. 산골짜기 사이를 가득 채운 거대한 빙하가 중력으로 이동하면서 침식을 가한다.
2. 빙하가 기온 상승으로 모두 녹아 사라지고 U자형의 골짜기가 나타난다.
3. 해수면 상승으로 U자형의 골짜기에 바닷물이 들어와 좁고 긴 피오르가 발달한다.

송네피오르 노르웨이뿐만 아니라 세계에서 가장 긴 피오르로 길이 200km, 깊이 1,300m에 이른다.

● 해안선이 가장 긴 나라는 캐나다

세계에서 해안선이 가장 긴 나라는 국토 면적이 가장 넓고 북극해와 인접해 있는 러시아일 것으로 생각되지만 뜻밖에도 캐나다이다. 캐나다 본토의 해안선은 약 6만km이며 섬까지 모두 합치면 25만 km 정도가 된다. 이는 지구를 여섯 바퀴나 도는 거리에 해당된다. 캐나다의 해안선이 이처럼 긴 것은 노르웨이와 마찬가지로 피오르가 해안선을 끼고 전 구간에 발달했기 때문이다.

독일 연방을 통일로 이끈
가장 큰 원동력은 무엇이었나?

독일 통일의 시작점은 철도

영국과 프랑스가 15세기부터 민족 국가로서 통일을 이루기 위한 움직임을 시작했던 것에 비해 독일은 무려 200년이나 늦게 통일을 염원하는 목소리가 터져 나오기 시작했다. 독일은 신성 로마 제국으로 존재한 바 있었지만, '란트Land'라 불리는 주州 중심의 도시 수가 300개를 넘는 지방 분권의 모자이크 국가에 지나지 않았다. 독일 각 나라의 지방 분권적 경향이 강했던 것은 산세가 높고 계곡이 깊은 지형적 요인으로 교류가 쉽지 않아 각 나라가 오랫동안 고립되어 있었기 때문이다.

프랑스 혁명과 나폴레옹 시대를 거치며 혼란에 빠졌던 유럽에서는 1814년 오스트리아의 메테르니히의 주도 아래 왕정 복고와 영토 재조정을 위한 빈 회의가 열렸다. 빈 회의 결과, 독일에는 오스트리아, 프로이센, 바이에른, 작센 등 39개 국가로 구성된 독일 연방이 만들어졌다. 독일 연방은 각 주가 주권을 가진 느슨한 영주국 연합체라는 점에서 옛 신성 로마 제국과 똑같았고 연방 수가 300개에서 39개로 대폭 줄었다는 것 말고는 다른 점이 없었다. 독일 연방의 각 영주국 사이에는 세관이 설치되어 있어 사실 각각 다른 나라인 셈이었다. 예컨대 라인강 상류에서 하류로 가려면 영주국 모두에게 각각 다른 관세를 물어야만 했다.

프리드리히 리스트Georg Friedrich List는 독일의 통일을 위해서는 관세 동맹을 실현해야 한다고 하면서 독일 전체를 하나로 연결하는 철도망 체계를 구축할 것을 주장했다. 이는 베를린을 중심으로 독일의 주요 도시들을 방사상으로 연결하는 것이었다. 1837년을 시작으로 독일 곳곳에 기간 철도망이 설치되어 각 영주국 간에 사람과 물자가 오가기 시작했다. 산업이 발달하면서 운송량이 크게 증가하

영국과 프랑스에 비해 독일의 통일이 늦었던 이유 독일은 산세가 높고 계곡이 깊은 지형적 요인 때문에 지방 분권이 강했다. 그러나 철도의 부설로 연방 정부 긴 교류가 늘어니먼시 독일 전체가 하나로 연결되었으며, 프로이센을 중심으로 관세 동맹이 체결되어 통일의 기틀이 마련되기 시작했다.

지도 내 레이블:

- 북해
- 슐레스비히
- **슈레스비히·홀슈타인 문제 (1864)**
- 홀슈타인
- 하노버
- 베를린
- 바르샤바
- 러시아
- 벨기에
- 쾰른
- **프로이센 왕국**
- 슐레지엔
- 룩셈부르크
- 헤센
- **프랑크푸르트 국민의회 (1848~1849)**
- 작센
- 프라하
- 로렌
- 바이에른
- 프랑스
- 알자스
- 뮌헨
- 빈
- 오스트리아 제국
- 부다페스트
- 스위스
- **프로이센·프랑스 전쟁 (1870~1871)**
- 티롤
- 베네치아

범례:
- 1815년 독일 연방의 경계
- 1828년 프로이센 관세 동맹의 경계
- 1834년 독일 관세 동맹의 경계
- 1871년 독일 제국의 경계

자 철도는 독일 경제의 혈관 역할을 했다. 군사 전략적 측면에서도 위급 상황 시 대규모 군대와 보급 물자를 운송할 수 있는 체계로는 철도가 최적이었다. 이후 정부 차원의 적극적인 지원에 따라 철도 건설이 전국적으로 확대되었다.

1848년 빈의 3월 혁명으로 메테르니히가 실각하면서 독일 연방이라는 통일의 기운이 움트기 시작했다. 경제적인 면에서는 프로이센의 주도로 관세 동맹이 체결됨으로써 분권화된 독일 전역이 하나의 단일 시장으로 통합되었다. 1846년 독일 연방 내의 철도 회사들은 독일철도연맹을 결성하여 각 영주국을 통과할 때의 운임을 통일시켰다. 이로써 '영주국 간의 경계가 곧 국경'이라는 개념이 서서히 무너지기 시작했다. 정치적인 면에서 프로이센의 수상 비스마르크는 철혈 정책을 추진하여 군비를 강화하는 등 국력 신장에 박차를 가하며 통일의 발판을 마련했다. 1871년 빌헬름 1세가 독일 제국의 초대 황제로 등극하면서 1,000년 동안

라인 운하와 함께 나란히 달리는 독일 철도 독일에서의 철도 발달은 독일의 통일을 앞당기는 데 결정적인 역할을 했다.

독일 역사상 통일을 이끈 빌헬름 1세 빌헬름 1세는 비스마르크를 총리로 기용, 철혈 정책을 추진함으로써 독일 제패를 위한 프로이센 군국화를 실현하였다. 오스트리아를 격파하고 북독일 연방을 조직했으며, 프로이센-프랑스 전쟁에서 크게 이겨 독일 황제로 즉위했다. 그는 1,000년 동안 분권화되어 있었던 독일을 통일시켰다.

독일의 철혈재상 비스마르크 "지금 우리의 문제는 언론이나 다수결로는 해결할 수 없다. 오직 철과 피, 곧 무기와 병력만으로 해결할 수 있다." 1862년 프로이센의 총리가 된 비스마르크의 취임 연설에서 보듯 프로이센은 군비 확장 정책을 실시하여 독일 통일의 발판을 마련하였다. 그 중심에 비스마르크가 있었다.

분권화되었던 독일은 역사상 진정한 통일을 맞았다.

이와 같이 관세 동맹은 정치적 통일에 앞서 경제적 통일을 이루어 독일 통일에 결정적 역할을 했다. 관세 동맹은 철도에서 출발한 것이었기에 독일 통일의 일등 공신은 철도라 할 수 있었다. 또한 독일 국민들의 실질적 교통수단으로서 사회적 공동체를 형성하는 데 큰 역할을 하면서, 철도는 빠른 시간에 독일인들의 생활의 일부분이 되었다.

● 독일의 상징 브란덴부르크 문의 영광과 수난

프랑스와의 전쟁에서 승리하여 독일 황제로 등극한 빌헬름 1세는 강력한 군대를 양성하고 유지할 비용을 마련하기 위해 많은 세금을 거두어야만 했다. 이를 부담스러워한 베를린의 상공인들이 도시를 떠나려 하자 왕은 이들이 나가지 못하도록 도시 외곽에 높은 성벽을 쌓았다.

1788~1791년 건축가인 카를 랑한스(Carl Gotthard Langhans)는 베를린 성벽의 18개 성문 가운데 하나를 그리스의 아테네 아크로폴리스에 있는 프로필라이온을 본떠 고쳐 세웠다. 이 성문이 바로 오늘날 독일을 상징하는 건축물인 브란덴부르크 문이다. 그러나 브란덴부르크 문은 많은 수모를 당해야 했다. 1806년 나폴레옹은 베를린을 점령한 후 문 위에 세운 승리의 여신상을 전리품으로 파리로 가져갔다. 이후 나폴레옹이 엘바섬으로 유배되면서 여신상은 다시 독일로 되돌아왔다. 제2차 세계 대전 때는 연합군의 폭격으로 크게 파괴되기도 했고 소련군은 베를린 점령의 상징으로 문 위로 올라가 소련 국기를 흔들기도 했다.

전쟁이 끝난 후 미국과 소련 양국은 전쟁에서 패한 독일이 다시 일어서지 못하도록 독일을 자유 진영의 서독과 공산 진영의 동독으로 갈라놓았다. 그 경계의 기준점으로 삼은 곳이 브란덴부르크 문이었다. 약 50년간 독일의 분단을 지켜보았던 브란덴부르크 문은 1989년 베를린 장벽의 붕괴로 시작된 독일의 통일로 다시 태어났다.

독일 통일의 상징 브란덴부르크 문 근대 독일제국의 개선문으로 축조된 브란덴부르크 문은 독일 민족의 자존심으로 통한다.

스위스가 국제적으로 인정받는 영세 중립국이 될 수 있었던 까닭은?

분열과 대립의 소용돌이 속에서 지켜낸 평화

유럽의 지붕 알프스산맥에 위치한 산악 국가인 스위스에는 국제적십자사를 비롯하여 국제노동기구, 세계보건기구, 국제연합 유럽본부 등 많은 국제 기구가 모여 있어 스위스는 국제 사회에서 일명 '평화의 나라'로 통한다. 독일, 프랑스, 이탈리아 등의 강대국 사이에 낀 작은 나라이지만 일찍이 17세기부터 영세 중립국의 입장을 취하여 오늘날까지 나라를 지켜 왔다.

스위스는 독일에서 이탈리아로 이어지는 교통의 요충지에 있었기 때문에 신성 로마 제국과 프랑스 등이 이곳을 차지하기 위해 수차례 침략해 왔다. 당시 스위스에서는 하나의 통일 국가가 아닌 각각의 영주들이 자신들의 영지를 다스리고 있었는데, 영주들이 서로 힘을 합쳐 열강들과 맞서 싸우는 과정에서 영세 중립국으로 발전한 것이다.

1291년 스위스 중앙 지역의 우리, 슈비츠, 운터발덴 등 세 곳의 영주들이 최초로 동맹을 맺어 신성 로마 제국에 맞서 독립 전쟁을 시작하면서 영세 중립국으로의 발걸음을 내딛었다. 1513년에는 다른 영주들도 동맹에 가담하여 13국 동맹이 성립되었다. 이때 지금의 스위스 영토가 거의 완성되었으며, 칸톤들이 연합한 오늘날의 국가로 발전할 수 있는 기틀이 마련되었다. 칸톤은 독자적인 행정권과 의회,

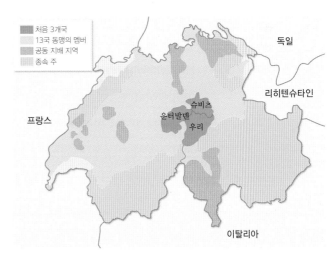

영세 중립국 스위스의 탄생 26개의 칸톤으로 구성된 스위스가 영세 중립국으로 발전한 것은 중앙에 위치한 우리, 슈비츠, 운터발덴 등 세 칸톤이 처음으로 영구 동맹을 맺고 자치를 지킬 것을 협약하면서부터이다.

빼어난 산악 경관으로 관광 산업이 발달한 스위스 알프스산맥에 위치한 스위스 산지 곳곳에는 빙하가 깎아 내어 만든 U자형의 빙식곡이 발달하여 아름다운 경관을 연출한다. 스위스의 주 수입원은 관광 산업이지만 스위스는 금융 및 정밀 산업이 발달한 곳이기도 하다.

법원을 가진 작은 국가 형태로, 26개의 칸톤이 연합하여 지금의 스위스를 이루고 있다.

구교와 신교가 대립한 30년 전쟁(1618~1648년)이 일어났을 때, 스위스의 우리, 슈비츠, 운터발덴 등은 구교 편에 섰지만 취리히, 베른, 바젤 등은 신교 편에 서서 분열 위기에 처했다. 그러나 두 파의 화친 조약으로 분쟁이 해결되었으며 이후 국외의 어떤 종교 전쟁에도 개입하지 않는다는 방침을 정하고 모든 영주들이 영세 중립의 입장을 취했다.

30년 전쟁이 끝난 후 스위스는 1648년 베스트팔렌 조약에 의해 신성 로마 제국으로부터 독립했다. 그러나 나폴레옹에 의해 정복된 후 연합국의 공격을 받게 되자 스위스는 다시 중립을 선언했다. 그 결과 1815년 빈 회의에서 영세 중립국의 지위를 잠정적으로 승인받았으며, 같은 해 파리 회의에서 정식으로 영세 중립국의 지위를 인정받았다. 이후 제1, 2차 세계 대전 중에도 주변 국가의 침략을 받지 않은 가운데 경제 발전을 지속하며 현재까지 그 지위를 이어오고 있다.

스위스는 정치적 색채를 지닌 북대서양조약기구, 국제연합뿐만 아니라 유럽연합에도 가입하지 않았다. 그러나 냉전 후 새로운 국제 정세에 대응하기 위해 2002년 국제연합에 가입하여 새로운 중립 외교를 펼치고 있다. 스위스는 중립과 독립을 지키기 위해 20만 명에 달하는 군인을 보유하고 있으며 20~50세의 모든 스위스 남자들은 해마다 민병대의 군사 훈련에 참가한다. 국민 각자가 군복과 총을 보유하고 있을 뿐만 아니라 유사시 전투에 투입될 수 있는 만반의 준비를 갖추고 있어 영세 중립국이라는 말이 무색할 정도이다.

영세독립국이면서 전시 대비 상비군을 육성하는 스위스 스위스는 200여 년 동안 주변 강대국 사이에서 무장중립을 통해 나라를 지켜왔다. 지금도 무장중립을 나라의 제1원칙으로 삼고 있다. 역설하면 무장중립을 한다는 것은 그 나라의 독립정신이 강하다는 것을 의미한다. 스스로 국가를 지키기 위해 영세중립국 지위를 확보했으나 그 유지는 강한 국방력을 전제로 한다. 스위스는 국민 총기보유국 제3위 국가이며, 인구 약 830만 명(2016)의 작은 나라에 방공호가 30만 개나 된다. 전시를 대비하여 집집마다 지하 방공호가 있으며 생존에 필요한 물자를 비축하고 있다.

● **스위스의 정식 국가 명칭은?**

스위스는 하나의 통일된 언어가 아닌 독일어, 프랑스어, 이탈리아어, 로망슈어가 각각 사용되고 있다. 스위스가 이처럼 서로 다른 언어를 사용히는 이유는 독일인(70%), 프랑스인(20%), 이탈리아인(9%)으로 구성된 다민족 국가이기 때문이

다. 가장 많이 사용하는 언어는 민족 분포 순으로 독일어, 프랑스어, 이탈리아어이며 라틴어와 이탈리아어가 혼합된 로망슈어는 약 1%의 국민만이 쓸 뿐이다. 그런데도 스위스가 언어를 하나로 통일하지 않는 것은 그 과정에서 발생할 언어의 불평등을 막기 위해서이다. 스위스 우표에는 지금으로부터 2,000년 전 이 주변에 살던 민족의 이름을 딴 '헤르베치아'라는 국명이 등장한다. 스위스의 정식 명칭 또한 헬베티카 동맹(Confederation Helvetica)이다.

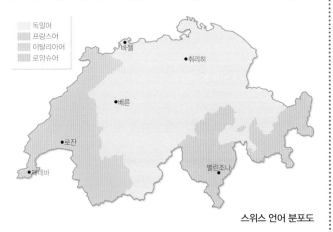

스위스 언어 분포도

오스트리아가
영세 중립국이 된 과정은?

근대에 들어 전쟁으로 사그라진 신성 로마 제국의 영광

오스트리아는 신성 로마 제국의 영광을 지닌 나라로 16~17세기에 세계 최강을 자랑하던 오스만 제국의 침략으로부터 유럽의 그리스도교 세력을 지켜낸 강력한 나라였다. 1273년 합스부르크가의 루돌프 1세는 신성 로마 제국의 황제로 추대되면서 오스트리아를 본거지로 유럽 전체를 지배하기 시작했다. 16세기 절대 군주제 시기에는 여제 마리아 테레지아의 개혁으로 근대화에 성공하면서 제국의 기틀을 공고히 했다. 이후 유럽의 왕가 및 귀족과 잇따라 혼인 관계를 맺어 에스파냐, 오스트리아, 네덜란드, 밀라노, 나폴리, 시칠리아 등에 이르는 대제국으로 성장했다.

합스부르크가의 전성기는 그리 오래가지 못했다. 18세기 초 유럽을 뒤흔든 나폴레옹 전쟁으로 차츰 세력을 잃어 나폴레옹에 의해 신성 로마 제국이 해체되면서 황제의 지위는 오스트리아 황제로 격하되었다. 뒤이어 1866년 비스마르크가 이끄는 프로이센과의 전쟁에서 패하면서 독일 제국의 종주권을 상실했다.

그러나 오스트리아는 헝가리, 슬로바키아, 발칸반도 등 동유럽에서는 여전히 제국의 주인으로서 세력을 뻗치고 있었다. 동유럽 슬라브족의 단결을 외치면서 새로운 강자로 떠오른 세르비아와 대립하던 중에 1914년 사라예보에서 오스트리아의 황태자와 황태자 비가 세르비아의 청년에 의해 암살되면서 제1차 세계 대전이 발발했다. 오스트리아는 독일과 동맹을 맺어 싸웠으나 패전국이 되어 동유럽에서의 세력을 모두 잃고 결국 힘없는 오스트리아 공화국이 되었다.

오스트리아 출신의 독일의 히틀러는 게르만 통합주의를 내세워 오스트리아를 합병했다. 이에 오스트리아는 독일 편에 가담하여 제2차 세계 대전에 참여했으

합스부르크가의 영토

카를 5세가 신성 로마 제국
황제로서 통치한 지역

**16세기(카를 5세) 합스부르크가
의 영토** 계봉 군수인 마리아 테
레지아에 의해 근대화에 성공하
면서 프랑스와 어깨를 나란히
했던 합스부르크가의 영광도 그
리 오래가지 못했다. 근대 국가
로 향하는 과정에서 제국이 해
체되고 두 번에 걸친 세계 대전
의 패배 결과, 영세 중립국으로
전락했다.

오스트리아의 쉔브룬 궁전 오스트리아의 수도 빈은 18~19세기 유럽의 질서를 주도했던 합스부르크가의 전통이 고스란히 남아 있는 제국의
수도이다.

나 또다시 패전국이 되어 연합국의 통치를 받았다. 이후 독일과의 합방 금지, 북대서양조약기구 가입 금지, 자국 영토 내 군대 주둔 금지, 향후 영세 중립국 지향 등의 조건을 전제로 소련과 모스크바 각서를 체결하여 독립했다. 독일과 다르게 오스트리아에게 다시 전쟁을 일으킬 만한 힘이 없음을 인정한 연합국은 오스트리아의 신청을 받아들여 영세 중립국의 지위를 부여했다.

● 오스트리아에서 탄생했지만 프랑스 빵으로 알려진 크루아상 ....

부드럽고 달콤한 맛이 일품인 크루아상은 바게트와 함께 프랑스를 대표하는 빵이지만 이 빵이 처음 만들어진 곳은 프랑스가 아닌 오스트리아이다.

크루아상(croissant)은 우리말로 '초승달'이란 뜻이다. 오스만 제국이 1529년과 1683년 두 차례에 걸쳐 오스트리아를 침략하고 왕궁을 포위했을 때, 빈 성벽 바로 밑에는 초승달이 그려진 이슬람의 신월기가 내걸렸다. 하지만 치열한 공방전 끝에 튀르크군은 격퇴되었고 이때 빈의 빵집에서 승리를 기념하여 이슬람을 상징하는 초승달 모양의 빵을 만들었다. 바로 이것이 크루아상의 기원이다.

마리아 테레지아의 딸 마리 앙투아네트는 프랑스 루이 16세와의 결혼으로 프랑스로 가게 되었는데 어려서부터 즐겨 먹던 크루아상이 너무나 그리워 오스트리아에 제빵 기술자를 보내달라고 했다. 이 제빵 기술자에 의해 프랑스에 크루아상이 널리 유행하면서 프랑스의 전통 빵으로 알려지게 되었다.

빙상 국가 그린란드에 초록의 아름다운 땅이라는 이름이 붙은 이유는?

덴마크의 지배를 받고 있는 세계 최대의 섬 그린란드

덴마크는 장난감 레고와 안데르센 동화로 유명한 나라로, 북해로 돌출한 유틀란트반도에 있다. 덴마크라는 국명은 북게르만족의 일파인 데인족에서 기원한다. 국토 면적은 약 4만 3,000km²로 작은 왕국에 불과하지만 본국보다 50배나 더 큰 세계 최대의 섬 그린란드를 영유하고 있다. 면적 216만 6,086km²의 그린란드는 전체 면적의 5분의 4가 빙상으로 이루어져 있으며 빙상의 평균 두께는 1,500~2,000m에 이른다. 그린란드에는 피오르가 발달해 있어 해안선 전체의 길이는 지구 적도 둘레와 맞먹는 약 4만km로 추정된다.

그린란드에 처음 이주한 사람들은 황인종계의 이누이트였다. 이들을 부르는 에스키모라는 명칭은 캐나다 인디언이 '날고기를 먹는 인간'이라는 뜻으로 붙인 것이다. 그들은 자신들을 '인간'이라는 뜻의 '이누이트'로 부른다. 이들은 기원전 3000년경 아시아의 북동부를 통해서 그린란드로 들어왔다. 그리고 바이킹이라 불리는 노르만족은 900년경 최초로 아이슬란드로 건너가 현재 아이슬란드의 수도인 레이캬비크에 정착하여 식민지를 건설했다.

980년경 악명이 자자했던 토르발드는 살인죄를 짓고 가족과 함께 노르웨이에서 아이슬란드로 쫓겨났다. 그에겐 에리크라는 아들이 있었는데, 에리크 또한 사람을 죽여 아이슬란드에서 추방당했다. 정착할 곳을 찾아 항해하던 에리크는 고향 노르웨이의 해안선과 비슷하며 풀과 나무가 무성한 섬에 도착했다. 그는 그 땅이 초록의 아름다운 땅임을 사람들에게 알리기 위해 그 섬에 그린란드라는 이름을 붙였다. 10~11세기는 빙하가 물러간 시기여서 전 지구적으로 기후가 따뜻했기 때문에 에리크가 그린란드라는 이름을 붙인 것은 전혀 근거 없는 것이 아니었다.

아이슬란드로 돌아온 에리크는 사람들에게 그린란드로 이주할 것을 권했다. 힘든 여정을 극복한 이주민 400~500명은 그린란드 남부와 동부에 개척지를 마련하고 정착했다. 그러나 14세기에 급작스런 빙하기가 도래하면서 기후가 나빠져 가축 사육과 농경이 어렵게 되자 인구가 급감했고 페스트도 전파되면서 많은 사람이 죽었다. 기후가 계속 나빠졌기 때문에 결국 15세기에 개척지는 흔적도 없이 사라졌다. 다른 한편, 이누이트에 의해 몰살당했기 때문에 개척 이주민이 사라졌다는 주장도 있지만 아직까지 명확한 근거는 없다.

그린란드는 1261년부터 노르웨이의 지배를 받아왔다. 그러나 노르웨이는 초기 정착지들이 사라진 뒤로부터는 그린란드를 개발하는 데에 관심을 두지 않았다. 16세기 후반부터 고래잡이로 그린란드에 대한 관심이 다시 커지기 시작하자, 노르웨

빙상으로 이루어진 세계 최대의 섬 그린란드 그린란드의 원주민은 기원전 3000년경에 최초로 발을 내디딘 이누이트이다. 이후 10세기경 노르만족이 상륙했으며, 13세기 노르웨이의 지배를 받다가 1979년 덴마크의 영토가 되었다. 최근 자치권이 확대되면서 독립의 기운이 무르익고 있다.

이는 선교사를 파견하고 무역 회관을 건립하면서 그린란드에 대한 본격적인 식민지 개발에 나섰다. 1815년에는 노르웨이를 덴마크가 지배하고 있었기 때문에 덴마크는 그린란드를 자국의 식민지로 삼았다. 1979년에 그린란드는 자치권을 획득했으나 공식적으로 덴마크 보호령으로 남아 있다.

그린란드는 면적에 비해 매우 적은 5만 7,000명이 살고 있으며 국토 전역이 얼음으로 덮여 있어 경제적 토대가 취약하다. 그러나 최근 지구 온난화로 인하여 얼음이 빠르게 녹고 있어 그간 꿈꾸어 왔던 덴마크로부터의 분리 독립의 꿈이 무르익고 있다. 국토를 덮은 얼음이 빠르게 녹아 천연자원의 개발이 용이해지자 매장된 천연자원의 경제적 가치가 새롭게 주목받고 있기 때문이다. 2008년 11월 덴마크로부터 독립을 묻는 주민 투표 실시 결과, 75%가 독립을 찬성하여 자치권이 대폭 확대되었다.

얼음의 땅에서 녹색의 땅으로 변하고 있는 그린란드 지구 온난화의 영향으로 그린란드의 지표면을 덮었던 얼음이 녹으면서 섬 전체의 지도가 바뀌고 있다. 하얀 설원이 조금씩 농토로 변하고 매장된 천연자원의 경제적 가치도 새롭게 주목받으면서 이름 그대로 그린란드가 되고 있다.

● 그린란드의 국기와 상징

덴마크의 국기는 덴마크어로 다네브로그(Dannebrog, '덴마크의 힘')이라 하며 핀란드, 아이슬란드, 노르웨이, 스웨덴 등 북유럽 스칸디나비아반도 나라들의 국기에 영향을 미쳤다. 덴마크 자치령인 그린란드 국기의 윗부분의 흰색은 그린란드의 빙하를, 중앙 원의 상반원은 태양, 하반원은 빙산과 부빙을 의미한다. 또한 국토의 대부분을 차지하는 빙하에 거주하는 백곰을 문장으로 사용하고 있다.

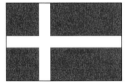

덴마크 국기   그린란드 국기   그린란드 문장

네덜란드 국가명을
홀란트와 혼용하는 이유는?

네덜란드 독립을 주도한 주, 홀란트

네덜란드의 정식 국명은 네덜란드 왕국The Kingdom of the Nederland이다. 입헌 군주국으로서 수도는 암스테르담이지만 정부는 헤이그에 있다. 네덜란드를 흔히 다른 말로 홀란트Holland라고도 하는데, 이는 엄격히 따지면 틀린 말이다. 네덜란드는 노르트홀란트, 조이트홀란트, 젤란트, 위트레흐트, 노르트브라반트, 플레볼란트, 프리슬란트, 그로닝겐, 드렌테, 오베레이셀, 헬데를란트, 림뷔르흐 등 모두 12개의 주로 이루어져 있다. 이렇게 홀란트는 네덜란드를 구성하는 하나의 주에 불과하기 때문에 홀란트를 네덜란드 전역을 아우르는 명칭으로 사용하는 것은 잘못된 것이다.

과거 네덜란드는 오스트리아에 이어 오랫동안 에스파냐의 지배를 받았다. 1581년 북부의 7개 주가 위트레흐트 동맹을 맺어 독립을 선언하며 1588년 네덜란드 연방 공화국을 세웠다. 이후 1648년 베스트팔렌 조약에 의해 네덜란드는 완전한 독립을 쟁취했다. 이러한 네덜란드의 독립 과정에서 가장 주도적인 역할을 한 주가 홀란트였다. 홀란트는 그 이후에도 네덜란드의 정치, 경제, 문화의 중심이 되었기 때문에 네덜란드를 가리키는 국명으로 사용되곤 했다. 이후 홀란트는 노르트홀란트와 조이트홀란트로 양분되었다.

12세기 홀란트주가 처음 형성된 네덜란드의 북서쪽 지역은 나무가 많아서 '나무의 땅Holt-Land'으로 불렸는데, 이후 이 말이 홀란트로 변한 것이라고 한다. Holt는 나무를 뜻하는 독일어 '홀츠Holz'에서 나온 말이다. 중국인들은 음역하여 네덜란드를 화란和蘭이라고 불렀는데, 이 말은 네덜란드가 아닌 홀란트에서 유래된 것이다.

네덜란드 독립의 주역, 홀란트 네덜란드는 오스트리아, 에스파냐의 오랜 지배를 받다가 1581년 북부의 7개 주가 위트레흐트 동맹을 맺어 독립을 선언하였으며, 이후 1648년 베스트팔렌 조약에 의해 완전한 독립을 맞이했다. 이 과정에서 홀란트가 가장 주도적인 역할을 하였으며, 정치, 경제, 문화의 중심지로 자리 잡았다. 그런 이유로 홀란트는 네덜란드를 가리키는 국명으로 사용되곤 한다.

네덜란드는 일찍이 영국과 프랑스에 앞서 아시아에 진출하여 대외 무역에 앞장섰다. 아시아 국가 가운데서는 특히 일본이 근대화 과정에서 네덜란드의 영향을 많이 받았다. 일본인들이 네덜란드인에게 전해 받은 문화와 학문을 란카쿠蘭學라고 하는데, 이때 '난蘭'은 화란, 즉 네덜란드를 뜻한다.

네덜란드를 뜻하는 더치Dutch가
부정적인 의미로 쓰이는 이유는?
해외 진출을 놓고 벌어진 영국과 네덜란드의 오랜 갈등

모두 모여 식사를 하거나 술을 마실 때, 각자 비용을 부담하는 것을 더치페이 dutch pay라고 한다. 이 말은 '더치 트리트dutch treat'에서 유래한 말로, 더치 트리트는 원래 다른 사람에게 한턱을 내거나 대접하는 네덜란드인의 관습이었다. 1600년대 이후 식민지 쟁탈로 영국과 네덜란드가 갈등을 빚고 있었던 때, 영국인들은 '네덜란드의' 또는 '네덜란드 사람이나 언어'를 뜻하는 더치Dutch를 부정적인 의미로 사용했고 '대접하다'라는 뜻의 '트리트'를 '지불하다'라는 뜻의 '페이'로 바꾸어 쓰기도 했다.

더치페이는 네덜란드 사람에 대한 부정적이며 냉소적인 뜻이 담겨 있는 말로, 먹은 음식을 각자 부담할 만큼 상대방에 대한 배려가 없는 다소 인색하고 야박한 구두쇠라는 의미를 지니고 있다. 이렇게 네덜란드 사람에 대한 비하와 경멸의 뜻이 담긴 다른 표현으로는, 'dutch courage(술 먹은 김에 부리는 무모한 용기)', 'dutch gold(금같이 보이는 값싼 합금)', 'dutch comfort(별로 달갑지 않은 위안)', 'dutch act(자살 행위)', 'double dutch(도저히 이해할 수 없는 말)', 'dutch concert(소음)' 등을 들 수 있다.

더치dutch는 독일을 뜻하는 독일어 도이칠란트Deutschland의 줄임말인 도이치 Deutch에서 유래했다. 이렇게 더치는 독일인과 네덜란드인 모두를 아우르는 게르만계 사람을 가리키는 말이었다. 미국에서 사용되는 펜실베이니아 더치 pennsylvania dutch라는 말에서도 이를 엿볼 수 있다. 이때의 더치는 네덜란드인만이 아닌 미국에 진출한 독일과 스위스 출신의 게르만계 이민자 후손을 의미한다. 그러나 16세기 이후부터는 네덜란드인만을 가리키는 말로 쓰이게 되었다. 이는 영국인과 네덜란드인 사이의 뿌리 깊은 반목과 증오의 역사 때문이다.

대항해 시대에 에스파냐와 포르투갈에 뒤이어 식민지 경영에 뛰어든 나라는 네덜란드였다. 네덜란드는 한 발 앞서 식민지 경영과 국제 교역에 나서 해상권과 무역 항로를 지배하며 막대한 부를 쌓았다. 그러나 네덜란드는 뒤늦게 뛰어든 영국과 세계 곳곳에서 식민지 쟁탈과 해상권 장악을 둘러싸고 충돌했다. 영국에게 네덜란드는 해외 진출을 놓고 경쟁해야 했던 숙적으로 눈엣가시 같은 존재였다. 두 나라 간의 이러한 경쟁과 대립의 역사 속에서 더치라는 말은 부정적인 사고방식과 행위 및 생활 습관 등을 대변하는 말로 쓰이게 되었다.

● **자원 부국이 겪는 경제병, 네덜란드 병**

네덜란드는 1970년대 후반 유전 개발과 석유 수출의 확대로 경제 호황을 누렸다. 그런데 이로 인해 급격한 임금 및 물가 상승으로 공산품의 수출 경쟁력이 약화되었으며, 고용 하락과 노사 갈등이 야기되면서 경기가 침체되는 어려움을 겪었다. 이런 경제 현상을 가리켜 네덜란드 병(dutch disease)이라고 한다.

한 나라가 천연자원의 수출로 큰 노력 없이 벌어들이는 돈이 늘어나면 경제 혁신에 대한 요구가 줄어들게 된다. 그러면 제조업이 경쟁력을 잃게 되고, 자원이 고갈되면 더 이상의 경제 발전을 기대하기 어렵게 된다. 1989년에 세계 5대 산유국인 베네수엘라가 IMF 사태를 맞은 것 또한 네덜란드 병 때문이었다. 네덜란드 병은 풍부한 천연자원의 부정적 효과를 지적한 것으로, 산유 대국 러시아와 철광석, 역청탄 등 원자재 자원 부국인 브라질은 네덜란드 병을 겪지 않을까 노심초사하고 있다.

네덜란드는
어떻게 풍차의 나라가 되었을까?

네덜란드 간척지 개척의 일등 공신, 풍차

'낮은neder' '땅land'을 의미하는 국명에서도 알 수 있듯이, 네덜란드는 국토의 4분의 1이 바다보다 낮고 나머지 지역들도 해발 100m를 넘는 곳이 거의 없을 정도로 평지나 다름없는 나라이다. 가장 높은 곳은 벨기에, 독일, 네덜란드 삼국의 국경이 만나는 드리란덴푼트Drielandenpunt라는 고원 지대이지만 해발 321m에 불과하다.

북해 연안에 인접한 네덜란드 서부는 라인강, 뫼즈강, 스헬데강이 상류로부터 운반해 온 퇴적물이 쌓인 충적 평야이다. 이곳은 북해의 해면보다 낮은 저지대이다. 이 때문에 홍수가 나면 주변 토지가 물에 쉽게 잠기고, 해일이 발생하면 땅을 거침없이 삼켜 버린다. 이를 막기 위해 네덜란드 사람들은 지면보다 높은 자연 제방 위에 주거지를 마련했다. 이 자연 제방을 '댐dam'이라고 한다. 네덜란드 도

네덜란드의 상징 풍차 네덜란드 사람들에게 풍차는 바닷물과의 투쟁을 뜻하는 상징물이다.

시 가운데 암스테르담, 로테르담, 스파른담, 에담 등처럼 '–담'으로 끝나는 도시가 많은 것은 이렇게 강에 댐을 쌓고 거주지를 만들면서 도시가 형성되었기 때문이다.

네덜란드인들은 먼저 인공 제방을 쌓고 거대한 풍차를 돌려 갇힌 물을 퍼내 인공 간척지인 폴더를 넓혀 갔다. 최초의 관개용 풍차는 1414년에 도입된 것으로 알려졌다. 그리고

운하의 나라 네덜란드 북해의 해면보다 낮은 저지대가 많은 네덜란드는 둑을 쌓고 풍차를 돌리고 운하를 만들어 간척지를 넓혔다.

중세 시대부터 총 6,000km에 달하는 운하를 뚫어 넘치는 물을 북해로 보내 간척지를 넓힘으로써 국토를 확대해 나갔다. 이처럼 네덜란드의 역사는 바닷물과의 전쟁으로 점철되어 있다. 그래서 네덜란드인들은 "세계는 신에 의해, 네덜란드는 네덜란드인에 의해 만들어졌다"라며 자부한다.

풍차는 네덜란드를 몇 백 년이나 구축해 온 주 동력원이다. 강한 서풍을 이용하기 위해 예전에는 9,000개에 가까운 거대한 풍차가 있었다. 그러나 증기 기관의 출현으로 점차 자취를 감추었고, 현재 전국에 1,000개 정도가 관광용으로 남아 있을 뿐이다. 풍차는 네덜란드인들의 바닷물과의 투쟁을 상징적으로 보여 준다. 제2차 세계 대전 중에는 풍차가 나치를 공격하는 데 전술적으로 이용되기도 했다. 현재 지구 온난화에 따른 해수면 상승으로 국토의 상당 부분이 저지대인 네덜란드의 고민도 깊어 가고 있다.

● **풍차의 기원은 중앙아시아 이슬람 세계**

풍력 에너지는 21세기 청정 에너지로 주목받고 있지만 증기 기관이 출현하기 이전의 중요 에너지원도 물레방아와 바람을 이용한 풍차였다. 풍차는 네덜란드의 상징이지만 풍차가 최초로 만들어진 곳은 중앙아시아였다.

7세기경 이란과 아프가니스탄의 국경 지대인 시스탄에서 세계 최초로 바람을 이용한 풍차가 개발되었다. 그곳은 일 년 중 120일 동안이나 강한 바람이 부는 곳이었다. 이곳에서 풍차는 방아를 찧고 관개 용수를 끌어올리는 데 이용되었다. 풍차가 유럽에 알려진 것은 십자군 전쟁 때였다. 풍차는 12세기 말부터 에스파냐, 프랑스, 영국, 네덜란드 등으로 전해져 주로 곡식을 찧는 데 이용되었다. 그러나 토지가 한정되어 연안 습지의 대규모 간척이 필요했던 네덜란드는 습지의 물을 빼내기 위해 풍차를 이용했다.

벨기에가 두 개의 언어를 국가 공용어로 사용하는 까닭은?

언어 갈등으로 고통을 겪는 유럽의 십자로

벨기에는 유럽연합, 북서대양조약기구, 유럽원자력공동체 본부가 있어 유럽의 중심으로 불린다. 벨기에 북쪽의 플랑드르 지방에는 네덜란드어를 사용하는 게르만계 사람들이, 남쪽의 왈롱 지방에는 프랑스어를 사용하는 라틴계 사람들이, 독일과의 접경 지역에는 독일어를 사용하는 사람들이 거주하여 벨기에에는 다양한 사람들과 언어가 뒤섞여 있다. 게르만계 사람들은 전체 인구의 약 60%, 라틴계 사람들은 약 30%를 차지하는데, 이 두 민족 사이의 언어 갈등이 격화되고 있다. 따라서 벨기에는 네덜란드어와 프랑스어를 공용어로 사용한다.

벨기에 국명부터 네덜란드어와 프랑스어로 각각 표기하며 학교에서도 두 언어 모두를 국어로 가르치고 있다. 국왕의 국회 연설, 공공 인쇄물과 거리 표지판은 물론 공무원이 되기 위해서도 두 언어 모두 구사할 줄 알아야 한다. 이는 편의를 위해서라기보다는 언어 사용자들 간의 불필요한 마찰을 줄이기 위해서이다. 언어로 인해 국민들 사이에 생기는 대립과 갈등은 언어 전쟁이라고 불릴 정도로 뿌리가 깊다. 그 이유를 알기 위해서는 고대 역사로 거슬러 올라가야 한다.

벨기에는 유럽의 중앙부에 위치하여 북해와 지중해를 잇는 교통의 요지로서 유럽의 십자로와 같은 곳이다. 이러한 지리적 위치 때문에 벨기에를 무대로 수많은 전쟁이 일어났다. 특히 제1, 2차 세계 대전 동안 이곳에서 많은 병사들이 죽었는데, 전쟁에서 숨진 이들의 묘지가 많아 벨기에에 '유럽의 묘지'라는 별명이 붙기도 했다. 프랑스의 나폴레옹 1세에게 치명적인 패배를 안겨 줘 유럽의 운명을 바꾼 워털루 전투가 벌어진 곳 또한 수도 브뤼셀 부근이다. 이런 이유로 고대부터 벨기에를 차지하기 위해 여러 세력이 충돌했다. 초기 켈트족의 본거지였던 벨기에는 기원전 50년경 카이사르에게 정복되어 로마 제국의 영토가 되었다. 이후 5세기경부터는 게르만족의 일파인 프랑크족이 로마 제국을 몰아내고 세운 프랑크 왕국의 지배를 받았다. 라틴계와 게르만계의 사람들이 섞인 5세기 무렵의 민족과 언어의 분포가 그대로 유지되어 벨기에는 전형적인 두 개 언어 국가가 되었다.

근대에 벨기에는 네덜란드의 지배를 받았다. 당시 북부에는 신교를 믿는 게르만계 네덜란드 사람들이, 남부에는 구교를 믿는 라틴계 사람들이 모여 살았다. 그런데 종교적 대립으로 인한 남부의 라틴계 사람들의 불만이 팽배해졌다. 1830년에는 남부 라틴계 왈롱 지방 사람이 중심이 되어 혁명이 일어났고 네덜란드로부터의 독립에 성공했다. 유럽의 주요국들은 1839년 런던 회의에서 스위스와 마찬가지로 영세 중립국이 된다는 조건으로 그 독립을 승인했다.

독립 과정에서 남부 라틴계 왈롱 지방 사람들의 활약은 눈부셨다. 또한 남부의

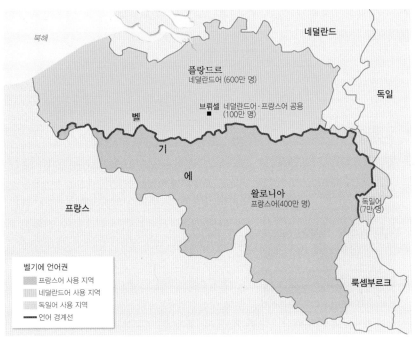

언어 갈등으로 혼란을 겪는 벨기에 벨기에는 북부 게르만계와 남부 라틴계의 언어 갈등으로 분리 독립을 시도할 만큼 심각한 혼란을 겪고 있다. 종교적 차이 못지않게 경제적 차이도 갈등의 주 원인이다.

프랑스어는 북부의 네덜란드어를 압도해 나갔다. 산업 혁명 당시 석탄과 철강 산지가 있는 왈롱 지방의 경제가 비약적으로 발전했기 때문이다. 이렇게 되자 북쪽의 게르만계 네덜란드 사람들의 불만이 높아졌다.

그러나 제2차 세계 대전 후 경제 발전의 무게 중심이 북부 지방으로 옮겨졌다. 북부 플랑드르 지방에서 식민지 콩고에서 유입된 금과 다이아몬드를 세공하는 산업이 발달하고 석유 화학 산업과 같은 근대적인 공장이 세워지면서 빠르게 공업화가 진행되었다. 현재 벨기에의 경제 발전을 주도하는 곳은 북부 지방이다.

오늘날 벨기에는 세계 10대 교역국의 하나로 경제 강국으로 성장했으나 북부 위주의 성장이 지역 갈등을 부채질하고 있다. 남부의 실업률은 북부 실업률의 두 배를 웃돌 만큼 경제 상황이 어둡다. 북부의 플랑드르 사람들은 "우리가 돈을 벌어 남부 왈롱 사람들을 먹여 살린다"라며 볼멘소리를 내면서 분리 독립에 더 적극적으로 나서고 있다.

● 오줌싸개 소년은 몇 살일까?

벨기에 브뤼셀의 대광장 그랑플라스에서 200m가량 떨어진 골목에 벨기에의 상징인 오줌싸개 소년 동상이 세워져 있다. 동상은 1619년에 만들어져 '가장 오랜 역사를 살아온 브뤼셀 시민'이라고 할 수 있다. 침략으로 얼룩진 벨기에의 역사와 함께한 만큼 여러 차례 약탈을 당하고 되돌아오는 과정을 반복해서 겪기도 했다. 프랑스 루이 15세는 훔쳐 갔던 동상을 반환할 때, 사과의 의미로 프랑스 궁정복을 보냈다고 한다.

이를 계기로 세계 각국에서 그에게 다양한 의상을 보내고 있는데, 우리나라도 세 차례 전통 의상을 보냈다. 약 600벌이 넘는 옷은 현재 시립 박물관에 소장되어 있다.

반도국 이탈리아의
남북 갈등 원인은 무엇일까?

위도 차이가 가져온 기후 차이와 경제 격차

그리스 문명과 함께 오늘날 유럽 문명의 뿌리인 로마 문명 탄생지는 바로 이탈리아이다. 이탈리아는 지중해 중앙부를 향해 장화 모양으로 길게 뻗은 반도국으로 10° 이상이 되는 남북 간 위도 차는 기후뿐만 아니라 산업 발달과 경제 수준, 사람들의 생활 습관에서도 큰 차이를 가져왔다. 예컨대 지중해성 기후의 영향으로 여름 기온이 높은 남부 지방 사람들은 북부 지방 사람들에 비해 동작이 느리고 게으른 편이다.

현재 이탈리아의 남북 간 지역 갈등은 심각한 수준이다. 이는 수도 로마를 중심

이탈리아 로마의 콜로세움 이탈리아 전역에는 고대 로마의 영광을 말해 주는 콜로세움을 비롯한 수많은 유적이 분포한다. 관광대국으로 막대한 관광수입을 올리고 있다.

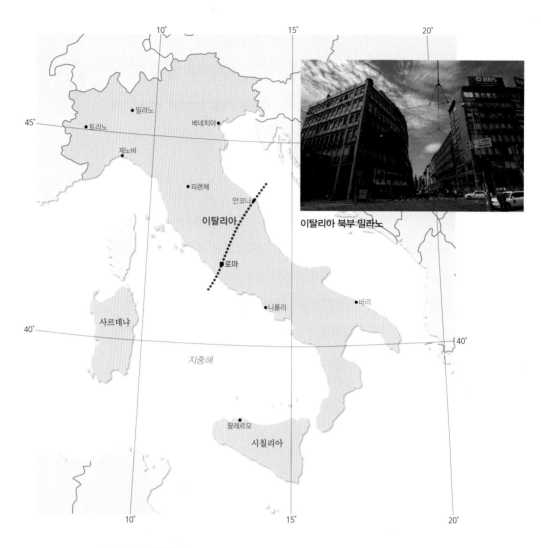

밀라노

토리노 • 베네치아 •

제노바

피렌체 •

안코나

이탈리아

로마

나폴리 • • 바리

사르데냐

지중해

팔레르모 •

시칠리아

이탈리아 북부 밀라노

이탈리아 남부 시라쿠사

경제 문제로 남북 분열의 위기에 놓인 이탈리아
이탈리아는 수도 로마를 경계로 상공업이 발달한
북부 지방과 농업 위주의 낙후된 남부 지방 사이
의 경제적 격차가 커 갈등을 겪고 있다. 이런 양상
은 로마와 아드리아해 연안의 안코나를 기점으로
해서 경계 지어져 안코나 라인(Ancona line)으로
불린다.

으로 남북 간에 진행된 뚜렷한 경제적 양극화 현상 때문이기도 하다. 이 현상은 15세기 말 르네상스 시대부터 점진적으로 시작되었다. 르네상스 시대를 맞으면서 북부 지방에서는 밀라노, 제노바, 토리노를 연결한 삼각 지대를 중심으로 상업과 산업 활동이 왕성하게 전개되어 일찍이 산업화가 이루어졌다. 반면 남부 지방은 이 과정에서 소외되면서 전통적인 농업 중심의 사회에 머물러 유럽에서도 낙후된 지역이 되었다. 북부 지방은 국민 총생산의 75%를 담당할 정도로 높은 경제 수준을 자랑하지만 남부 지방은 빈곤에 허덕이고 있다.

이탈리아 통일을 전후로 지배 세력은 단기간에 근대화를 강력히 추진하기 위해 남부 지방에서 세금을 거둬들여 북부 지방에 도로와 철도를 놓는 등 공업화의 기반을 마련했다. 그러자 북부 지방의 공업 삼각 지대에 집중되어 있는 일자리를 찾아 남부 지방의 값싼 노동력이 대거 이동했다. 가난한 남부 지방 사람들은 외국으로 이주하기도 했다. 미국의 거대 범죄 조직인 마피아의 단원은 거의 남부 시칠리아 출신이다. 남부의 농촌 사회는 빠르게 붕괴되었고 북부 지방에서 생산된 공산품의 소비 시장으로 전락하면서 양극화는 더욱 심화되었다. 그 과정에서 북부 지방의 분리 독립을 요구하는 목소리가 커져 갔다. 1999년 이탈리아의 북부 동맹은 분리 독립을 묻는 주민 투표를 실시하여 중앙 정부와 갈등을 빚기도 했다.

이탈리아 정부는 현재 다양한 정책으로 남북 간 균형 발전을 꾀하고 있다. 그러나 북부는 자신들이 낸 세금으로 남부 지방을 보조하고 있다고 불만을 토로하고 있다. 또 남부는 정부의 지원 없이는 현 소득 수준도 유지하기 어렵기 때문에 지원을 늘려 달라는 요구를 강력히 제기하고 있다.

왜 나침반의 지침면은
16방위일까?

16개 방위로 풍향을 인식한 에트루리아인들의 점성술

오늘날에는 위성과 첨단 컴퓨터를 이용한 항법 시스템이 개발되어 사물의 위치와 방향을 어느 곳에서든지 정확히 알아낼 수 있다. 지구의 자기성 원리를 이용하는 나침반을 사용하여 방향을 찾는 전통적인 방법은 이제는 보기 어렵다. 그러나 나침반은 과거 미지의 세계를 모험하는 탐험가나 먼 바다를 항해하는 선원에게는 생명 줄이나 다름없는 소중한 것이었다.

고대 뱃사람들은 바람의 방향을 기준으로 방위를 인식했다. 초기에는 바람의 방향을 동, 서, 남, 북 4방위로, 이후 그 사이사이의 남동, 남서, 북동, 북서 방향을 더하여 8방위로, 이후 다시 그 사이의 4방위를 더하여 12방위 체계로 인식했다. 이러한 인식 체계는 나침반 속에서 그대로 드러난다. 나침반을 보면 여러 개의 지침면指針面이 그려져 있는데, 각각의 지침은 바람이 불어오는 방향을 가리킨다. 이를 풍배도風配圖, 또는 바람장미라고 한다. 고대의 뱃사람들은 12방위 체계의 바람장미에 의지하여 항해를 했다.

13세기 말 나침반이 중국 송나라에서 유럽으로 전해지면서 나폴리와 베네치아 등지의 이탈리아 항해자들은 나침반을 항해에 이용하기 시작했다. 이때부터 바람장미가 처음으로 나침반과 결합되어 지침면으로 사용되었다.

그런데 바람장미가 그동안 사용해 왔던 12방위 체계가 아닌 16방위 체계로 갑자기 바뀐 이유는 에트루리아 박물관에 있는 유물에서 볼 수 있다. 기원전 10세기~기원전 5세기에 이탈리아에는 로마 문명에 앞서서 에트루리아인이 세운 에트루리아 문명이 번영했다. 소장된 에트루리아 유물 중에는 기원전 약 5세기경에 사용한 청동으로 만든 샹들리에가 있다. 원형의 샹들리에 중심부에는 그리스 신화에 나오는 괴물인 고르곤과 그 가장자리로 여덟 명의 외설적인 사티로스(그리스 신화에 나오는 반인반수의 괴물들)와 여덟 명의 세이렌(그리스 신화에 나오는 반은 새이며 반은 사람인 마녀)을 본뜬 16개의 형상이 교대로 배열되어 있다.

고대 에트루리아를 비롯하여 그리스, 페니키아 등의 지중해 연안 지방에서는 점복占ㅏ이 발달했다. 에트루리아의 점성술사들은 지평선을 등간격으로 나누어 16개로 구분했다. 학자들은 이것을 점성술사들이 바람이 불어오는 풍향과 모종의 자석 장치와 관계가 있는 것으로 보아 점술을 행한 것으로 해석했다. 그리고 '16'이라는 숫자는 16방위 체계를 의미하며, 그 기원은 지중해 연안에서 번성했던 점성술 종교인 것으로 보았다. 13세기 후반부터 사용된 나침반은 16방위 바람장미를 채택하고 있다. 현대 항해술에서 사용하는 국제 표준 풍향 체계 또한 16방위 체계를 따르고 있다.

에트루리아 박물관에 소장된 청동 샹들리에 고대 지중해 연안에서는 점성술이 발달하였다. 점성술사들은 바람이 불어오는 방향과 모종의 자석 장치가 관계가 있는 것으로 보고, 지평선을 16개의 등간격으로 구분했다. 이후 16이라는 숫자가 방위 체계를 뜻하는 것이 되면서 나침반의 16방위 체계로 발전하였다. 그 흔적을 에트루리아 박물관의 청동 샹들리에에서 찾을 수 있다.

16방위 바람장미 현대 항해술에 사용하는 국제 표준 풍향 체계는 16방위 체계를 따르고 있다. 중국 송나라에서 유럽으로 나침반이 전해지면서 이탈리아 항해자들은 12방위 체계가 아닌 16방위 체계를 이용하기 시작했다. 이는 지중해 연안 에트루리아의 점성술과 관련이 있는 것으로 해석된다.

● 로마 문명의 토대를 이룬 에트루리아인의 정체

이탈리아인의 직접적인 조상은 중앙 유럽에서 남하하여 이탈리아반도 중남부에 정착한 로마인이다. 오늘날 이탈리아라는 국명은 기원전 6세기 이전 로마 주변에 살던 '이탈로이'라는 부족의 이름에서 유래했다.

로마인은 기원전 500년경 선주민이었던 에트루리아인을 몰아내고 세력을 확장하여 유럽은 물론 아프리카에서 시리아, 흑해에 이르는 세계 최대의 로마 제국을 세웠다. 에트루리아라는 고대 국가를 세운 선주민인 에트루리아인은 그리스와 소아시아 지방을 자주 드나들면서 해상 무역을 했다. 이들이 그리스에서 가져온 페니키아 문자인 알파벳은 로마에 전해져 로마자의 기원이 되었다. 에트루리아인은 그 밖에 많은 선진 문화와 문명을 동방으로부터 로마에 전하여 로마 문명의 기초를 쌓는 데 큰 역할을 했다. 에트루리아인은 이탈리아반도에 사는 다른 종족과는 신체·문화적 형질이 너무 달라 그들의 유래를 놓고 다양한 학설이 제기되기도 했다. 최근 연구에 의하면 에트루리아인은 터키 부근의 소아시아 지방에서 이주해 온 민족이라고 한다.

로마 제국의 선주민인 에트루리아인 터키 부근의 소아시아에서 기원한 에트루리아인은 동방의 선진 문화와 문명을 로마에 전하여 로마 문명의 기틀을 마련하는 데 기여했다.

영국과 프랑스가 앙숙이 된 이유는?

노르망디의 경제력에 눈독 들인 영국과 프랑스

역사적으로 영국과 프랑스는 견원지간犬猿之間이라 할 만큼 사이가 좋지 않았다. 노르망디는 프랑스 북서부에 있으면서 영국과 마주하고 있는 지방이며, 제2차 세계 대전 때 연합군 승리의 전기를 마련한 노르망디 상륙 작전이 펼쳐진 곳이다. 양국 간의 뿌리 깊은 반목과 대립의 역사는 바로 이 노르망디에서 시작된다.

발트해 연안에 살던, 일명 '바이킹'이라 불리던 노르만족은 9세기부터 유럽 해안 곳곳에 출몰하여 약탈을 일삼았다. 프랑스 해안을 침략한 노르만족이 점차 내륙까지 세력을 뻗자 프랑스의 샤를 3세는 노르만족의 수장 롤로에게 봉토를 내어 주고 충성 서약을 받는다. 프랑스의 영토에 세워진 노르망디 공국은 이후 본국에서 많은 사람들을 이주시켰고 프랑스의 언어, 관습, 종교 등을 받아 들여 나라의 기틀을 다져 나갔다. 1066년, 노르망디 공국의 윌리엄 1세는 도버 해협을 건너가 앵글로색슨 왕조를 무너뜨리고 노르만 왕조를 세워 잉글랜드와 노르망디를 공동 통치하는 영국 왕이 되었다. 노르망디는 영국의 노르만 왕조가 시작된 후부터 영국의 지배를 받았다. 따라서 자국의 영토였던 노르망디를 빼앗긴 프랑스는 노르망디 탈환을 위해 전쟁을 치러야만 했다.

프랑스의 필리프 2세는 영국과의 싸움에서 노르망디를 재탈환하면서 영국 왕 헨리 3세로부터 노르망디 영토에 대한 영국의 모든 권

프랑스 혁명 100돌을 기념하여 1889년 파리 만국 박람회장에 세워진 에펠탑 파리의 가장 대표적인 상징물인 에펠탑은 건설 당시 철골의 흉한 모습과 도시의 미관을 해친다는 이유로 철거 여론이 많아 만국 박람회가 끝난 후 철거될 운명이었다. 하지만 프랑스 군대가 통신 목적으로 이용하게 되면서 에펠탑은 오늘날까지 건재할 수 있었다.

15세기의 프랑스 15세기 영국과 프랑스는 노르망디 지역을 점령하기 위해 1세기가 넘는 전쟁을 치렀다. 영국은 백년 전쟁에서 패하면서 칼레를 제외한 대륙 내의 영토를 모두 상실했다. 이 과정에서 두 나라의 민족 의식이 고취되어 민족 국가의 형태가 명확해졌으며 국토 통일의 기초가 마련되었다. 한편 노르망디를 두고 시작된 두 나라 간의 숙적 관계는 오늘날까지도 계속되고 있다.

리를 공식적으로 포기한다는 파리 조약을 받아냈다. 이로써 노르망디는 완전히 프랑스의 영토가 되었다. 1328년, 프랑스의 샤를 4세가 후계자 없이 죽자 영국 왕 에드워드 3세는 자신의 어머니가 프랑스 샤를 4세의 누이이므로 자신이 프랑스의 왕위를 계승해야 한다고 주장했다. 이로써 양국은 심각한 대립 관계에 놓였는데, 노르망디를 두고 뺏고 뺏기는 다툼을 벌인 것은 노르망디 지역의 경제력 때문이었다.

당시 노르망디 북부의 플랑드르는 유럽 최대의 모직물 공업 지대로 영국의 최대 양모 공급지였고, 남서부의 가스코뉴는 유럽 최대의 포도주 생산지였다. 노르망디를 둘러싼 양국 간의 전쟁은 이제 피할 수 없는 상황이 되었고 길고 기나긴 백년 전쟁이 시작되었다. 프랑스를 전장으로 한 이 전쟁은 초반부터 영국이 우세했다. 하지만 영국에서 랭커스터 가문과 요크 가문 사이에서 왕위를 둘러싼 치열한 싸움이 벌어

졌다. 각 가문의 문장紋章이 장미인 데서 이름 붙여진 이 30년간의 장미 전쟁으로 영국은 혼란에 휩싸였다. 프랑스의 샤를 7세는 이를 틈타 1453년 영국군 최대 거점인 보르도를 점령했고 이후 프랑스 내의 모든 영토를 회복했다. 프랑스의 애국 영웅으로 칭송받는 잔 다르크가 활약한 시기가 바로 이때이다.

백년 전쟁으로 형성된 영국과 프랑스 양국 간의 국민 의식은 서로를 숙적 관계로 만들어 버렸다. 이러한 관계는 국가 간 자존심 대결로까지 이어져 영국과 프랑스는 세계 곳곳에서 충돌하고 대립했다. 이들이 처음 손을 잡은 것은 1853년 크림 전쟁에서였다. 러시아의 남진 정책을 견제해야 했던 두 나라는 러시아와 오스만 제국과의 전쟁에서 오스만 제국을 지원하는 데 힘을 모았다. 그러나 이는 어디까지나 전략적인 화해였을 뿐이었다. 두 나라의 불편한 관계는 오늘날까지도 계속되고 있다.

브르타뉴 생말로 앞바다 위에 세워진 수도원 몽생미셸 밀물 때 고립되는 섬이었으나 지금은 육지와 이어진 모래톱에 도로를 놓아 육계도가 되었다. 섬에 세워진 웅장한 수도원이 유명하다.

● 노르망디 상륙 작전은 기상 예보의 승리

제2차 세계 대전을 일으킨 독일은 1944년 6월 6일에 감행된 연합군의 노르망디 상륙 작전의 성공으로 패망의 길을 걸어야 했다. 연합군 총사령관인 미국의 아이젠하워 장군은 노르망디 상륙 작전을 1943년부터 비밀리에 계획, 준비했다. 장군은 기상 장교인 스태그 대령에게 상륙 작전에 적합한 날씨와 조수 정보를 보고하게 했다. 기후 통계를 분석한 대령은 상륙 작전에 가장 좋은 날씨는 6월이며, 조수 상태를 고려하면 5일과 18일이라고 보고했다. 이에 아이젠하워는 5일을 작전 개시일로 정했다.

그러나 작전 개시일이 임박한 6월 3일, 도버 해협의 날씨는 계속 나빠졌다. 날씨는 5일이 되어도 좋아질 기미가 없었지만, 대령은 연합군에게 5일 오후부터 6일 낮까지 일시적으로 날씨가 좋아질 것이라고 보고했다. 작전 개시일은 다음 날인 6일로 연기되었으나, 6일 새벽이 되어도 날씨는 좋아지지 않았다. 그러나 대령은 날씨가 틀림없이 좋아질 것으로 판단하여 상륙 작전 감행을 조언했고, 수뇌부는 작전 개시의 결단을 내렸다. 하지만 독일군의 기상 장교는 6일에도 폭풍우와 짙은 안개가 계속될 것이라고 보고했다. 이 보고에 따라 독일군은 연합군의 공격이 없을 것으로 판단하여 경계를 늦추었고 결국 연합군에게 허를 찔리고 말았다.

● 프랑크 왕국에서 탄생한 유럽 3국-프랑스, 독일, 이탈리아

프랑스(France)의 국명은 게르만족의 일파인 프랑크족이 서유럽에 세운 프랑크(Frank) 왕국에서 유래한다. 라인강 중류 부근에서 발흥한 프랑크족의 클로비스는 부족을 단합하여 피레네산맥에서 엘베강에 이르는 서유럽 대부분을 포함하는 대제국을 건설함으로써 유립의 정치·문화적 동일을 실현하였다. 이후 로마 가톨릭교로 개종하여 교황과의 우호 관계를 돈독히 하며 통일 국가 체제를 갖춰 나갔다. 그러나 클로비스가 죽은 후 왕국은 분할 상속제와 베르됭 조약, 메르센 조약에 의해 서프랑크 왕국(현 프랑스), 동프랑크 왕국(현 독일), 중프랑크 왕국(현 이탈리아)로 분열되었다.

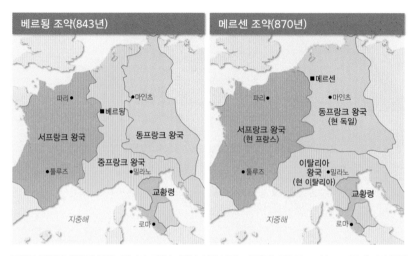

프랑크 왕국의 성립과 분열 오늘날 프랑스, 독일, 이탈리아는 서유럽 최초의 그리스도교적 게르만 통일 왕국인 프랑크 왕국 분열의 산물이다. 메로빙거 왕조를 뒤이은 카롤링거 왕조 샤를 마뉴 대제의 아들 루트비히 1세가 죽은 뒤 프랑크 왕국은 그의 세 아들에게 분할되었고 이것이 오늘날 3국 형성의 기원이 되었다.

본초 자오선이 영국 그리니치 천문대로 결정된 이유는?

오랫동안 자오선을 연구해 온 그리니치 천문대의 전문성

지구는 지축을 중심으로 하루에 한 바퀴 회전하기 때문에 경도는 시간으로 표현할 수 있다. 따라서 경도는 곧 시간이고 시간은 곧 경도이다. 경도는 다른 말로 경선 또는 자오선이라고 한다. 자오선子午線은 우리나라를 포함하여 아시아 지역에서 사용하는 12지 방위 표시법에서 나온 말로 '자'는 북을, '오'는 남을 가리킨다. 경도의 기준점이 되는 곳을 본초 자오선本初子午線이라고 하는데, 현재 세계는 영국의 그리니치 천문대를 기준점으로 세계의 시간대를 결정하고 있다.

본초 자오선이 결정되기 전에는 유럽 각국이 자국의 수도를 자오선의 기점으로 삼아 나라마다 시간이 달랐다. 또한 영토가 큰 미국과 여러 나라가 조밀하게 붙어 있는 유럽은 같은 지점이라도 시간이 달랐다. 철도와 전신, 그리고 항해술이 발달하면서 세계 지역 간 교류가 활발해졌지만 각 나라의 시간이 달라 불편이 이만저만이 아니었다. 1869년 미국에서는 동서 대륙 횡단 열차가 개통되었는데, 횡단 열차는 하루 수백 마일, 300개의 지역 시간대를 달리면서 여러 번 시간대를 조정해야 했다.

1884년 세계 여러 나라는 미국 워싱턴에서 국제 자오선 회의를 열어 본초 자오선을 정했다. 본초 자오선의 결정은 국가의 자존심이 걸린 문제였기 때문에 정치적 문제로까지 비화되기도 했다. 이 회의에서 25개국 가운데 프랑스, 브라질, 산도밍고(아이티의 옛 이름)를 제외한 나머지 나라들은 영국의 그리니치 천문대를

시계의 대명사 런던의 빅벤(Big Ben) 빅벤은 런던의 웨스트민스터 궁전(국회 의사당) 동쪽 끝 종탑에 달린 시계이다. 시계탑 내부에는 거대한 종(鐘)이 있는데, 우리나라의 보신각 종소리처럼 빅벤 또한 1월 1일에 영국 사람들에게 신년을 알린다.160여 년간 운영되어 왔던 빅벤이 노후화로 인하여 여러 문제가 생김에 따라 2017년 9월부터 2021년까지 약 4년에 걸쳐 시계탑의 보수 공사로 인해 종을 울리지 않을 예정이다.

시간의 세계화 시작점 그리니치 천문대 그리니치 천문대를 본 초 자오선으로 결정하면서 세계 여러 나라의 시간이 통일되었다. 1884년 그리니치 천문대로부터 시간의 세계화가 시작된 것이다.

본초 자오선으로 결정했다. 이는 당시 세계의 바다를 제패하던 영국의 막강한 힘 때문이었으나 그리니치 천문대에서 오래전부터 자오선을 연구해 왔기 때문이기도 했다.

네빌 메스컬린Nevil-Maskelyne은 영국의 제5대 왕실 천문학자였다. 그는 생애의 대부분을 그리니치 천문대에서 지내면서 총 49권으로 된 『해양력』을 발간했다. 이 책에는 방대한 양의 천문학, 해양학 지식이 담겨 있었다. 이 책에 수록된 태양, 달, 별 사이의 거리는 모두 그리니치 천문대의 자오선을 기준으로 측정한 것이었다. 영국의 자오선은 1851년 천문학자 조지 에어리George Biddell Airy가 정하였다. 뱃사람들은 제1권이 출간된 1767년부터 메스컬린 월거표月距表(독일의 천문학자 요한네스 베르너가 달의 운행을 관측하여 특정 천체와 만나는 시간을 기록한 자료)를 이용, 경도를 계산하여 항해하기 시작했다. 이는 그리니치 천문대가 본초 자오선으로 결정되기 117년 전부터 이미 그리니치 자오선을 기준으로 항해했음을 의미한다. 그리고 본초 자오선이 결정될 당시 항해하던 배의 70% 이상이 그리니치 자오선을 기준으로 만든 해도를 사용하고 있었다. 그간 써 오던 자오선을 다른 자오선으로 바꿀 때의 불편함은 불을 보듯 뻔했기 때문에 그리니치 천문대를 본초 자오선으로 하는 것이 유리했다.

당시 영국과 경쟁 관계에 있었던 프랑스는 그리니치 천문대를 본초 자오선으로 결정한 것을 못마땅하게 여겼다. 프랑스는 그 뒤에도 파리 천문대의 자오선을 고집했으며 1911년까지 그리니치 천문대에 대한 언급을 피하고 '파리 평균시보다 9분 21초 느린 시각'이라는 표현을 쓰기도 했다.

● 날짜 변경선이 직선이 아닌 이유

태평양의 오세아니아 한가운데 통가와 사모아 사이를 가르는 날짜 변경선이 있다. 날짜 변경선은 그리니치 천문대의 정반대 편에 있는 북극과 남극을 연결하는 가상의 날짜 구분선이다. 이 날짜 변경선을 기준으로 오른쪽 사모아 쪽은 하루가 느리고 왼쪽 통가 쪽은 하루가 빠른 시간을 적용한다. 즉 통가가 7월 7일이면 사모아는 7월 6일인 셈이다. 날짜 변경선이 일직선이 아니고 곳에 따라 구불구불한 것은 같은 생활권끼리 묶어 시차를 적용함으로써 날짜 변경에서 오는 지역별 혼란을 피하기 위해서이다.

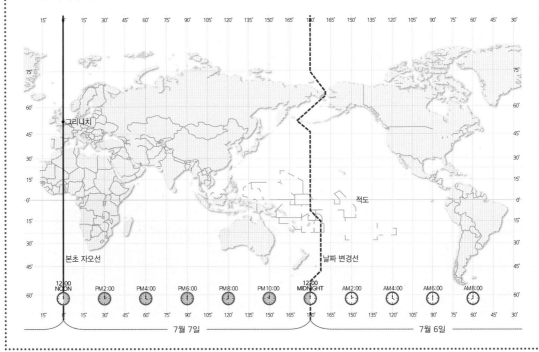

영국 국명 속에는
어떤 복잡한 역사가 숨겨져 있을까?

뿌리가 다른 여러 민족으로 구성된 영국

EUROPE **33**

영국은 산업 혁명으로 근대화에 성공하고 대항해 시대의 최강자로 방대한 식민 제국을 건설하여 '해가 지지 않는 나라'로 불렸다. 영국의 정식 명칭은 '그레이트 브리튼 및 북아일랜드 연합 왕국'으로 잉글랜드, 스코틀랜드, 웨일스, 북아일랜드로 이루어진 연방 국가이다. 영국이 이처럼 연합 왕국을 형성하게 된 것은 뿌리가 다른 민족들로 구성된 나라들이 오랫동안 대립과 협력을 반복했기 때문이다.

기원전 3000년경 신석기 문명을 지닌 인류가 프랑스에서 영국으로 이주해 왔다. 기원전 1800년경 월크셔의 솔즈베리 부근에 종교적 제례 의식을 목적으로 세운 선돌 구조물인 스톤헨지는 최초의 이주민인 이들이 만든 것이다. 기원전 6세기와 기원전 4세기경에는 켈트족이 로마인에 쫓겨 프랑스의 갈리아('켈트족의 땅'이란 뜻) 부근에서 건너와 선주민을 몰아내고 정착했다. 이들은 영국에 청동기,

영국의 선사 시대 기념물 스톤헨지 선돌 구조물인 스톤헨지는 원 안쪽에 제단 형태의 돌이 있고, 원이 끊긴 한 부분이 하지에 해 뜨는 곳과 일치한다는 점에서 태양을 숭배하는 제사를 올리는 곳이었을 것으로 추정된다.

다민족 구성에서 비롯된 영국 국명 영국은 하나의 나라처럼 보이지만 4개의 국가가 연합한 국가로 켈트족, 라틴족, 앵글로색슨족, 노르만족 등 많은 이주 민족이 서로 복잡한 역사를 이어오는 과정에서 세워진 나라이다.

철기와 도기 문명을 전했으며, 삼림을 개간하고 농경 기술을 도입히여 점차 전역으로 세력을 확장해 나갔다.

기원전 1세기에는 대륙으로부터 카이사르가 지휘한 로마군이 진출하여 약 350년 동안 영국을 지배했다. 당시 로마인들은 영국을 브리타니아, 그리고 그곳에 사는 켈트족을 브리튼이라고 불렀다. 이로써 영국이 브리튼이란 이름을 얻게 되었으며, 영국의 수도 런던이 세워지기 시작한 것 또한 로마인들에 의해서이다.

5세기경 북방의 게르만족이 북유럽을 석권하자 영국에 있던 로마군은 급히 철수했다. 그 대신 게르만계의 앵글로색슨족이 대륙에서 건너와 켈트족을 스코틀랜드, 웨일스, 아일랜드로 몰아내고 지금의 런던 부근에 7왕국을 건설했다. 이 7왕국이 지금의 잉글랜드의 시초로 잉글랜드란 명칭은 게르만족의 일파인 앵글로색슨족에서 유래한다. 초기 로마인은 아일랜드인을 '스코티'로, 이들의 일부가 5~6세기 영국의 북부로 이주한 그 땅을 '스코티의 땅'이란 뜻에서 스코틀랜드라고 불렀다. 웨일스는 앵글로색슨족이 서쪽으로 몰아낸 켈트족을 웨스하스라고 부른 데서 유래한다. 켈트족 가운데 일부는 앵글로색슨족에 쫓겨 다시 대륙으로 도망쳤다. '작은 브리튼'이란 뜻을 지닌 프랑스의 브르타뉴가 바로 그들이 이주하여 정착한 곳이다.

잉글랜드의 7왕국은 8세기 말경부터 침입한 노르만족과 대치하다가 1066년 노르망디 공국 윌리엄 1세의 침공에 의해 멸망하고 이어 노르만족 왕조가 펼쳐진다. 이들은 바다 건너 프랑스와 백년 전쟁을 치루면서 대영 제국으로의 발판을 마련했다. 이와 같이 영국은 선주민, 켈트족, 라틴족 로마인, 앵글로색슨족, 노르만족으로 이어지는 복잡한 역사를 거치며 다양한 민족 구성을 띠게 되었다. 영국은 잉글랜드를 중심으로 웨일스와 스코틀랜드, 이어 아일랜드를 합병했다. 1922년에는 아일랜드가 독립하면서 영국은 성공회를 믿는 북아일랜드 일부만을 포함하여 현재에 이르고 있다.

● 월드컵에 영국 국가 대표팀이 없는 이유는?

올림픽 경기라든가 다른 국제 스포츠 대회에는 '영국(GBR)' 깃발 아래 단일 팀이 출전하지만, 월드컵 축구 경기에는 잉글랜드, 스코틀랜드, 웨일스, 북아일랜드 연방이 각각 따로 출전한다. 이는 축구에서 영국이 점한 위상과 그 영향력 때문이다.

1904년 국제축구연맹이 처음 발족했을 당시 영국은 참여하지 않았다. 국제축구연맹 결성의 중심 역할을 한 사람이 당시 적대국이었던 프랑스의 줄 리메(Jules Rimet)였기 때문이다. 이 일로 축구 종주국인 영국의 자존심이 크게 상했다. 국제축구연맹 설립 주도 국가들이 영국 연방의 참가를 끈질기게 요청했으나 영국은 냉담하게 뿌리쳤다. 하지만 국제축구연맹이 영국의 4개 연방국 4개 협회 모두를 회원국으로 받아들인다면 가입할 여지가 있음을 내비쳤다. 국제축구연맹은 결국 '1개 국가 1개 협회'라는 원칙을 깨뜨리면서 영국을 회원국으로 받아들였다. 1888년부터 시작된 영국 연방의 프로 리그가 유럽 전체 리그를 압도했기 때문이다. 이를 계기로 영국은 월드컵 경기에서만큼은 4개 연방국 모두가 각각 참가하게 되었다.

영연방 국가들의
국기가 닮은 꼴인 이유는?

영국의 역사가 담긴 유니언 잭

유니언 잭Union Jack이라는 애칭을 가진 영국 국기에는 영국의 역사가 고스란히 담겨 있어 연합 국가인 영국의 변천사를 국기를 통해 읽을 수 있다. 유니언 잭은 잉글랜드의 수호성인 성 조지 십자 기, 스코틀랜드의 수호성인 성 앤드류 십자 기, 아일랜드의 수호성인 성 패트릭 십자 기를 더한 모양이다. 각 나라를 위해 목숨을 바친 성인들의 순교를 기리기 위해 이를 깃발로 만든 것이다.

엘리자베스 1세의 타계로 스코틀랜드의 제임스 1세가 잉글랜드의 왕으로 임명되면서 잉글랜드와 스코틀랜드가 합쳐졌다. 이때 양국의 국기도 합쳐지면서 최초의 유니언 잭인 그레이트유니언 기('제임스 기'라고도 함)가 만들어져 1606년 포고되었다. 1801년에는 아일랜드가 병합되어 그레이트 브리튼 아일랜드 연합 왕국이 세워졌다. 이때 그레이트 유니언 기에 아일랜드의 성 패트릭 기가 더해

아일랜드의 성 패트릭 십자 기   잉글랜드의 성 조지 십자 기

스코틀랜드의 성 앤드류 십자 기

영국 국기 유니언 잭 영국 국기는 연합 국가로서의 영국 역사가 담겨 있다. 잉글랜드와 스코틀랜드가 병합되어 최초의 유니언 잭이 만들어졌으며, 이후 아일랜드가 병합되면서 지금의 국기가 만들어졌다.

영국 연방이었던 나라들의 국기 위
로부터 오스트레일리아, 뉴질랜드,
피지, 투발루

져 지금의 유니언 잭이 만들어졌다. 흰색과 녹색 바탕에 붉은 용이 그려진
국기인 웨일스 기가 유니언 잭에 더해지지 않은 것은 그레이트 유니언 기가
만들어질 당시 웨일스가 이미 잉글랜드에 병합되어 있었기 때문이다.

오스트레일리아, 뉴질랜드, 피지, 포클랜드 제도를 비롯하여 몇몇 국가들
의 국기에도 유니언 잭이 그려져 있다. 이들 나라는 모두 영국 연방 구성국
들로 과거 영국의 자치령이었거나 식민지였던 나라들이다. 2006년 현재 캐
나다, 오스트레일리아, 뉴질랜드, 인도, 방글라데시 등 53개 국이 영국 연방
구성국에 속한다.

영국 연방 구성국 가운데 오스트레일리아, 뉴질랜드, 캐나다는 영국 본토의
여왕이 자국 국왕을 겸하는 군주제 국가이기도 하다. 영국 연방은 영국 국
왕에 대한 영국 연방 구성국의 강한 충성심으로 국제 정치에서 나름의 정체
성을 가지고 있었다. 그러나 1973년 영국이 영국 연방 내의 경제 블록에서
탈퇴하고 유럽공동체(현재의 유럽연합)에 가입하면서 영국 연방 내의 경제
적 연결 고리가 약해졌다. 또한 영국 연방 구성국의 대부분이 영국 국왕을
자국의 국가 원수로 받들던 군주제를 포기하고 공화제로 이행하면서 정치
적 연결 고리도 느슨해졌다. 현재 오스트레일리아, 뉴질랜드, 캐나다 등의
몇몇 나라에서만 영국 국왕이 국가 원수를 겸하고 있을 뿐이다.

● **영국 연방 구성국 간의 친목을 다지는 스포츠 대회** ....

현재 영국 연방 구성국들은 4년마다 영국 연방 구성국들 간의 스포츠 대회인 '영국 연방 경기대회(Commonwealth
Games)'를 개최하여 친목을 다지고 있다. 1903년 캐나다 해밀턴 대회를 제1회 대회로 올림픽 대회 중간 해에 개최하며
영국 연방 구성국의 도시들 가운데 번갈아 개최된다. 대회 참가국 수를 보면 영국 연방 경기대회는 규모 면에서 올림픽
대회 다음가는 국제 종합 스포츠 대회이다.

유럽의 선주민인
켈트족은 누구일까?

유럽 대륙에서 쫓겨나 아일랜드에 남은 켈트족

기원전 4세기 유럽 대륙에는 로마인과 켈트족이 살고 있었다. 로마인들은 이탈리아반도를 중심으로 그리스와 에스파냐 남부에 이르는 거대한 제국을 형성했다. 켈트족은 에스파냐 북부, 프랑스, 독일, 소아시아에 이르는 광범위한 지역에 살고 있었다. 로마는 카르타고와 지중해의 패권을 놓고 싸운 포에니 전쟁에서 승리하여 세계 제국으로서의 기틀을 확고히 다지고 수준 높은 문명을 이루었다. 당시 로마는 자신들의 문명 세계 바깥에 있던 민족을 야만족이라 하여 바바리안 barbarian이라 불렀다. 그 가운데서도 가장 공포스러운 대상은 켈트족이었다. 이들은 로마를 자주 침공하는 위협적인 존재였다.

기원전 389년 갈리아(지금의 프랑스) 지방의 켈트족이 제국을 침공하여 로마를 초토화시킴으로써 로마인들에게 지울 수 없는 큰 상처를 남겼다. 그로부터 300년 후 카이사르는 갈리아 지방의 켈트족을 정벌하여 과거의 치욕을 되갚았다. 카이사르는 20여 개 부족이 연합한 켈트족의 수장 베르킨게토릭스의 항복을 받고 그를 로마로 끌고 와 교수형에 처했다.

유럽 전역에 살던 켈트족은 갈리아가 로마에 의해 정복당하면서 대부분 로마인의 노예가 되거나 뿔뿔이 흩어져 더 이상 세력을 형성하지 못했다. 기원전 10세기경 유럽의 선주민이었던 켈트족은 그동안 로마인에 비해 문명이 한참 뒤쳐진 야만인으로 알려졌다. 그러나 켈트족은 발칸반도에서 출현한 철기 문명을 지닌 민족으로 당시 로마인 못지않게 수준 높은 문명을 구가하고 있었다.

최근 연구에 의하면 켈트족은 오늘날의 컴퓨터보다 더 정확한 역법과 천문 지식을 지니고 있었다. 오늘날 발달된 유럽 도로 체계의 기초를 제일 먼저 닦은 것도 켈트족이었고 화폐인 금화 또한 로마보다 먼저 사용했다. 또한 로마에 장신구, 금속 세공품, 철제 장비 등을 수출하기도 했다. 그러나 로마와의 대결에서 패함으로써 켈트족은 유럽 대륙에서 설 자리를 잃고만 것이다.

이후 유럽 대륙에 남은 켈트족과 다른 민족들 간의 혼혈이 거듭되었다. 오늘날 가장 순수 혈통의 켈트족 후예를 만나기 위해서는 도버 해협 건너 영국으로 가야 한다. 로마에 의해 웨일스와 스코틀랜드, 아일랜드로 쫓겨간 켈트족은 역사적으로 타민족과 혼혈도 적었을 뿐만 아니라 언어, 관습 등에서 가장 순수한 켈트족의 문화를 간직하고 있기 때문이다. 영국의 웨일스와 스코틀랜드는 게르만족의 일파인 앵글로색슨족과 1,000년 넘게 전쟁을 벌였으나 결국 영국에 합병되고 말았다. 아일랜드는 8세기 노르만족, 12세기 앵글로색슨족의 지배를 받기도 했지만 유럽에서 켈트족의 원형을 가장 잘 보존하고 있는 나라이다.

19~20세기 들어와 아일랜드의 민족주의자들은 앵글로색슨족의 우월한 권리를 일거에 분쇄하고 켈트족이 우월한 권리를 가지고 있음을 증명하기 위해 고대 켈트족의 역사를 세상에 드러냈다. 유럽의 유대인이 시온주의를 내세워 유대 민족과 유대교의 정체성을 확고히 했던 것처럼 켈트주의자들 또한 자기 문화와 인종의 순수성을 되찾으려 한 것이다. 시온주의자가 헤브라이어를 유대인의 언어로 복권시키려 했던 것처럼 켈트주의자 또한 아일랜드의 게일어를 아일랜드의 공식 언어로 복권시키려 했다.

로마 시대 켈트족 거주 지역
켈트족은 갈리아 지역에 살았으나 나중에 로마인들에게 쫓겨 브리타니아(현재의 영국)로 넘어갔다.

켈트족의 기원지 할슈타트(기원전 500년)
켈트족의 최대 확장 영역(기원전 270년)
현재까지 켈트어를 사용하는 지역

북해

브리타니아

대서양

갈리아

계르마니아

●할슈타트

흑해

히스파니아

지중해

아나톨리아

일 년 내내 비가 많이 내려 아일랜드 땅 전체가 풀과 이끼 등으로 푸르기 때문에 아일랜드에는 에메랄드섬이라는 별칭이 있다. 19세기 중반 감자의 대흉작으로 살기가 어려워지자 많은 아일랜드인이 신대륙 미국으로 이주했다. 미국의 케네디 대통령 또한 켈트족인 아일랜드계 후손이다. 아일랜드 북동부의 북아일랜드는 영국령에 속하며, 주민들은 영국

켈트족의 원형이 잘 보존된 나라 아일랜드 아일랜드는 역사적으로 노르만족과 앵글로색슨족의 지배를 받기도 했지만 유럽의 초기 켈트족의 원형을 가장 잘 보존하고 있는 나라이다. 아일랜드의 북동부 북아일랜드에는 영국에서 건너온 성공회 교도들이 거주하고 있어 가톨릭교도들인 아일랜드인들과 오랜 종교적 갈등을 겪어 왔다.

에서 이주해 온 성공회 교도들이다. 반면 아일랜드인들은 가톨릭교도이기 때문에 두 세력 간에는 오랜 종교적 갈등이 있어 왔고 현재도 긴장 상태에 있다.

● 아서왕은 켈트족이었다.

켈트족은 발달된 문명 체계를 이루었으나 남겨진 기록이 없어 로마인의 기록에서만 그 모습을 추측할 수 있을 뿐이다. 켈트족의 신화 가운데 『아서왕 이야기』가 전하는데, 아서왕의 전설을 내용으로 한 최초의 작품은 1135년 출간된 『브리튼 열왕사』이다. 이 책에 의하면, 아서왕은 보검(寶劍) 엑스칼리버와 원탁의 기사들의 도움을 받아 영국의 왕이 되었고 로마까지 원정했다.

아서왕의 전설은 12세기 유럽에 전래되기 시작한 것으로 알려졌다. 영국을 지배하던 켈트족은 1세기에 로마 제국의 지배를 받았다. 6세기에 들어와서는 게르만족의 일파인 앵글로색슨족과 맞서 싸웠으나 결국 패하고 만다. 이 과정에서 아서왕은 켈트족을 이끌고 앵글로색슨족과 싸워 영국을 지킨 영웅적인 인물로 그려진다. 실제로 아서왕은 앵글로색슨족과의 싸움을 여러 차례 승리로 이끈 켈트족의 장군이었다. 그러나 브리튼섬은 앵글로색슨족이 점령했고, 켈트족은 아일랜드와 스코틀랜드로 밀려난다. 켈트족은 언젠가는 아서왕이 다시 돌아와 자신들의 잃었던 왕국을 다시 세워 줄 것을 기대하고 있다. 그 소원이 아서왕의 전설을 낳은 것이다.

포르투갈이 대항해 시대의 해양 강국이 될 수 있었던 이유는?

신항로 개척의 필요성과 항해왕 엔히크

지중해를 벗어나 대서양 개척에 나선 대항해 시대를 맞이하면서 유럽은 세계 무대의 전면에 등장한다. 그 포문을 연 나라는 포르투갈이다. 포르투갈은 15세기 이래 해외 탐험에 주력하여 희망봉, 브라질, 인도양 항로를 발견하면서 제일 먼저 해양 왕국으로 발전했다. 16세기에는 아프리카의 모로코, 기니, 모잠비크, 인도의 고아, 인도네시아의 티모르, 중국의 마카오를 지배하면서 식민지 무역을 통해 막대한 부를 축적하기도 했다.

포르투갈이 이렇게 해양 강국으로 우뚝 서게 된 요인은 무엇이었는가? 첫째, 그

포르투갈 신항로 개척 유럽 국가 가운데 가장 먼저 해외 탐험에 나선 포르투갈은 남아메리카 브라질에서 동남아시아 인도네시아에 이르는 넓은 지역을 차지하여 막대한 부를 축적했다. 그러나 이어 에스파냐, 네덜란드, 영국 등이 등장하면서 쇠락하였다.

당시 오스만 제국은 비단, 향료, 보석 등 동방 무역의 주요 상품을 독점하여 막대한 중계 이익을 얻고 있었다. 여기에 맞서기 위해서는 직접 교역할 수 있는 신항로가 필요했다. 둘째, 800년 간 이슬람의 지배를 받아 이슬람에 대한 강한 적개심이 있었다. 그래서 아프리카 내륙부에 존재한다고 전해 오던 그리스도교 국가(프레스터 존의 왕국)와 동맹한다면 이슬람을 협공할 수 있다고 생각했다. 셋째, 나침반과 위도를 계측하는 아스트롤라베와 역풍이 불어도 전진이 가능한 삼각돛, 해도 등 발달한 항해술이 있었다. 그러나 무엇보다도 가장 결정적인 요인은 이슬람 세력이 아프리카 모로코의 세우타에서 물러나게 된 것이었다.

포르투갈 리스본의 엔히크 기념비 엔히크 왕자는 일평생을 아프리카 탐험에 헌신하며 포르투갈이 해양 왕국으로 발돋움하는 데 혁혁한 공을 세운 진정한 항해왕이었다.

세우타는 로마 시대 이전부터 아프리카로부터 유입된 금, 상아, 노예 등의 교역 중심지였기 때문에 끊임없이 쟁탈의 대상이 되어 왔다. 포르투갈은 이슬람 잔존 세력인 무어인을 완전히 몰아내고 1415년 세우타를 점령함으로써 해외 진출의 발판을 마련했다. 그러나 얼마 안 가 에스파냐에게 세우타를 넘겨주고 말았다. 이로써 더이상 아프리카 교역을 할 수 없게 되자 아시아

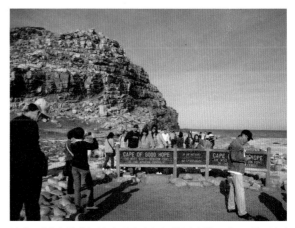

남아프리카의 희망봉 일 년 내내 바다가 거칠어서 '울부짖는 40°'로 불린 희망봉에 디아스는 '폭풍의 곶'이라는 이름을 붙였다. 그러나 나중에 국왕의 명으로 '인도 항로 발견에 희망을 준다'라는 의미에서 희망봉으로 이름이 바뀌었다. 아프리카의 최남단은 실제로는 희망봉에서 약 160km 떨어져 있는 아굴라스곶이다.

와 직접 교역할 수 있는 신항로를 개척하기 위해 대서양 진출을 결심한 것이다.

포르투갈의 대서양 진출을 주도한 것은 항해왕 엔히크 왕자였다. 엔히크 왕자는 국토 최남단에 있는 사그레슈에 항해사 양성 학교, 조선소, 천문대를 세우고 유럽 각지에서 천문학자와 지도 제작자, 항해사를 불러 모아 항해술 발전에 박차를 가했다. 마침내 그가 파견한 탐험대는 1400년대에 마데이라('숲'이라는 뜻) 제도

와 아조레스('들개'라는 뜻) 제도를 발견했다. 그가 이룩해 놓은 성과를 기반으로 포르투갈은 1460년에 시에라리온까지 도달했으며, 1488년에는 바르톨로뮤 디아스가 아프리카 최남단에 있는 희망봉을 발견했다. 아프리카 서해안 지명의 대부분이 포르투갈어인 것은 제일 먼저 발견한 포르투갈인들이 그 이름을 붙였기 때문이다. 기니비사우의 비사우(포르투갈 최고의 공작령의 이름), 카메룬('작은 새우'라는 뜻), 나이지리아의 라고스('석호'라는 뜻) 등등이 그러하다.

이후 인도 항로 발견을 위한 노력은 계속되어 바스쿠 다가마가 이끄는 탐험대가 1498년 인도의 캘리컷(지금의 코지코드)에 도착했다. 포르투갈과 인도를 오가는 데 2년 이상이 걸리는 힘든 항해 길이었지만 인도에서 가져온 향료와 호박은 60배나 많은 부를 안겨다 주었기에 무역은 꾸준히 이루어졌다.

● 로마식 명칭에서 유래한 포르투갈의 국명

포르투갈은 로마식 명칭인 포르투스 칼레(Portus Cale)에서 유래한 이름이다. 칼레(Cale)란 에스파냐에서 대서양으로 흘러드는 도루강 하구에 거주하던 초기 로마인들의 정착촌 이름이다. 기원전 200년경 로마는 제2차 포에니 전쟁에서 승리한 후 카르타고로부터 이베리아반도를 빼앗아 그 이름을 포르투스 칼레로 고쳐 불렀다.

포르투는 포르투갈 국가 형성에 중요한 역할을 한 도시로 포도주 수출항으로 이름이 널리 알려진 곳이다. 포르투갈의 국토 대부분이 이슬람의 지배 아래 있었을 때, 1095년 포르투가 중심이었던 지역에 프랑스 왕족 앙리 드 부르고뉴가 백작으로 임명되었다. 그가 이슬람군을 격파하고 이어 카스티야 왕국으로부터 독립을 선언하면서 포르투갈이라는 나라가 세워졌다.

● 우리말에 스며들어 있는 포르투갈어

우리가 일상생활에서 사용하는 말 가운데 포르투갈어에서 유래된 말이 의외로 많다. 가장 대표적인 예로는 포르투갈어의 '타바코(tabacco)'에서 유래한 '담배'를 들 수 있다. 이외에 '메이아스(meias)'에서 유래한 '메리야스', 에스파냐의 옛 지방인 '카스티야(Castilla)'를 포르투갈어로 읽은 것에서 유래한 '카스텔라', '팡(pa-o)'에서 유래한 '빵' 등이 있다. 튀김을 말하는 일본어인 '뎀뿌라'도 그렇다. 라틴어로 '쿠아투오르 템포라(Quatuor Tempora)'라고 부르는 가톨릭의 사계재일(四季齋日)에 포르투갈 선교사들이 새우를 튀겨 먹는 것을 보고 일본 사람들이 '뎀뿌라'라고 부르게 되었다는 것이다.

피레네산맥의 서쪽은 유럽이 아니다?

800년 동안 이슬람의 지배를 받은 이베리아반도

피레네산맥 서쪽의 포르투갈과 에스파냐가 있는 이베리아반도는 같은 유럽이면서도 북서 유럽과는 문화·사회적 특징이 다르다. 그래서 "피레네산맥의 서쪽은 유럽이 아니다"라고 하기도 한다. 이베리아반도는 너비 약 15km의 지브롤터 해협을 사이에 두고 아프리카와 마주보고 있다. 이러한 지리적 위치 때문에 예부터 이베리아반도는 아프리카와 유럽을 연결하는 통로 역할을 해 왔다. 기원전 3000년경 아프리카에서 이베리아족이 건너왔다. 이어 기원전 1000년경 중부 유럽에서 피레네산맥을 넘어 켈트족이 들어왔다. 이후 이베리아족과 켈트족이 혼혈을 거듭하여 켈트이베리아족이 등장했는데, 이들이 바로 오늘날 에스파냐인의 기

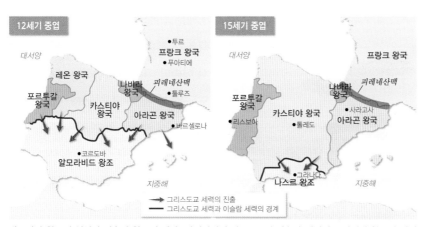

에스파냐 왕국의 성립과 이슬람 왕조의 멸망 이베리아반도는 711년 이슬람 세력인 우마이야 왕조에 의해 점령되었다. 피레네산맥을 넘어 북진하던 이슬람 세력은 732년 투르-푸아티에에서 프랑크 왕국에 패하여 더 이상 진군하지 못하고 피레네산맥 남쪽으로 후퇴하였다. 이후 1492년 이슬람의 마지막 근거지인 그라나다가 함락되기까지 약 800년간 이슬람 세력의 지배를 받았다. 오늘날 에스파냐 전국 곳곳에서 볼 수 있는 이슬람 모스크는 바로 그 역사의 산물이다.

원이다.

5세기 초 게르만족이 서쪽으로 이동하여 이베리아반도에 먼저 와 있던 로마군을 물리치고 서고트 왕국을 세웠다. 이슬람의 우마이야 왕조는 북아프리카 서쪽과 유럽 지역으로 정복 활동을 벌이면서 711년에는 서고트 왕국을 멸망시키고 에스파냐 전역을 손에 넣었다.

이후 이슬람 세력은 피레네산맥을 넘어 중부 유럽으로 진출하려 했으나 732년 투르-푸와티에 전투에서 카를 마르텔Karl Martel이 이끄는 프랑크 왕국 군대에 패하여 더 이상 진격할 수 없었다. 이때부터 피레네산맥은 그리스도교와 이슬람 세력을 구분짓는 경계선이 되었다. 이후 중동의 아바스 왕조에게 쫓겨난 우마이야 왕조의 잔존 세력은 코르도바를 수도로 후우마이야 왕조를 세워 10세기 무렵 전성기를 누렸다. 당시 이들의 위세는 아바스 왕조와 대항할 만큼 강력했다. 서유럽 최대의 도시로 발전한 코르도바에는 40만 권을 소장한 도서관이 있었으며, 세계 각지에서 모여든 학자들로 넘쳐 났다.

그러나 1031년 후우마이야 왕조가 멸망하면서 소왕조가 난립하는 시기가 계속되어 이슬람 세력은 급격히 약화되었다. 이를 틈타 피레네산맥 북쪽의 그리스도교 세력이 점차 세력을 넓혀 나가며 국토 회복 운동Reconquista을 전개했다. 그러나 12세기 후반 모로코에서 베르베르족이 세운 최초의 이슬람 왕조인 무라비트 왕조와 뒤를 이은 무와히드 왕조가 다시 이슬람 세력을 결집하여 그리스도교도들을 북방으로 몰아냈다. 그러나 13세기 초반 프랑스의 지원을 받은 국토 회복 운동 세력에 의해 무와히드 왕조 또한 무너졌다. 약화된 이슬람 세력은 남부 그라나다를 수도로 그라나다 왕국을 세워 다시 이슬람 세계를 구축했다. 북쪽에서는 두 왕국으로 분리되었던 에스파냐가 카스티야 왕국의 이사벨라 여

에스파냐 알람브라 궁전 이베리아반도를 지배했던 마지막 이슬람 세력인 나스르 왕조의 군주가 머물던 궁전으로 아랍어로는 '붉은 성'이라는 뜻이다. 1492년 수도 그라나다가 함락되면서 이슬람 세력은 이베리아반도에서 물러나 아프리카로 돌아갔다.

왕과 아라곤 왕국의 페르디난도 왕자가 결혼하면서 통일되었다. 이로 인해 국토 회복 운동은 이전에 비해 더욱 힘차게 진행되었다. 마침내 1492년 이슬람의 마지막 근거지인 그라나다가 함락되면서 이슬람 세력에 의한 800년간의 지배가 막을 내렸다. 에스파냐와 포르투갈은 원래 그리스도교 국가였으나 오랫동안 이슬람 세력의 지배를 받으면서 사회 문화 전반에 이슬람 문화가 깊게 스며들었다. 첨탑처럼 솟아오른 모스크는 이슬람 문화를 상징하는데, 코르도바에만 약 500개가 넘는 모스크가 있다. 이렇게 피레네산맥은 이베리아반도와 유럽 본토를 분리시키는 높은 장벽이 되어 이베리아반도가 독자적인 문화를 형성하는 데 일조했다.

● 100년 넘게 공사가 계속되는 사그라다 파밀리아 성당

에스파냐의 바르셀로나 외곽에는 1882년부터 공사가 시작되어 지금까지 지어지고 있는 성당이 있다. 에스파냐의 세계적인 건축가 가우디가 설계한 것으로 100m가 넘는 옥수수 모양의 탑들이 12개에 달하고 기하학적인 모양의 조각물이 넘쳐나는 독특한 양식이다. 에스파냐 내전과 제2차 세계 대전, 가우디의 사망으로 공사가 여러 차례 중단되기도 하였다. 지금도 공사는 계속되고 있으나 건축에 필요한 자금은 후원자들의 기부금으로만 충당되기 때문에 언제 완성될지 불투명하다.

왜 유럽에는
영토가 작은 소국이 많을까?

복잡한 유럽 역사 속에서 지켜낸 고유의 전통

유럽에는 다른 대륙과 달리 바티칸 시국, 산마리노, 모나코, 안도라, 리히텐슈타인, 몰타, 룩셈부르크와 같이 영토가 작은 나라들이 여럿 있다. 이처럼 유럽에 소국이 많은 이유는 유럽 사회의 복잡한 역사 때문이다. 유럽 중세 봉건 사회의 소규모 귀족 영지나 근대 자유 도시가 민족 국가에 포함되지 않거나 강대국 사이에서 중립을 유지한 채 지금까지 이어져 온 것이다. 현재 룩셈부르크를 제외한 대부분의 나라가 주변 큰 나라들의 지원을 받으면서 유럽의 고유 전통을 지켜 나가고 있다.

바티칸 시국은 세계에서 가장 작은 독립국으로 로마 교황을 국가 원수로 하는 로마 가톨릭의 상징과도 같다. 1861년 이탈리아가 근대 통일 국가로 탈바꿈하면서 이탈리아의 지배를 받았으나 1929년에 라테란 협정을 통해 교황청 주변 지역에 대한 주권을 인정받았다. 이곳에는 외교를 담당하는 정부와 예부터 교황을 지킨 스위스 용병의 군대도 있다.

프랑스에 둘러싸인 나라인 모나코는 로마 제국, 사라센 제국, 제노바 공화국, 에스파냐 등의 지배를 받다가 1861년 프랑스-모나코 조약의 체결로 프랑스의 보호 아래서 독립하였다. 지중해에 위치하여 일 년 내내 10℃ 이하로 내려가는 일이 없어 대표적인 휴양지로 유명하다. 특히 모나코는 자국민과 국내에 본사를 둔 국제 기업에 대해서 세금 면제 혜택을 주기 때문에 국가 총수입액의 상당 부분은 무역 거래에 부과되는 세금이 차지한다.

이탈리아 중부에 있는 산마리노는 세계에서 가장 오래된 공화국이다. 산마리노의 역사는 멀리 4세기로 거슬러 올라간다. 로마 교황의 박해를 피해 티타노산에

은거한 신앙 공동체가 산마리노의 기원으로, 지도자의 이름인 '마리누스'에서 국명이 유래되었다. 1263년 독자적인 헌장을 제정한 후 로마 교황의 영지에 속하여 독립을 유지하다가 1815년 빈 회의에서 독립국으로서 국제적 승인을 받았다. 특히 이탈리아와의 통일을 거부하여 현재 공국의 형태를 유지하고 있다. 관광 산업이 주 수입원이며 세금이 없다.

스위스와 오스트리아 사이에 위치한 리히텐슈타인은 신성 로마 제국의 영토였지만 1806년 신성 로마 제국 붕괴 이후 독일에 귀속되었다가 1866년 라인 동맹 해체를 계기로 독립하여 영세 중립국으로 승인받았다. 제1차 세계 대전까지는 오스트리아와 관세 동맹을 맺고 있었으나 1924년 스위스와 관세 동맹을 체결하여 현재는 군사와 외교, 재정을 스위스가 관장한다. 우표 발행국으로 유명해 우표는 국고 수입의 상당량을 차지하는 품목이다.

몰타는 지중해 중부 시칠리아 남쪽에 위치한 섬나라이다. 유럽과 아프리카 중간 해상에 위치하여 지중해의 지배권을 둘러싼 투쟁의 중심에 있었다. 나폴리 왕국의 지배를 받았고 요한 기사단(몰타 기사단)의 영유지였으며 영국 영토였지만 1964년에 독립했다.

세계에서 가장 작은 나라 바티칸 시국 산피에트로 대성당 앞에는 약 30만 명을 수용할 수 있는 산피에트로 광장이 있다. 광장 입구의 도로 위에는 이탈리아와 바티칸 시국의 국경을 보여 주는 흰 줄이 그어져 있다.

안도라는 프랑스와 에스파냐의 사이에 있는 피레네산맥의 동부에 위치한 산악 국가이다. 803년 이슬람 세력으로부터 영토를 회복한 이후 이곳의 소유권을 놓고 에스파냐와 프랑스 사이에 분쟁이 일어났다. 이때부터 양쪽 국가의 공동 통치를 받기 시작했으며, 프랑스 대통령과 에스파냐의 우르헬 교구 주교가 형식적인 국가 원수로 있다. 뛰어난 자연 경관으로 관광업이 크게 발달했고, 특히 관세가 부과되지 않아 '유럽의 슈퍼마켓'으로 불리기도 한다.

룩셈부르크는 벨기에, 네덜란드와 함께 베네룩스 3국 중 하나로 독일과 프랑스 사이의 완충국으로 중요한 의미를 갖는다. 합스부르크가, 프랑스, 네덜란드, 프로이센의 지배를 차례로 받아오다 1839년에 네덜란드로부터 독립했다. 1867년 영세 중립국으로 독일 통일에 참가하지 않은 상태로 현재까지 남아 있는 국가이다. 철강 산업이 발달해 소국임에도 불구하고 유럽연합 국가 가운데 부유한 나라에 속한다.

유대인은 왜 페스트의 희생양이 되었을까?

유대인들을 죽음으로 내몬 반유대주의

14세기 유럽 대륙 전역을 죽음의 도가니로 몰아넣은 인류 최악의 전염병은 페스트였다. 제2차 세계 대전으로 인한 사망자 수는 유럽 인구의 약 4.5%였다. 하지만 중세에 페스트로 죽은 사람들의 수는 전체 유럽 인구의 30%를 넘었다고 한다. 페스트는 쥐에 기생하는 벼룩이 옮기는 병이다. 벼룩에 물린 자국을 중심으로 피부 조직이 괴사하여 피부색이 검은색으로 변하기 때문에 흑사병이라고도 한다. 이 무시무시한 질병은 중국 윈난 지방을 시작으로 비단길, 크림반도와 지중해를 건너 유럽 전역으로 퍼져 나갔다.

원인을 알 수 없는 병으로 수많은 사람이 죽어 가는 모습을 보면서 공포와 절망에 빠져 있던 유럽인들은 이런 일을 벌인 주범이 유대인이라고 생각했다. 사람들은 "유대인들이 우물에 독을 풀었다"라며 폭동을 부추겼다. 그리고 유대인 거주 지역을 공격하여 불태우고 유대인들을 닥치는 대로 죽였다. 이는 당시 중세 유럽 사회 전체에 퍼져 있던 반反유대주의 때문이었다.

유대인들은 기원전 7세기에 아시리아에게 영토를 빼앗긴 뒤 이스라엘이 팔레스타인에 독립국을 세울 때까지 2,000여 년간 유랑 생활을 했다. 유대인들은 강한 응집력과 생활력으로 유럽 전역으로 퍼져 나갔고 특유의 상술로 부를 축적했다. 하지만 독자적인 종교 생활과 관습을 고수했기 때문에 현지 주민들과 알력과 갈등을 빚었다. 이런 와중에 반유대 감정을 불러일으킨 중대한 사건이 일어났다. 바로 십자군 전쟁이다.

그리스도교도들은 십자군 전쟁을 치르면서 유대인을 그리스도를 죽인 죄로 영원히 노예 생활을 하며 저주받아야 하는 이교도 민족으로 간주하면서 적대시했

페스트균 이동 확산 경로 흑사병은 중국 윈난 지방에서 기원하여 중앙아시아의 교역로를 따라 서아시아와 유럽으로 전해졌다. 14세기 유럽을 죽음의 공포로 몰아넣었던 흑사병으로 인해 인구가 급감하고 사회가 황폐화되었다. 한편, 감염 그 자체가 죽음을 의미하는 페스트의 정체는 1894년 중국에서 페스트가 기세를 떨치고 있을 때 밝혀졌다. 프랑스 세균학자인 알렉상드르 예르생(Alexandre-Emile-John Yersin)은 홍콩 체류 중에 페스트 균을 발견했는데, 이 병원균은 발견자인 예르생의 이름을 따 예르시니아 페스티스(Yersinia pestis)로 명명되었다. 이로써 유럽에 최초로 그 모습을 드러내면서 수많은 사람을 죽음으로 내몬 페스트의 비밀은 550년이라는 긴 시간이 흐른 뒤에야 벗겨졌다.

흑사병 확산 상황
- 1346년
- 1347년
- 1348년 중반
- 1348년 말
- 1349년 중반
- 1349년 말
- 1350년
- 1351년경
- 1353년경
- 흑사병 피해가 거의 없었던 지역

다. 12, 13세기 제3, 4차 라테란 공의회에서는 유대인이 그리스도교도들과 함께 거주하는 것이 금지되었고, 황색 배지를 강제로 패용해야 했으며 유대인 차별법이 제정되었다. 14세기에 들어서 유대인은 서유럽 각국에서 국외로 추방되기 시작했다. 유대인 강제 격리 지구인 게토ghetto도 만들어졌다. 반유대주의를 자극한 다른 요인은 유대인의 강한 자기 정체성, 즉 선민의식이었다. 유대인들은 자신들이 하느님에게 유일하게 선택받은 민족이라 믿었기 때문에 다른 민족에 매우 배타적이었다.

페스트가 확산되던 때에 유럽 전역을 돌아다니던 고행 수도자들은 그들이 간 곳들에서 가장 부유하게 살고 있는 유대인들을 보고 분노와 증오를 느꼈다. 이들의 정서에 공감한 사람들이 평소 증오해 왔던 이교도 집단인 유대인들을 페스트를 빌미로 무참히 학살한 것이다.

● 페스트 전파에 영향을 끼친 고행 수도자들

중세 유럽은 신과 인간의 관계 이외의 것은 생각할 수 없었던 그리스도교 중심의 사회였다. 사람들은 늘 금욕을 강요당했으며 고행을 통해 회개할 수 있도록 기도해야만 했다. 그래서 고행 수도자들이 수백 명씩 떼를 지어 맨발로 유럽 전역을 돌아다니며 가죽띠나 채찍으로 자기 등을 후려치고 참회의 노래를 부르며 신의 자비를 간청하는 것은 아주 흔한 일이었다. 하지만 이들의 발길이 닿는 곳 어디서나 페스트가 창궐했기 때문에 이들은 구원자가 아니라 페스트를 옮기는 주범으로 여겨져 결국 고행 수도자들은 사라졌다.

● 유대인의 처세술이 돋보이는 금융업

반유대주의로 인해 유대인들은 상공업의 주류에서 밀려나 주로 고리대금업, 전당포업, 환전상, 고물상 또는 왕가의 세금을 거두어 주는 집사 등 금융 관련 특수 업종에 종사했다. 당시 그리스도교도에게는 고리대금업이 금지되어 있었기 때문에 이교도와 유대인들이 금융업에 종사했다. 이는 주어진 환경에 민첩하게 대응하는 유대인 특유의 처세술을 보여 주는 것이었다.

EUROPE
40

유랑 민족 집시의 고향은
어디일까?

이집트 기원설과 인도 기원설

'집시Gipsy'라 하면 플라멩코의 경쾌한 음악과 화려한 춤사위를 뽐내는 댄서, 바이올린을 연주하는 거리의 악사, 점쟁이 등이 자연스럽게 연상된다. 집시는 한곳에 정착하지 못하는 습성을 지녀 유랑 생활을 하는 민족으로 전 세계에 1,000만 명에 이르는 것으로 생각된다. 중세 유럽에서는 페스트 균을 옮기는 주범으로 여겨졌다. 또한 우물에 독을 넣고 아이를 유괴하며 사람 고기를 먹는다는 등 근거 없는 소문에 휘말려 국외로 추방되거나 재산이 몰수되기도 했다. 특히 제2차 세계 대전 때는 유대인과 마찬가지로 나치 독일의 인종주의에 의해 약 80만 명의 집시들이 죽임을 당했다.

황갈색의 피부에 검은 눈동자, 튀어나온 광대뼈를 보면 집시는 동아시아에서 유래한 황인종계로 생각되지만, 엄밀히 말하면 북인도 일대에서 기원한 백인종계의 인도·유럽어족에 속한다. 집시가 세계 무대에 등장한 것은 9세기경이며, 이후 14~15세기에 전 유럽으로 퍼졌다. 언어학적으로 보면 집시는 9세기경 인도 북부에서 기원하여 11세기 페르시아, 12세기 소아시아, 13세기 발칸반도, 14세기 다뉴브강 일대를 거쳐 15세기 북서 유럽으로 퍼져 나간 것으로 추측된다.

집시의 기원에 관한 연구는 크게 이집트 기원설과 인도 기원설로 요약된다. 이집트 기원설은 영국인들이 집시를 이집션Egyptian('이집트에서 온 사람'이란 뜻)으로 부르는 데 근거를 둔 것이다. 'E'가 두음 소실된 '집시안'에서 어근인 '집시'가 역성逆成(어떤 단어를 파생어로 잘못 생각하고 거꾸로 그 단어에서 전에 존재하지 않던 다른 단어를 만드는 일. 예를 들면 영어에서 편집자를 의미하는 'editor'를 'edit'와 '-or'로 이루어졌다고 생각하여 'edit'를 사용하는 경우를 말한다. 실제

에스파냐의 전통 음악 플라멩코 에스파냐의 안달루시아 지방에서 14세기부터 즉흥적인 성향의 집시 음악과 토착 음악이 융합되어 플라멩코가 만들어졌다. 오늘날 플라멩코는 집시들에게 없어서는 안 될 생활의 일부분이다.

집시 이동 경로 집시의 기원은 4세기경 고대 북인도에 살았던 돔인들로 알려졌다. 돔인들은 9세기부터 이슬람 세력이 인도로 침입해 오자 박해와 탄압을 피하여 서유럽으로 이동하기 시작했고 오늘날 유럽 전역으로 퍼져 나갔다.

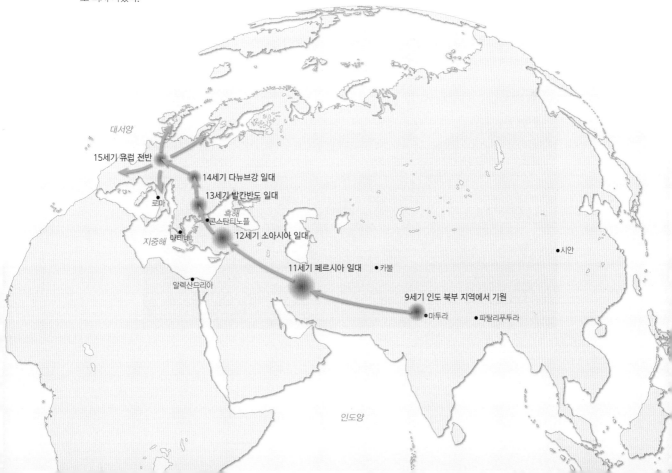

대서양

15세기 유럽 전반

14세기 다뉴브강 일대

13세기 발칸반도 일대

로마

흑해

콘스탄티노플

12세기 소아시아 일대

아테네

지중해

11세기 페르시아 일대 • 카불

시안

알렉산드리아

9세기 인도 북부 지역에서 기원

• 마투라 • 파탈리푸트라

인도양

로는 영어에 'edit'라는 단어는 없다)되어 집시로 불리게 된 것이다. 또한 1세기경
로마 지배 당시 그리스도교를 믿던 이집트인인 콥트교도들이 가혹한 탄압을 피
해 해외로 탈출했는데, 이들이 바로 지금의 집시라는 것이다.

인도 기원설은 보다 설득력 있다. 집시의 언어인 로마니어가 인도의 고대 산스크
리트어에 가까운 인도 어족이기 때문에 집시의 고향은 인도이며, 4세기경 고대
북인도에 살았던 돔인이 그들의 조상이라는 것이다. 돔인들은 고대부터 춤과 음
악을 즐기며 유랑 생활을 하고 점성술과 음악으로 생계를 유지했다. 그런데 최하
층 천민이었던 돔인들은 신분 차별과 박해 속에서 가난과 굶주림으로 고난의 나
날을 보내야만 했다. 9세기부터 이슬람 세력이 인도를 침입해 오면서 또 다른 종
교적 박해가 가해지자 자신의 고향을 떠나 서유럽으로 향했다는 것이다.

● 집시를 부르는 다양한 이름

집시는 그들이 사는 지역에 따라 다양한 이름으로 불리는데, 영어로 집시, 프랑스어로 지탕, 에스파냐어로 히타나 등은
'이집트에서 온 민족'이라는 뜻을 지닌다. 다른 한편 '외부에서 온 사람들', 즉 '이교도'란 뜻으로 그리스에서 아씽가노스
(Athinganos)로 불렸던 것에서 유래한 이름으로 독일어로 치고이네르, 이탈리아어로 치가로, 헝가리어로 치가니라라고
부르기도 한다. 프랑스인들은 집시가 체코슬로바키아의 보헤미아 지방에서 유래했다고 하여 보헤미안이라고 부르기도
한다. 집시들은 스스로를 로마니어로 '인간'이란 뜻을 지닌 롬(Rome) 또는 로마니(Romany)라고 부른다.

유럽의 풍향기 꼭대기에 수탉이 있는 이유는?
성서에서 유래한 정의와 성스러움의 상징

유럽 대부분의 교회나 성당의 첨탑 꼭대기에는 바람의 방향을 알려 주는 수탉 모양의 풍향기가 달려 있다. 풍향기는 쇠나 동판을 수탉 모양으로 만들어 건물의 피뢰침 끝에 붙인 것으로, 바람이 불어오는 방향으로 수탉의 머리가 향하게 되어 있다.

풍향기는 원래 가문의 문장을 새긴 깃발을 세워 바람의 방향을 알아보는 동시에 그 가문을 과시하기 위한 목적으로 세워졌다. 최초의 풍향기는 마케도니아의 천문학자 안드로니쿠스Andronicus가 아테네의 도시 한복판에 세운 '바람의 탑'이라 불리는 대리석 탑이다. 석탑 여덟 개의 각 면에는 여덟 바람을 상징하는 각기 다른 남자의 형상이 새겨져 있다. 이후 시대가 바뀌면서 여러 모양의 풍향기가 나타났으나 9세기 중엽부터 교황의 법령에 의하여 유럽 모든 교회의 첨탑 꼭대기에 수탉 모양의 풍향기를 달기 시작했다. 그 유래는 성서에서 찾을 수 있다.

새벽의 닭 울음소리는 동서양 모두 밤의 악마나 귀신들을 쫓는 소리이다. 닭은 악을 물리치는 정의의 사도, 생명의 부활 등을 상징하는 동물로 여겨졌다. 특히 그리스도교 문화에서 닭은 독수리, 어린 양과 함께 그리스도의 표상으로 여겨졌을 만큼 성스러운 의미를 지닌다. 그리스도가 유대교 대제사장에게 끌려왔을 때, 그리스도를 모른다고 세 번이나 부인했던 성 베드로가 수탉의 울음소리를 듣고 자신의 죄를 뉘우쳤다는 이야기가 「누가복음」 22장에 전한다. 이에 주목하여 사람들이 수탉을 보면서 죄를 깨우치고 선과 정의를 실현하도록 풍향기 위에 수탉을 단 것이다.

그리스 아테네의 로만 아고라에 있는 바람의 탑 바람의 탑은 최초의 풍향기로 탑 꼭대기에는 바람이 불어오는 방향을 표시하는 트리톤(반신반어의 해신) 형상의 풍향계가 있었다고 한다. 나침반의 각 방향을 가리키는 8면이 바람을 상징하는 형상의 부조로 장식되어 있다.

수탉 모양 풍향기 유럽 교회나 성당의 첨탑 꼭대기에는 원래 가문을 과시하기 위한 문장 깃발이 주로 세워져 있었으나 9세기 중엽부터 교황 법령에 의해 수탉 모양의 풍향기로 바뀌었다.

AFRICA

아프리카

지구 육지 면적의 5분의 1을 차지하는 대륙으로, 전 세계 인구의 12%인 약 7억 2,000 만 명이 살고 있다. 인류 최초의 기원지이며 기원전 3000년경 이집트 문명이 싹텄다. 사하라 사막을 기준으로 북부에는 이슬람교를 믿는 아랍인, 남부에는 그리스도교와 토속 신앙을 믿는 흑인이 주로 살고 있다. 아프리카 흑인은 모두 비슷해 보이지만 많은 부족과 민족으로 나누어지고, 사용하는 언어 또한 매우 다양하여 그 문화가 복잡하다. 대부분의 나라가 오랜 기간 유럽 열강에 의한 식민 지배를 받았으며, 독립 후 계속되 는 인종 갈등과 내전, 기근과 질병, 자연재해 등으로 고통받고 있다. 현재 저개발 상태 의 낙후된 땅이지만 풍부한 지하자원을 바탕으로 발전 가능성이 큰 미래의 대륙이기 도 하다.

모로코의 무어인은
누구일까?

검은 피부의 이슬람교도를 뜻하는 무어인

아프리카 북서부에 있는 모로코, 튀니지, 알제리 등을 통칭하여 마그레브 Maghreb라고 한다. 마그레브는 아랍어로 '해가 지는 땅'이라는 뜻으로 서방의 아랍 제국을 말한다. 이집트, 사우디아라비아, 이라크 등은 마슈리크Mashriq라고 부르는데, 마슈리크는 '해가 뜨는 땅'이라는 뜻으로 동방의 아랍 제국을 말한다. 마그레브와 마슈리크를 구분하는 기준은 이집트의 나일강으로, 마그레브에서는 사하라 이북의 베르베르어를, 마슈리크에서는 동쪽의 아랍어를 사용한다. 처음에 아랍인들은 마그레브를 북아프리카 서쪽 끝단의 모로코만을 지칭하는 말로 썼다. 하지만 이 말이 가리키는 범위가 점차 모로코 주변국으로 확대되어 지금은 북아프리카 전체를 가리키는 말로 바뀌었다.

모로코는 현재 전체 인구 가운데 아라비아반도에서 이주해 온 아랍족이 65%, 원

마그레브와 마슈리크 나일강을 기준으로 서쪽을 마그레브라고 하며, 동쪽을 마슈리크라고 한다. 마그레브는 원주민인 베르베르족의 베르베르어를, 마슈리크는 아랍어를 사용한다. 베르베르족을 무어인이라고도 하는데, 무어인은 '이슬람교를 믿는 아프리카 사람들'이란 뜻으로, 이슬람교도를 가리키는 종교적인 명칭이다.

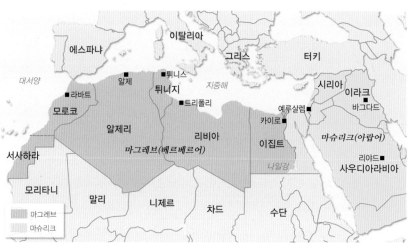

주민인 베르베르족이 35%를 차지한다. 베르베르족을 무어인이라고도 한
다. 무어인은 '이슬람교를 믿는 아프리카 사람들'이란 뜻으로 영어권에서
는 모로코인을 말하며 에스파냐에서는 이슬람교도 전체를 의미하는 '모
로Moro'를 지칭하는 말이다. 이렇듯 무어인은 인종학적 명칭이 아니라 이
슬람교도를 지칭하는 종교적 명칭인 것 같다. 하지만 '무어Moor'는 그리스
어로 '검다, 어둡다'라는 뜻의 'mauros'에서 유래한 말로, 프랑스어의 '밤'
을 뜻하는 'moir'도 여기에 뿌리를 둔 말이다.

무어인은 고대에는 흑인종을 일컫는 말이었지만 7세기 이후 북아프리카
일대가 이슬람화되면서 이슬람교도를 일컫는 말로 바뀐 것이라고 할 수
있다. 로마의 속주였을 당시 로마인들은 모로코 일대의 사람들을 '모리타
니아의 주민들'이란 뜻의 '마우리Mauri'로 불렀고, 고대부터 모리타니 일대의 주
민들이 검은 피부를 지닌 사람들임을 알고 있었다. 오늘날 모로코의 베르베르족
은 아프리카인들과의 오랜 기간에 걸친 혼혈로 피부가 검다.

북아프리카 원주민 무어인 무
어인은 북아프리카 일대에 거
주하는 원주민으로 베르베르
족을 말한다. 원래는 고대 북
아프리카 일대에 거주하는 흑
인종을 가리키는 말이었으나.
7세기 이후 북아프리카 일대
가 이슬람화되면서 이슬람교
도를 가리키는 종교적인 명칭
으로 바뀌었다.

● **독립을 꿈꾸는 서사하라**

모로코와 접해 있는 서사하라는 현재 약 70개국만
이 독립 국가로 승인한 나라로, 러시아의 체첸, 중
국의 티베트처럼 독립을 꿈꾸고 있는 자치국에 가
깝다. 1882년부터 서사하라는 에스파냐의 보호령
이었다. 그러나 1975년 에스파냐, 모로코, 모리타
니 간의 마드리드 협정에 의해 에스파냐가 철수하

서사하라 국기

면서, 에스파냐로부터 독립한 모로코가 먼저 영유권을 주장하여 북부를, 프랑스의 식민지
였던 모리타니 또한 영유권을 주장하여 남부를 차지하였다. 이는 유럽 열강들이 자로 잰
듯 자국의 영토로 만든 이후 정리하지 않고 철수한 결과이다.

한편, 1973년부터 서사하라의 독립을 추구하는 사람들은 폴리사리오 인민해방전선
(Polisario Front)을 결성하여 모리타니를 몰아내었으나, 이곳을 모로코가 점령하면서 현재
모로코의 실효적 지배 아래 있다. 독립을 둘러싼 서사하라와 모로코와의 분쟁은 오늘날까
지도 계속되고 있다. 현재 서사하라는 우리나라와 외교관계가 수립되지 않은 상태이다.

사하라 사막의 모래는
어디서 온 것일까?

바다에서 퇴적된 사암과 석회암이 풍화된 알갱이들

지구상에서 가장 무덥고 건조한 곳으로 메마른 고원과 자갈로 뒤덮인 평원, 그리고 광활한 모래가 끝없이 펼쳐져 있는 땅, 바로 세계 최대의 사막인 사하라 사막이다. 사하라는 '황야'라는 뜻을 지닌 아랍어 '사흐라Sahra'에서 유래한 말이다. 사하라 사막의 연평균 강수량은 250mm 이하로 매우 건조하다. 연평균 기온이 27℃ 이상인 곳이 대부분이고, 낮과 밤의 기온차는 30℃를 넘는다. 이러한 기후 조건은 암석의 기계적 풍화 작용을 촉진시켜 사막에 모래를 공급하는 주요인이 된다. 사하라 사막에서 모래사막은 약 20%에 불과하며 나머지는 대부분 암석과 자갈로 된 대지이다. 사막의 기반암은 약 6억 년 이전의 선캄브리아대에 형성된 것이며 이 기반암 위를 사암과 석회암이 덮고 있었다. 이 사암과 석회암은 약 1억 년 전 사하라 사막 대부분이 바다에 잠겼을

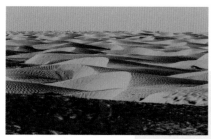

세계 최대의 사하라 사막 사하라 사막은 북아프리카 동쪽 홍해에서 대서양 연안에 이르는 동서 길이 약 5,600km, 지중해 아틀라스산맥에서 차드 호에 이르는 남북 길이 1,700km의 사막으로 아프리카 대륙 면적의 4분의 1을 차지한다.

때 퇴적되어 형성된 것으로 사막의 모래는 이 암석들이 풍화된 알갱이들이다.

사막의 모래는 바다에서 생성된다고 생각한 적이 있었다. 그러나 약 7,000만 년 전 이후 신생대로 접어들면서 사하라 사막 일대가 육지화되고 표토층인 사암과 석회암이 풍화되어 모래가 만들어지기 시작했다. 신생대 제4기 약 200만 년 전 이후 여러 차례의 빙하기를 거치며 암석의 풍화에 의한 모래들이 쌓여 지금의 사막이 형성되었다.

이집트 서부 바하리아 사막의 버섯 바위(mushroom rock) 사막 위에 마치 버섯 모양으로 솟은 바위들은 강한 바람에 의해 날린 모래가 사막 바닥을 타고 이동하면서 바위의 아래 부분을 집중적으로 깎아 내어 만들어진 것이다.

지금은 황량하고 메마른 사막이지만 지금으로부터 약 6,000년 전만 해도 사하라 사막은 강이 흐르고 나무와 풀로 덮인 비옥한 땅이었다. 주민들은 사냥과 낚시를 하며 살았다. 알제리의 타실리나제르의 암벽에 그려진 기린, 코뿔소, 영양, 사자 등의 동물과 이를 사냥하는 사람들의 모습이 이를 보여 준다. 이런 풍요의 땅에서 불모의 땅으로 변한 것은 기후 변화 때문이었다.

지금으로부터 약 7,000~4,000년 전에는 지구의 기온이 현재보다 약 1~2℃가량 높았다. 따라서 적도 부근의 기단이 세력을 확장하여 적도 수렴대가 북상했고 이 적도 수렴대에 사하라 사막 일대가 있었기 때문에 비가 많이 내려 울창한 초원과 삼림을 이루었다. 반면 지중해 부근은 고압대에 위치하여 지금의 사하라 사막과 같은 매우 건조한 기후를 띠고 있었다. 그러나 기온이 점차 내려가면서 적도 수렴대가 남하하자 사하라 사막에 비가 내리지 않게 되어 점차 건조한 사막으로 변하기 시작했다. 약 4,300년 전부터 사하라의 건조화가 진행되면서 이곳에서 살던 사람들 또한 점차 비와 풀을 찾아 남하했다. 지금의 보츠와나와 나미비아 일대의 칼라하리 사막에 거주하는 산족(일명 부시먼이라 함)이 바로 그들이다.

AFRICA 03

'죽음의 땅'이란
무엇일까?

피라미드에서 지하 세계로 옮겨 간 이집트 파라오들의 공동묘지

이집트의 수도 카이로에서 나일강 상류 남쪽에 테베라는 도시가 있다. 이 도시는 고대에는 룩소르로 불렸으며 이집트 신왕국 시대의 수도였다. 카르낙 신전, 룩소르 신전 등 웅장하면서도 화려한 신전들이 도시 전체를 가득 채우고 있어, 일찍이 고대 그리스 시인 호머는 룩소르를 '백 개의 문이 있는 테베'라고 칭하기도 했다. 이런 이유로 '궁전의 도시'라는 뜻의 룩소르란 이름이 붙여졌다. 룩소르는 대大피라미드군이 있는 카이로 인근의 기자와 더불어 이집트 최대의 관광 명소이다.

룩소르를 지나는 나일강의 동쪽은 태양이 떠오르는 곳으로 왕궁과 신전이 위치하여 '생명의 땅'이라 부른다. 서쪽은 왕가의 계곡, 왕비의 계곡, 귀족의 계곡 등으로 이어진 지하 고분군이 위치하여 '죽음의 땅'이라 부른다. 피라미드 또한 모두 서쪽에 위치한다. 이 가운데 왕가의 계곡은 파라오들의 공동묘지라 할 수 있다. 현재 투트모세 1세, 투탕카멘, 람세스 3세, 람세스 6세 등 파라오들의 고분들이 계곡의 깊은 암굴 속에 자리 잡고 있다. 가장 마지막에 매장된 파라오는 람세스 11세이다.

피라미드는 신이었던 파라오의 절대 왕권을 상징한다. 그렇지만 제5왕조 이후왕은 절대적인 신적 존재가 아니라 그들이 믿는 태양신의 아들일 뿐

이집트인들이 태양신의 아들로 여겼던 파라오 파라오는 원래는 '큰 집'이란 뜻으로 이집트 왕의 궁정, 왕궁을 나타내는 말이었으나, 시간이 흐르면서 왕과 동격의 의미를 갖게 되었다. 이집트인들은 매일 뜨고 지는 태양을 죽음의 부활로 보았다. 이런 이유로 태양신의 아들인 파라오는 그들에게 신이나 다름없었다. 파라오를 신으로 모시는 백성들의 정성과 믿음이 사후 세계의 안식처인 피라미드를 만든 것이다.

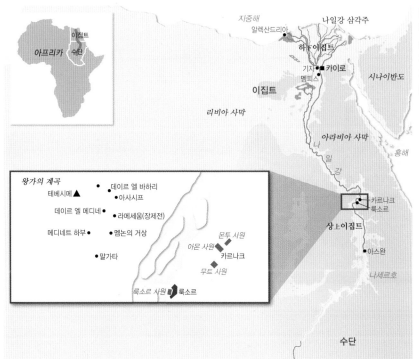

이라는 의식이 고조되었다. 이에 따라 왕권이 쇠퇴하면서 피라미드에 대한 정열도 식어 갔다. 특히 기원전 1674년, 이집트에는 존재하지 않았던 말과 전차 그리고 초승달처럼 휘어진 칼인 언월도로 무장한 힉소스인(힉소스는 '외국에서 온 지배자'란 뜻)에게 파라오가 무릎을 꿇으면서 250년간 힉소스인에 의한 제15왕조 시대가 열리게 되었다.

이를 목격한 귀족과 평민들에게 파라오의 절대 권위는 더 이상 도저히 넘볼 수 없는 신의 영역이 아니었다. 파라오만이 부활한다는 불멸 사상이 귀족과 평민에게 퍼지면서 부를 축적한 귀족과 평민도 너나 할 것 없이 작고 수많은 피라미드를 세웠다. 고왕국 시대에 파라오의 권위를 상징하던 피라미드가 그 지위를 잃은 것이다.

피라미드 대부분은 쉽게 도굴되었다. 그러자 파라오들은 도굴을 염려하여 깊은 산중 협곡의 암벽을 뚫고 아무도 모르는 지하 세계에서 내세를 추구했다. 멀리서

파라오들의 공동묘지인 왕가의 계곡 현재까지 모두 62기의 무덤이 발견되었다. 제19왕조 초대 람세스 1세의 무덤은 아직 발견되지 않았으며, 시대적으로 가장 마지막에 매장된 왕은 제20왕조(기원전 1086년경)의 람세스 11세이다.

하트셉수트 여왕 신전 왕가의 계곡과 귀족의 계곡 사이에 자리 잡은 하트셉수트 여왕의 장례 신전은 '하트셉수트', 즉 '숭고한 것들 가운데 숭고한 것'이란 의미로 룩소르 왕가의 계곡 가운데 사람들이 가장 많이 찾는 곳이다.

보면 피라미드 형상이지만 사람들의 접근이 쉽지 않아 도굴이 어렵다는 점을 고려하여 지상이 아닌 깊은 계곡의 지하에 무덤을 만든 것이다. 무덤을 만들었던 인부들도 일이 끝난 후에는 모두 죽일 정도로 비밀을 철저히 유지하려 했다. 하지만 그런 노력은 허사가 되어 고대 이집트 왕릉 대부분이 도굴되었다.

죽음의 땅에 위치한 지하 고분은 초기에는 모두 도굴된 상태였다. 그렇지만 1922년 하워드 카터Howard Carter가 발굴한 투탕카멘의 무덤만은 원형 그대로 발견되어 세계적인 주목을 받았다. 투탕카멘의 무덤이 도굴되지 않은 이유는 다음 시대의 무덤을 만들기 위한 일꾼들의 집이 그 무덤 위에 지어졌기 때문이다.

● **이집트 최초의 여성 파라오 하트셉수트**

왕가의 계곡 남쪽 뒤편 산을 넘으면 협곡을 등지고 직벽의 암벽에 세워진 하트셉수트 여왕 신전을 볼 수 있다. 투트모세 2세의 왕비이자 투트모세 3세의 계모였던 하트셉수트 왕비는 투트모세 2세가 이른 나이에 사망하자 6세의 어린 아들 투트모세 3세를 대신하여 22년간 섭정을 했다. 여자가 파라오의 권좌에 앉는 것을 금한 이집트의 전통 때문에 하트셉수트는 정식 파라오가 되지는 못했다. 그러나 그녀는 공식적인 자리에서는 턱수염을 붙이고 두건을 쓰며 파라오로 군림한 이집트 최초의 여성 파라오였다.

3단으로 된 하트셉수트 여왕 신전에는 하트셉수트 여왕의 통치 일대기가 벽화로 그려져 있다. 국경 경비 임무를 맡아 변방에 나와 있던 투트모세 3세는 힘을 비축하여 스물 한 살 되던 해에 왕위를 탈환했다. 굴욕과 비운의 세월을 겪었던 투트모세 3세는 하트셉수트 여왕이 죽자 그녀의 신전과 기념물에서 하트셉수트란 이름을 모조리 지우고 유물을 파괴했다. 장례 신전 테라스 곳곳에 그 흔적이 남아 있다.

투트모세 3세에 의해 파괴된 하트셉수트 여왕의 두상 이집트 최초의 여성 파라오인 하트셉수트 여왕에 의해 비운을 맛보아야 했던 투트모세 3세는 왕권을 잡은 후 여왕의 유물을 닥치는 대로 파괴했다.

투탕카멘의 무덤 왕가의 땅에 있는 모든 고분이 도굴되었으나 투탕카멘의 무덤만이 도굴되지 않은 상태에서 발견되었다. 무덤에서 나온 유물들은 모두 이집트 박물관에 소장되었으나 2011년 1월 반정부시위 과정에서 유명한 투탕카멘의 황금가면이 도난당했다.

피라미드를 파라오의 무덤이라 단정 지을 수 있을까?

경이로운 수수께끼의 결정체, 피라미드

이집트인들은 죽음은 새로운 생명의 시작으로 육신과 영혼은 불멸한다고 믿었다. 현세가 내세에도 지속된다고 보았기 때문에 시체를 미라로 만들고, 무덤에 매장된 사람이 내세의 생활을 즐길 수 있도록 옷과 세간, 그리고 하인을 의미하는 인형을 무덤 속에 함께 묻었다. 고대 이집트인들이 믿었던 태양신의 아들인 파라오의 무덤, 즉 피라미드는 이런 신앙에 근거를 둔 것이다. 나일강 유역에 만들어진 100여 개의 피라미드는 파라오의 무덤이라 여겨지지만 그렇다고 단정할 수 없는 증거들이 보이기도 한다.

피라미드의 원형인 마스타바(지붕이 납작한 탁자형의 무덤)에서 미라와 부장품이 발견되어 마스타바가 무덤이었다는 사실이 밝혀졌다. 그러나 조세르왕의 계단식 피라미드를 비롯하여 제4왕조 시대의 피라미드에서는 미라가 전혀 발견되지 않았다. 기자에 있는 쿠푸왕의 피라미드에는 왕과 왕비의 방이 있다. 왕의 방에는 석관이 배치되어 있으나 미라도 없고 무덤이라는 흔적을 찾아볼 수 없다. 이장된 미라나 부장품이 도굴되었다는 설도 있었으나 대부분의 피라미드가 이런 상태였다. 이에 근거하여 피라미드는 왕의 무덤이 아니라 특별한 목적에서 세워진 것이라고 생각하는 사람도 나타났다.

100년 전 피라미드를 조사한 영국과 프랑스의 학자들은 피라미드의 회랑이 기울어져 있다는 점을 주목했다. 그리하여 피라미드가 회랑의 통기 구멍을 통해 북극성의 움직임을 관측하는 천체 관측소였다는 주장을 펴기도 했다. 그러나 천체 관측을 위해 이런 대규모의 건축물을 지을 필요가 있는가라는 의문이 제기되면서 천체 관측소설은 설득력을 얻지 못했다.

쿠푸왕의 피라미드는 2.5톤의 돌을 230만 개 쌓아올린 것으로, 10만 명의 노예가 20년에 걸쳐 완성한 것이라고 한다. 피라미드 건설에 참여했던 사람들의 묘지와 이들이 가족과 함께 살았던 것으로 추정되는 증거가 최근에 발견되었다. 또한 발견된 뼈에서 고도의 의료 시술이 있었다는 증거가 확보되면서 노예 동원설 또한 부정되고 있다. 피라미드는 나일강의 범람기인 4개월 동안 일할 수 없었던 농민들을 구제하기 위해 국가 차원에서 실시된 공공사업이었다는 주장도 있다. 이는 왕이 자신의 무덤을 왜 하나가 아닌 여러 개를 만들었는지에 대한 의문을 풀어주기도 한다.

기자의 피라미드 파라오의 생전 신분을 사후 세계까지 재현한 무덤이 피라미드인 것으로 보고 있으나, 무덤이 아닐 것이라는 반론도 적지 않다. 왼쪽은 쿠푸왕, 가운데는 그의 아들 카프레왕, 오른쪽은 카프레왕의 아들, 즉 쿠푸왕의 손자 멘카우레왕의 피라미드이다.

피라미드는 경이로움과 수수께끼의 결정체이다. 4,500년 전 고대 이집트인들이 이 거대한 석조 구조물을 지을 만큼의 지식과 기술력을 지녔다는 것이 믿기지 않는다. 피라미드는 우주에서 온 초능력을 지닌 외계인이 만들었다는 설까지 나오기도 했다. 그러나 현재까지의 연구에 의하면 당시 고대 이집트인의 지식과 기술은 고도의 수준에 올라가 있었고 이러한 기적적인 대사업도 충분히 이루어 낼 수 있을 정도였다고 한다.

● 파라오의 영적 권위의 상징, 스핑크스

'스핑크스'라는 말 자체는 그리스의 문법학자들에 의해 '묶다' 또는 '압착하다'라는 뜻의 동사 '스핑게인(sphingein)'에서 나온 것이다. 그러나 이집트에서 스핑크스는 '공포의 아버지'란 뜻의 '아부 알 홀'로 불린다. 그리스의 스핑크스는 하반신은 사자의 몸, 상반신은 여인의 모습을 하고 있다. 그러나 이집트에는 사자의 몸에 파라오의 얼굴을 한 스핑크스에서부터 다른 동물의 얼굴을 한 스핑크스까지 다양한 종류의 스핑크스가 있다. 이집트의 스핑크스를 대표하는 기자의 스핑크스는 전체 높이가 20m, 길이가 57m에 달하는 거대한 석상으로, 파라오만이 걸치는 네메스라는 두건을 머리에 쓰고 있다. 원래는 턱 밑에 긴 수염이 달려 있었다. 이 수염은 현재 영국 런던의 대영 박물관에 소장되어 있으며 부서진 코는 카이로의 이집트 박물관에 있다.

피라미드를 지키는 스핑크스 스핑크스는 빛에 대한 열정을 불태운 고대 이집트인들의 신앙 작품으로, 다시 태어나는 생명을 맞이하기 위해 해가 뜨는 동쪽을 바라보고 있다.

이집트인들은 나일강의 범람을 어떻게 극복했을까?

신음하는 이집트의 젖줄, 나일강

이집트 하면 피라미드와 미라, 파라오 등이 떠오르지만 이집트의 젖줄인 나일강 또한 빼놓을 수 없다. 그리스 역사가 헤로도토스는 "이집트는 나일강의 선물"이라고 했다. 하지만 세계 4대 문명의 하나인 이집트 문명의 탄생은 나일강을 제대로 활용할 줄 알았던 이집트 사람들의 지혜가 있었기 때문에 가능했다.

나일강은 총 길이 6,690km로 세계에서 가장 긴 강이다. 아프리카 남부 빅토리아호에서 흘러나온 백나일강과 에티오피아고원을 수원으로 하는 지류인 청나일강이 수단의 하르툼에서 합류하여, 북으로 흘러 지중해로 들어간다. 전 국토의 97%가 사막인 이집트에서는 나일강을 조금만 벗어나면 사람이 살 수 없는 황량한 사막 지대가 펼쳐진다. 이집트인들은 나일강이 해마다 범람하여 홍수를 일으키는 데도 이를 두려워하거나 막으려 하지 않았다. 범람의 시기와 정도를 예측할 수 있었을 뿐 아니라 범람한 나일강 주변에 거대한 옥토가 만들어졌기 때문이다.

나일강 상류인 에티오피아와 수단에서 5~10월의 우기가 시작되어 큰비가 내리면 9~10월에 나일강 주변이 물에 잠긴다. 그러면 사람들은 물이 빠질 때를 기다려 나일강이 운반해 와 침적시킨 토양에 씨앗을 뿌리고, 이듬해 강물이 다시 범람하기 전에 밀과 보리를 수확한다. 이집트에서는 기원전 6000년 전경부터 이와 같은 방법으로 농사를 지어 왔다. 농산물이 넘쳐 나자 강 주변으로 사람들이 몰려들면서 도시가 형성되었다. 도시들은 점차 발달하여 노모스nomos라 불리는 소규모의 부족 국가 형태를 갖추었고, 40여 개의 노모스가 나일강 물줄기를 따라 성장했다. 이들이 통일되면서 고대 이집트 문명이 탄생했다.

나일강의 범람은 이집트의 천문학과 역법을 발달시켰다. 농민들은 범람이 시작

나일강의 범람 해마다 정기적으로 범람하는 나일강 덕분에 비옥한 토지를 확보할 수 있었던 이집트인들은 별다른 어려움 없이 풍요의 결실을 거둘 수 있었다. 나일강의 관개를 통하여 강 주변에서는 사탕수수와 밀, 대추야자, 수박 등 각종 과일을 재배한다.

되는 시기가 늘 일정함을 알고 이를 이용하여 농사를 지었다. 또한 나일강의 범람을 천체의 운행과 관련지어 정확한 달력을 만들었던 천문학, 범람으로 매몰된 토지의 경계선을 찾는 데 사용되었던 측량 기술은 피라미드 건설의 밑거름이 되었다.

1902년 영국인에 의해 나일강 상류에 홍수 조절과 관개를 위한 아스완 댐이, 1971년 아스완 댐 상류에 아스완하이 댐이 건설되었다. 댐의 건설로 나일강의 수량을 조절할 수 있게 되어 이모작과 삼모작이 가능해졌으며, 사막이 농토로 바뀌면서 이집트의 농업 생산성이 월등히 높아졌다. 또한 엄청난 양의 전력이 생산되면서 공업이 발달했다. 나일강의 범람을 예측하고 조절하고자 했던 수천 년 동안의 이집트인들의 꿈이 댐의 건설로 실현되는 듯했다.

그러나 시간이 흐르면서 나일강 주변의 생태계는 걷잡을 수 없이 파괴되었다. 해마다 일어났던 범람이 댐이 강물을 가로막으면서 일어나지 않게 되자 상류로부

터 비옥한 토양을 공급받지 못한 하류 지대의 농토들은 점차 토지 생산성을 잃어 갔다. 이 때문에 농민들이 화학 비료 사용량을 늘리자 땅이 빠르게 산성화되는 악순환이 반복되었다. 또한 물의 흐름이 줄어들자 하류 삼각주 지대에서는 바닷물이 역류하여 삼각주를 잠식하기 시작했다. 플랑크톤의 유입도 줄어들어 정어리 떼가 소리 없이 사라졌다. 나일강 주변 전체에 지하 수위가 상승하고 표토에 염분이 쌓이면서 토양은 급격히 생명력을 잃었다. 이러한 문제들은 나일강이 다시 범람하지 않는 한 결코 쉽게 해결되지 않을 것이다.

이집트의 전통 배 펠루카 펠루카(Felucca)는 순수하게 바람을 이용하여 운행하는 무동력선으로, 고대부터 나일강을 오가며 사람과 물자를 실어 나르던 중요한 교통수단이다.

● 나일강의 주기적인 범람에서 기원한 태양력

오늘날 사용하는 태양력은 이집트 나일강에서 비롯되었다. 나일강에 의지하여 살아가던 이집트인들은 일찍이 나일강이 주기적으로 범람하는 시기를 알고 이를 농경에 활용했다. 따라서 범람 주기를 예측할 수 있는 일종의 달력이 필요했다. 이집트의 한 신관이 멤피스 부근에서 해마다 동쪽의 지평선 상에 시리우스[밤하늘에서 가장 밝은 별로 천랑성(天狼星)이라고 함]가 나타나면 물이 불어나기 시작한다는 것을 발견하였다. 그리고 달이 열두 번 차고 지는 360일과 수확 후의 축제일 5일을 일 년의 주기로 하는 태양력을 만들어냈다. 이것을 기원전 45년에 카이사르가 로마로 가져와 4년마다 하루씩 윤일(閏日)을 넣어 율리우스력을 만들었는데, 이것이 오늘날 우리가 사용하는 태양력의 시초가 되었다.

● 나일강의 염분 증가와 농토의 황폐화

아프리카의 뜨거운 태양을 그대로 받는 나일강 유역에서는 물의 증발 속도가 빠르기 때문에 염분이 쉽게 농축되어 물속에 침전된다. 나일강에서 강물이 범람하여 강물이 대지를 몇 달간 덮고 있다 빠져나가게 되면 흙 속에 모여 있던 염분의 침전물이 대부분 물에 녹아 강으로 흘러 나간다. 그러나 아스완하이 댐의 건설로 강물의 범람이 일어나지 않게 되자 토양의 염분 축적량이 점차 증가했다.

염분은 동물의 생명에는 없어서는 안 될 필수 요소이지만 식물에게는 치명적일 수 있다. 침전된 염분이 토양 상층까지 침투하면 이를 흡수한 작물은 고사된다. 나일강 유역 토양의 염화는 토지 생산성을 떨어뜨리는 주요인으로, 이집트 농업 성장의 발목을 잡는 결과를 낳았다.

이집트인들은 20세기에 나일강 댐 건설을 통해 "이집트는 나일강의 선물"이라고 한 헤로도토스의 말을 다른 의미로 실현했다. 그러나 댐의 건설로 나일강의 생태계가 파괴되는 것을 보고 나서야 이집트인들은 홍수도 자연 질서의 일부라는 사실을 알게 되었다.

나일강 아스완하이 댐의 명암
1971년 아스완하이 댐의 건설로 나일강의 수량 조절이 가능해지고 사막이 농토로 변하여 농업 생산성이 크게 향상되었다. 또한 전력이 생산되면서 공업화의 기반이 마련되었다. 그러나 다른 한편으로 나일강의 생태계가 파괴되고 토양의 염분 농도가 높아짐에 따라 농경지가 산성화되면서 많은 피해를 입기도 했다.

아프리카의 비극과 국경선 문제는 어디에서 비롯되었을까?

유럽 열강에 의해 임의로 그어진 국경선

아프리카 대륙에는 마치 자를 대고 그은 것처럼 곧은 국경선이 많다. 그 국경선은 아프리카 나라들은 완전히 배제된 채 유럽 열강들끼리의 땅 나누기로 그어졌다. 유럽 열강들의 식민지 개척에서 제일의 표적은 유럽에서 가장 가까운 아프리카였다. 아프리카 대륙에서의 유럽 열강들의 경쟁이 너무나 치열했기 때문에 국가들 간의 충돌은 불가피했다. 유럽 열강들은 이러한 충돌을 피하고 자국 통치의 편의를 위하여 강이나 산맥, 인종적인 특성에 따른 국경 분할은 전혀 고려치 않고 국경을 나누어 버렸다.

일반적으로 국경은 산, 하천, 사막, 구릉 등의 자연·지리적 조건을 기준으로 그어진다. 그러나 아프리카의 경우는 사막과 열대 우림이 널리 분포해서 국경선을 정하기 어려웠다. 아프리카에서 국가라는 개념은 그리 중요하지 않았다. 전통적으로 자신이 속한 부족을 중심으로 부족 사회를 이루었기 때문이다. 유목 인구도 많아 한 나라의 국적을 가지고 그 지역 안에서만 활동하는 사람은 많지 않았다. 유럽 열강 입장에서 보면 뚜렷한 국경이 없었던 아프리카 대륙은 주인이 없는 땅이나 다름없었다. 제1차 세계 대전이 발발하기 전까지 아프리카 대륙에서 독립을 유지하고 있던 나라는 에티오피아와 라이베리아뿐이었다.

1885년 베를린에서는 영국, 프랑스, 에스파냐, 포르투갈 등의 유럽 열강과 미국, 오스만 제국이 참여한 회담이 열렸다. 독일의 수상 비스마르크가 유럽 열강들이 아프리카를 식민지로 삼는 과정에서 일어난 국경 분쟁을 해결하기 위해 회담을 소집한 것이다. 그 결과, 아프리카 대륙에 임의로 국경선이 그어진 50개의 국가가 탄생했다.

유럽 열강들에 의한 아프리카의 분할 유럽 열강들은 주인 없는 땅이나 다름없던 아프리카의 식민지 개척 과정에서 충돌을 피하고 통치의 편의를 도모하기 위하여 국경선을 임의로 나누어 버렸다. 가장 많은 식민지 를 확보한 나라는 프랑스와 영국이었다. 1898년, 프랑스는 이집트를 거점으로 남으로 진출하려는 영국과 수단의 파쇼다에서 충돌하여 알제리를 거점으로 동쪽으로 진출하려던 계획을 이루지 못했다.

이러한 국경선은 아프리카 국가들이 독립하면서 자연스럽게 독립 국가의 국경 선으로 굳어졌다. 그 결과, 같은 부족인데도 서로 경계가 나뉘어 다른 국가가 되 거나 서로 적대 관계에 있던 부족끼리 한 국가가 되는 경우가 생겨났다. 이 때문 에 아프리카 여러 나라에서 정치·경제적 주도권을 잡기 위한 부족 간의 내전이 일어나고 있다. 1967~1970년 나이지리아에서 일어난 요루바족과 이보족의 갈 등으로 인한 비아프란 전쟁과 1994년 르완다와 부룬디에서 일어난 후투족에 의 한 투치족의 대량 학살이 그 대표적인 예이다.

지중해

모로코
튀니지
알제리
리비아
이집트

에스파냐의
서사하라 철수
(1974)

모리타니
말리
니제르
차드
수단
지부티

세네갈
감비아
기니
부르키나파소
나이지리아
에티오피아
소말리아

기니비사우
가나
중앙아프리카 공화국

시에라리온
우간다
케냐

라이베리아
베냉
카메룬
콩고

코트디부아르
토고
콩고 민주
공화국
르완다
부룬디

적도 기니
가봉
탄자니아

대서양

앙골라
말라위
잠비아

나미비아
짐바브웨
모잠비크
마다가스카르

보츠와나

스와질란드

남아프리카 공화국
레소토

아프리카의 식민지 해방

- 1936~1955
- 1956~1957
- 1958~1960
- 1961~1970
- 1971~1976
- 1977~1990
- 비독립 지역

아프리카 국가들의 독립 아프리카는 제2차 세계 대전 후 독립을 맞이하기 시작하였다. 특히 17개의 신생 독립국이 출현하여 아프리카의 민족 독립이 절정에 달한 1960년은 '아프리카의 해'로 불릴 정도였다. 아프리카의 식민지 개척 과정에서 열강들에 의해 임의로 그어진 국경선은 아프리카 국가들이 독립하면서 자연스럽게 독립 국가의 국경선으로 굳어졌다. 부족 사회인 아프리카의 특성을 고려하지 않았기 때문에 아프리카 대부분의 나라에서는 주도권을 잡기 위한 부족 간의 내전이 끊이지 않는다.

● 1885년 베를린 회의를 콩고 회의라고 부르는 이유는?

베를린 회의는 콩고 회의로도 불렸다. 벨기에의 국왕 레오폴드 2세가 1876년에 콩고 자유국(Congo Free State)을 세웠는데, 벨기에 면적보다 80배가 큰 이 나라를 개인 영지로 만드는 전유권(專有權)을 얻기 위해 회의를 제의했기 때문이다.

아프리카 분할의 역사는 이렇게 해서 콩고에서 시작되었다. 아프리카 식민지 국가 중에서도 더 많은 천연고무를 착취하기 위한 벨기에의 콩고 통치는 악명이 높았다. 1905~1908년에 무려 600만 명에 가까운 원주민이 죽었다. 이러한 사실이 국제 사회에 알려지면서 벨기에 국왕은 콩고의 통치권을 벨기에 정부에 넘겨 주어야만 했다.

에티오피아는 왜
1년이 13개월일까?

이집트 콥트교의 독특한 역법

에티오피아는 아프리카 대륙 동부의 '아프리카의 뿔'이라 불리는 곳에 위치한 나라로, 커피의 원산지로 알려져 있다. 에티오피아라는 국명은 '햇볕에 탄 거무스름한 사람'이란 뜻을 지닌 그리스어 에티오페스ethiopes에서 유래했다. 에티오피아는 기원전 1000년경 시바의 여왕과 솔로몬 대왕 사이에서 태어난 메넬리크 1세가 솔로몬 왕조를 세운 이후 3,000년의 유구한 역사를 가진 나라이다. 또한 고유 언어와 문자를 지니고 있으며, 아프리카 여러 나라 가운데 유일하게 식민 지배를 받지 않은 나라로 이에 대한 국민들의 민족적 자긍심이 무척 강하다.

에티오피아는 이집트에서 전래된 콥트교(이집트에 이슬람교가 전파되기 이전인 450년경 로마 교회로부터 독자 노선을 취한 교파)의 오랜 영향으로 1년이 13개월인 독특한 역법 체계를 가지고 있다. 에티오피아는 세계 모든 나라가 사용하는 신태양력인 그레고리력이 아닌 이집트의 고대 콥트교에서 사용하는 구태양력인 율리우스력을 여전히 사용한다.

이집트 콥트교를 대표하는 카이로 공중교회(The Hanging Church) 콥트교는 이집트를 중심으로 교단을 형성해 온 그리스 정교의 분파로, 이슬람교의 오랜 종교적 탄압에도 불구하고 현대까지 교세를 이어와 이집트 인구의 약 10% 정도가 신자인 것으로 알려졌다. 콥트교에서는 아직도 오랜 전통을 많이 지니고 있는 것으로 알려졌는데, 구태양력인 율리우스력을 사용하는 것 또한 그 예의 하나이다.

에피오피아력	우리나라	
	평년	윤년
1월 1일	9월 11일	9월 12일
2월 1일	10월 11일	10월 12일
3월 1일	11월 10일	11월 11일
4월 1일	12월 10일	12월 11일
5월 1일	1월 9일	1월 10일
6월 1일	2월 8일	2월 9일
7월 1일	3월 10일	3월 10일
8월 1일	4월 9일	4월 9일
9월 1일	5월 9일	5월 9일
10월 1일	6월 8일	6월 8일
11월 1일	7월 8일	7월 8일
12월 1일	8월 7일	8월 7일
13월 1일	9월 6일	9월 6일

1년이 13개월인 에티오피아의 달력 에티오피아는 4세기 악숨 왕조 전성기에 에자나왕이 그리스도교를 국교로 삼았다. 에티오피아는 이집트에서 전래된 콥트교의 영향으로 1년이 13개월인 독특한 역법을 사용한다. 이는 에티오피아 정교에서 예수의 탄생 시점을 다르게 잡았기 때문이다. 1년은 똑같이 365일이며, 1~12월에는 30일까지 있고, 마지막 달인 13월에는 5일이 있다.

율리우스력에서는 한 달을 30일로 계산하기 때문에 12월 30일 이후에 5일 또는 6일이 남는데, 이를 13월의 날로 정해 두는 것이다. 그리고 에티오피아에서 한 해가 시작되는 달은 1월이 아니라 9월이다. 또한 하루 24시간을 기준으로 낮과 밤을 정하는 것이 아니라 24시간을 반으로 나눈 12시간을 기준으로 낮 12시간, 밤 12시간으로 나눈다. 낮은 아침 6시부터 시작되고 밤은 저녁 6시부터 시작된다. 완전히 다른 시간 개념 때문에 원주민과 약속할 때에는 오전 시간인지 오후 시간인지를 반드시 확인해야 한다. 예컨대 아침에 "이따 8시에 만나요"라고 하면 오후 2시를 말하는 것이다. 하지만 최근 관공서나 은행 등 공공 기관에서는 24시간제도 함께 사용하고 있으며, 다른 나라와 무역을 하거나 거래를 할 경우에도 그레고리력을 사용한다.

● 율리우스력과 그레고리력

율리우스력은 율리우스 카이사르가 기원전 45년에 개정한 태양력으로 로마 시대 사용되어 로마력이라고도 부른다. 1년을 365.25일로 하여 2월을 제외한 모든 달은 30일로 정하고, 2월은 평년에는 28일, 4년마다 하루씩 윤일(閏日)을 넣어 달력과 계절을 일치시켰다. 이 역법은 매우 불완전했기 때문에 1500년대 중반에 이르러서는 10일 정도의 오차가 생겼다. 1582년에 3월 21일이어야 할 춘분이 달력에서 3월 11일로 옮겨지는 일이 일어났다. 열흘이라는 잃어 버린 시간이 생긴 것이다. 춘분은 그리스도교에서 부활절을 정할 때 기준이 되는 날이었기 때문에 교황 그레고리오 13세는 이 오차를 조정해야 했다. 교황은 각 교파와 의논한 끝에 10월 4일을 기점으로 달력의 날짜를 열흘 앞당겨, 10월 4일 다음 날을 10월 15일로 하는 새로운 역법을 공포했다. 바로 이 역법이 지금 세계 모든 나라가 사용하는 그레고리력이다.

율리우스 카이사르 30일밖에 없었던 7월에 태어난 카이사르는 이 달을 큰 달로 만들기 위해 2월에서 하루를 가져와 31일로 만들었다. 카이사르가 암살당한 후 원로원은 그의 이름을 기리기 위해 7월을 퀸틸리스에서 율리우스(ulius, 즉 july)로 고쳤다. 8월을 뜻하는 아우구스트(August)는 이후 집권한 카이사르의 조카이자 로마 초대 황제인 아우구스투스에서 유래한다. 8월에 태어난 아우구스투스도 카이사르와 마찬가지로 2월에서 하루를 가져와 31일로 만들었다. 이후 로마인들이 그의 이름을 칭송하여 8월을 August로 고쳤다.

● 동방의 프레스터 존왕의 나라, 에티오피아

11세기 말부터 약 200년간 유럽은 이슬람 세계에 있던 그리스도교의 성지 예루살렘을 탈환하기 위해 십자군 전쟁을 일으켰다. 그 당시 십자군 병사들 사이에서는 프레스터 존왕의 전설이 전승되었다. 이슬람 세계 너머 동쪽에는 그리스도의 탄생을 경배한 동방 박사 세 사람 가운데 한 사람의 자손이 지배하는 그리스도교 왕국이 있으며, 그 나라와 연합하여 협공하면 이슬람 세계를 물리칠 수 있다는 것이었다.

일부에서는 몽골 제국의 칭기즈 칸이 프레스터 존왕이라고 주장하기도 했으나 몽골에는 네스토리우스교[5세기경 네스토리우스가 창시한 그리스도교의 한 분파로, 그리스도의 신성(神性)과 인성(人性)의 불일치를 주장하여 이단시됨] 신자가 있었을 뿐이었다. 일부는 이집트 남쪽 또는 인도에 그 왕국이 있을 것이라 주장하기도 했다. 15~16세기 이르러 동방으로 향하던 포르투갈인들이 그리스도교를 믿고 있던 에티오피아에 들어오면서 시바 여왕의 전설을 간직한 에티오피아가 프레스터 존왕의 나라라는 사실이 유럽에 알려지기 시작했다. 이 사건을 계기로 유럽의 아프리카 탐험이 본격적으로 시작되었다.

소말리아에 군벌과 해적이 많은 이유는?

정정 불안으로 통일 정부가 없는 소말리아

소말리아는 아프리카 대륙 동단의 뾰족하게 튀어나온 곳에 위치하여 '아프리카의 뿔'로 불린다. 소말리아 해역의 아덴만은 지중해와 홍해, 인도양을 연결하는 수에즈 운하로 들어가는 입구로서 선박 교통의 전략적 요충지이다. 고대 페르시아 제국 이전부터 근대 아랍 세계에 이르기까지 상아, 표범가죽, 향신료, 천연고무 등 아프리카의 특산물을 이곳을 통해 교역하였다. 소말리아는 언어와 종교가 통일된 국가로 아프-소말리어를 사용하고 국민 대다수가 이슬람교를 믿어 아프리카 국가 가운데 가장 동질적인 민족이라 할 수 있다. 그렇지만 지금은 오랫동안 내전을 겪으면서 무정부 상태에 놓여 있다. 계속되는 정정 불안 그리고 가뭄에 따른 기아와 경제 파탄으로 소말리아 사람들은 1990년대 초반부터 해적으로 활동했다.

소말리아의 해적들은 원래 어민이었다. 유일한 생계 수단인 어업마저도 선진국과 아시아 국가들의 불법 조업으로 더 이상 꾸려 나갈 수 없게 되자 해적으로 돌변한 것이다. 그러나 보다 더 근원적인 이유는 씨족 간의 권력 투쟁에 있다. 소말리아는 국민 대다수가 소말리족으로 단일 민족 국가라고 할 수 있다. 하지만 내부를 보면 각각의 조상을 모신 디르족, 이사크족, 다로드족, 하비야족, 디길족, 라한웨인족의 여섯 씨족으로 구분된다. 정정이 불안해지면서 이 씨족 간에 끊임없는 싸움이 일어난 것이다.

그러나 소말리아가 혼란을 겪게 된 것은 표면적으로는 전근대적 씨족 사회의 패권 전쟁으로 국민국가를 이루지 못한 것처럼 보이지만 사실은 과거 식민지 시대에 동서 냉전의 대리 전쟁에 이용되었기 때문이라 할 수 있다. 소말리아는 영국,

해적 활동 권역 소말리아의 해적들은 주로 북부 자치 지역의 푼틀란드 출신으로 이들은 주로 전직 어부였다. 그러나 씨족 간의 내전과 선진국과 아시아 국가들의 불법 조업으로 더 이상 생계를 꾸려 가기 어려워지자 해적으로 돌변한 것이다. 2009년부터 미국, 중국, 인도, 한국 등 다국적 함대가 아덴만과 인도양에 출항하여 해적 소탕에 나서고 있다.

이탈리아, 프랑스 등 서구 열강과 에티오피아의 지배를 받으면서 국토가 여러 갈래로 분할되었다. 1960년 독립을 맞은 소말리아는 연립 정권으로 출범했으나 소부족 대표 정당의 난립으로 정정이 불안했다. 1977~1978년 소말리아는 에티오피아에게 빼앗긴 오가덴 지방을 탈환하기 위해 전쟁을 벌였으나 소련의 지원을 받은 에티오피아에게 패했다. 이 와중에 소말리아 영토였던 지부티가 독립국이 되기도 했다. 1969년에는 군사 쿠데타로 집권한 바레의 야만적인 독재 체제로 내전이 일어나기 시작했으며 1988년부터는 내전이 본격화되었다. 1991년 통일 소말리아연합에 의해 바레가 축출되고 임시 정부가 수립되었으나 이슬람 군벌의 난립으로 정국은 혼미를 거듭했다. 이후 알리 마흐디 무하마드 임시 대통령이 집권했으나 연합 내 파벌 간의 권력 투쟁으로 소말리아는 다시 혼란에 휩싸였다. 1992~1993년 가뭄이 지속되고 내전으로 기아와 전쟁 피해자가 속출하자 국제연합은 평화 유지군을 파견했다. 그러나 잦은 군사적 충돌로 국제 연합군의 전사자가 속출하자 국제연합은 1995년 철수했다. 앞을 내다볼 수 없을 정도로 극도로 혼란스러운 상황에서 1991년 북부 5개 주의 이사크족이 독립하여 소말릴란드를 세웠다. 소말릴란드는 아직 독립 국가로 승인받지 못하고 있다.

이슬람법정연대가 권력을 장악한 시기에는 이슬람 법에 의거하여 해적을 없앴기 때문에 해적 활동은 거의 없었다. 그렇지만 미국은 소말리아에 이슬람 정권이 들어서는 것을 용납할 수 없었다. 소말리아가 이란, 아프가니스탄처럼 이슬람 국제 테러 조직인 알카에다의 은신처가 될 것을 염려했기 때문이다.

2004년 국제연합의 지원으로 수립된 정부의 세력이 약해지고 이슬람 반군이 활동하면서 내전이 격화되었다. 이때를 틈타 2006년 에티오피아가 소말리아의 이슬람 반군을 공격했는데, 소말리아의 이슬람 세력은 세를 결집하지 못하고 국부적인 게릴라전으로 대항했다. 그러나 2009년 1월 에티오피아군이 철수하면서 과도 정부의 영향력이 약해졌고 이슬람 반군이 수도 모가디슈를 제외한 전 지역을 장악하면서 정정이 다시 불안해졌다. 이에 따라 군벌과 해적도 다시 날뛰기 시작했다. 한마디로 소말리아를 효율적으로 통치할 통일 정부가 없는 상태이다.

● **유령국이 된 소말릴란드**

소말리아는 1869년 수에즈 운하가 개통되면서 중요한 요충지로 주목을 받았기 때문에 영국, 이탈리아, 에티오피아 등 여러 나라의 침략을 받았다. 1960년 아프리카의 해방 붐을 타고 북부가 먼저 영국으로부터, 이어 남부가 이탈리아로부터 독립하여 소말리아는 완전한 하나의 독립 국가를 이루는 듯했다. 그러나 1988년 부족 전통이 그대로 남아 있는 데다가 경제적으로도 더 윤택한 북부가 남부의 차별 대우에 반기를 들어 결별을 선언하면서 1991년, 북부 이사크족이 소말릴란드라는 국가를 세웠다. 그러자 남부 정부군의 대대적인 공습으로 소말릴란드는 큰 피해를 입었다. 내전의 양상이 심각해지자 미국과 서방 국가들이 평화 유지군을 파견하였으며, 현재까지 무정부 상태가 지속되고 있다.

소말릴란드 화폐

아프리카 대륙이
둘로 갈라져 지구대에 바다가 생긴다?

인류 이동의 관문, 동아프리카 지구대

19세기 말 아프리카를 탐험한 유럽인들은 홍해 남단에서 모잠비크에 이르는 약 4,000km의 골짜기의 정체에 의문을 품었다. 당시 과학자들은 그 계곡이 침식에 의해 형성된 것이 아니라는 것은 알아냈지만 어떤 작용으로 생겨났는지에 대해서는 명확한 답을 얻지 못했다. 이 골짜기는 바로 지각의 균열에 의해 형성된 지형이다. 지구조판이 움직일 때 지각판의 횡압력이 너무 높거나 양쪽에서 끌어당기는 장력이 크게 작용하면 지각에 균열이 생겨 지각의 일부가 내려앉는다. 이로써 양옆으로 절벽이 발달한 요철凹凸 형태의 단층 산지가 발달한다. 시베리아 동남부의 바이칼호, 미국 유타주 서부에서 캘리포니아 동부에 이르는 지역의 단층지대 또한 동일한 과정으로 형성된 지형이다.

동아프리카 지구대의 단층선은 이스라엘에 있는 사해로부터 시작하여 홍해를 거쳐 동아프리카를 종단하여 잠베지강까지 이어진다. 계곡 주변 양쪽 절벽과 지구대 높이는 900~2,700m에 이를 정도로 깊고, 폭은 평균 50km에 이른다. 이 장대한 지구대를 향하여 지구 내부에서 맨틀 대류가 올라와 여기서 좌우로 각각 수평 방향으로 지각을 밀어냈다. 이 때문에 일부 지면이 솟아올라 에티오피아고원이, 또 일부 지면이 내려 앉아 지구대가 만들어졌다.

약 1억 년 전부터 처음에는 서로 붙어 있던 아프리카 판과 아라비아 판이 세 개의 판으로 갈라지기 시작했는데, 현재 아라비아 판, 아프리카-소말리아 판, 아프리카-누비아 판이 단층대를 두고 서로 멀어지는 Y자 형의 3중 균열로 갈라지고 있다. 약 2,000만 년 전에 시작되었던 단층이나 침강이 지금도 쉬지 않고 계속되고 있어 앞으로 1,000만 년 후면 아프리카 대륙이 둘로 나뉘어질 것이라고 한다. 지

동아프리카 지구대 형성 과정 지구대를 향하여 지구 내부에서 맨틀 대류가 올라와 좌우 수평 방향으로 지각을 밀어내면서 일부 지면은 솟아올라 에티오피아고원이 생겼고, 일부 지면은 내려앉아 지구대가 생겼다. 현재도 Y자 형의 3중 균열로 갈라지고 있어 북아프리카 대륙과 아라비아반도가 홍해와 아덴만을 사이에 두고 멀어지고 있고, 아프리카 또한 지구대를 따라 1년에 3mm 정도 동서로 갈라지고 있다.

동아프리카 지구대의 화석 유적 동아프리카 지구대는 이스라엘의 사해로부터 시작하여 홍해를 거쳐 동아프리카를 종단하여 잠베지강까지 이어지는 긴 협곡 지대를 이룬다. 이 지구대를 따라 아프리카에서 기원한 인류가 아시아와 유럽으로 이주했다. 그러한 사실을 증명하는 초기 인류의 화석이 지구대 전역에서 발견되고 있다. 한편, 지구대에 발달한 빅토리아호는 아프리카에서 가장 큰 호수이며, 담수호로는 러시아의 바이칼호 다음으로 크다. 1858년 나일강의 원류를 찾던 영국 탐험가에 존 해닝 스피크가 발견하여 빅토리아 여왕을 기리기 위해 호수 이름을 빅토리아로 명명했다.

세렝게티 평원 세렝게티 평원은 세계에서 가장 긴 단층 지대를 이루는 동아프리카 지구대에 발달한 평원으로, 연중 우기와 건기가 반복되는 사바나 기후를 띤다. 건기와 우기 매년 두 번씩 초식 동물들의 대이동이 장관을 이루고, 이를 먹이로 하는 맹수들이 서식하는 등 동물의 왕국을 이룬다.

구대였던 곳에서 홍해와 사해가 생겨난 것처럼, 동아프리카 지구대 또한 언젠가는 바다로 변할 것이다. 지구대 부근의 활발한 지진이나 용암 분출 등의 징후가 그 증거이며 킬리만자로산과 케냐산은 지구대가 형성되는 과정에서 생겨난 부산물이다.

아프리카는 인류의 기원지이다. 유인원에서 인류로 분기한 초기 인류 오스트랄로피테쿠스를 비롯하여 호모 하빌리스, 호모 에렉투스, 호모 사피엔스 등의 인골 화석이 발견되는 곳이 바로 동아프리카 지구대이다. 이들 가운데 160만 년 전 처음으로 호모 에렉투스가 이곳 지구대를 따라 아프리카를 벗어나 아시아와 유럽으로 이주했다. 현생 인류 또한 지구대로 이어진 길을 따라 세계로 뻗어 나갔다. 이렇게 동아프리카 지구대는 인류 이동의 역사를 간직한 곳이다.

콩고 공화국과 콩고 민주 공화국이 국명을 몇 차례나 바꾼 이유는?

유럽 열강에 의해 두 나라로 분리된 콩고 왕국

아프리카 적도 부근에 흐르는 콩고강을 마주보고 서쪽으로는 콩고가, 동쪽으로는 콩고 민주 공화국이 자리 잡고 있다. 콩고는 '사냥꾼'이라는 뜻으로, 포르투갈의 디에고 캄Diego Cam 선장이 콩고강 유역의 원주민인 '바콩고'라는 부족의 이름을 붙인 데서 유래한다. 콩고와 콩고 민주 공화국은 8~15세기까지는 콩고 왕국이라는 하나의 나라였으나 유럽 열강들에 의한 식민 지배를 받으며 분리됐다.

1885년 베를린 회의로 유럽 열강들에 의해 아프리카가 분할되면서 대서양 연안에 접한 서쪽의 콩고는 프랑스가, 내륙의 콩고 분지 중앙은 벨기에가 차지했다. 1960년에 이 지역은 콩고 공화국이라는 같은 국명으로 프랑스와 벨기에로부터 독립했다. 국명으로는 구분하기 어려워 수도 이름으로 두 나라를 구분했지만 프랑스령 콩고는 수도가 프랑스의 탐험가 사보르냥 드 브라자Savorgnan de Brazza의 이름을 딴 브라자빌이었기 때문에 브라자빌-콩고로 불렸다. 벨기에령 콩고는 벨기에의 왕 레오폴드 2세의 이름을 딴 레오폴드빌-콩고로 불렸다.

1969년 아프리카 최초의 공산 정권이 들어서면서 브라자빌-콩고의 국명은 콩고 인민 공화국으로 바뀌었다. 1964년 레오폴드빌-콩고는 식민지 잔재를 청산한다는 의미에서 국명을 콩고 민주 공화국, 수도 이름을 지금의 킨샤사(이후 킨샤사-콩고라도 함)로 바꿨다. 1971년에는 또다시 국명을 자이레 공화국으로 변경했다. 자이레란 국명이 사용되면서 두 나라를 구분하는 것은 쉬워졌다. 하지만 1997년 자이레가 옛날로 돌아가자며 다시 국명을 콩고 민주 공화국으로 정했다. 1990년 콩고 인민 공화국은 사회주의를 포기하면서 국명을 콩고 공화국으로 바꾸었다.

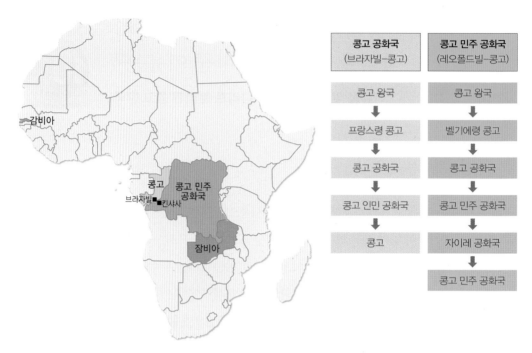

콩고 공화국
(브라자빌-콩고)

콩고 왕국
↓
프랑스령 콩고
↓
콩고 공화국
↓
콩고 인민 공화국
↓
콩고

콩고 민주 공화국
(레오폴드빌-콩고)

콩고 왕국
↓
벨기에령 콩고
↓
콩고 공화국
↓
콩고 민주 공화국
↓
자이레 공화국
↓
콩고 민주 공화국

콩고 왕국에서 분리된 두 나라 콩고강을 경계로 마주하고 있는 콩고와 콩고 민주 공화국은 원래 콩고 왕국이라는 하나의 나라였으나 유럽 열강에 의해 식민 지배를 받으며 분리되었다.

두 나라 모두 여러 번 국명이 바뀌어 구분하기 쉽지 않다. 그렇지만 지금의 콩고 민주 공화국이 자이레란 국명을 20여 년 동안 사용하게 되면서 자연스럽게 콩고 공화국을 그냥 콩고로 부르게 되었다. 우리가 흔히 말하는 콩고는 콩고 민주 공화국이 아닌 콩고 공화국을 가리킨다.

● 아프리카 대륙에서 감비아와 잠비아 찾기

아프리카 대륙에서 콩고 공화국과 콩고 민주 공화국처럼 국명이 비슷하여 구분하기 어려운 나라로는 감비아와 잠비아가 있다. 감비아는 세네갈에 둘러싸인 '국가 속의 국가'로 감비아강을 따라 길게 뻗어 있으며, 미국 흑인 문학가 알렉스 헤일리의 소설 『뿌리』의 배경이 된 곳이다. 잠비아는 아프리카 중남부 내륙에 위치해 있으며 구리가 풍부한 나라로, 중앙 아프리카 연방 가운데 하나였으나 1964년 연방이 붕괴되면서 잠베지강의 이름을 딴 잠비아로 독립했다.

세계에서 가장 긴 물의 장막
빅토리아 폭포는 어디에 있을까?

진화의 장벽이 될 정도로 거대한 폭포

아프리카 남부 잠비아와 짐바브웨의 국경을 가르며 인도양으로 흘러가는 잠베지강 중류에는 폭 1,676m, 최대 낙차 108m로 세계에서 가장 긴 빅토리아 폭포가 있다. 멀리서는 치솟는 물보라만 보이고 굉음밖에 들리지 않기 때문에 원주민인 콜로로족은 빅토리아 폭포를 '천둥 치는 연기'라는 뜻의 '모시-오아-툰야'라고 불렀다. 이 폭포를 발견한 영국의 탐험가 데이비드 리빙스턴David Livingstone은 빅토리아 여왕의 이름을 따 빅토리아 폭포라고 불렀다.

홍수기인 2~3월에는 분당 약 5억 리터의 물이 쏟아질 뿐만 아니라 갈수기인 10~11월에도 분당 1,000만 리터의 물이 쏟아진다. 빅토리아 폭포는 중생대 1억 8,000만 년 전에 분출하여 형성된 현무암 대지의 균열에 잠베지 강물이 흘러들면서 지속적으로 지표를 깎아 내어 형성되었다. 그 형성 과정이 조금 복잡하지만 빅토리아 폭포는 현무암과 사암의 차별 침식으로 형성되었다고 할 수 있다.

빅토리아 폭포 하류의 현무암 협곡에서는 강폭이 갑자기 좁아지면서 좌우로 꺾인다. 이는 과거에 있었던 폭포의 흔적이다. 빅토리아 폭포는 두부 침식頭部浸蝕을 계속하면서 상류 쪽으로 전진하고 있는데, 지금의 빅토리아 폭포는 여덟 번째 폭포라고 한다. 빅토리아 폭포 주변 지역의 동물군들은 독자적인 종으로 진화했는데, 이는 폭포가 진화의 장벽이 되었기 때문이다.

세계에서 가장 긴 폭포인 빅토리아 폭포 폭포가 있는 곳의 동쪽은 잠비아이며, 서쪽은 짐바브웨이다. 강물은 계속해서 암반을 깎아 내며 폭포를 상류 쪽으로 전진시키고 있다. 그 과정에서 폭포 아래로 침식에 견디고 남은 강바닥의 일부가 섬으로 남아 있다.

빅토리아 폭포 빅토리아 폭포라는 이름은 영국의 탐험가 리빙스턴이 영국 빅토리아 여왕의 이름을 따서 붙인 것이다. 잠비아와 짐바브웨 사이를 흐르는 잠베지강이 국경을 이룬다. 1904년 폭포 아래쪽에 짐바브웨와 잠비아 사이에 철도가 개통되어 양국 간의 국경을 통과한다.

빅토리아 폭포 형성 과정

1. 약 1억 8,000만 년 전 지하에서 마그마 활동으로 용암이 분출하여 대지를 뒤덮었다.

2. 대지를 덮은 용암이 식는 과정에서 수축 작용에 의해 주상 절리가 발생하여 지각에 균열이 생겼다.

3. 균열이 생긴 대지는 지속되는 우기로 인하여 물이 고여 거대한 호수로 변했으며, 이 과정에서 호수로 유입된 모래가 바닥에 퇴적되어 균열을 메웠다.

4. 호수 바닥에 퇴적된 모래는 사암으로 변했으며 건기가 지속되자 호수는 사라지고 호수 바닥이 다시 지상에 모습을 드러냈다. 이후 비바람에 침식되었다.

5. 잠베지강이 호수 바닥이 있는 곳으로 흐르기 시작하면서 강바닥의 사암을 침식하기 시작했다.

6. 이 과정에서 강바닥의 균열 속에 끼어 있던 사암들이 서서히 침식을 받아 깎여 나가면서 그 자리에 폭포가 생겨났다.

7. 강바닥의 균열을 따라 하류에서 상류로 두부 침식이 진행되면서 여러 개의 폭포가 반복해서 생겨나고 사라졌다. 가장 최근에 만들어진 것이 지금의 빅토리아 폭포이다.

● 두부 침식을 하며 상류로 전진하는 이구아수 폭포

브라질과 아르헨티나의 국경에 있는 이구아수 폭포는 너비 4.5km, 평균 낙차 70m로서 나이아가라 폭포, 빅토리아 폭포와 함께 세계 3대 폭포 중의 하나이다. 현재 폭포는 두부頭部 침식을 하며 상류로 조금씩 물길이 나아가고 있다. 이는 폭포를 형성하는 상부와 하부의 지층이 서로 다르기 때문이다. 폭포의 물이 떨어질 때 견고한 상부보다 벼랑 하부의 약한 층을 감듯이 파헤쳐 깎아 내고, 이후 돌출한 듯 남아 있는 상부의 지층도 차츰 허물어지면서 벼랑은 해마다 후퇴하고 있다.

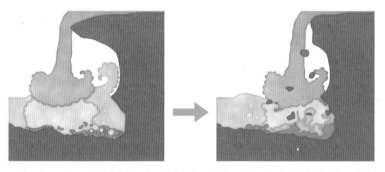

두부침식 형성과정 모식도 아르헨티나와 브라질 국경에 위치한 이구아수 폭포와 미국과 캐나다 국경에 위치한 나이아가라 폭포 모두 상부보다 약한 하부의 지층이 폭포수에 의해 빨리 침식되어 하도의 붕괴로 해마다 상류 *314 쪽으로 벼랑이 후퇴한다.

이구아수 폭포

마다가스카르는 왜
아프리카에 있는 아시아 섬이 되었을까?

고립된 환경에서 독자적으로 진화한 생명체들

마다가스카르는 모잠비크 해협을 사이에 두고 아프리카 대륙과 약 400km 떨어져 있는 섬나라로 지리적으로 아프리카에 가깝다. 주민 대부분이 흑인종일 것으로 생각되지만, 황인종인 말레이·폴리네시아계 사람이 다수이다. 언어 또한 오스트로네시아 어족의 말레이·폴리네시아계 언어를 사용한다.

말레이·폴리네시아계 사람들이 이주해 온 이후 동아프리카 그리고 인도와 페르시아 등지에서도 사람들이 건너왔다. 현재의 마다가스카르인들은 이들의 혼혈로 마다가스카르에는 모두 18개 부족이 있다. 마다가스카르의 공용어인 마다가스카르어는 음운 변화, 어휘, 문법 등에서 인도네시아 보루네오의 언어인 마냔어

계단식 벼농사가 행해지는 마다가스카르 마다가스카르는 아프리카 대륙 남부의 섬이면서도 다른 아프리카 나라들과 달리 주민이 말레이·폴리네시아계 황인종이다. 또한 쌀이 재배되고 있어 아시아의 풍광을 엿볼 수 있다.

인도양

마다가스카르
■
안타나나리보

마다가스카르에 서식하는 바오밥 나무와 긴꼬리여우원숭이 생텍쥐페리의 『어린 왕자』에 등장하기도 하는 바오밥 나무는 수령이 5,000년에 달하는 것으로 알려졌다. 아프리카인들은 신성한 나무로 여겨 사냥할 때나 길을 나설 때 항상 기도를 드리며 나무에 구멍을 뚫고 사람이 살거나 시체를 매장하기도 한다. 인류 진화 연구에 중요한 실마리가 되는 긴꼬리여우원숭이는 최근 밀림 파괴로 서식지에 위협을 받고 있다.

와 유사하다. 이로써 마다가스카르인들은 말레이반도나 인도네시아에서 건너온 사람들의 후손으로 생각되며, 그 시기는 약 1,000~500년 전으로 추정된다.

마다가스카르인들의 주식은 쌀이다. 중앙고원 일대에서는 계단식 형태의 벼농사를 짓고 있어 마다가스카르를 아시아 국가 가운데 하나로 착각하기도 한다. 이는 말레이·폴리네시아계 사람들이 이곳에 들어올 때 벼를 가져왔기 때문이다.

마다가스카르의 골격을 이루는 암석은 아프리카와 궤를 같이하는 약 7억 5,000만 년 이전의 선캄브리아기 암석이다. 모리셔스, 로드리게스, 코모로 등의 주변 화산섬들과 달리, 마다가스카르는 화산 분화가 아닌 약 1억 5,000만 년 전 아프리카 대륙에서 분리되어 생겼다.

이후 마다가스카르는 고립된 고유한 환경 속에서 생명 진화의 길을 걸어왔다. 그래서 긴꼬리여우원숭이 같은 동물과 부채파초나 쌍둥이야자 같은 식물 등, 세계 어느 곳에서도 볼 수 없는 독특한 동식물상을 띤다. 마다가스카르에는 약 5,000만 년 전에 살았던 원원류原猿類(영장류의 아목인 진원류眞猿類보다 더 원시적인 원숭이로 원원류에서 진원류로 그리고 유인원을 거쳐 사람으로 진화했음)에 속하는 여우원숭이들이 아직도 살고 있어 원숭이에서 사람으로 진화하는 역사를 추적하는 데 유용하다. 오랫동안 고립되면서 마다가스카르에 서식하는 동식물 대부분은 다른 곳에서는 서식할 수 없게 되어 버렸다. 현재 이들의 서식지가 원주민들의 화전 경작과 삼림 벌채로 크게 위협받고 있다.

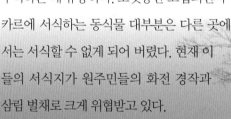

나미비아는 어떻게 아프리카 식민지 역사에 마침표를 찍었을까?

아프리카에서 청렴도가 가장 높은 나라

제2차 세계 대전 이후는 아프리카 독립의 시대로, 서구 열강의 지배를 받던 아프리카 국가 가운데 17개국이 1960년에 한꺼번에 독립을 쟁취하여 그해를 '아프리카의 해'로 부르기도 했다. 1960년대 말까지 모두 42개국이 독립했지만 1990년에 이르러서야 독립을 맞은 국가가 있다. 남회귀선이 지나는 아프리카 남서부 해안에 나미브 사막을 끼고 있는 나라인 나미비아이다. 나미비아라는 국명은 나미브 사막에서 유래되었다.

나미비아 땅을 처음으로 밟은 유럽인은 포르투갈인이었다. 바르톨로뮤 디아스도 이곳을 들르기는 했으나, 국토 대부분이 사막과 고원 지대여서 큰 매력을 느끼지 못했다. 17~18세기 나미비아를 발견한 네덜란드인과 영국인들 또한 그러했다. 하지만 뒤늦게 식민지 확보 경쟁에 뛰어든 독일이 나미비아의 영토를 매입하면서 점차 세력을 넓혀 나갔다. 1884년에 독일은 나미비아를 독일령 서남아프리카란 이름으로 보호령으로 삼았고 다음해에는 완전히 합병하여 독일의 식민지로 삼았다.

제1차 세계 대전 중 남아프리카 연방(이후 남아프리카 공화국으로 변경됨)은 서남아프리카를 침범하여 독일을 몰아내고 1919년 국제연맹으로부터 통치권을 위임받았다. 제2차 세계 대전이 끝난 다음에는 국제연합이 신탁 통치를 했다. 그러나 남아프리카 공화국은 이를 인정할 수 없다고 주장하면서 서남아프리카를 다섯 번째 주로 강제 편입시켰다. 국제연합은 1968년 서남아프리카란 이름을 나미비아로 변경하고 나미비아의 독립을 보장해 줄 것을 요구했다. 남아프리카 공화국은 거듭 이를 거부했다. 그러나 1990년 마침내 나미비아는 남아프리카 공화국

아프리카 최후의 독립국 나미비아 1990년 나미비아의 독립으로 아프리카 최후의 식민지가 사라졌다. 그러나 나미비아는 대서양 연안의 전략적 요충지 웰비스베이의 귀속 문제를 두고 남아프리카 공화국과 분쟁의 불씨를 남겨 놓고 있다. 원래 이곳은 남아프리카 공화국이 점령하였으나 1966년 국제연합 결의에서 국제연합이 직접 관리하기로 결정하였다. 남아프리카 공화국 정부는 이에 항의하며 1977년 웰비스베이를 케이프주에 편입시켰다. 결국 나미비아는 이 문제를 해결하지 못한 채 독립했다. 현재 공동 관리의 절충안을 포함하여 계속 협의가 진행 중이지만 해결 가능성은 낙관적이지 않다.

나미비아 수도 빈트후크 독일의 식민지였던 나미비아는 아프리카에서 가장 청렴도가 높은 국가로 알려졌다. 도시 곳곳의 모습이 독일을 옮겨 놓은 것과 흡사하며, 국민들의 생활 습관과 의식 체계 또한 독일인과 비슷하다고 한다.

으로부터 독립함으로써 아프리카 식민지 역사에 마침표를 찍었다.

나미비아의 원주민은 코이족, 산족, 그리고 헤레로족 등 여러 부족으로 구성되어 있다. 그 가운데 헤레로족은 독일의 식민 지배 당시 엄청난 시련을 겪었다. 독일의 선교사들이 선교 활동을 위해 나미비아로 들어온 직후 상인들이 뒤따라 들어와 이곳의 원주민인 헤레로족과 소나 양을 무역했다. 그러나 차츰 상인들은 헤레로족의 가축과 땅을 빼앗았고 이들을 사막으로 내몰았다. 헤레로족은 독일인들의 수탈과 학대를 더 이상 참을 수 없었다. 이들은 1904년 봉기하여 독일인 마을을 습격하고 100명 이상의 독일인을 죽였다. 이 소식은 곧바로 본국인 독일에 전해졌다.

바로 그해 로타르 폰 트로타Lohtar von Trotha 장군을 사령관으로 하는 독일 진압군이 나미비아에 도착했다. 독일군에 쫓겨 황량한 사막에 갇혀 버린 헤레로족은 더 이상 항전할 수 없음을 알고 항복하려 했다. 하지만 독일군은 이들에게 무차별 총격을 가하여 몰살시켰고 이 과정에서 헤레로족 인구의 약 80%인 6만 5,000여 명이 학살되었다. 살아남은 자들은 수용소로 끌려가 중노동과 배고픔, 질병에 시달려야 했다. 2007년에는 로타르 폰 트로타 장군의 후손이 나미비아를 찾아 희생자의 후손들을 만나 과거의 일을 사죄하기도 했다.

● **남아프리카 공화국은 어떻게 탄생했을까?**

포르투갈의 바르톨로뮤 디아스가 희망봉을 발견한 이후, 남아프리카 공회국을 제일 먼저 식민지로 삼은 나라는 네덜란드이다. 지중해성 기후인 남아프리카 공화국 일대는 유럽인이 생활하기에 알맞아 네덜란드의 보어인들은 이곳에서 포도와 오렌지 등을 재배했다. 그러나 1867년 다이아몬드 금광이 발견되자 이를 탐낸 영국이 상륙했고, 보어인과 영국군과의 싸움은 피할 수 없었다. 두 차례에 걸친 전쟁은 영국의 승리로 돌아갔다. 1910년 영국은 보어인들이 세운 오렌지 자유국과 남아프리카 공화국(트란스발 공화국)을 합병하여 남아프리카 연방을 수립했다. 이후 남아프리카 연방은 제2차 세계 대전 후에 영국 연방에서 분리되어 오늘날 남아프리카 공화국이 되었다. 남아프리카 공화국 약 4,000만 인구 가운데 20%를 차지하는 백인은 네덜란드에서 이주한 보어인의 후손이다. 이들은 영국과의 전쟁에서 패한 이후 유럽과 연결이 느슨해진 이후 자신을 스스로 아프리카너(afrikner)라고 부르며 그들의 언어를 아프리칸스(africans)라고 하였다. 이들은 한때 세계에서 가장 악명 높은 인종 차별 정책인 아파르헤이트를 펴서 세계적인 지탄을 받기도 하였다. 금·다이아몬드 등의 지하자원이 풍부한 아프리카 최대의 공업국이며, 2010년 아프리카 최초로 FIFA 월드컵이 개최되었다. 남아프리카 공화국은 수도가 3개인데, 행정 수도는 프리토리아, 입법 수도는 케이프타운, 사법 수도는 블룸폰테인이다. 또한 국토 안에 독립국인 레소토와 스와질란드가 있다.

AFRICA
14

부시먼이 삶의 터전에서
내몰린 이유는 무엇인가?

부시먼의 생존을 위협하는 다이아몬드 탐사

비행사가 비행기에서 내던진 코카콜라 병 때문에 일어나는 아프리카 원주민들의 해프닝을 그린 코미디 영화 「부시먼」. 부시먼은 주름진 피부, 튀어나온 광대뼈, 마른 몸매에 작은 체구, 볼록한 엉덩이와 흡착음 소리를 내는 독특한 언어가 특징인 부족으로 정식 명칭은 산족이다. 이들은 16세기 남아프리카에 진출한 보어인이 덤불bush 속에 산다고 해서 붙인 이름인 부시먼으로 더 잘 알려져 있다.

부시먼의 전체 인구는 현재 5만 명 정도이다. 보츠와나의 중앙 칼라하리 사막을 중심으로 전체 인구의 60%, 나미비아의 나미브 사막에 35%, 나머지는 앙골라의 동남부와 남아프리카 공화국 국경 주변에 살고 있다. 초기에는 북부·중앙·남부 아프리카 일대에 널리 퍼져 살고 있었으나 남으로부터는 보어인, 북으로부터는 반투족에 밀려 현재의 지역에 정착한 것으로 알려졌다. 이들은 소수 부족 단위로 이동하며 수렵과 채집 생활을 한다.

보츠와나 정부는 1990년 중반부터 부시먼을 중앙 칼라하리 동물 보호 구역 밖으로 강제로 이주시키기 시작했다. 자연 보호 구역 내의 관광 자원인 동물 보호를 그 이유로 내세웠으나 그것은 허울일 뿐이었다. 실은 부시먼이 살고 있는 칼라하리 사막 지하에 엄청난 양의 다이아몬드가 매장되어 있는데, 이를 탐사하는 데 부시먼이 방해가 되기 때문이다. 보츠와나 정부가 부시먼에게 사냥 허가조차 내주지 않아 부시먼은 생존권마저 위협받는 극한 상황에 놓였다. 그러자 국제연합과 국제 민간 단체는 부시먼이 보츠와나 정부를 상대로 소송을 제기할 수 있도록 지원하고 나섰다. 2006년 법원은 부시먼은 칼라하리 보호 구역 내에 거주할 권리가 있으며 정부의 강제 이주 정책은 불법이라고 선고했다.

수렵과 채집 생활을 하는 부시먼 부시먼은 현생 인류 조상의 원형에 가장 가까울 것으로 추정된다. 부족 단위의 공동체 생활을 하는 부시먼은 자원 개발을 이유로 강제 이주에 내몰리며 생존권을 위협받고 있다.

현생 인류가 아프리카에서 기원했다는 것은 정설로 받아들여지고 있다. 학자들은 부시먼이 현생 인류 조상의 원형에 가장 가까울 것으로 추정한다. 한편 부시먼은 원시 공산 사회를 이루어 수렵과 채집을 통해 살아가는 데 필요한 모든 것을 공유한다. 황량한 사막이라는 열악한 자연환경 속에서 살아남기 위해 상호 공유라는 방식을 택한 것이다. 그 사회에서 특권층은 찾아볼 수 없으며 가진 자와 못 가진 자라는 구분도 존재하지 않는다.

● 부시먼을 산족이 아닌 코이산족이라고도 부르는 이유

남아프리카에 진출한 네덜란드계 백인을 보어인이라고 하는데, '보어'는 네덜란드어로 '농부'를 뜻하는 말이다. 초기에 정착해 살던 보어인들은 뒤늦게 진출한 영국인에 의해 북쪽으로 밀려났다. 이들은 내륙으로 진출하면서 산족인 부시먼과 코이족인 호텐토트족(보어인 말로 '말을 더듬거리는 사람'이란 뜻)을 만났다. 부시먼과 호텐토트족은 신체·언어적 공통점이 많아 총칭하여 코이산족이라고도 한다. 현재 부시먼은 칼라하리 사막에, 코이족은 나미비아와 보츠와나 서부에 거주한다.

왜 아프리카 흑인의
피부는 검을까?

자외선으로부터 피부를 보호하기 위해 진화된 결과

아프리카에서도 특히 적도 지방에 사는 흑인의 피부는 다른 곳에 사는 흑인의 피부보다 훨씬 더 새까맣다. 그곳에 사는 흑인들의 몸속에 사람의 피부색을 결정하는 멜라닌 세포가 훨씬 더 많기 때문이다. 멜라닌 세포는 태양 광선에 포함된 유해 자외선으로부터 우리의 몸을 보호하는 작용을 하며 피부 아래 있는 색소 형성 세포인 멜라노사이트에서 만들어진다. 멜라닌은 피부 세포의 핵 주변에 모여 있는데, 태양 광선 가운데 자외선이 피부에 닿으면 멜라닌 세포가 신체를 보호하기 위하여 멜라닌 세포를 만들어 낸다. 이후 멜라닌 세포가 생성된 멜라닌을 피부 위쪽으로 올려 보내기 때문에 피부가 까무잡잡해지거나 검게 변하는 것이다.

아프리카의 적도 지방은 일 년 내내 일조량이 많은 곳으로, 견디기 어려울 정도의 햇빛이 내리쬔다. 여기에 적응하기 위해서는 피부색이 햇빛의 흡수에 유리한 검은색이어야만 했다. 만약 검은 피부가 아니었다면 사람들은 적도 지방의 강한 자외선 아래서 살아남지 못했을 것이다.

검은 피부의 아프리카 소년들 인류의 피부색은 진화의 산물이다. 인류는 자외선으로부터 피부를 보호하기 위해 햇볕에 많이 노출될수록 멜라닌을 많이 생성한다. 적도 지방에 사는 흑인들의 피부가 검은 이유는 몸속에 피부색을 결정하는 멜라닌이 다른 지역에 사는 사람들보다 훨씬 많기 때문이다.

인류는 햇볕에 많이 노출될수록 멜라닌을 많이 생성하여 자외선으로부터 피부를 보호하는 방향으로 진화해 왔다. 흑인들의 검은 피부는 자연환경에 적응한 결과, 검은 피부가 유전 형질로서 대대로 전수되었음을 보여 주는 진화의 증거이다. 동남아시아 그리고 남아메리카 적도 부근의 열대 지방과 사막 지대 부근에 사는 사람들의 피부가 검은 것 또한 이와 같은 이유에서이다.

현생 인류의 기원과 이동을 둘러싼 논란은 무엇인가?

12만 년 전 아프리카에서 시작된 인류의 이동

인류가 언제 지구상에 출현했는지는 정확히 알 수 없다. 하지만 지금까지 발견된 인골 화석으로 그 기원은 추측해 볼 수 있다. 미국의 도널드 요한슨Donald Johanson 박사는 아프리카 에티오피아 북부 하다르 지역에서 여자로 추정되며 직립 보행을 한 골격 화석을 발견했다. 이는 인류가 원숭이에서 언제 분리되어 진화했는가에 대한 실마리를 제공하는 것이었다. 그 화석은 당시 유행하던 비틀즈의 노래 「Lucy in the sky with diamond」의 주인공 이름인 '루시'로 명명되기도 했다. 또한 분자 생물학의 DNA 분석을 통해 화석의 주인공이 약 400만 년 전에 살았음을 확인했다. 이외에도 오스트랄로피테쿠스('남쪽의 원숭이'란 뜻) 화석이 여럿 발견되기도 했는데, 그 발견 장소가 모두 아프리카였다.

약 260만 년 전에는 뇌의 용량이 커지고 더욱 진화한 호모 하빌리스('도구를 쓰는 사람'이란 뜻)가, 약 160만~170만 년에는 더욱 진화한 호모 에렉투스 ('직립 원인'으로 하이델베르크인, 자바인, 베이징인을 말함)가 등장했다. 호모 에렉투스는 최초로 아프리카를 벗어나 동아시아로 이동하기도 했다. 그러나 인류 진화의 계보에 있는 오스트랄로피테쿠스, 호모 하빌리스, 호모 에렉투스는 현생 인류의 직계 조상이 아니다. 이들은 모두 현생 인류가 출현하기 이전에 멸종했다. 현생 인류에 속하는 호모 사피엔스('지혜로운 사람'이란 뜻)가 등장한 것은 호모 에렉투스가 사라질 무렵인 약 25만 년 전이었다. 그 화석이 독일의 네안데르탈에서 최초로 발견되었기 때문에 네안데르탈인이라고도 부르는데, 이들에게는 아직도 유인원을 닮은 데가 많았다.

네안데르탈인들이 거주하던 때와 비슷한 시기인 약 20만 년 전에 또 하나의 무리

오스트랄로피테쿠스 원인(猿人) 화석 오스트랄로피테쿠스는 약 400만 년 전 인류가 원숭이에서 분리되어 최초로 직립 보행을 한 원인으로, 아프리카에서만 발견되어 인류가 아프리카에서 기원했음을 보여 준다.

인류의 이동 경로 현생 인류
는 아프리카에서 출현하여
전 세계로 퍼져 나갔다는 것
이 현생 인류의 기원에 관한
정설로 통하고 있다 인류는
아프리카를 벗어나 유럽과
아시아 그리고 베링해를 건
너 아메리카로 이동하였다.

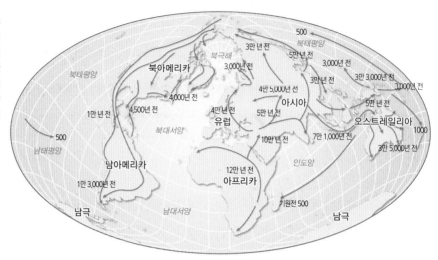

가 아프리카에서 기원하여 약 12만 년 전 아프리카를 벗어나 전 세계로 뻗어 나
갔다. 이들이 바로 현생 인류의 직계 조상인 호모 사피엔스 사피엔스이다. 네안
데르탈인들은 약 4만 년 전에 사라졌다. 그들이 무슨 이유로 사라졌는지는 정확
하게 밝혀지지 않았지만 호모 사피엔스 사피엔스와의 경쟁에서 밀려 사라졌다
는 주장이 지배적이다. 화석이 발견된 곳이 프랑스의 크로마뇽이어서 호모 사피
엔스 사피엔스를 크로마뇽인이라고 부르기도 한다.

현생 인류의 출현과 기원에 대해서는 다지역 병행 진화설과 아프리카 단일 기원
설이 맞서고 있다. 다지역 병행 진화설은 약 100만 년 전 이전에 살았던 호모 에
렉투스가 세계 각지로 퍼져 나간 후 각 지역에서 독립적으로 진화했다는 것이다.
아프리카 단일 기원설은 약 30만~15만 년 전에 아프리카에서 출현한 호모 사피
엔스 사피엔스의 조상 집단이 유라시아 등 전 세계로 뻗어 나가 진화했다는 것이
다. 그러나 미토콘드리아 DNA 분석 결과, 현대인이 공통 조상에서 갈라져 나온
시기는 약 12만 년 전인 것으로 나타났다. 이는 현대인이 약 12만 년 전 아프리카
에서 전 세계로 이동을 시작했음을 의미하는 것으로 현생 인류 출현에 대한 아프
리카 단일 기원설에 힘을 실어 주었다.

현생 인류는 북으로 이동하기 시작하여 약 10만 년 전 지중해 서쪽에 이르렀다.
여기서 네안데르탈인과 접촉했으나 네안데르탈인과 유전자를 교환하지는 않은

것으로 나타났다. 그 후 현생 인류는 약 7만 년 전 중국에 도착하여 동남아시아를 거쳐 오스트레일리아로, 약 1만 8,000년 전에는 마지막 빙하기를 거치며 낮아진 베링 해협을 건너 시베리아에서 알래스카로, 약 1만 년 전에는 북아메리카를 거쳐 남아메리카 칠레에 이르는 등 전 세계로 퍼져 나갔다. 가장 최근에 인류가 이동한 곳은 태평양의 여러 섬들이었다. 사모아는 기원전 1000년경, 하와이는 500년경에 인류가 발을 디뎠다. 인류 이동이 마지막으로 있었던 곳은 원주민이 마오리족인 뉴질랜드로 이는 겨우 1000년 전의 일이다.

인류의 이동 속도는 빠른 것처럼 보인다. 그러나 2만km밖에 안 되는 연안 이동 경로를 본다면 1년에 1km도 안 되는 거리를 이동한 셈이다. 여러 차례의 빙하기와 이로 인한 물리·기후적 장벽 또한 이동 속도를 늦추는 요인으로 작용했을 것이다.

아프리카 불행의 시작은 어디인가?

유럽 열강에 의한 아프리카 노예 무역

오늘날 기아와 질병 그리고 내전으로 고통받는 아프리카의 불행은 1500년경부터 시작된 유럽인들의 흑인 노예 무역에서 시작되었다. 19세기 초에 노예 무역이 중단되기 전까지 적어도 2,000만 명이 넘는 아프리카의 흑인이 아메리카 대륙으로 끌려갔다.

유럽 열강들은 15세기 말부터 신대륙 아메리카에 진출하여 곳곳에 식민지를 건설했다. 그중에서 가장 먼저 해외 식민지 개척에 나선 에스파냐와 포르투갈은 당시 남아메리카의 광산 개발과 사탕수수, 목화, 담배 등의 플랜테이션 농장 개발로 막대한 이윤을 얻었다. 이들의 탄광과 농장 규모가 점차 커지면서 더 많은 일꾼들이 필요했다. 하지만 아메리카 원주민인 인디오들은 식민 과정에서 대규모 학살되고 유럽인들이 퍼뜨린 질병에 감염되어 그 수가 현격히 줄어 필요한 일꾼들을 충당할 수 없었다. 이들을 대신할 새로운 일꾼이 필요했고, 아프리카의 흑인 노예가 그 자리를 메웠다.

흑인 노예는 아랍인들이 10세기 이전부터 유럽으로 들여오고 있었다. 유럽인이

노예선의 승선 계획도 노예들이 선박 밑바닥에 마치 통나무를 나란히 늘어놓은 것처럼 쇠사슬에 묶여 누워 있다. 항해 도중 약 10% 이상의 흑인이 사망하였다.

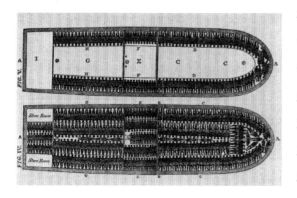

흑인 노예를 직접 데려오기 시작한 것은 포르투갈인들이 인도 항로를 발견하기 위해 아프리카 서해안을 항해하면서부터였다. 포르투갈의 항해왕으로 불리는 엔히크 왕자가 서부 아프리카 기니만에 도착하여 흑인들을 붙잡아 가기 시작했다. 이를 시초로 포르투갈은 1483년 콩고강 유역의 콩고 왕국과 교역하면서 본격적인 노예 무역에 앞장섰다.

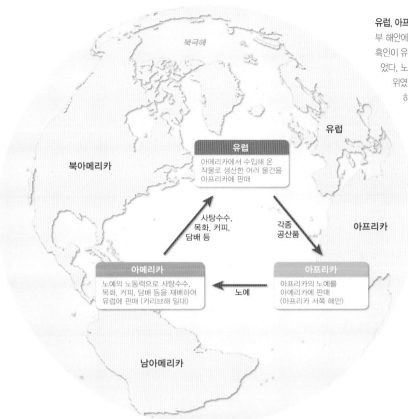

유럽, 아프리카, 아메리카 삼각 무역 아프리카 서부 해안에 도착한 포르투갈인에 의해 아프리카의 흑인이 유럽으로 팔려 가면서 노예 무역이 시작되었다. 노예 무역은 그야말로 황금 알을 낳는 거위였기 때문에 유럽의 열강들은 노예를 확보하기 위해 앞다투어 아프리카의 기니만으로 몰려들었다. 아프리카의 불행은 이렇게 노예 무역에서 시작되었다.

(지도 속 라벨)

북극해

북아메리카

유럽

아프리카

남아메리카

유럽
아메리카에서 수입해 온 작물로 생산한 여러 물건을 아프리카에 판매

사탕수수, 목화, 커피, 담배 등

각종 공산품

아메리카
노예의 노동력으로 사탕수수, 목화, 커피, 담배 등을 재배하여 유럽에 판매 (카리브해 일대)

노예

아프리카
아프리카의 노예를 아메리카에 판매 (아프리카 서쪽 해안)

포르투갈은 해안을 따라 요새와 무역 거점을 세우고 상아와 황금 그리고 노예를 매매했다. 아프리카 내륙 지방은 지형이 험준하고 열대 우림 그리고 각종 질병 등으로 유럽인들이 쉽게 접근할 수 없었다. 노예 사냥은 아랍인과 아프리카 거간꾼들에 의해 행해졌다.

콩고 국왕인 은징가 음벰바가 1491년 세례를 받고 '알폰소 1세'로 개명까지 할 만큼 포르투갈과 콩고와의 무역은 호혜적 관계로 시작되었다. 국왕은 포르투갈에서 들여온 총포를 이용하여 권력을 강화하고 다른 부족들을 쉽게 노예로 삼을 수 있었다. 포르투갈은 그 대가로 노예를 얻었다. 그러나 포르투갈이 원하는 노예의 수가 점차 늘어나 콩고 국왕이 더 이상 감당할 수 없는 상황에 이르자 포르투갈은 콩고의 왕족과 친척들까지도 납치해서 노예로 끌고 갔다.

유럽인이 아프리카에 나타나기 전, 아프리카 대부분의 왕국에서도 전쟁 포로를 노예로 삼았다. 그러나 아프리카에서 노예는 제한된 권리를 지닌 가족의 일원과 같은 존재였다. 유럽인과 아랍인이 등장하면서 흑인 노예는 사고파는 상품일 뿐이었고 노예 시장에서는 톤 단위로 거래되기도 했다.

유럽의 물품을 제공하는 대가로 아프리카의 흑인 노예를 받은 유럽인들은 노예를 아메리카 대륙에 넘기고, 목화, 커피, 사탕수수, 담배 등을 받아 유럽에 되팔았다. 그리고 이를 원료로 생산된 물품을 다시 아프리카에 파는, 이른바 삼각 무역을 통해 엄청난 이윤을 챙겼다. 노예 무역은 황금 알을 낳는 거위였기 때문에 에스파냐, 영국, 프랑스, 네덜란드 등 유럽 열강은 앞다투어 아프리카 기니만 해안으로 몰려들었다.

쿠바 수도 아바나 시가지 건물에 그려진 노예 벽화 아프리카에서 끌려온 수많은 흑인 노예들이 목화, 커피, 사탕수수 등의 농장에서 노동 착취를 당하며 질병과 굶주림으로 죽어갔다.

● 노예 무역의 슬픔을 간직한 세네갈 고레섬

아프리카 서부 해안에는 대포로 중무장한 요새들이 곳곳에 있다. 이 요새들은 유럽인들이 아프리카 사람들로부터 자신들을 지키기 위해 세운 것이 아니라 노예 무역 사업을 놓고 벌인 유럽 열강들 간의 싸움에서 자신들을 지키기 위해 세운 것이다. 그 요새 가운데 하나가 세네갈 수도 다카르 앞바다의 고레섬에 있다. 고레섬은 16세기부터 19세기 중반까지 노예 무역의 선적지였던 곳으로 백인들은 고레섬에 세워진 요새를 '노예의 집'이라 불렀다. 아프리카 전역에서 끌려온 노예들은 이곳을 마지막으로 강제 노역과 죽음만이 있는 아메리카로 끌려갔다. 유네스코는 자연권을 존중하고 노예 무역과 같은 반(反)인류적 범죄를 경계하기 위해 1978년 세네갈 고레섬을 세계 문화유산으로 지정했다.

노예의 집 노예 무역의 아픈 상처를 간직한 세네갈 고레섬의 '노예의 집'. 유럽 열강에 의한 노예 무역은 역사상 인류가 저지른 가장 큰 죄악이다.

아프리카 최초의
공화국은 어디인가?

미국 해방 노예들이 세운 라이베리아

자유의 몸이 된 미국의 흑인 노예들이 미국식민협회의 도움으로 아프리카로 이주하여 건설한 나라가 있다. 스스로 아프리카 속의 미국을 표방하는, 중서부 아프리카의 라이베리아가 바로 그 나라이다. 라이베리아의 국명은 '자유'를 뜻하는 '리버티liberty'에서 유래한 것으로 해방된 흑인 노예들의 자유에 대한 열망이 담겨 있다. 국기는 미국의 국기인 성조기를 본떠 만들었다. 11개의 빨강 줄과 흰 줄은 독립 선언에 서명한 11명을, 왼쪽 윗부분의 흰 별은 아프리카 최초의 공화국이라는 긍지를 상징한다. 수도 이름 또한 독립 당시 미국 제5대 대통령인 제임스 먼로의 이름을 딴 몬로비아로 했다.

남북 전쟁 후 해방된 노예들은 자유인이 되었지만 제대로 교육받지 못했기 때문에 시민으로서의 의무를 다하기 어려웠다. 게다가 백인을 상대로 한 각종 범죄가 일어나고 흑인들이 백인들의 일자리까지 잠식하게 되자 고민에 빠진 미국은 아프리카에 식민지를 건설한다는 명분 아래 해방 노예들을 아프리카로 돌려보내는 이주 정책을 폈다. 자신의 조상이 영문도 모른 채 낯선 땅 아메리카로 끌려왔듯이 해방 노예들은 자신들의 의지와 상관없이 고향 아닌 고향 아프리카 땅을 밟게 되었다.

'아프리카에 작은 아메리카 건설'을 목표로 미국에 의해 세워진 라이베리아는 미국 덕분에 유럽 열강들의 각축장이었던 아프리카에서 식민지 신세를 면할 수 있었다. 1847년 라이베리아는 미국의 후원 아래 정식으로 독립을 선포하고 아프리카 최초의 공화국이 되었다. 그 대신 미국은 천연고무 생산 세계 제2위 국가인 라이베리아를 보호함으로써 제2차 세계 대전 중 전쟁 물자 생산에 필요한 천연고

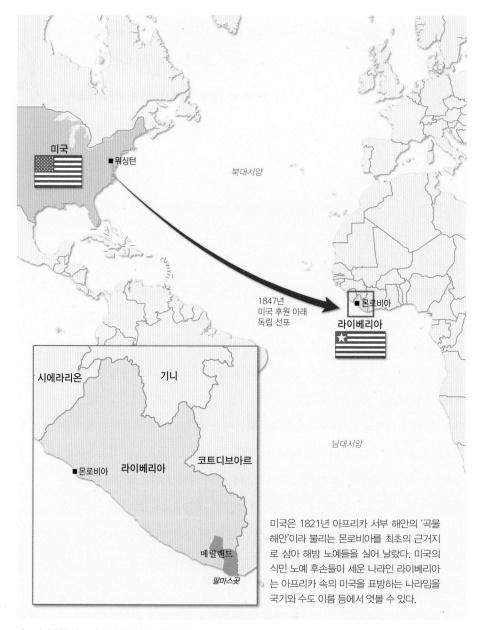

미국은 1821년 아프리카 서부 해안의 '곡물 해안'이라 불리는 몬로비아를 최초의 근거지로 삼아 해방 노예들을 실어 날랐다. 미국의 식민 노예 후손들이 세운 나라인 라이베리아는 아프리카 속의 미국을 표방하는 나라임을 국기와 수도 이름 등에서 엿볼 수 있다.

아프리카 최초의 공화국 라이베리아 탄생 과정

- 1821년: 미국식민협회의 해방 노예 이주 정책에 따라 아프리카 메수라도곶(현재의 몬로비아)에 해방 노예를 이주시키고, '라이베리아(자유의 나라)'라고 명명
- 1833년: 팔마스곶에 '메릴랜드 독립 아프리카국' 건설
- 1847년: 버지니아 출신의 혼혈인 J. 로버츠가 미국을 모방한 헌법과 국기를 제정하고 공화국으로서 독립 선포하면서 초대 대통령에 취임
- 1857년: 메릴랜드 합병

아프리카 대륙 중 유일하게 미국 화폐가 통용되는 라이베리아 화폐 미국에 의해 탄생된 나라인 라이베리아는 화폐 또한 미국 화폐인 달러가 그대로 통용되고 있다. 화폐 속의 인물은 라이베리아의 19대 대통령인 윌리엄 V.S. 터브먼이다.

무를 보급받았다.

2008년 현재 라이베리아의 총인구는 약 340만 명이다. 이 가운데 약 10%는 아메리코 라이베리안americo liberian이라 불리는 미국계 해방 노예와 그 후손이며, 나머지 90%는 원주민 토착 흑인이다. 미국의 지원으로 지배 세력으로 자리를 굳힌 초기 이주민은 자신들을 원주민보다 우월하다고 여겼다. 이주민들은 지배층으로 군림하며 1980년 원주민의 반란으로 정권을 잃을 때까지 1세기 이상 원주민의 자유를 억압했다.

● **아프리카 최초의 여성 대통령이 탄생한 나라**

2006년 초 라이베리아에서 아프리카 최초의 여성 대통령이 탄생했다. 아프리카의 '철의 여인'이라 불리는 앨런 존슨 설리프(Ellen Johnson-Sirleaf)가 바로 그녀이다. 설리프는 2005년 이탈리아 축구 명문 구단인 AC밀란에서 활약했던 아프리카의 축구 영웅 조지 웨아(George Weah)와의 대통령 선거전에서 승리하여 대통령으로 당선되었다.

미국 하버드 대학교에서 공부한 설리프는 1980~1990년대 군부 정권에 반대하여 투옥과 망명을 거듭한 인물이다. 14년 동안의 내전으로 피폐한 라이베리아의 경제 재건과 부패 척결이라는 어려운 짐을 짊어진 그녀의 앞길은 순탄하지 않았다. 80%에 달하는 문맹률과 실업률 그리고 여성 정치 지도자를 인정하지 않는 부족들의 뿌리 깊은 인식은 시급히 해결되어야 할 과제였다.

아프리카 최초의 여성 대통령 앨런 존슨 설리프

대한민국의 배를 가장 많이 수입하는 나라는 어딜까?

최적의 편의 조건이 갖추어진 라이베리아

세계 조선 산업을 석권하고 있는 한국이 만든 배의 80%가량은 최근 한 척에 2,000억 원이 넘는 금액으로 그리스, 독일, 노르웨이, 덴마크 등 유럽 국가에 팔리고 있다. 이 가운데 상당수 배들의 국적은 라이베리아이다. 라이베리아는 세계 상선의 약 20%를 차지하는 세계 최대의 상선 보유국이기는 하지만 아프리카의 가난한 나라 가운데 하나이며, 해운업과 관련이 있는 나라도 아니다.

그렇지만 라이베리아는 선박의 편의치적 제도便宜置籍 制度로 많은 상선을 보유하고 있다. 편의치적 제도란 선주가 조선소에서 만들어진 선박을 선주의 편의에 맞게 국가를 선택하여 등록하는 제도이다. 이 제도로 선주와 배의 국적이 일치하지 않는 일이 생긴다.

나라마다 그 구성원의 국적을 인정하는 방식이 달라, 자기 나라의 영토 안에서 태어난 사람은 그 출생지의 국적을 얻게 된다는 출생지주의를 택하는 나라도 있고 혈통주의를 택하는 나라도 있다. 하지만 선박의 경우에는 국적을 정하는 방식이 정해져 있다. 선박은 건조를 마치면 항해를 시작하기 전에 등록을 마쳐야 한다. 이때 선주는 선박에 부과된 세금이 싸고, 저임금의 선원을 확보할 수 있으며, 선박의 안전이 보장될 뿐만 아니라 각종 규제가 적은 나라를 선택하여 선박의 국적을 등록할 수 있다. 이런 이유로 선주는 등록 전에 이러한 편의 조건이 가장 잘 갖추어진 나라가 어느 나라인지를 알아본다.

라이베리아가 바로 이런 조건에 부합하는 최적의 나라이다. 라이베리아 외에도 바하마, 파나마, 키프로스 등도 대표적인 편의치적 국가이다. 이러한 제도를 운영하는 국가들은 국명만 빌려 주고도 수입을 올릴 수 있고 국가 홍보도 할 수 있

세계 최대의 상선 보유국인 라이베리아 편의치적 제도에서 선주는 대형 선박에 부과되는 막대한 세금을 감면받을 뿐만 아니라 칙사 대접을 받으며 환영받고, 국가는 여러 면에서 소득을 올릴 수 있어 서로에게 이득이다. 이 제도는 세금의 도피처를 찾는 선주의 욕심에서 비롯되었다고 한다. 현재 여러 저개발 국가들이 편의치적 제도의 도입을 검토 중에 있는 것으로 알려졌다.

으며 선박 검사와 면허 발급과 같은 일자리 창출도 가능하여 자본금 없이도 큰 이익을 얻을 수 있다. 편의치적 제도가 지닌 이러한 장점이 알려지면서 바다가 없는 내륙 국가인 몽골도 이 제도를 도입하려고 한 적이 있다고 한다.

A M E R I C A

아메리카

세계 육지 면적 3분의 1을 차지하는 대륙으로 전 세계 인구의 14%인 약 7억 6,000만 명이 살고 있다. 마야 문명, 아스테카 문명, 잉카 문명 등 원주민이 이룩한 고대 문명은 16세기 유럽인의 진출로 거의 사라지고 그리스도교 중심의 새로운 유럽 문화가 이식되었다. 원주민은 황인종이지만 유럽인과의 혼혈, 아프리카에서 유입된 흑인과의 혼혈로 인종 전시장을 방불케 한다. 북서 유럽 문화가 유입된 북아메리카는 풍부한 자본과 자원, 높은 과학 기술력에 힘입어 경제 선진국을 이루었다. 반면 남부 유럽 문화가 유입된 남아메리카는 오랜 식민 지배와 자본, 기술력의 부족으로 낙후한 상태에 빠져 있다. 그러나 풍부한 자원을 바탕으로 한 발전 가능성이 큰 곳이다.

아메리카 대륙의 정식 명칭은 무엇일까?

여러 관점에 따라 다양하게 붙는 이름

지리학적 관점에서 보면 아메리카는 파나마 지협을 경계로 북아메리카와 남아메리카로 나뉜다. 북아메리카는 다시 멕시코 남부의 테우안테펙 지협을 경계로 북쪽의 캐나다, 미국, 멕시코와 남쪽으로 파나마 지협에 이르는 과테말라, 온두라스, 엘살바도르, 파나마 등의 중앙아메리카Central America로 나뉜다. 중앙아메리카에 쿠바, 아이티, 자메이카 등 카리브 제도 국가들을 넣기도 하는데, 엄밀히 말하자면 지리적으로 카리브 제도는 중앙아메리카에 포함되지 않는다. 카리브 제도와 중앙아메리카 모두를 아우르는 말로는 지리적 개념이 아닌 문화적 개념으로서 중앙아메리카Middle America를 사용한다.

아메리카 대륙은 지리적 관점으로는 북아메리카, 중앙아메리카, 남아메리카로 나뉜다. 문화적 관점으로는 앵글로아메리카와 라틴아메리카로 나누기도 한다. 앵글로아메리카는 멕시코의 리오그란데강을 경계로 북쪽의 미국과 캐나다를 포함하는 지역이다. 영국계 이민자들을 중심으로 앵글로색슨족의 유럽 문화를 지녔기 때문에 앵글로아메리카라고 부른다. 라틴아메리카는 남아메리카 대륙 전역과 카리브 제도를 포함하는 지역이다. 라틴아메리카에서 사용되는 에스파냐어, 포르투갈어가 라틴어에서 기원했으며 에스파냐와 포르투갈의 오랜 식민 지배로 라틴 문화를 지녔기 때문에 라틴아메리카라고 부른다.

라틴아메리카라는 말은 프랑스가 중남미에 대한 연고권을 주장하기 위해 1860년대 처음 만든 용어로 그 이면에는 제국주의 팽창 정책이 숨어 있다. 이런 이유로 라틴아메리카보다는 이베로아메리카Iberoamerica라는 명칭을 더 선호하기도 한다. 이베로아메리카라는 명칭에서 역사적으로 이 지역이 과거 이베리아반도

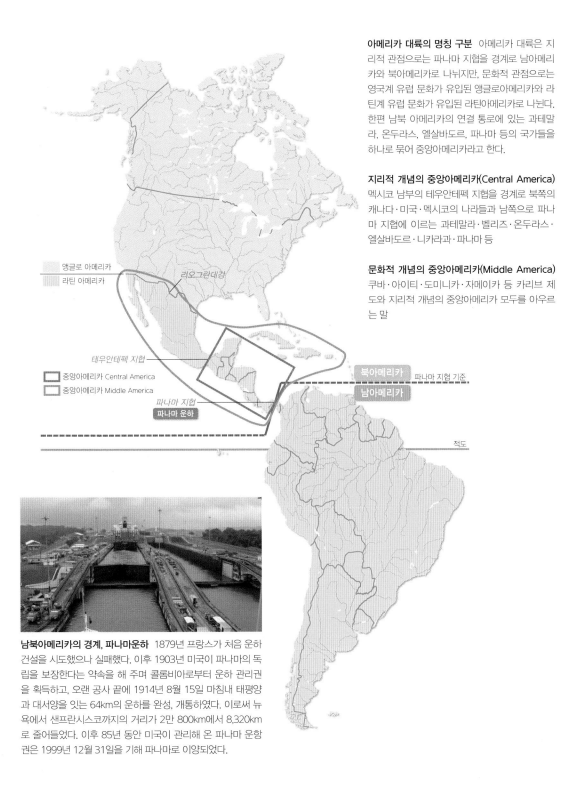

아메리카 대륙의 명칭 구분 아메리카 대륙은 지리적 관점으로는 파나마 지협을 경계로 남아메리카와 북아메리카로 나뉘지만, 문화적 관점으로는 영국계 유럽 문화가 유입된 앵글로아메리카와 라틴계 유럽 문화가 유입된 라틴아메리카로 나뉜다. 한편 남북 아메리카의 연결 통로에 있는 과테말라, 온두라스, 엘살바도르, 파나마 등의 국가들을 하나로 묶어 중앙아메리카라고 한다.

지리적 개념의 중앙아메리카(Central America) 멕시코 남부의 테우안테펙 지협을 경계로 북쪽의 캐나다·미국·멕시코의 나라들과 남쪽으로 파나마 지협에 이르는 과테말라·벨리즈·온두라스·엘살바도르·니카라과·파나마 등

문화적 개념의 중앙아메리카(Middle America) 쿠바·아이티·도미니카·자메이카 등 카리브 제도와 지리적 개념의 중앙아메리카 모두를 아우르는 말

앵글로 아메리카
라틴 아메리카
리오그란데강
테우안테펙 지협
중앙아메리카 Central America
중앙아메리카 Middle America
파나마 지협
파나마 운하
북아메리카
남아메리카
파나마 지협 기준
적도

남북아메리카의 경계, 파나마운하 1879년 프랑스가 처음 운하 건설을 시도했으나 실패했다. 이후 1903년 미국이 파나마의 독립을 보장한다는 약속을 해 주며 콜롬비아로부터 운하 관리권을 획득하고, 오랜 공사 끝에 1914년 8월 15일 마침내 태평양과 대서양을 잇는 64km의 운하를 완성, 개통하였다. 이로써 뉴욕에서 샌프란시스코까지의 거리가 2만 800km에서 8,320km로 줄어들었다. 이후 85년 동안 미국이 관리해 온 파나마 운항권은 1999년 12월 31일을 기해 파나마로 이양되었다.

메소아메리카 메소아메리카는 인류학적 관점에서 제기되는 용어로, 올메크·마야·아스테카·테오티우아칸 문명 등 중앙아메리카 지역의 고대 원주민 문명권을 가리킨다. 멕시코 유카탄반도 치첸이트사에서 발견된 카스티요 피라미드의 4면 계단 수와 꼭대기 제단 하나를 더하면 태양력 365일이 되어 마야 문명의 발달한 천문학 수준을 엿볼 수 있다.

아스테카 문명의 결정체, 태양의 피라미드 멕시코 중앙 고원에 발달한 테오티우아칸은 아메리카 최초의 고대 도시로 2,000년 전에 세워져 7세기까지 번성했다. 태양의 피라미드는 벽돌 1억 개를 쌓아 만든 신전으로 아메리카 고대 문명의 건축물로서는 규모가 가장 크다.

에 위치한 에스파냐와 포르투갈의 식민지였다는 사실과 문화적으로 이들 국가의 절대적인 영향을 받았다는 것을 알 수 있다. 라틴아메리카 국가 가운데 에스파냐어를 사용하는 국가만을 가리켜 히스파노아메리카Hipanoamerica라고 부르기도 한다. 이 말은 이베리아반도에 식민지를 건설한 로마 제국이 에스파냐 지역을 히스파니아라고 부른 데서 기원한다.

중앙아메리카를 다른 말로 메소아메리카Mesoamerica라고도 한다. 메소아메리카는 인류학적 관점에서 제기되는 용어로, 올메크·마야·아스테카·테오티우아칸 문명 등 중앙아메리카 지역의 고대 원주민 문명권을 가리킨다. 메소아메리카를 현재의 영토적 경계로 환원하면 멕시코 일부, 과테말라, 벨리즈, 온두라스 일부가 된다. 최근에는 인류학 이외의 학문 영역에서도 중앙아메리카를 가리키는 비유적 표현으로 널리 사용되고 있다.

● 아메리카 대륙을 최초로 발견한 이들은 바이킹

아메리카 대륙을 최초로 발견한 사람은 콜럼버스로 알려져 있으나 콜럼버스보다 500년 앞서 북유럽의 바이킹들이 먼저 아메리카 대륙을 발견했다. 이 사실은 1961년 스웨덴의 고고학자 헬게 잉스타드가 북아메리카 뉴펀들랜드섬 북쪽 해안 랑스 오 메도우에서 약 1,000년 전 바이킹들이 머물렀던 집터와 각종 유물을 발굴하면서 드러났다.

북유럽 스칸디나비아반도에 살던 바이킹이 활동한 시대는 800년경부터이다. 유럽 전 지역과 아프리카까지 진출한 바이킹은 980년경에는 아이슬란드와 그린란드까지 진출하였다. 1000년경 일단의 바이킹 무리가 그린란드 북동쪽으로 이동하여 처음 발견한 배핀섬을 '평평한 돌의 땅(Helluland)'이라 이름 짓고 거기서 더 남하하여 오늘날 래브라도 해안까지 이르러 그곳을 '숲의 땅(Markland)'이라 이름 지었다. 또 다시 그들은 이곳에서 더 내려가 뉴펀들랜드 해안에 이르렀고 야생초와 나무가 울창한 그곳을 '야생 포도의 땅(Vinland)'이라 이름 붙이고 집을 짓고 살았다. 그러나 얼마 안 가 원주민인 인디언과의 싸움에서 져 모두 몰살 당했다. 이후 일단의 무리가 다시 건너와 거주지를 마련했으나 역시 인디언에게 쫓겨났다. 잉스타드가 북아메리카 해안에서 발견한 화살촉을 비롯한 각종 유물은 그린란드에서 발견되는 유물과 모양이 똑같아 북아메리카에 바이킹이 진출하여 거주했음이 사실로 확인되었다.

바이킹의 북아메리카 진출 경로 바이킹은 지금으로부터 약 1,000년 전 북아메리카에 진출한 것으로 확인되었다. 아메리카에 진출한 바이킹은 거주지를 마련하고 정착 생활에 들어갔으나 아메리카 인디언에게 쫓겨나거나 죽음을 맞았다.

왜 남아메리카에서
브라질만 포르투갈어를 사용할까?

에스파냐와의 경쟁에서 포르투갈의 손을 들어 준 교황

남아메리카 대륙의 거의 모든 나라는 에스파냐의 식민지였기 때문에 에스파냐어를 사용한다. 하지만 포르투갈의 식민지였던 브라질만은 포르투갈어를 사용한다. 이는 남아메리카 대륙의 식민지 경영과 무역 독점을 둘러싼 에스파냐와 포르투갈 두 나라의 경쟁과 타협의 소산이다.

십자군 전쟁으로 동방 무역이 번성해지자 근세 유럽에서는 상업 자본이 강대해졌다. 지중해와 북해의 무역 규모로는 자본 규모를 감당할 수 없었기 때문에 새로운 시장을 개척해야 할 필요성이 커졌다. 또한 지중해를 통해 들어오는 동방의 주요 상품은 이슬람 상인과 이탈리아 상인이 독점했기 때문에 이들의 손을 거치지 않고 직접 교역할 수 있는 새로운 항로가 필요했다. 게다가 나침반을 사용하면서 항해술이 발달하여 지중해를 벗어나 멀리 대서양으로까지도 진출할 수 있었다. 영국이나 프랑스는 지중해와 북해의 무역으로 이익을 얻고 있었기 때문에 새로운 항로를 찾아 나서야 한다는 절박함이 없었다. 그러나 지중해 무역에서 소외된 포르투갈과 에스파냐는 새로운 항로를 개척해야 할 필요성이 절실했다.

또한 에스파냐와 포르투갈은 8세기 초 이슬람교도에 의해 정복당한 이후 약 800년간 이슬람의 혹독한 지배를 받았다. 이들은 중세 아프리카 대륙 또는 동방의 어딘가에 있다고 믿고 있던 전설적인 그리스 정교회 지도자인 프레스터 존의 나라를 찾아내어 이 나라와 동맹을 맺는다면 이슬람 세력을 격퇴할 수 있을 것으로 기대했다.

이러한 정치·경제적 의도가 강하게 작용하여 에스파냐와 포르투갈에 의해 대항해 시대가 시작되었다. 경쟁적으로 새로운 땅의 발견에 나선 두 나라 가운데 대

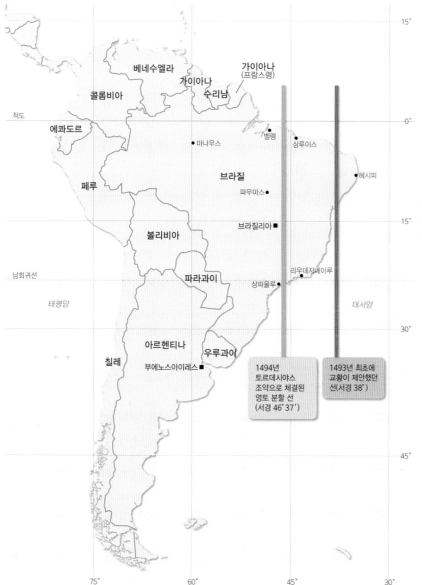

베네수엘라
가이아나
(프랑스령)
콜롬비아
수리남

적도

에콰도르

• 마나우스
벨렝
상루이스

페루

브라질

• 헤시피

• 파우마스

볼리비아

브라질리아■

남회귀선

파라과이

상파울루 •
리우데자네이루

태평양

대서양

아르헨티나
우루과이

칠레

부에노스아이레스■

1494년
토르데시야스
조약으로 체결된
영토 분할 선
(서경 46°37′)

1493년 최초에
교황이 제안했던
선(서경 38°)

15°

0°

15°

30°

45°

75°   60°   45°   30°

교황에 의해 분할된 아메리카 대륙 오늘날에는 납득되지 않는 영토 분할이지만 당시 교황의 권력은 절대적이었기 때문에 유럽인들은 교황의 임의적인 조정에 어떤 이의도 제기하지 않았다. 그러나 교황의 최초 결정에 포르투갈이 반발하자 토르데시야스 조약을 체결하여 기존 경계에서 1,300m 서쪽으로 옮긴 새로운 경계를 설정했다. 이 조약에 의해 브라질을 제외한 남아메리카 전역이 에스파냐의 지배를 받았다. 남아메리카에서 유독 브라질만이 포르투갈어를 사용하는 이유는 당시 포르투갈의 지배를 받았기 때문이다.

항해 시대의 막을 먼저 연 것은 포르투갈이었다. 포르투갈의 엔히크 왕자는 인도에 이르는 새로운 항로를 찾기 위해 여러 차례 아프리카 서해안을 남하하여 적도 부근까지 탐험하는 성과를 거두었다. 1487년 바르톨로뮤 디아스는 아프리카 최남단 희망봉에 도착했으며, 1498년 바스쿠 다가마는 희망봉을 돌아 인도에 이르는 인도 항로를 개척했다.

콜럼버스는 동쪽으로 향하는 항해 계획안을 포르투갈의 국왕 주앙 2세에게 올렸으나 항해에 들어가는 막대한 비용 때문에 교섭은 잘 진척되지 않았다. 하지만 콜럼버스는 에스파냐의 후원을 받아 1492년 서인도 제도를 발견하고 그곳에서 금과 노예, 담배 등을 가지고 귀환했다. 콜럼버스 귀환 후, 에스파냐는 로마 교황에게 새로 발견한 지역을 모두 에스파냐의 영토로 인정해 줄 것을 요청했다. 이에 교황은 인테르 코에테라inter cohetera 칙서를 통해 아프리카 최서단 세네갈 해안의 베르데곶 서쪽 서경 38°의 자오선을 기준으로 서쪽의 발견지를 에스파냐, 동쪽의 발견지를 포르투갈의 영토로 인정했다.

그 칙서는 교황 알렉산데르 6세가 에스파냐 출신이었기 때문에 에스파냐에게 일방적으로 유리했다. 에스파냐 소유로 인정한 서경 38° 지점은 브라질을 살짝 지나는 곳이어서 포르투갈에게 브라질에서 철수하라고 하는 것과 마찬가지였다. 이에 포르투갈이 즉각적으로 항의했고 양국은 교황의 중재로 1494년 토르데시야스 조약을 맺었다. 베르데곶 서쪽 서경 46° 37′로 옮겨 그어진 자오선을 기점으로 영토 분할을 다시 조정한 것이다.

이 조약에 따라 포르투갈은 브라질에서 대서양, 아프리카, 인도양, 인도네시아까지를, 에스파냐는 아메리카, 태평양, 필리핀을 차지하게 되었다. 그러나 두 나라의 영향력이 쇠퇴하고 영국과 프랑스, 네덜란드가 유럽의 새로운 강대국으로 떠오르면서 이 조약은 유명무실해졌다.

● 동방 무역의 단초를 제공한 향신료

14세기 이후 유럽에서는 북해의 어업이 번창하여 수산물이 크게 증가하면서 생선의 비린 맛을 없애고 부패를 방지할 뿐만 아니라 맛을 부드럽게 하는 향신료의 수요가 급증하였다. 당시 유럽에서는 필수불가결한 식재료로서 황금만큼 가치가 커진 향신료를 오스만 제국과 베네치아 상인들이 독점하였기 때문에 가격이 비쌀 수밖에 없었다. 따라서 아시아의 원산지에서 직접 향신료를 들여오기 위해 항로를 개척하는 것이 필요했다. 16세기 들어 포르투갈이 아프리카 희망봉을 돌아 리스본-희망봉-고아-말루쿠 제도로 이어지는 향료 무역로를 처음으로 열었으며 에스파냐 등 다른 국가들도 뒤이어 항로 개척에 나섰다.

● 태평양을 나눈 사라고사 조약

 토르데시야스 조약이 대서양을 기점으로 한 에스파냐와 포르투갈 간의 영토 분할 조약이라면, 사라고사(Zaragoza) 조약은 태평양을 기점으로 한 영토 분할 조약이다. 포르투갈은 바스쿠 다가마가 인도 항로를 발견한 이후로, 에스파냐는 바스코 발보아가 남태평양을 최초로 발견하고 마젤란이 아메리카 남단을 돌면서 태평양으로 진출했다. 양국이 태평양에서 만난 곳은 정향(丁香, 정향나무의 꽃봉오리로서 향이 강하여 카레 소스에 많이 사용됨)과 육두구(肉荳구蔲, 육두구 나무에 달리는 열매로 매운 맛을 내는 데 사용됨)의 원산지로 유럽인들에게 '향료 제도'로 잘 알려진 필리핀 동남쪽 말루쿠 제도 부근이었다. 1512년 포르투갈은 이곳을 자국령으로 삼았다. 그러나 1521년 태평양을 거쳐 필리핀에 닿은 마젤란이 말루쿠 제도를 에스파냐령이라고 주장하자 태평양을 둘러싼 분쟁이 시작됐다. 1529년 양국은 교황 클레멘스 7세의 중재로 말루쿠 제도에서 동경 145°를 경계로 동쪽은 에스파냐, 서쪽은 포르투갈의 영토로 인정하는 사라고사 조약을 체결했다. 이 조약으로 인도양 일대를 장악하게 된 포르투갈은 동방 무역에 박차를 가했다. 그러나 점차 국력이 약화되면서 말루쿠 제도와 인도네시아는 네덜란드에게, 필리핀은 에스파냐에게 빼앗기는 등 식민지 경영 대열에서 뒤처졌다.

최초에 교황이 제안했던 선
(서경 38˚)

사라고사 조약으로 체결된
영토 분할 선 (동경 145˚)

토르데시야스 조약으로 체결된
영토 분할 선 (서경 46˚ 37´)

사라고사 조약 사라고사 조약에서 태평양의 괌과 마리아나 제도 부근의 경도 145˚ 지점을 경계로 동쪽은 에스파냐, 서쪽은 포르투갈의 영토로 인정하였다.

포르투갈은 왜 식민지 브라질로 왕실까지 옮겼을까?

프랑스 침공을 피해 브라질을 본국화

1500년 포르투갈의 왕 마누엘 1세의 명을 받은 카브랄Pedro Alvares Cabral은 바스쿠 다가마의 항로를 따라 인도로 떠났으나, 폭풍에 밀려 우연히 남아메리카 대륙 어느 해안에 도착했다. 그는 이곳을 '참다운 십자가'를 뜻하는 베라크루스라 부르며 포르투갈의 영토로 삼았다. 그가 발견한 땅이 바로 남아메리카에서 가장 큰 나라인 브라질이다.

에스파냐의 지배를 받았던 신대륙에는 잉카·아스테카·마야 문명 등 고도로 발달한 문명이 있었지만 브라질에는 명주와 모직물용 물감의 원료가 되는 파우 브라질이라는 나무만 브라질 연안에 자생하고 있었다. 유럽에서 훌륭한 옷감 소재로 쓰인 이 나무의 이름에서 지금의 브라질이라는 국명이 탄생했다. 당시 포르투갈은 인도 무역에서 막대한 이익을 얻고 있었기 때문에 나무 외에 특별한 자원이 없는 브라질의 식민 경영에는 거의 신경 쓰지 않았다. 그런데 프랑스와 네덜란드인들이 브라질에 들어와 나무를 마음대로 베어 가기 시작했다. 포르투갈은 그제서야 해안에 요새와 성곽을 쌓고 점차 내륙으로 식민지를 개척해 나갔다.

프랑스의 나폴레옹이 영국을 고립시키기 위해 대륙 봉쇄령을 시행하자 포르투갈은 영국과 우호 조약 때문에 이를 거부했다. 이에 화가 난 나폴레옹이 1807년 포르투갈을 침공하자 포르투갈 왕실은 영국 해군의 호위를 받으며 식민지인 브라질로 피신했다. 왕실, 귀족, 정부 고관과 군인 1만여 명을 태운 배는 1807년 포르투갈을 출발하여 다음 해에 브라질의 리우데자네이루에 도착했다. 이후 브라질에 본국 체계의 교

리우데자네이루의 상징, 예수상 브라질 리우데자네이루 코르코바도산 정상에 세워진 예수상은 브라질이 포르투갈로부터 독립한 지 100주년 되는 해를 기념하여 세웠다.

세계 3대 미항의 하나로 손꼽히는 리우데자네이루 리우데자네이루는 1960년에 수도가 브라질리아로 옮겨지기 전까지 수도였던 곳이다. 흔히 리우라고 부른다. 항구 입구에는 '팡 데 아수카르'라고 불리는 396m 높이의 원추형 화강암이 우뚝 솟아 있어 항구로 들어오는 배들의 이정표 구실을 한다.

브라질의 리우 카니발 해마다 2월 말부터 3월 초에 열리는 세계적인 축제인 리우 카니발의 꽃은 삼바 퍼레이드이다. 리우 카니발에 맞춰 전 세계에서 많은 관광객이 몰려든다.

회, 대학, 은행, 재판소 등이 세워지면서 브라질은 빠르게 근대 국가로서의 면모를 갖추었다.

1816년, 병으로 마리아 1세가 서거하자 포르투갈인들은 자칫하면 영국의 식민지가 되지 않을까 하는 두려움에 브라질로부터 왕실과 정부가 돌아오기만을 기다렸다. 브라질 생활에 푹 빠진 주앙 6세는 처음에는 귀국을 거절했으나 나중에는 황태자 돔 페드루를 브라질에 남겨 섭정케 하고 본국으로 귀국했다. 이후 황태자도 본국으로 귀환하라는 명령이 내려지자, 브라질에 남은 포르투갈인들은 황태자의 귀국을 막고 1822년 황태자 돔 페드루를 황제로 추대하여 독립 제국을 선언했다.

브라질 황제에 오른 페드루 1세는 절대 왕권을 확립하기 위해 애썼다. 그러나 전제 정치에 반대하는 반란과 폭동이 들끓자 왕위를 다섯 살밖에 되지 않았던 페드루 2세에게 물려주고 본국으로 돌아가 포르투갈의 황제가 되었다. 이후에도 공화주의자들의 반란은 계속되었으며 1889년 군부 세력의 혁명으로 브라질은 공화제로 이행했다.

● 브라질 근대화의 상징, 브라질리아

브라질 수도 변천 과정

브라질의 수도 브라질리아

초기 브라질의 수도는 포르투갈에서 파견된 총독이 머물렀던 북동부 해안의 항구 도시 사우바도르였다. 그러나 중부 내륙인 미나스제라이스('모든 광산'이란 뜻)에서 금광이 발견되자 이곳에서 상대적으로 가까운 리우데자네이루를 수도로 삼았다. 리우데자네이루는 '1월의 강'이란 뜻이다. 1502년 1월 1일에 포르투갈의 항해자가 최초로 발견했으며 만의 입구를 강의 입구로 잘못 본 데서 기인한 뜻이라고 한다. 1960년에는 수도를 브라질리아로 옮겼는데, 브라질리아는 해안 지역에 비해 개발이 미미했던 내륙 지역의 균형 개발을 목적으로 건설된 수도였다. 브라질리아는 철저하게 계획된 도시 구조와 기하학적인 건물 형태 등으로 1986년 유네스코에 의해 세계 문화유산으로 지정되었다. 그러나 신도시 건설에 든 막대한 비용 때문에 극심한 인플레이션을 겪는 등 혼란이 거듭되자 수도 이전을 단행한 주셀리노 쿠비체크(Juscelino Kubitscheck) 대통령이 군사 정권에 의해 추방되기도 했다.

남아메리카의 점잖은 거인, 아마존강의 숨겨진 면모는?

지구의 허파이자 세계에서 두 번째로 긴 강

남아메리카 브라질을 관통하여 대서양으로 흘러드는 아마존강은 나일강 다음으로 세계에서 두 번째로 긴 강이다. 아마존강은 1,000개 이상이 되는 지류들의 길이를 모두 합치면 5만km가 넘는 강으로 세계 민물의 5분의 1을 차지할 만큼 세계 최대의 유역 면적과 유량을 자랑한다. 아마존강 유역은 적도 바로 아래 있기 때문에 일 년 내내 기온이 높고 비가 많이 내려 울창한 열대 우림을 이룬다. 지구 산소의 4분의 1을 생산하여 '지구의 허파'라고 불리는 아마존강 유역 열대 우림의 나무들을 모두 베어 낸다면 세계 삼림의 3분의 1이 사라질 것이라고 한다. 아마존강 유역의 열대 우림에는 약 8만 종의 식물과 1,500여 종의 어류 등 지구 생물의 5분의 1에 해당하는 약 24만 종이 살고 있다.

강의 어느 지점에서 수년 동안 있었던 최소 유량과 최대 유량과의 비율을 하상계수라고 한다. 하상계수가 클수록 유량의 변동이 크고, 작을수록 유량의 변동이 작다. 아마존강의 하상계수는 1:4로서 연중 내내 거의 수량 변동이 없다. 이는 두 개의 지류, 즉 북쪽에서 흘러드는 지류를 대표하는 네그루강과 남쪽에서 흘러드는 지류를 대표하는 마데이라강의 우기가 서로 다르기 때문이다. 북쪽의 네그루강은 3~7월 사이에, 남쪽의 마데이라강은 10~1월 사이에 집중적으로 비가 내린다. 때로는 예상을 뒤엎을 정도의 큰 홍수가 일어나기도 하지만 아마존강은 거의 홍수가 나지 않는 강으로 아마존 분지를 품에 안으며 유유히 흐른다. 그래서 아마존강을 '남아메리카의 점잖은 거인'이라고도 한다.

아마존강 유역의 면적은 705km²로 남한 면적의 70배에 이른다. 아마존강의 유출량은 초당 100억 리터 이상의 물을 대서양으로 방출할 만큼 어마어마하다. 우

남아메리카의 점잖은 거인 아마존강 세계 최대의 유역 면적과 유량을 지닌 아마존강은 세계 삼림의 3분의 1을 차지하는 열대 우림을 키워내는 생명체의 보고이다. 아마존강이 범람할 때는 더해진 무게 때문에 남아메리카 대륙이 가라앉고 이후 물이 빠지면 다시 올라간다는 사실이 새롭게 밝혀졌다.

기에 아마존강의 너비는 보통 30km 이상으로 늘어나 밀림을 물에 잠기게 하고 수만 제곱킬로미터 넓이의 호수들이 이곳저곳에 형성된다. 아마존강 유역의 토지는 평탄하여 1km당 4mm의 낙차밖에 되지 않아 사리 때는 바닷물이 하구에서 내륙 800km 부근까지 역류하기도 한다.

1995~2003년 지구위치확인시스템GPS이 측정한 바에 따르면 아마존강의 연중 범람과 때를 맞춰 아마존 분지의 기반암이 상승과 하강을 반복한다고 한다. 아마존강 유역에 범람이 이루어지면 이 엄청난 무게에 눌려 아마존 분지의 지반이 내려앉고, 반대로 수량이 줄어들면 지반이 올라가는데, 그 높이의 차가 평균 7.6cm나 된다는 것이다.

지금은 아마존강이 대서양 방향으로 흐르지만 과거에는 정반대인 태평양 방향으로 흘렀다는 주장도 있다. 남아메리카 대륙의 지질은 동부와 서부 지역이 서로 다르다. 동부 지역은 약 25억 년 전 시생대에 형성된 지층으로 남아메리카 대륙이 아프리카 대륙과 서로 붙어 있을 당시의 지질이다. 그래서 남아메리카 대륙은

'지구의 허파'로 일컬어지는 아마존강 아마존강물은 약 1억 5,000만 년 전 아프리카 대륙과 붙어 있던 남아메리카 대륙이 분리되면서 고지대를 이루던 동쪽에서 서쪽으로 흘러갔다. 그러나 6,500만 년 전 태평양 해저판과 남아메리카 대륙판의 충돌로 대륙 서쪽에 안데스산맥이 융기하자 강물은 더 이상 서쪽으로 흐르지 못하고 그 흐름을 되돌려 동쪽으로 흐르게 되었다.

다른 색으로 흐르는 두 개의 물줄기 아마존 분지 중심부에 있는 제1의 도시 마나우스 하류의 솔리몬에스에서는 아마존강의 거대한 두 물줄기, 즉 북쪽에서 흘러드는 네그루강과 남서쪽에서 흘러드는 본류인 아마존강이 합쳐진다. 그런데 이곳에서는 검은색과 황토색의 서로 다른 색의 물줄기가 물과 기름처럼 섞이지 않은 채 12km가량을 흘러간다. 네그루강의 강물은 검은색이다. 낙엽의 부식토가 휩쓸려 와 강바닥에 침전되면서 낙엽 속에 있는 탄닌 성분이 물에 녹아 강물이 검은색을 띠는 것이다. 본류인 아마존강의 강물은 황토색이다. 안데스 산맥에서 시작된 물줄기가 산지를 흐를 때 침식된 황토가 강물에 흘러들기 때문이다. 두 물줄기가 섞이지 않은 채 흐르는 이유는 비중과 온도, 유속이 각각 다르기 때문인 것으로 최근 밝혀졌다.

아프리카 대륙과 마찬가지로 금, 은, 구리, 다이아몬드 등 지하자원이 풍부하다. 반면 서부 지역은 6,500만 년 전 신생대 초기에 형성된 지층으로 비교적 나이가 어린 지질이다.

아마존강 중부 지역의 퇴적암 성분을 조사한 결과 이곳의 암석에서 동부 지역에서 온 고대 광물질 입자가 발견되었다. 이는 물이 과거 동쪽에서 서쪽으로 흘렀다는 사실을 말해 준다. 1억 5,000만 년 전 중생대 백악기에 아프리카 대륙과 붙어 있던 남아메리카 대륙이 분리되면서 강물은 고지대를 이루던 동쪽에서 서쪽으로 흘렀다. 그러나 6,500만 년 전 신생대 초기 환태평양 조산 운동에 의해 태평양 해저판과 남아메리카 대륙판의 충돌로 안데스산맥이 융기하면서 서쪽으로 강물의 흐름이 차단되어 동쪽으로 강물이 흘러가게 되었다.

● 아마존강 이름의 유래

아마존강을 처음 발견한 유럽인은 에스파냐인들이다. 이들은 바다와 같은 거대한 아마존강을 보고는 '바다의 강'이라 불렀다. 아마존의 원주민 인디오들은 아마존강을 '거대한 파도'라는 뜻에서 '아마주누(Amajunu)'라고 불렀다고 한다. 아마도 이는 조수 간만의 차 때문에 아마존강 하구에서 파고 5m 내외의 엄청난 파도가 일며, 시속 35km의 빠른 속도로 물살이 역류하는 현상을 보고 붙인 이름으로 생각된다.

에스파냐 탐험대는 에콰도르의 수도 키토에서 출발하여 아마존강을 타고 내려가 1542년 하구에 도착했다. 아마존강을 내려가는 도중에 일행은 식량 부족, 수차례에 걸친 원주민과의 전투 등으로 많은 어려움을 겪었다. 그들과 싸운 원주민 인디오들 가운데는 아마조

아마존강 돌고래 안데스산맥의 융기로 아마존강과 태평양을 자유롭게 오가던 일단의 돌고래 무리가 강에 갇힌 채 담수 체계에 적응하여 독자적으로 진화하게 되었다. 강돌고래 중에서 가장 큰 '보토' 같은 아마존강 돌고래가 바로 그것이다.

네스, 즉 그리스인이 카스피해 부근에 산다고 믿었던 전투적인 여자들만의 부족과 흡사한 부족도 있었다. 아마존강의 이름은 탐험대가 만났던 아마조네스와 비슷한 원주민 인디오 전사를 기억하여 붙인 것이다.

볼리비아가 독립 후 절반 이상의 영토를 빼앗긴 이유는?

정치가 불안한 상태에서 벌어진 주변국과의 전쟁

남아메리카 중서부의 내륙 국가인 볼리비아는 '남아메리카의 티베트'라 부를 만큼 국토 대부분이 고원 지대(해발 평균 고도 3,600m)를 이룬다. 행정 수도인 라파스는 세계에서 가장 높은 곳에 위치한 수도이다. 말레이시아와 함께 세계적인 주석 생산국으로 유명하며 다른 지하자원도 풍부하게 매장되어 있는 나라이지만, 지금은 모두 외국 자본에 팔아 넘겨 '금방석 위의 거지', '은을 짊어진 당나귀'라는 이름이 붙을 만큼 가난하다. 티티카카호 부근에서 티아우아나코 고대 문명이 번창했음을 말해 주는 거석들이 발견되어 이곳에서 인디오 문화가 일찍이 발달했음을 알 수 있다. 잉카 제국이 이 땅에 세워지면서 번영을 누렸으나 1532년 에스파냐에게 정복되어 오랜 식민 통치를 받았다. 1825년 남아메리카의 독립 영웅 시몬 볼리바르Simon Bolivar의 지도 아래 독립했는데, 국명인 볼리비아는 바로 이 이름에서 유래했다. 독립 당시 볼리비아의 영토는 지금 영토의 약 2배였으나, 이후 주변 국가들과의 전쟁에서 패하면서 60%에 이르는 영토를 빼앗겼다.

볼리비아는 1879~1884년 태평양 연안에서 채취되는 구아노(바다 새의 배설물로 비료의 원료)와 초석(질산칼륨으로 화약의 원료)을 둘러싸고 칠레와 태평양 전쟁(일명 '초석전쟁' 또는 초석 100kg당 10센

내륙국으로 전락한 볼리비아 볼리비아는 칠레와의 태평양 전쟁에서 패하여 태평양으로의 진출이 어려워졌다. 이어 브라질, 파라과이와의 전쟁에서도 연이어 패하면서 많은 영토를 상실하였다.

세계에서 가장 높은 곳에 위치한 티티카카호 페루와 볼리비아의 국경에 걸쳐 있는 티티카카호는 세계에서 가장 높은 곳에 위치한 호수이며, 잉카 문명의 발생지로 알려졌다. 고산 기후로 수온은 11℃로 거의 일정하며, 갈대로 만든 원시적인 배가 교통수단으로 이용된다.

트의 세금을 부과했기 때문에 '10센트 전쟁'이라고도 함)을 벌였다. 초석이 나오는 아타카마 사막은 볼리비아 영토였으나 초석의 판매는 칠레인들이 전담했다. 볼리비아 정부가 이들에게 세금을 매기려 하자 칠레가 군대를 동원한 것이다.

이 전쟁으로 볼리비아는 초석의 보고를 칠레에 빼앗겼을 뿐만 아니라 태평양으로 진출하는 출구가 막혀 내륙국이 되고 말았다. 1903년에는 브라질과의 전쟁에서 천연고무 산지를, 그 다음에는 유전을 둘러싼 파라과이와의 차코 전쟁에서 차코 지방을 넘겨주었다. 이렇게 여러 차례의 전쟁에서 볼리비아가 패할 수밖에 없었던 것은 9개월마다 대통령이 바뀔 만큼 잦은 쿠데타로 정치가 불안했기 때문이다.

볼리비아는 세계에서 가장 높은 곳에 위치한 티티카카호를 페루와 공유하고 있다. 현재 이 호수에는 볼리비아 해군 병사 약 5,000명이 주둔하고 있으며, 페루 또한 이에 대응하여 티티카카호에 해군 병력을 배치하고 있다. 볼리비아가 티티카카호에서 해군을 훈련, 양성하고 있는 것은 내륙국에서 벗어나 바다로 나아갈 그날을 위해서일 것이다.

● 세계 최대의 소금 사막, 우유니 소금 사막

 볼리비아와 칠레의 국경이 맞닿은 해발 3,653m의 안데스산맥 고지대에는 면적이 약 1만 2,000km²에 이르는 세계 최대의 우유니 소금 사막이 있다. 사막을 덮고 있는 소금의 총량은 약 100억 톤으로 추정된다.

고산 지대에 소금 사막은 어떻게 만들어진 걸까? 약 6,500년 전 태평양 판과 남아메리카 판이 충돌하면서 안데스산맥이 솟아오르기 이전에 이곳은 바다였지만 지각의 융기로 거대한 고원 지대가 형성되었다. 신생대 제4기로 접어들어 여러 차례의 빙하기를 거치며 빙하가 녹은 물이 산지로 둘러싸인 분지 형태의 저지대로 모여들었고 거대한 호수가 형성되었다. 이때 고원의 암석층에 포함되어 있던 소금 성분이 녹아 소금 호수가 되었다. 이곳 일대는 고도가 높아 태평양의 습한 기류가 유입되기 어렵기 때문에 비가 적고 건조한 기후를 띤다. 따라서 오랜 세월 호수의 물이 모두 증발하여 소금 결정만 남아 지금의 소금 사막이 형성되었다.

두 하늘을 품은 우유니 소금 사막 12~3월의 우기에는 물이 고여 얕은 호수가 만들어지는데 호수 수면 위로 푸른 하늘이 거울처럼 투명하게 반사되는 장관이 연출된다.

남아메리카에서 아르헨티나에 유독 백인이 많은 이유는?

이민 정책과 원주민 말살 정책의 결과

남아메리카의 아르헨티나는 우리나라와 지구 정반대 편에 있는 나라이다. 1529년경 에스파냐의 카보트가 이끄는 탐험대는 은으로 만든 의상을 차려입은 원주민들을 보고 라플라타La Plata강을 따라 내륙으로 가면 은이 많을 것이라고 생각했다. '라 플라타'는 에스파냐어로 '은 또는 은화'를 뜻하는 말이다. 1816년 에스파냐로부터 독립한 아르헨티나는 에스파냐에 대한 적대감으로 '라 플라타'를 국명으로 하지 않았다. 대신 라틴어로 '은銀'을 뜻하는 'argentum'에서 따온 아르헨티나Argentina를 국명으로 삼았다.

남아메리카 주민의 대부분은 원주민인 인디오, 아프리카에서 온 흑인, 유럽에서 온 백인 그리고 이들 사이의 혼혈인들로 인종 구성이 복잡하다. 그런데 아르헨티나에서는 다른 나라와 달리 백인의 비율이 높아 전체 인구의 95% 이상이 백인이다.

그 이유로 먼저 지리적인 요인을 들 수 있다. 남아메리카 서쪽은 안데스산맥이 가로막고 있어 정착하기가 어려웠지만 유럽으로 가는 항구는 동쪽 대서양 연안에 있었다. 상업과 무역에 종사하던 백인들은 자연스럽게 그곳에 거주했다. 그러나 보다 결정적인 이유는 19세기 중엽부터 시행한 대규모 이민 정책과 원주민 말살 정책 때문이다. 에스파냐의 식민 통치 당시, 원주민인 인디오들의 저항이 매우 거세 현지 노동력을 확보하는 것이 어려웠다. 이 문제를 해결하기 위해 정부는 유럽에서 온 이민자들의 배 삯을 지불하거나 정착금을 지원하는 등 이민을 적극 장려했다.

1880년대 훌리오 로카Julio Argentino Roca 대통령은 교육받지 못한 노동자는 아르

아르헨티나의 팜파스는 세계 식량 공급지 아르헨티나는 마젤란이 1520년 대서양에서 태평양으로 통하는 항로를 발견하면서 처음 알려졌다. 이후 이 해협은 마젤란의 이름을 따 '마젤란 해협'이라 명명되었다. 1535년에는 에스파냐 본국으로부터 안토니오 드 멘도사(Antonio de Mendoza)를 대장으로 하는 2,000명의 탐험대가 가축들을 싣고 상륙하여 본격적인 식민지 개척에 나섰다. 탐험대는 이곳에서 은을 많이 캘수 있을 것으로 기대했으나 은은 나오지 않았다. 그들이 데려온 소와 양을 방목하여 거기서 얻는 고기와 양털을 수출할 수 있을 뿐이었다.

아르헨티나 국토 중심부의 5분의 1은 광활한 초원 지대로 이곳을 팜파스(Pampas)라고 한다. 농업과 목축업에 최적의 자연환경을 갖춘 팜파스는 세계적인 농목업 지대로 아르헨티나 경제에서 중요한 역할을 한다. 에스파냐로부터 독립한 후, 아르헨티나의 농업과 목축업은 급속히 성장했다. 영국의 투자로 철도가 놓이고 냉동선이 개발되면서 유럽으로 농산물과 육류의 수출이 크게 확대되었다. 지금은 경제 위기를 겪고 있지만 아르헨티나는 한때 팜파스에서 생산되는 농산물과 육류로 세계 경제 7대국이라는 경제적 번영을 누리기도 했다.

아르헨티나 수도 부에노스아이레스의 거리 남아메리카 여러 국가 가운데 아르헨티나에 유독 백인이 많은 이유는 150여 년 전부터 실시된 이민 정책과 인디오와 흑인 말살 정책에 의해서이다.

헨티나에 살 수 없다며 인디오들과 흑인 노예를 쫓아내는 정책을 폈다. 먼저 팜파스에 살던 토착 인디오들을 남부 파타고니아 산지로 몰아냈다. 그리고 1871년 황열병(열대 및 아열대 지방에서 모기에 의한 바이러스 감염에 의한 질병)이 부에노스아이레스에 창궐하자, 시내 전역에 거주하던 모든 흑인 노예들을 지금의 보카 지역에 집단 수용했다. 이곳에서 상당수의 흑인이 집단 감염되어 사망했으며 살아남은 극소수는 라 플라타강을 건너 우루과이와 브라질로 도망쳤다.

1850~1950년 사이에 약 450만 명의 유럽계 이민자들이 유입되었다. 아르헨티

축구의 나라 아르헨티나 아르헨티나는 축구 강국 가운데 하나로 디에고 마라도나와 리오넬 메시 등 세계적인 축구 스타를 배출하였다. 브라질과 함께 남미 축구의 양대 산맥을 이루는 아르헨티나는 모든 국민이 축구에 열광한다. 전국 어디를 가나 시간대를 가리지 않고 축구 경기를 하는 모습을 볼 수 있다.

나 정부는 이탈리아와 에스파냐의 남유럽계 이민자들보다는 영국과 독일 등의 북유럽계 이민자들을 받아들이고 싶어 했다. 이들이 좀 더 근면하다고 생각해서였다. 그러나 북유럽계 이민자들 대부분이 미국으로 가 버려 결국 남유럽계 이민자들이 대거 아르헨티나로 들어왔다.

● 아르헨티나가 낳은 멋진 음악이자 춤, 탱고

아르헨티나의 대표 상징 가운데 하나는 남녀 한 쌍이 추는 정열적이면서도 육감적인 춤이자 음악인 탱고이다. 1870~1880년대 부에노스아이레스의 보카 지구에서 이탈리아 제노바 출신의 뱃사람들이 집시 음악을 흉내 내 춤을 춘 것이 탱고의 시초이다. 이 춤과 음악이 탱고로 발전, 유행하기 시작했고 탱고를 좋아하는 사람들이 늘어나자 곳곳에 무도회장도 생겨났다.

탱고의 모체는 쿠바의 민속 무곡인 '하바네라'로 아르헨티나에 들어와 탱고로 변형된 것이다. 처음에 탱고는 하류층의 문화였다. 중·상류층은 탱고를 저급한 문화로 치부하여 외면했으나 탱고가 파리에서 인기를 얻자 이를 서서히 받아들였다. 이제 탱고는 아르헨티나를 대표하는 문화 코드가 되었다. 탱고를 잘 추는 것이 사회적 성공의 척도라고 할 만큼 탱고는 아르헨티나인들의 삶에서 큰 부분을 차지한다.

아르헨티나 거리의 화려한 탱고 아르헨티나를 상징하는 매력적인 춤과 음악인 탱고는 아르헨티나 사람들의 삶에서 중요한 의미를 갖는다.

잉카 제국의 공중 도시 마추픽추의 비밀은?

풀리지 않는 수수께끼로 남아 있는 도시 건설 기술

마추픽추는 안데스산맥 우루밤바 계곡 해발 2,280m에 위치한 도시로 산자락에서는 그 존재를 확인하기 어렵다. 산꼭대기에 올라야만 그 모습을 온전히 볼 수 있기 때문에 '공중 도시'라고 불린다. 마추픽추는 에스파냐에 점령되지 않은 유일한 요새 도시로 파괴의 손길이 닿지 않아 보존 상태가 가장 양호한 도시이다. 현지어로 '나이 든 봉우리'란 뜻의 마추픽추는 잉카 제국의 상징이다. 면적 13km², 200호나 되는 건물들이 3,000개가 넘는 계단으로 촘촘히 연결되어 있으며 가파른 경사면을 이용한 계단식 경작 시설과 관개 및 배수 시설 등이 정교하게 갖추어져 있어 잉카인들의 놀라운 석공 기술의 진수를 엿볼 수 있다.

잉카인들에게 철제 기술은 없었지만 그들은 놀라울 만큼 정교한 솜씨로 큰 돌들을 정확하게 잘라 성곽과 건물을 세웠다. 아무리 뛰어난 기술이라 하더라도 100년도 안 되는 기간에 200톤이 넘는 거대한 돌들을 짜 맞춰 도시를 세운 것은 불가능한 일처럼 보인다. 이는 오늘날까지 수수께끼로 남아 있다.

마추픽추는 황제가 여름을 나기 위해 지은 별장 도시라는 설도 있으며 제례 의식을 치르기 위해 지은 신전 도시라는 설도 있다. 어느 시기의 잉카인이 어떤 목적으로 마추픽추를 세웠는지는 확실하게 밝혀진 바가 없다. 그러나 분명한 것은 16세기 후반에 잉카인들이 마추픽추를 버리고 더 깊숙한 오지로 들어갔다는 것이다. 마추픽추는 1911년 미국의 역사학자 빙엄Hiram Bingham에 의해서 비로소 세상에 그 모습을 드러내었다.

최근 자료에 의하면, 마추픽추는 잉카 제국이 형성되기 이전 600년 전인 약 800년경에 이곳에 먼저 정착했던 사람들이 건설한 도시이지만 이들이 모두 자취를 감춘 후 오랫동안 빈 도시로 남아 있었다고 한다. 그러다가 1533년 에스파냐의 피사로에 의해 쿠스코가 점령되자 많은 잉카인들이 이곳으로 숨어들었을 것이라는 주장이 제기되고 있다.

잉카 제국의 탄생지, 페루 페루는 남아메리카에서 유일하게 고대 문화유산을 간직하고 있는 나라이다. 15세기에 잉카가 페루를 통일하면서 문화의 황금기를 이루어 안데스산맥 일대를 중심으로 수준 높은 잉카 문명을 형성하였다. 잉카인들의 독특한 건축, 금·은 세공, 관개 농경 방식은 그들의 문화가 얼마나 수준 높았는지를 잘 보여 준다.

잉카 문명의 상징인 공중 도시 마추픽추 잉카인들의 뛰어난 석공 기술을 엿볼 수 있는 마추픽추를 어떻게 건설했는지는 오늘날까지도 많은 부분이 수수께끼로 남아 있다.

왜 잉카 제국은 문자를 사용하지 않았을까?
모든 문자를 없애라는 태양의 신 비라코차의 교시

AMERICA
08

잉카 제국은 에스파냐의 피사로에 의해 멸망당하기 전까지 남아메리카에서 신대륙의 로마라 할 정도로 최대 번영을 누렸던 문명 국가였다. 잉카는 '태양의 아들'이란 뜻으로, 잉카 제국은 12세기경 페루의 티티카카호에서 발원하여 쿠스코에 수도를 세우고 세력을 확장해 나갔다. 13세기경 초대 황제 망코 카파크 시대에는 제국 시민이 약 2,500만 명 정도로 최고 번성기를 누렸다. 잉카 제국은 '세계의 배꼽'이라 불리던 수도 쿠스코를 중심으로 콜롬비아에서 칠레에 이르는 약 5,000km 안데스 산지 전역의 거대한 영토를 지배했다.

잉카 문명에서 가장 주목받는 것은 발달된 도로망이다. 잉카 제국의 왕은 해안과 안데스산맥을 따라 형성된 두 개의 남북 종단로를 적극 활용하여 거대한 제국을 장악할 수 있었다. 또한 차스키로 불리는 파발꾼이 5km마다 배치되어 하루에 240km를 이동할 수 있었다. 잉카인들은 놀라운 석공·토목 기술을 가지고 있어서 수천 개의 돌을 동원하여 돌 틈 사이에 면도칼 하나도 들어갈 수 없을 정도로 정교하게 성벽을 쌓았다. 의료 기술과 천문학이 발달했을 뿐만 아니라 고아, 과부, 병자와 같은 사회적 약자에게도 연금과 식량을 배급하여 현대적 의미에서의 복지 사회를 이루기도 했다.

그런데 이렇게 고도의 문명을 이룩한 잉카 제국이 문자를 사용하지 않았다는 점은 오늘날에도 수수께끼로 남아 있다. 사실 잉카 제국에 문자가 없었던 것은 아니다. 다만 고의로 사용하지 않았을 뿐이다. 어느 해 잉카 전역에 전염병이 돌아 많은 사람이 죽자, 황제

조상 숭배 사상을 지닌 잉카 문명 잉카 제국에서는 태양의 아들로서 막강한 권위를 지닌 황제가 죽으면 시체를 천으로 감싸고 금과 은 등으로 화려하게 장식하여 미라로 만들었다. 3세기경에 만들어진 고대 유적지로 1987년 발굴된 시판Sipan 황제의 묘에서 현세의 생활이 사후로 연장된다고 믿었던 잉카인들의 의식을 엿볼 수 있다.

대서양

15세기경의 잉카 제국 잉카 제국은 15세기부터 16세기 초까지 쿠스코를 중심으로 콜롬비아에서 칠레에 이르기까지 안데스 산지 전역을 지배하였다. 태양신을 숭배했으며, 제국의 왕은 '태양의 아들'로 불렸다. 방대한 제국의 통치가 가능했던 것은 5km마다 파발로 이어진 교통망 때문이다.

툼베스

카하마르카

리마

쿠스코

티티카카 계곡

태평양

는 태양의 신 비라코차에게 신탁을 구했다. 비라코차는 잉카 제국의 모든 문자를 없애라는 교시를 내렸다고 한다. 황제가 이 교시를 받들어 모든 문자를 없애라는 명령을 내리면서 글이 새겨진 돌이 갈려 나가고 문자가 새겨진 천 조각이 불타 버렸다. 황제의 명령을 어기고 문자를 사용한 부족은 몰살당하기도 했다.

대신 그들은 새로운 문자 체계인 키푸Quipu를 만들어 냈다. 결승結繩 문자 또는 매듭 문자라 불리는 키푸는 1m 정도의 줄이나 끈에 매듭을 지어 매듭 수와 간격에 따라 내용을 기록하거나 의사를 전달했다. 키푸는 먼저 색깔에 따라 내용이 다르다. 중심이 되는 노끈인 노란색은 금 또는 옥수수를, 흰색은 은, 붉은색은 병사, 갈색은 감자를 의미한다. 중심 노끈에 매달린 나머지 노끈은 그 수에 따라 각각 의미가 달라진다. 이런 식으로 잉카인은 수 천년동안 도시의 재산이나 인구, 병사 수 등을 기록·관리하여 제국을 통치할 수 있었다.

사실 키푸는 매후 효과적이고 정확하여 에스파냐인들도 남아메리카를 정복했던 초기에 자신들의 새 제국을 통치하는데 키푸를 활용했다. 다만 에스파냐인들은 키푸의 활용법을 몰라 현지 전문가들에게 의존해야만 했다. 그러나 현지 전문가들이 자신들을 기만하거나 오도하기 쉬웠기 때문에 지배력의 약화되지 않을까 우려했다. 그러나 에스파냐의 지배가 점차 굳건하게 정착되면서 키푸 사용을 폐지하고 새 제국의 기록은 순전히 라틴 문자와 숫자만을 사용했다. 결국 키푸는 에스파냐의 점령기를 거치며 사라지게 되었다. 그러나 지금도 잉카의 일부 후손들은 키푸를 이용하여 가축의 수와 곡물의 양 등을 헤아린다고 한다.

잉카 제국의 매듭 문자, 키푸
끈의 매듭을 이용해서 정확한 십진법 계산을 했던 것으로 보아 잉카인들은 수학이나 통계학에 뛰어났던 것으로 추정된다.

왜 이스터섬의 모아이 문명이 사라졌을까?

숲의 파괴가 가져온 결말

이스터섬은 칠레 서쪽 남태평양 상에 있는 섬으로 원주민어로는 라파 누이('큰 섬'이라는 뜻)라고 부른다. 1722년 네덜란드 탐험가 로게벤Jacob Roggeveen이 부활절에 상륙하여 이스터라는 이름이 붙여졌다고 한다. 이스터섬은 해안을 중심으로 높이 1~30m에 이르는 사람 얼굴의 석상 550여 개가 분포하고 있는 것으로 유명하다. 이 석상들을 모아이 석상이라고 한다. 모아이 석상을 세운 것은 분명 원주민들이었고, 거대한 석상을 세운 것으로 보아 중앙 집권화된 정치 조직과 문명 사회가 이곳에 존재했음을 알 수 있다. 이러한 석상 문화의 주인공은 누구이고 석상 문화는 어떻게 해서 사라지게 된 것일까?

이스터섬의 원주민들은 칠레 앞바다를 흐르는 훔볼트 해류와 적도 서풍대의 바

이스터섬 원주민들이 세운 모아이 석상

람을 타고 남아메리카에서 바다를 건너온 고대 잉카 문명의 후예들로 알려졌다. 노르웨이 인류학자 토르 헤이에르달Thor Heyerdahl은 1955년에 고대 잉카 시대 제조법으로 만든 뗏목인 콘티키('잉카의 태양신'을 뜻함)호를 타고 이스터섬에 도착함으로써 신대륙 기원설을 주장한 바 있다. 그러나 원주민들이 하와이 제도나 마르키즈 제도에 사는 사람들과 동일한 언어를 사용하고 낚싯바늘과 같은 도구들이 흡사한 점을 들어 폴리네시아 기원설이 새롭게 제기되었다. 미국 뉴욕 박물관의 고생물학자 데이비드

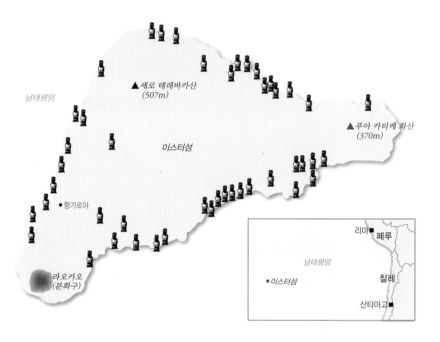

남태평양

▲세로 테레바카산
(507m)

이스터섬

▲푸아 카티케 화산
(370m)

•항가로아

라오카오
(분화구)

리마 ■ 페루

남태평양

•이스터섬

칠레

산티아고 ■

모아이 석상의 분포 거대한 석상은 이스터섬에 중앙 집권화된 정치 조직과 문명 사회가 존재했음을 말해
준다. 석상을 세운 사람들은 폴리네시아인들로 석상은 주로 해안에 분포한다. 석상에 세우기 위해 숲을 남
벌한 결과, 섬의 생태계가 파괴되었으며 결국 그로 인하여 섬을 떠나야만 했다.

스테드먼David W. Steadman은 원주민들의 유골 DNA 검사를 실시하여, 이들은 폴리네시아인으로 이곳으로 이주한 시기는 약 400~500년경임을 밝혀냈다. 오늘날에는 폴리네시아 기원설이 정설로 받아들여지고 있다.

거대한 석상을 이동하고 세우기 위해서는 단단한 줄과 나무가 필요하다. 그런데 유럽인들이 이 섬에 처음 도착했을 때에는 나무가 거의 없는 황량한 벌판만 펼쳐져 있었다. 그렇다면 이런 거대한 석상은 어떻게 세워졌을까? 그 해답은 꽃가루 분석을 통해서 규명되었다. 늪이나 연못의 퇴적층에 쌓인 꽃가루를 분석한 결과, 당시 섬에는 높이 약 25m, 직경 약 2m가 되는 거대한 소나무과의 나무가 울창한 밀림을 이루었던 것으로 밝혀졌다. 이 나무들을 이용하여 나무껍질로 줄을 만들고 석상을 옮기고 세웠던 것이다.

이러한 석상 문화가 명맥을 유지하지 못하고 사라진 것은 숲이 파괴되었기 때문이다. 석상을 세우기 시작한 것은 약 1200~1400년경으로 유적지의 밀도로 보아 당시 적게는 7,000명, 많게는 2만 명에 이르는 사람들이 살았던 것으로 고고학자들은 추정하고 있다. 늘어나는 인구를 부양하기 위해서는 더 많은 경작지가 필요했다. 그래서 숲을 불태우며 경작지를 넓혀 나갔지만, 숲이 파괴되면서 토양의 지력이 떨어져 농업 생산량이 급격히 감소했다. 또한 석상을 세우기 위해서도 나무가 필요했기 때문에 숲은 빠른 속도로 사라졌다.

1500년경에는 섬에서 나무를 찾아보기 어려워졌다. 당시 원주민들의 주식은 바다에서 얻은 참치와 돌고래 그리고 숲에서 얻은 새, 쥐와 같은 야생 동물이었다. 바다로 나갈 배를 만들 나무와 야생 동물들이 사라지자 식량이 부족해졌다. 식량을 얻기 위해 이웃 부족 간에 전쟁이 벌어졌으며 식인 풍습까지 생겨났다. 원주민들은 매일같이 전투를 일삼았고 이웃 부족을 점령, 약탈한 후에는 그 부족이 세운 모아이 석상을 무너뜨리기도 했다.

그란 콜롬비아는
어떤 나라였을까?

통일된 라틴아메리카를 꿈꾸던 나라

1492년 콜럼버스가 신대륙을 발견한 이래 약 300년간 브라질을 제외한 라틴아메리카 전역은 에스파냐의 통치를 받았다. 19세기 초 에스파냐는 프랑스 나폴레옹의 침공으로 큰 혼란에 빠졌다. 이로 인해 라틴아메리카에 대한 지배력이 급속히 약화되었고, 이때를 틈타 라틴아메리카 전역에서 독립운동이 거세게 일어났다. 해방 운동을 이끈 지도자들은 모두 라틴아메리카에서 태어난 백인인 크리오요Criollo들이었다. 라틴아메리카에서 살 수밖에 없었던 크리오요들은 에스파냐의 본토 지상주의와 중상주의 정책에 오랫동안 불만을 품고 있었다.

1806년 베네수엘라에서 해방 운동을 펼쳤던 프란스시코 데 미란다Francisco de Miranda도 그 가운데 한 사람이었다. 미란다와 함께 혁명 운동을 이끌었던 다른 한 사람으로는 콜롬비아의 영웅으로 칭송받는 시몬 볼리바르가 있다. 1810~1820년대에는 에스파냐가 완전히 라틴아메리카에서 물러나면서 콜롬비아, 베네수엘라, 칠레, 브라질, 에콰도르, 페루가 독립을 쟁취했다. 볼리바르는 제국주의의 지배를 받지 않는, 하나로 통일된 라틴아메리카 건설을 원했다. 이를 위해 1825년 아메리카 국가들 간 최초의 모임인 아메리카 회의를 당시 콜롬비아 영토였던 파나마 시에서 열었다.

하지만 국가들 간의 이해관계가 얽혀 있었기 때문에 라틴아메리카 전체의 통일 국가 건설은 결코 쉬운 일이 아니었다. 그는 콜롬비아, 파나마, 베네수엘라, 에콰도르를 한데 묶는 그란 콜롬비아Gran Colombia(1819~1831년, 대콜롬비아 공화국이라고도 함)를 세우고 대통령으로 취임하였다. 그러나 중앙집권화를 둘러싼 내부의 대립과 갈등이 심화되어 공화국은 그리 오래가지 못했다. 하지만 보다 근본

쿠바
(1902)

아이티
(1804)

도미니카공화국
(1884)

멕시코
(1821)

온두라스
(1821)

니카라과
(1821)

과테말라
(1821)

엘살바도르
(1821)

파나마
(1903)

코스타리카
(1848)

에콰도르
(1830)

베네수엘라
(1811)

기아나

콜롬비아
(1810)

페루
(1821)

브라질
(1822)

볼리비아
(1825)

파라과이
(1811)

칠레
(1810)

우루과이
(1828)

아르헨티나
(1816)

대서양

태평양

그란 콜롬비아(1819~1830)
에스파냐령
포르투갈령
영국령
프랑스령
네덜란드령

라틴아메리카의 독립 1800년대 들어 프랑스 나폴레옹의 에스파냐 침공으로 에스파냐의 라틴아메리카에 대한 지배력이 급속히 약화되면서 많은 나라가 독립을 맞았다. 이 과정에서 시몬 볼리바르의 영도 아래 콜롬비아, 파나마, 베네수엘라, 에콰도르를 한데 묶은 그란 콜롬비아가 건국되었으나 볼리바르 사후 해체되어 각각 단독으로 국가를 건설했다.

적인 이유는 신생국가 건설보다 기득권 유지에 매달렸던 백인 대지주들의 반발이 컸으며, 특히 남아메리카에 영향력을 키워가던 미국이 거대국가의 출현을 원하지 않아 조직적으로 개입하여 훼방을 놓았기 때문이다. 결국 볼리바르가 사망한 뒤에 공화국은 콜롬비아, 베네수엘라, 에콰도르로 해체되어 각각 단독으로 국가를 건설하였다.

● 볼리바르에 대한 라틴아메리카인들의 끝없는 사랑

에스파냐계 귀족의 아들로 베네수엘라의 카라카스에서 태어난 볼리바르는 라틴아메리카의 독립 영웅으로 평가받는다. 라틴아메리카 사람들의 볼리바르에 대한 사랑과 존경은 각별하여, 국명, 화폐 단위, 지형, 경제 조약 등에 그의 이름을 딴 명칭이 빠지지 않고 등장한다. 우고 차베스 베네수엘라 대통령은 국명을 베네수엘라 볼리바르 공화국으로, 헌법 또한 볼리바리안 헌법으로 바꿨다.

아메리카 독립 영웅 볼리바르 볼리바르는 일찍이 라틴아메리카 전체를 아우르는 통일 국가를 건설한다는 원대한 비전을 가지고 있었다. 그러나 통일된 라틴아메리카를 원치 않았던 미국과 영국의 분열 정책으로 그 꿈은 무산되었다.

● 라틴아메리카 독립운동의 구심점, 미란다의 삼색기

미란다는 독립운동의 구심점으로 삼색기를 고안해 냈다. 이 삼색기는 에스파냐의 '붉은' 지방에서 대서양의 '파란' 바다를 건너 카리브해에 있는 이상향인 '황금색' 땅에 도착한 것을 비유적으로 표현한 기였다. 그란 콜롬비아 공화국이 해체될 당시 각국은 미란다의 삼색기를 약간씩 수정하여 국기로 삼았다.

베네수엘라

에콰도르

콜롬비아

라틴아메리카 북부에 위치한 베네수엘라, 에콰도르, 콜롬비아의 국기는 서로 비슷하다. 1806년 베네수엘라에서 해방 운동을 이끈 미란다가 고안해 낸 삼색기는 그란 콜롬비아 공화국의 국기였는데, 이후 각 나라가 독립한 뒤 미란다의 삼색기를 약간씩 수정하여 국기로 삼았다.

다윈의 『종의 기원』을 탄생시킨 나라는?

에콰도르의 16개 화산섬, 갈라파고스 제도

남아메리카의 에콰도르는 적도에 걸쳐 있는 나라로, 에콰도르는 에스파냐어로 '적도equator'라는 뜻이다. 에콰도르 해안선 서쪽으로 약 960km 떨어진 지점에는 갈라파고스 제도가 있는데, 이곳은 약 1,500만 년 전에 분출한 크고 작은 16개의 화산섬으로 이루어져 있다. 1535년 이곳을 처음 발견한 에스파냐인들이 에스파냐어로 '거북'을 뜻하는 '갈라파고스'라는 이름을 붙였다.

갈라파고스 제도의 동식물상이 중·남아메리카와 매우 비슷하여 동식물들이 그곳에서 건너왔음을 짐작할 수 있다. 갈라파고스 제도에는 무게 200kg의 코끼리거북, 몸길이가 1m가 넘는 바다 이구아나, 날개가 퇴화한 갈라파고스 가마우지, 열대 바다에 사는 유일한 펭귄인 갈라파고스펭귄, 14종에 이르는 피리새 등의 동물 그리고 갈라파고스 기둥 선인장, 부채선인장 등의 식물과 같은 특이한 고유종의 비율이 높다. 또한 대륙에서 이미 멸종된 종과 주어진 독특한 환경에 적응하며 진화해 온 여러 종이 발견되기도 하는데, 이는 오랫동안 대륙과 격리된 채 독자적으로 진화해 왔기 때문이다.

1835년 비글호를 타고 이곳에 상륙한 찰스 다윈Charles Robert Darwin은 갈라파고스 제도의 특이한 동식물에 크게 매료되었다. 그는 그 근원을 연구하여 생물 진화 이론(자연도태설)을 주장했다. 모든 생물종들은 살기 위해 경쟁을 하며, 종족을 번식시키기 위해 자신을 자연에 맞게 적응시키고 변형시킨다는 것이다. 그리고 그러한 형질은 유전에 의해 다음 세대로 계승되며, 이러한 점진적인 변화의 과정이 종의 진화를 가져온다고 보았다.

다윈은 20여 년 가까이 연구한 내용을 정리하여 『자연선택에 의한 종의 기원, 또

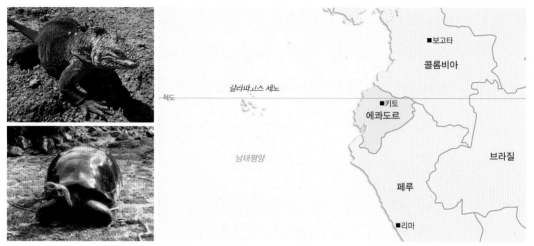

갈라파고스 제도의 희귀종들 화산섬으로 이루어진 갈라파고스 제도는 「종의 기원」에 소개되면서 세상에 알려졌다. 갈라파고스 제도에는 대륙에서 이미 멸종된 종들이 살아 있을 뿐만 아니라 오랫동안 대륙과 격리된 채 고립된 환경 속에서 독자적으로 진화한 특이 종들이 발견된다. 특히 바다이구아나, 코끼리거북과 같은 파충류와 갈라파고스펭귄, 다윈핀치 등의 조류가 대표적이다. 이렇듯 생물사학적인 가치가 큰 갈라파고스 제도는 1978년, 최초의 세계 자연 유산으로 등록되었다.

는 생존 경쟁에서 유리한 종족의 존속에 관하여On the Origin of Species by Means of Natural Selection, or the Preservation of Favoured Races in the Struggle for Life』(이하 『종의 기원』)를 출간했다. 그러나 다윈의 진화론은 초기에는 기존 과학자들과 성직자 및 신자들로부터 맹렬한 비판과 공격을 받았다. 그 이론은 과학적으로 검증하기 어려웠을 뿐만 아니라 당시의 사회에서는 종교 신앙이 중심에 있었기 때문이다. 그렇지만 그의 진화론은 당시의 과학 및 종교의 진로에 많은 영향을 끼쳐 혁신적인 사고의 전환점이 되었다.

다윈의 『종의 기원』 다윈은 모든 생물은 생존 경쟁과 종의 번식을 위해 주어진 자연환경에 맞게 자신을 적응, 변형시킨다는 진화론을 주장하였다. '적자생존'의 진화론의 착상 동기를 제공한 섬이 바로 갈라파고스 제도이기 때문에 갈라파고스 제도를 '생물진화의 야외 실험장'이라고도 한다.

● 다윈의 그늘에 가려졌던 생물 지리학의 선구자 앨프리드 월리스

다윈이 그동안의 연구 결과를 논문으로 정리할 즈음에 앨프리드 월리스(Alfred Russel Wallas)로부터 「변종(變種)이 본래의 형에서 나와 무한히 떨어져 나가는 경향에 관하여」라는 논문을 받았다. 월리스는 1854~1862년 말레이 열도와 인도네시아를 여행하면서 아시아와 오스트레일리아의 동물군이 특정 해협을 사이에 두고 현저한 차이점을 갖고 있음을 확인했다. 이때 표본으로 수집한 자료를 토대로 새로운 종의 진화에 대한 생각을 갖게 되었다. 그가 다윈에게 보낸 논문의 내용은 '자연 선택'과 '진화'라는 단어를 사용하지 않았을 뿐이지 다윈이 정리해서 발표만 남겨두고 있었던 내용과 거의 일치했다. 다윈은 충격을 받았으나 다행히 1858년 린네학술대회에서 월리스와 공동으로 논문을 발표함으로써 위기를 넘겼다. 월리스의 연구와 탐험은 다윈의 『종의 기원』이 발표된 지 10년 후에 『말레이 군도』라는 책으로 출간되었다.

월리스는 포유류 분포를 토대로 지구를 여섯 개의 생물 지리학상 경계구로 나누었다. 그의 이름을 따 그 경계선을 월리스 선이라고 한다. 다윈의 그늘에 가려 빛을 보지 못했지만 월리스는 동물종의 분포와 지리학과의 연관성을 연구한 최초의 학자로 '생물 지리학의 아버지'로 불린다.

동물 지리학상의 경계선인 월리스 선 월리스는 캥거루, 코알라, 왈라비 등의 유대류 동물들이 분포하는 동부 오스트레일리아와 서부 아시아와의 동물상이 완연히 다르다는 사실에 주목하고 동물 지리학상의 경계를 설정했다. 그러나 월리스가 미처 방문하지 못한 섬까지 방문한 다른 연구자에 의해 월리스 선의 경계는 도전을 받았다. 이후 막스 베버는 더 자세한 조사를 통해 뉴기니섬을 경계로 베버 선을 설정하여 동물 지리학상의 경계를 분명히 했다.

친근한 후안 발데스 아저씨만 보면 생각나는 것은 무엇일까?

콜롬비아 수출의 절반을 차지하는 커피

전 세계 사람들이 가장 즐겨 마시는 기호 음료는 커피이다. 커피는 아프리카 에티오피아의 아비시니아고원이 원산지로, 9세기 아라비아반도로 건너가 12세기 십자군 전쟁 때 유럽에 전해졌다. 처음에 유럽에서는 커피를 아리비안 와인, 즉 이슬람교도의 음료라 하여 배척하기도 했으나 곧 유럽 전역에 퍼졌다.

현재 브라질이 가장 많은 커피를 생산하고 있으며, 베트남, 콜롬비아, 인도네시아, 멕시코 등이 생산량에서 차례로 그 뒤를 잇고 있다. 이처럼 커피가 동남아시아와 남아메리카에서 주로 생산되는 이유는 유럽 열강들이 식민지였던 그곳들에 커피를 들여와 대량 재배했기 때문이다. 콜롬비아는 커피가 국가 전체 수출의 절반을 차지할 정도이며 콜롬비아 커피는 국제 시장에서 인기가 높아 1900년대를 기점으로 브라질 커피를 제치고 커피의 대명사로 등장했다.

일반적으로 고급 커피에는 커피 생산지나 수출 항구의 이름이 붙는다. 예멘의 모카, 브라질의 산투스, 자메이카의 블루마운틴, 콜롬비아의 메데인 등이 대표적인 고급 커피이다. 커피는 사람의 입맛과 상황에 따라 그 취향이 각각 다르기 때문에 어느 커피든 간에 세계 일등이 되기 어렵다. 그런데도 콜롬비아 커피는 독특한 마케팅 전략으로 전 세계에서 명성을 얻고 있다.

콜롬비아커피재배업자연합회는 커피 품질을 개발하기 위한 연구와 함께 독창적인 캐릭터를 고안하여 적극적으로 광고해 나갔다. 이 전략은 주효했다. 1960년부터는 전 세계인을 대상으로 광고를 했는데, 여기서 주인공은 후안 발데스Juan Valdez라고 하는 가공의 인물이다. 어깨에 망토를 걸치고 조랑말과 함께 있는 후안 발데스는 콜롬비아 커피 재배 농부의 전형적인 모습을 친근하게 표현한 것이

콜롬비아 커피의 상징 어깨에 망토를 걸치고 조랑말을 끄는 후안 발데스라는 가공의 인물을 등장시킨 마케팅 전략이 성공함으로써 콜롬비아는 전 세계 커피 시장에서 새로운 명성을 얻었다.

다. 10여 년 전 우리나라의 한 음료 회사에서도 콜롬비아 커피 원액으로 만든 커피를 출시하면서 이 캐릭터를 모델로 쓴 적이 있다.

2004년 콜롬비아는 전 세계에서 가장 큰 다국적 커피 전문점인 미국의 스타벅스에 도전장을 냈다. 콜롬비아커피재배업자연합회에서 직접 후안 발데스라는 간판을 걸고 워싱턴에 이어 뉴욕에 커피숍을 연 것이다. 커피숍은 콜롬비아 커피의 명성을 익히 아는 많은 사람들로 성황을 이루었다. 이로써 스타벅스보다 낮은 가격으로 세계 시장에 커피의 진정한 맛을 선보이겠다는 콜롬비아의 커피 마케팅이 성공한 것으로 평가된다.

● 한 나라에서 커피 산업과 와인 산업이 같이 발달하지 못하는 이유

커피의 주요 생산지는 적도를 중심으로 북위 25°와 남위 25° 사이로 해발 500~1,000m 지대의 15~25℃의 기온에서 잘 자란다. 브라질, 콜롬비아, 멕시코, 과테말라, 베트남, 에티오피아 등의 고산 지대가 그런 곳이다. 커피는 이들 국가의 주요 산업으로 전 세계 생산량의 75%를 차지한다.

포도는 북위 25°~50°와 남위 25°~40°에서 주로 재배된다. 포도는 열대 기후에서도 재배되지만 와인을 만들기에는 너무 달기 때문에 적합하지 않다. 와인은 적절한 일교차가 나는 지역에서 재배되는 포도로 만들어야 맛이 좋다. 그래서 북반구에서는 이탈리아, 프랑스, 에스파냐와 독일, 남반구에서는 칠레와 오스트레일리아 등에서 포도 재배가 활발하며 이 지역에서 와인 산업이 발달하였다. 이렇게 재배되는 기후 조건이 달라 커피와 와인 산업은 한 지역에서 발달하지 못하는 것이다.

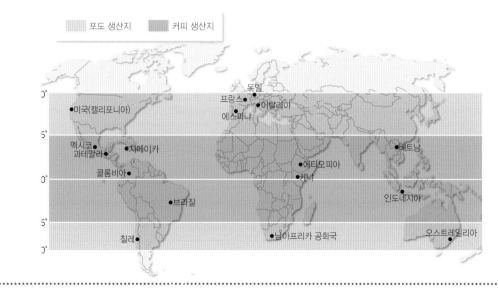

베네수엘라의 테이블 마운틴을
노아의 방주라 부르는 까닭은?

지각 변동 없이 오랫동안 고립되었던 테푸이

남아메리카 북부 베네수엘라, 브라질, 가이아나의 국경 지대에는 정상부가 평평한 산(원주민어로 '테푸이')이 끝없이 이어져 있다. 아마존 밀림 위로 솟아오른 테푸이를 테이블 마운틴이라고도 하는데, 그 모양이 탁자 모양과 같아 붙여진 이름이다. 테이블 마운틴은 1937년 미국의 탐험가 지미 엔젤Jimmie Angel이 비행기 고장으로 테이블 마운틴 정상부에 불시착하면서 그 모습을 드러냈다. 테이블 마운틴은 원시 세계의 비경을 지닌 곳으로, 베네수엘라의 볼리바르주에 있는 테이블 마운틴은 영화 「쥬라기 공원」의 배경이 되기도 했다.

테이블 마운틴은 약 17억 년 전 바다에서 형성된 사암이 주를 이루는, 세계에서 가장 오래된 지층 가운데 하나에 속한다. 지층 형성 이후 거의 지각 변동을 겪지

베네수엘라의 테푸이 베네수엘라 기아나고원 지대에는 높이가 1,000m 이상인 테이블 모양의 절벽 테푸이가 100여 개 분포해 있다.

베네수엘라의 테이블 마운틴

남아프리카 공화국의 테이블 마운틴

테이블 마운틴의 분포 남아메리카 대륙과 아프리카 대륙은 분리되기 이전인 약 1억 5,000만 년 전에는 서로 붙어 있었다. 따라서 테이블 마운틴은 두 대륙이 붙어 있던 곳 모두에서 나타난다. 남아프리카 공화국 케이프타운에서도 테이블 마운틴을 볼 수 있는 것은 이 때문이다.

않아 수평층을 이루는 안정 지괴이기도 하다. 과거 아프리카 대륙과 남아메리카 대륙은 붙어 있었는데, 중생대 약 1억 5,000만 년 전부터 분리되기 시작했다. 남아프리카 공화국을 포함하여 아프리카 남서 해안에서 테푸이와 똑같은 테이블 마운틴이 있는 것은 바로 지질이 같기 때문이다. 오랫동안 지각 변동 없이 침식되어 두 대륙의 지층이 방패를 엎어 놓은 모양과 같다고 하여 이 지층을 로라이마 순상지楯狀地라고 한다.

해저에 있던 지층은 융기하여 지표에 드러났으며 지층에 발달된 수직 균열을 따라 오랫동안 침식이 진행되면서 직벽의 거대한 바윗덩어리인 테이블 마운틴이 형성되었다. 베네수엘라에 있는 테이블 마운틴의 꼭대기와 지표의 표고 차는

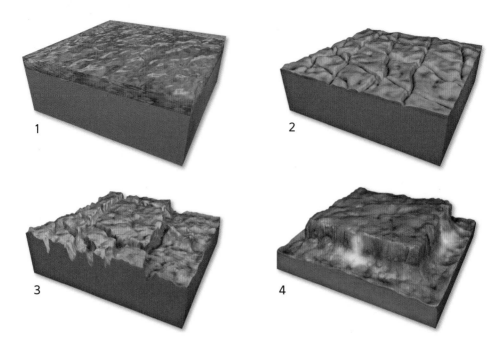

테이블 마운틴 형성 과정

1. 약 17~16억 년 전 얕은 해저에서 모래, 자갈, 진흙 등이 번갈아가며 쌓여 두꺼운 퇴적층이 형성되었다.
2. 지반의 융기로 육상에 모습을 드러낸 지층에 지각 변동에 의해 수직 균열이 생겨났다.
3. 균열선을 따라 오랜 세월 비바람에 의한 침식 작용으로 균열의 폭과 깊이가 더욱 커졌다.
4. 균열선에 형성된 수직 절벽을 따라 중력의 영향으로 지층이 하나둘씩 무너져 내리면서 직벽에 가까운 또는 비탈면을 이루는 테이블 모양의 지형이 형성되었다.

1,000m에 육박한다. 이와 같이 높은 절벽이 주변과의 교류를 차단하는 막이 되어 정상부는 외부와 단절된 상태에서 독립적으로 진화해 갔다. 정상부에는 동식물의 고유종과 특이한 고대 생물종이 많아서 테이블 마운틴을 '노아의 방주'라고 부르기도 한다.

베네수엘라는 왜 지구촌 최고의 미인 국가가 되었을까?

빈곤의 탈출구, 사회적 성공의 초고속 엘리베이터

베네수엘라는 남아메리카 북쪽 카리브해 연안에 위치한 나라이다. 이탈리아의 탐험가 아메리고 베스푸치Amerigo Vespucci는 이곳을 탐험한 후, '작은 베네치아' 라는 뜻에서 베네수엘라라는 이름을 붙였다. 이탈리아의 베네치아에서처럼 이곳 원주민들이 물 위에 집을 짓고 살았기 때문이다.

베네수엘라는 지난 20년간 미스유니버스, 미스월드, 미스인터내셔널 등 미의 경연장에서 10명이 넘는 미의 여왕들을 배출했다. 2008년 제58회 미스유니버스대회에서 베네수엘라 출신 다야나 멘도사가 왕관을 쓰면서 베네수엘라는 또다시 지구촌 최고의 미인 국가임을 입증했다.

베네수엘라 여인들의 아름다움은 이제 국제 사회가 인정할 정도이다. 하지만 그 아름다움은 가공하지 않은 자연스러운 아름다움이 아니라 철저하게 계산된 인위적인 아름다움이다. 세계미인대회 우승자의 90%가 모두 이 나라 곳곳에 있는 미인 학교 출신이다. 이 학교에서는 철저한 미녀 수업으로 미인을 만들어 내며 여성들은 전신 성형도 마다하지 않는다. 베네수엘라 여성들에게는 미인 대회의 우승이 부와 명예를 보장하는 열쇠이기 때문이다. 이런 미녀의 꿈 뒤에는 베네수엘라 경제의 어두운 그림자가 드리워져 있다.

세계 5위의 산유국인 베네수엘라는 중남미의 다른 나라에 비하여 잘사는 나라에 속한다. 그러나 전체 인구의 60% 이상이 절대 빈곤에 허덕일 정도로 빈부 격차가 크다. 그 격차는 베네수엘라에게 급작스런 경제적 부를 가져다준 석유 산업 때문에 생겨났다.

에스파냐가 지배할 당시에 베네수엘라는 커피, 카카오, 사탕수수 등을 재배하는

베네수엘라 마라카이보호 1922년 남아메리카 최대 소호인 마라카이보호에서 큰 유전이 발견되면서 베네수엘라는 세계 5위의 산유국이 되었으나 동시에 극심한 빈부 격차 문제도 발생했다.

가난한 농업 국가였다. 그러나 1922년 남아메리카 최대 소호沼湖인 마라카이보호에서 큰 유전이 발견되면서 남아메리카에서 가장 부유한 나라가 되었다. 석유 산업은 전체 수출의 80%를 차지할 정도로 국가 재정에서 비중 있는 경제 부문이 되었다. 석유 산업의 호황으로 베네수엘라는 엄청난 부를 축적했지만 1980년대부터 석유 가격이 하락하면서 경제 상황은 악화되었다.

석유가 나지 않던 시절에는 농업 생산으로 경제 규모를 적정 수준으로 유지할 수는 있었다. 그러나 석유로 벌어들인 오일 달러가 넘쳐나면서 생필품을 해외에서 수입해 쓰게 되자 제조업은 경쟁력을 상실했다. 부가 가치가 낮은 농업은 뒷전으로 밀려났다. 정치가들은 자신들의 기득권 보호에만 열을 올렸으며 정부는 석유로 벌어들인 재원으로 균형 있는 산업 발전을 이루지 못해 국가 경제는 파탄 나고 말았다.

농업을 포기하여 먹고 살 길이 막막해진 농민들과 일자리를 구하지 못한 많은 사람들이 일시에 도시로 몰려들어 거대한 빈민가를 형성했다. 할 수 있는 일이 거의 없었던 젊은 여성들에게 미인 대회는 가난에서 벗어날 수 있는 유일한 탈출구였다. 최고 미인으로 뽑히면 단번에 사회 저명인사가 되었을 뿐만 아니라 연예계 진출하여 사회적으로 성공할 수 있는 길이 열렸다. 이런 사회 풍조로 1960년대 들어 미인 산업이 본격화되었다.

2003년 미스 베네수엘라에 당선된 마리안겔 루이즈는 미스 유니버스대회에 참가하지 못했다. 대회에 출전하려면 8만 달러의 참가비를 내야 하는데, 1989년 국제 통화 기금에 구제 금융을 신청한 베네수엘라 정부가 어려운 경제 상황을 이유로 참가를 불허했기 때문이다. 사람들은 이를 두고 "베네수엘라의 여성이 돈이 없어 미인 대회에 못 나가는 것은 축구 왕국인 브라질이 돈이 없어 월드컵에 못 나가는 것과 같다"라고 말하기도 했다.

베네수엘라 미인 대회에 숨겨진 어두운 그림자 베네수엘라에서 '미美'는 여성을 평가하는 가장 중요한 기준이다. 베네수엘라에서는 각 도시마다 그리고 학교, 공장 심지어 감옥에서도 미인 대회를 개최한다. 각종 미인 대회의 우승은 적지 않은 부와 명예를 보장한다. 베네수엘라가 이처럼 미인 대회에 열광하는 가장 큰 원인은 낙후된 경제와 사회적 차별로 인한 여성들의 취업난 때문이다.

● **베네수엘라에서 야구가 축구보다 인기가 많은 이유**

브라질, 아르헨티나, 콜롬비아 등 남아메리카 대부분의 나라들은 축구 강국으로, 이들 나라에서 축구는 대중적 인기가 높은 스포츠이다. 그러나 베네수엘라에서는 축구보다 야구가 더 인기가 높다. 베네수엘라 출신 야구 선수들의 꿈은 미국의 메이저리그에 진출하는 것이다. 사실 야구는 유럽과 아프리카 등에서는 거의 인기가 없는 스포츠이다. 하지만 미국 문화의 영향을 많이 받은 캐나다, 쿠바, 아시아의 일본, 한국, 대만 등에서는 인기가 높다. 석유 개발과 함께 미국 자본이 유입되면서 베네수엘라가 미국 문화의 영향을 많이 받았음을 대표적으로 보여 주는 것이 바로 야구이다.

남아메리카에서 유일하게 영어를 사용하는 국가는?

주민의 절반이 인도인인 가이아나

남아메리카 북부 대서양 연안의 베네수엘라와 수리남 사이에 가이아나라는 나라가 있다. 가이아나는 원주민어로 '물의 나라'라는 뜻으로, 가장 큰 강인 에세퀴보강을 비롯하여 수많은 강들이 대서양으로 흘러들기 때문에 붙여진 이름이다. 가이아나는 영국의 오랜 식민 지배를 받아 남아메리카에서 유일하게 영어를 사용하는 나라이기도 하다.

가이아나 전체 주민의 절반가량은 그리스도교도, 그 다음은 힌두교도, 이슬람교도이다. 그리고 인도인, 흑인, 백인과 원주민의 혼혈인 메스티소, 소수의 토착 원주민 등 다양한 인종들이 모여 있다. 특이한 점은 아시아계 인도인이 전체 국민의 절반을 차지한다는 것이다.

'기아나 3국'은 어디인가 발음이 약간 다르지만 가이아나와 인접국 프랑스령 기아나의 국명이 지닌 뜻은 같다. 기아나(Guiana)도 원주민어로 '물의 나라'라는 뜻이며, 가이아나(Guyana)는 이를 영어식으로 표기한 것일 뿐이다. 가이아나(구 영국령 기아나), 수리남(구 네덜란드령 기아나)과 현재 프랑스령 기아나를 합친 3개국을 기아나 3국이라고 한다.

유럽인들이 진출하기 전, 이곳에는 아메리카 인디언들이 살고 있었다. 가이아나에 가장 먼저 손을 뻗은 식민 세력은 네덜란드였다. 그러나 나폴레옹 전쟁 동안 이곳을 점령하던 영국이 네덜란드로부터 가이아나를 사들이면서 영국령이 되었다. 열강들은 많은 흑인 노예를 들여와 사탕수수 플랜테이션을 운영했다. 하지만 노예 제도가 폐지되면서 더 이상의 노예 공급이 어렵게 되었을 뿐만 아니라 해방된 노예들이 토지를 소유하게 되면서 사탕수수 농장에서 일하기를 거부했다.

그러자 영국은 인도와 동남아시아로부터 도제 계약을 맺은 노동자를 이민자로 받아들였다. 1840~1910년대에 약 25만 명의 아시아계 노동자들이 가이아나로 들어왔다. 현재 정치·경제계의 주류인 아시아계 인도인과 비주류인 아프리카계 흑인 사이의 심각한 대립으로 인종 폭동이 발생하여 사회 문제가 되고 있다.

● 남아메리카와 태평양 도서로 진출한 인도인

1625년 네덜란드는 북아메리카 대서양 연안의 섬에 뉴암스테르담(오늘날 미국의 뉴욕)이란 이름을 붙이고 그곳에 모피 가공 공장을 세웠다. 그 후 네덜란드는 이 땅을 영국이 소유한 남아메리카의 땅과 교환했는데, 그곳이 바로 지금의 수리남이다. 수리남은 남아메리카에 있는 가장 작은 나라로, 카리브 인디언 가운데 하나인 수리넨족에서 그 이름이 유래되었다. 수리남은 알루미늄의 원료인 보크사이트 생산 세계 9위의 나라이다. 수리남에서는 여러 갈래의 하천이 내륙 고원 지대에서 대서양으로 흘러가며 이 풍부한 수량을 이용한 발전으로 알루미늄을 생산한다. 전체 인구 가운데 약 40%가 인도인으로, 이는 가이아나의 경우와 마찬가지로 흑인 노예를 조달할 수 없게 된 유럽 열강들이 아시아계 노동자들을 들여왔기 때문이다. 수리남은 1975년 독립되기 전까지 네덜란드의 식민 지배를 받아 네덜란드어가 공용어이다. 한편, 남태평양의 휴양지로 널리 알려진 피지섬 또한 전체 인구 가운데 인도인이 약 45%를 차지한다. 그 이유 또한 가이아나, 수리남과 비슷하다. 피지를 점령한 영국은 1880년대 사탕수수 플랜테이션에서 일할 많은 노동자들이 필요했다. 원주민 대부분이 바이러스에 감염되거나 강제 노역으로 사망했기 때문에 인도인을 피지로 이주시킨 것이다.

수리남의 인도인 상점 1880년대 중반 영국의 식민 지배하에 있던 많은 인도인이 남아메리카와 태평양 도서 플랜테이션 농장의 노동자로 진출하였다. 인도 사람들이 전체 인구의 40%를 차지하는 수리남의 수도 파라마리보에는 인도인들이 운영하는 상점이 즐비하다.

왜 프랑스령 기아나에
우주선 발사 기지가 세워졌을까?

중력의 영향 없이 최대의 에너지를 얻을 수 있는 곳

남아메리카 북부 대서양 연안 수리남과 브라질 사이에는 남아메리카에 남은 마지막 식민지인 프랑스령 기아나가 있다. 1667년 프랑스의 영토가 된 이후 1946년에 정식으로 프랑스의 한 주가 되었다. 프랑스의 오랜 식민 지배로 프랑스어가 공용어이고 전체 인구의 90%가 가톨릭교도로 남아메리카의 다른 나라에 비해 생활 수준이 높은 편이다. 1852년부터 약 100년 동안 프랑스가 이곳에 중죄를 범한 본토의 죄수들을 강제 이송하여 유형지로 삼았기 때문에 '악마의 섬(데블 아일랜드)'이란 별칭이 붙기도 했다.

프랑스령 기아나의 쿠루에는 유럽 우주국에서 건설한 로켓 발사 기지가 있다.

프랑스령 기아나 우주 기지
1992년 8월 11일 남아메리카 프랑스령 기아나 쿠루 우주 기지에서 우리별 1호를 쏘아 올리면서 우리나라는 인공위성 보유국으로 정식 등록되었다. 유럽의 우주국들이 로켓 발사 기지를 기아나로 선택한 것은 기아나가 지구의 중력을 가장 적게 받는 지역인 적도에 위치하고 있기 때문이다.

1992년 대한민국 최초의 인공위성인 우리별 1호가 발사된 곳도 바로 이곳이다. 그런데 유럽 우주국의 발사 기지가 유럽 본토가 아닌 프랑스령 기아나에 세워진 이유는 무엇일까?

인공위성이 대기권을 뚫고 지구 주위를 도는 공전 궤도에 도달하기 위해서는 대략 초속 10km의 속도가 필요하다. 이 속도를 내기 위해서는 시속 300km로 달리는 고속 열차의 1만 4,000배에 달하는 막대한 에너지가 필요하다. 지구의 적도 반경은 6,378km, 극 반경은 6,357km로 적도가 극보다 반경이 더 길다. 그렇기 때문에 지구의 자전에 따른 원심력은 더 빠르게 회전하는 적도가 더 크다. 원심력이 크면 클수록 중력으로부터 벗어나려는 힘도 더 커지기 때문에 극보다 적도에서 몸무게가 덜 나간다. 예컨대 적도 부근의 싱가포르와 북쪽 핀란드의 헬싱키에서 동시에 같은 질량을 측정해 보면 싱가포르에서 256분의 1 정도로 무게가 덜 나간다고 한다.

공전 궤도에 진입해야 하는 우주선 발사 로켓은 원심력이 작은 극 지방보다 원심력이 큰 적도 부근에서 발사하는 것이 중력의 영향을 덜 받기 때문에 유리하다. 위도 5.2°에 위치한 남아메리카 프랑스령 기아나의 쿠루 발사 기지에서 로켓을 발사하면 초속 460m의 자전 속도를 덤으로 얻는다. 마찬가지로 우리나라에서도 적도에 가까운 남쪽, 즉 남해에 인접한 전라남도 고흥의 나로도에 대한민국 우주 기지가 세워졌다. 그리고 지구의 자전 방향인 동쪽을 향해 로켓을 발사할 경우에는 중력 값을 더 줄일 수 있다. 실제로 자전에 의해 원심력이 커지는 동쪽 방향으로 비행하면 무게가 약 200분의 1 정도 가벼워진다고 한다. 우주 로켓이 처음 발사될 때 수직으로 올라가다가 몇 분 지나면 비스듬하게 기울어져 올라가는데 이것도 중력을 줄여 보다 빠르게 지구 공전 궤도에 들어가기 위한 시도이다.

● **원심력 때문에 적도 부근의 수심이 더 깊지 않을까?**

바다의 평균 수심은 약 5,000m이다. 그런데 지구가 자전할 때의 원심력을 생각한다면 이론적으로는 원심력이 더 큰 적도 부근의 바닷물이 지구 바깥쪽으로 부풀어 올라 다른 곳보다 더 깊어야 한다. 그러나 적도 지방과 극 지방의 수심에는 큰 차이가 없다. 지구가 완전한 구형이 아닌 타원체인 데다가 완전한 고체가 아닌 준(準)액체로 이루어져 있기 때문이다. 만약 지구가 고체라면 원심력을 그대로 받아 적도 지방의 평균 수심이 극 지방보다 21km 정도 더 깊을 것이다. 그러나 지구 내부가 맨틀인 준액체로 이루어져 있고, 지각이 원심력을 받아 그만큼 튕겨 나가기 때문에 수심은 극 지방이건 적도 지방이건 비슷하다.

세계 최초로 흑인 노예들이 주체가 된 독립 국가는 어디일까?

제3세계 해방 운동의 도화선이 된 아이티

남아메리카와 북아메리카를 잇는 카리브해의 쿠바 옆에 악어가 입을 벌리고 있는 모양의 섬이 있다. 그 섬의 서쪽에는 아이티, 동쪽에는 도미니카 공화국이 있다. 이 가운데 아이티는 흑인들이 세운 세계 최초의 공화국이다. 아이티는 아라와크어로 '산이 많은 땅'이라는 뜻으로, 이름 그대로 국토의 대부분이 산이다. 아이티 주민 대부분은 흑인이며, 흑인과 백인의 혼혈인 물라토가 약 5%를 차지한다.

아이티에는 원래 아메리카 원주민인 아라와크족이 살고 있었다. 콜럼버스가 이 땅을 발견하면서 에스파냐의 식민지가 되어 약 200년 간 에스파냐의 지배를 받았는데, 이 과정에서 대부분의 원주민이 학살과 질병으로 숨졌다. 그러자 사탕수수, 커피, 면화 등의 농장에 필요한 노동력이 부족해진 에스파냐는 아프리카로부터 흑인 노예들을 이곳으로 이주시켰다. 현재의 아이티인들은 바로 이들의 후손이다.

에스파냐로부터 아이티를 빼앗은 프랑스 또한 잔혹한 식민 통치를 폈다. 하지만 프랑스 대혁명과 나폴레옹 전쟁이 지속되면서 큰 혼란에 빠진 본국 프랑스는 지구 반대편에 있는 아이티에 신경을 쓸 여력이 없었다. 자유, 평등, 박애라는 프랑스 대혁명의 이념은 대서양을 건너 카리브해의 아이티까지 전파되었다. 오랫동안 노예제의 사슬에 신음하던 아이티의 흑인 노예들은 마침내 투생Francois Dominique Toussaint의 지도 아래 대규모 반란을 일으켰다. 아이티 민중은 '길을 개척하는 사람'이라는 뜻에서 투생을 루베르튀르L'ouverture라고 부르기도 했다. 투생은 아프리카에서 끌려온 그의 조상들과 마찬가지로 태어날 때부터 노예였

아이티의 가난으로 빚은 진흙 쿠키 세계 최빈국 가운데 하나인 아이티는 진흙, 소금, 버터를 섞어 자연 상태에서 건조하여 만든 쿠키를 먹는 나라로 알려져 있다. 원래 임산부들이 부족한 철분을 보충하기 위해 먹던 음식이었는데, 곡물 파동으로 세계적인 식량 위기를 겪으면서 빈곤층의 주식이 되었다고 한다.

다. 그는 첫 봉기에서 대승을 거두었으나 이후 술책을 꾸민 프랑스군에 의해 프랑스로 압송되어 1803년 옥사하고 말았다. 그의 죽음으로 아이티 민중들은 격분했고 프랑스군에 대한 저항은 더 거세졌다. 마침내 1804년, 아이티 민중은 프랑스군을 완전히 몰아내고 정식으로 독립을 선포하여 해방의 기쁨을 맛보았다. 아메리카에서 미국 다음으로 맞은 두 번째의 독립이었다. 이로써 세계 최초로 흑인 노예들이 세운 공화국이 탄생했다.

아메리카 대륙에는 유럽에서 건너온 백인이 독립의 주체가 되어 세운 국가들이 많다. 이에 반해 아이티는 세계 최초로 흑인 노예들이 세운 독립국이라는 점에서 의의가 크다. 아이티의 독립은 노예 소유주가 노예로부터 패했음을 의미하는 것이었다. 아이티가 독립한 지 3년 만에 영국과 미국은 대서양 노예 무역을 중지했고, 영국은 30년 후 모든 노예에게 자유를 주었다. 아이티의 노예 해방 혁명은 이후 아프리카에서 쿠바에 이르기까지 제3세계에서 전개된 해방 운동의 도화선이 되었다.

왜 미국의 관타나모 기지가
쿠바에 있는 걸까?

미국의 영구 임대를 명시한 불평등 조약

카리브해에서 가장 큰 섬나라인 쿠바의 이름은 '중간 지대'라는 뜻의 원주민어 '쿠바니칸Cubanacan'에서 유래한다. 쿠바는 아메리카 대륙 최초의 사회주의 국가로 '카리브해에 떠 있는 빨간 섬'으로 불리기도 한다. 냉전 시대에는 소련의 공격용 미사일 설치에 미국이 쿠바를 해상 봉쇄하면서 소련이 쿠바에서 미사일을 회수해 간 쿠바 미사일 위기 사건이 일어나기도 했다. 최근 쿠바는 동남부 해안의 관타나모 기지로 다시 세계의 주목을 받고 있다. 이곳에는 미국이 9. 11 테러 이후 아프가니스탄 전쟁에서 생포한 포로들이 수용되어 있다. 사회주의 국가인 쿠바에 미국의 해군 기지가 있는 것은 미국과 쿠바 간에 맺어진 불평등 조약 때문이다.

1898년 미국의 지원 아래 에스파냐와의 독립 전쟁에 승리하여 쿠바는 독립을 얻은 듯했다. 그러나 지배 국가가 에스파냐에서 미국으로 바뀌었을 뿐 변한 것은 아무것도 없었다. 3년간 미국의 통치를 받던 쿠바는 "미국의 쿠바 내정 간섭 권리와 관타나모 육해군 기지 설치 권리를 헌법에 삽입한다"라는 내용의 플래트 수정 조항을 체결하고 나서야 미국으로부터 독립할 수 있었다. 불평등한 조약임이 명백한 플래트 수정 조항에 대한 쿠바인들의 저항은 거세져 갔다. 그러자 미국은 1934년

쿠바의 전설적인 혁명가, 체 게바라 쿠바는 설탕과 시가의 세계적인 생산국으로 유명하다. 아르헨티나 사람이지만 쿠바에서는 빼놓을 수 없는 상징적인 인물이 바로 체 게바라이다. 쿠바 전국 곳곳에서 그의 초상을 볼 수 있다.

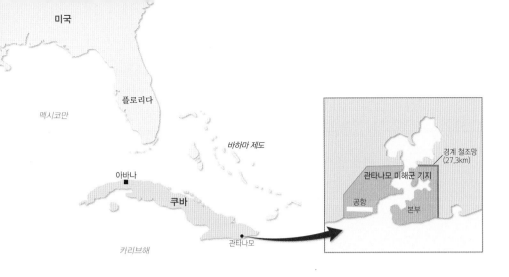

"해마다 임대료 4,085달러를 지급하고 양국이 조약을 철회한다는 합의가 없는 한 영구 임대한다"라는 내용의 재협정을 맺었다. 하지만 이는 불평등을 오히려 더욱 심화시켰다.

관타나모 기지는 미국의 해외 기지 가운데 가장 오래된 기지로, 냉전 이후 공산주의 국가에 미군 주둔지가 존재하는 유일한 곳이다. 지금은 기지의 군사적 중요성이 줄어들었지만 이중 철책으로 둘러싸인 기지에는 아프가니스탄 전쟁 포로들이 억류되어 있다. 한편 포로들에 대한 무기한 구금, 비인간적인 처우 및 고문 등 인권 탄압이 언론을 통해 알려지면서 미국은 국제 사회로부터 비난을 받고 있다. 쿠바는 미국에 기지 반환을 강력하게 요구하고 있으나 미국은 양국이 합의하기 전에는 철수가 불가하다는 입장을 고수하고 있다.

● 처칠도 사랑한 쿠바의 시가

에스파냐는 쿠바를 식민지로 삼은 후 사탕수수, 담배 플랜테이션을 경영했다. 쿠바는 담뱃잎을 돌돌 말아 피는 시가의 품질이 최고인 것으로 유명하다. 특히 수도 이름을 딴 아바나 시가는 세계 최고급 시가로 애연가들로부터 사랑을 받고 있다. 아바나 시가 애연가인 영국의 수상 처칠은 쿠바를 방문하기도 했다. '시가(cigar)'는 콜럼버스가 담배를 유럽에 가져갈 당시 원주민들이 부르던 이름인 '시가렌'에서 유래한 말이다. 담배는 설탕과 함께 쿠바의 주력 수출품 가운데 하나이다. 쿠바 시가의 품질이 최고급인 이유는 쿠바의 토질과 아열대성 기후 조건이 담배 재배에 최적이기 때문이다. 담배 재배부터 제품 판매에 이르는 전 과정은 국가가 철저하게 관리한다.

올메크 문명과 흑인은
어떤 관계가 있는 걸까?

아프리카인으로는 최초로 아메리카에 이주한 누비아인

아메리카의 흑인들은 1500년경 에스파냐의 노예 상선에 의해 아메리카로 실려 온 것으로 알려졌다. 그러나 최근 이를 뒤엎는 여러 증거들이 속속 나타나고 있다. 기원전 1200~기원전 1000년경 멕시코 남부 연안의 평야를 중심으로 메소아메리카에서 가장 오래된 올메크 문명이 융성했다. 올메크는 '고무가 나는 지역에 사는 사람들'이란 의미이다. 올메크 문명은 이후 메소아메리카의 문명에 지대한 영향을 미쳤기 때문에 메소아메리카의 모태 문명이라고도 한다. 그런데 올메크 문명 유적지 가운데 대서양 연안의 트레스 자포테스, 산 로렌조, 라 벤타 등지에서 몸체가 없는 흑인 머리 모양의 거대한 석상이 발견되었다.

높이 2~3.3m, 무게가 20톤이나 되는 16개의 석상들은 하나같이 낮고 넓게 퍼진 코, 두꺼운 입술, 둥글고 큰 눈, 돌출된 아래턱 등 얼굴형에서 두상까지 전형적인 아프리카 흑인의 모습이다. 석상의 소재는 현무암이나 안산암으로 유적에서 약 100km 떨어진 투스토라 산지에서 가져온 것으로 생각된다. 올멕인들은 당시 가축과 수레를 사용할 줄 몰랐으며, 석기와 청동기 그리고 운반용 지레와 끈 정도가 도구의 전부였다. 그런데 어떻게 이런 거대한 돌들을 운반했으며, 왜 흑인 석상을 만들었는지는 아직 의문이다.

고고학자들의 연구에 의하면 이 석상들의 제작 시기는 약 3,000년 전이며 석상의 주인공은 고대 이집트 남부에 거주하던 누비아인이라고 한다. 기

흑인 얼굴을 한 올메크 문명의 거대 석상 아프리카인의 얼굴을 한 석상들은 고대 아메리카에 아프리카인이 살고 있었음을 말해 준다. 그들이 어떻게 이곳에 왔으며, 어떻게 이런 석상을 만들었는지는 아직 밝혀지지 않았다.

원전 8세기 아프리카에서 엄청난 세력을 형성했던 누비아인들이 대서양을 건너 아메리카로 이주했다는 것이다. 당시 누비아는 이미 노예 제도를 갖춘 전제 군주 국가였으며, 아프리카 최대의 황금 생산지로 탄탄한 경제력을 지녀 강력한 군사력을 보유하고 있었다. 누비아인은 해양 국가인 페니키아와 교류하면서 풍부한 해양 기술과 경험을 전수받아 아프리카인으로는 처음으로 아메리카에 발을 내디뎠다. 그들은 그곳에서 만난 원주민들에게 아프리카 문명을 전파하면서 아메리카에서 새로운 생활을 시작했다.

더욱이 석상의 투구 모양이 당시 누비아인들이 사용하던 투구 모양과 거의 똑같아 이 가설에 신빙성을 더해 준다. 콜럼버스 일행이 처음으로 히스파뇰라섬에 도착했을 때 그곳 원주민인 인디오들에게서 검은 피부를 지닌 흑인 이야기를 전해 들었다는 기록, 그리고 에스파냐 탐험대가 직접 흑인을 목격하고 이를 본국 왕에게 전했다는 기록 또한 아메리카에 이미 흑인이 살고 있었음을 말해 주는 증거이다. 일부 학자들은 이들 석상이 올메크인들에 의해 제작된 독창적인 예술 작품으로서 외래 문화의 영향을 받은 것은 아니라고 주장하여 아직도 논란이 일고 있다.

미국은 어떻게
형성되어 왔을까?

식민 영토에서 세계 초강대국으로 성장한 미국

세계 제일의 국민총생산을 자랑하는 경제력을 지닌 나라 미국. 미국은 18세기 후반 영국으로부터 독립할 당시 대서양 연안의 13개 주가 연합하여 세운 작은 나라에 불과했다.

1607년 영국은 최초의 식민지 버지니아(엘리자베스 1세의 별칭인 '처녀 여왕'에서 유래)를 기점으로 북미 대륙에서 영토를 점차 확장해 나갔고 앞서 진출한 프랑스와의 전쟁(1754~1763, 프렌치-인디언 전쟁)에서 승리하면서 북미 대륙의 패권을 장악했다. 넓어진 식민 영토를 관리, 유지하는 데 드는 비용이 증가하자 영국은 식민지에 과도한 세금을 부과했다. 이에 식민지들이 강하게 반발하면서 보스턴 차 사건이 일어났고 식민지와 영국과의 독립 전쟁이 시작되었다.

1776년 7월 4일, 식민지들은 독립을 선포했다. 하지만 이 전쟁을 자국 내의 내란으로 간주한 영국은 독립을 부인했고, 식민지와의 전쟁을 지속했다. 그러나 영국과 경쟁 관계에 있던 프랑스가 식민지를 지원하면서 영국은 버지니아 요크타운에서 결정적으로 패배했고, 1783년 파리 조약을 통해 식민지 미국의 독립을 승인할 수밖에 없었다.

1787년에 13개의 식민지 연방 정부는 필라델피아에서 미국 최초의 헌법을 제정, 채택했으며 그 다음 해에는 9개 주가 비준되어 미합중국이 성립되었다. 1789년 뉴욕에서 최초의 연방 의회가 열리면서 조지 워싱턴이 초대 대통령으로 선출되어 신생 국가로서의 기틀이 마련되었다. 이후에는 수도를 워싱턴으로 옮겨 정치 체제를 정비하고 군사력을 강화하여 영토 확장에 나섰다.

1800년대는 미국이 50개의 주를 거느리는 연방 공화국의 면모를 갖추어 나가던

1918년(영국에서 넘겨 받음)

5대호

오레곤
1846년(병합)

루이지애나
1803년
(프랑스로부터 사들임)

캘리포니아
1848년
(멕시코로부터 편입)

독립 당시의 영토
1783년

텍사스
1845년(병합)

개즈던
1853년
(멕시코로부터 편입)

플로리다
1819년
(에스파냐에서 양도)

• 알래스카 – 1867년(러시아에서 사들임)
• 하와이 – 1897년(합병)

미국 영토 확장 과정 동부 연안의 13개 식민지 연합체로 나라를 세운 미국은 서부 개척을 통해 오늘날 50개 주의 연방 국가로 발전했다.

성조기 성조기에는 연방의 주를 뜻하는 50개의 별과 독립 당시 13개 주를 의미하는 흰 줄과 빨간 줄 13개가 있다. 미국 건국의 기반은 동부에 위치했던 13개 주였다.

시기였다. 프랑스로부터는 루이지애나(루이 14세의 이름에서 유래)를 매입하여 영토가 순식간에 독립 당시의 두 배가 되었다. 이어 에스파냐와의 전쟁에서 승리하여 플로리다와 에스파냐가 해외에 가지고 있던 푸에르토리코, 필리핀, 괌 등을 양도받았다. 또한 캐나다로부터는 메인 주를, 영국으로부터는 오레곤 지역을 양도받아 북위 49°선에서 국경을 확정지었다. 멕시코로부터는 텍사스를 병합한 데 이어 종전 조약에 따라 캘리포니아 일대의 서부 태평양 연안 지역을 편입시켰고 뉴멕시코 남부를 매입했다. 그 후 러시아로부터는 알래스카를 매입하고 태평양의 섬 하와이를 편입하면서 50개 주가 미국의 주로 확정되었다.

● 미국의 영토는 어디까지인가?

미국의 영토를 두고 의견이 분분하다. 여기서 미국의 영토를 점검해 본다면 다음과 같다. 미국은 현재 50개 주와 14개의 해외 영토로 구성되어 있다. 50개 주는 본토에 있는 48개 주[수도인 워싱턴은 어느 주에도 속하지 않는 콜롬비아 특별구 (District of Columbia)이다], 해외에 있는 2개의 주인 알래스카, 하와이를 합한 것이다. 해외에 있는 자치령으로는 미국령 사모아(서사모아는 독립국이며, 동사모아만 1900년에 미국령으로 편입), 사이판, 괌, 북마리아나 제도, 푸에르토리코, 버진 아일랜드, 베이커섬, 하울란드섬, 자비스섬, 나배사섬, 웨이크섬, 킹만 산호초, 존스톤 아톨[아톨은 '환초(環礁)'를 말함], 미드웨이 아톨, 팔미라 아톨이 있다. 쿠바 내에 있는 관타나모만은 미국-에스파냐 전쟁의 결과, 1903년 이래로 미국의 해군 기지가 들어서 있는 것이지만 영토로 보기 어렵다.

● 미국의 독립을 기념하여 프랑스에서 준 선물, 자유의 여신상

뉴욕항으로 들어오는 허드슨강 입구의 리버티섬에는 미국 독립 100주년을 기념하여 프랑스에서 선물한 자유의 여신상이 우뚝 서 있다. 정식 명칭은 '세계를 비추는 자유(Liberty Enlightening the World)'이지만 통상 '자유의 여신상'으로 불린다. 동(銅)으로 제작된 여신상의 무게는 225톤, 햇불까지의 높이는 약 46m, 받침대 높이는 약 47.5m로 세계에서 가장 어마어마한 규모의 동상이다. 머리에 씌워진 왕관의 7개 뿔은 7개 대륙을, 오른손에 든 햇불은 '세계를 비추는 자유의 빛'을 상징하며 왼손에는 '1776년 7월 4일'이라는 날짜가 새겨진 독립 선언서를 들고 있다.

자유의 여신상에 얽힌 뒷이야기들이 사뭇 흥미롭다. 자유의 여신상 조각은 프레데리크-오귀스트 바르톨디 (Frederic-Auguste Bartholdi)가 맡았는데, 처음에는 자신의 어머니를 모델로 했다. 그러나 어머니가 연로하여 더 이상 모델 본을 뜰 수 없게 되자 자신의 어머니를 가장 많이 닮은 건장한 처녀를 모델로 하여 조각상을 제작했다고 한다. 또한 자유의 여신상은 외관상으로는 조각물이지만, 내부에는 계단과 엘리베이터가 설치된 건축물이어서 두 요소를 동시에 지닌 작품이다. 그래서 단일 구조물이 아닌 조립식 구조물로 제작해야 했고 프랑스에서 제작한 뒤 분해하여 미국으로 운송한 후 다시 조립했다. 이 제작을 맡은 사람이 바로 에펠 탑을 만든 구스타브 에펠(Gustave Eiffel)이었다.

동으로 제작되었기 때문에 프랑스에서 제작될 당시 자유의 여신상은 구릿빛이었다. 그러나 배로 옮겨지면서 바다의 소금기에 산화되어 미국에 도착했을 때는 거무스름한 색으로 변색되고 말았다. 불쾌감을 줄 정도의 색이었기에 평화를 의미하는 연초록색으로 다시 칠할 수밖에 없었다. 처음 프랑스에서 미국에 건네준 것은 여신상뿐이었다. 받침대는 미국의 건축가 리처드 헌트(Richard Hunt)가 디자인한 것으로 미국에서 만든 것이다. 프랑스에서는 여신상을 다 만들었는데, 미국에서는 경비가 부족하여 받침대를 만들지 못하고 있었다. 이에 자존심을 건 대대적인 캠페인이 벌어지면서 후원금을 마련하여 받침대를 세웠다.

검은 게르만, 히스패닉이
미국의 고민거리가 된 이유는?

인구 급증과 독자적인 문화 형성

세계 모든 나라에서 온 이민자들을 받아들여 금세기 최대 인종 전시장이라 부르는 미국. 미국 전체 인구에서 히스패닉이 차지하는 비율은 흑인과 비슷하며 미국 내에서 그 비중은 날로 커지고 있다. 히스패닉은 경제 활동뿐만 아니라 정치적으로도 세력화되고 있어 무시할 수 없는 존재가 되고 있다.

히스패닉이란 말의 기원은 고대 로마 시대로 거슬러 올라간다. 로마 시대에는 이베리아반도 전체가 히스파니아로 불렸다. 그러나 이베리아반도의 여러 왕국 가운데 카스티아와 아라곤 왕국이 결합하여 에스파냐 왕국을 세운 후에는 포르투갈을 제외한 에스파냐만을 따로 히스파니아로 불렀다. 이 히스파니아에서 히스패닉이란 말이 유래된 것이다.

에스파냐는 대항해 시대에 브라질을 제외한 라틴아메리카 전역을 식민지로 삼아 500년 가까이 통치했다. 이후 라틴아메리카 국가들은 에스파냐로부터 독립했으나 많은 사람들이 자국의 정치적 불안과 빈곤에서 벗어나기 위해 미국으로 왔다. 이들은 출신 국가는 다르지만 에스파냐 혈통을 이어받았고 가톨릭교를 믿으며 에스파냐어를 사용한다는 점에서 미국 내의 독자적인 에스파냐 문화를 형성하고 있다.

미국통계국 자료에 의하면, 앞으로 2050년이면 백인 인구는 전체 인구의 약 53%로 줄어드는 반면 히스패닉의 인구는 약 25%에 이를 것이라 한다. 이처럼 히스패닉의 인구가 급증하는 이유는 이들 대부분이 가톨릭교도로서 가톨릭교에서는 낙태를 금지하기 때문이다. 히스패닉의 수가 점차 증가하면서 미국의 고민도 깊어지고 있다. 이들이 미국인 다수가 사용하는 영어가 아닌 에스파냐어를 쓰기 때

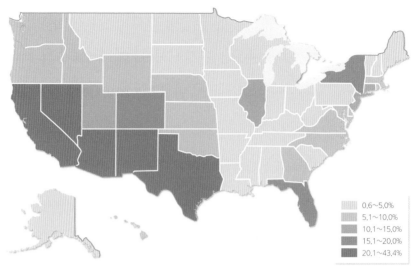

0.6~5.0%
5.1~10.0%
10.1~15.0%
15.1~20.0%
20.1~43.4%

히스패닉 인구 증가율(2004년) 남미에서 이민 온 히스패닉이 미국에서 급증하고 있으며 특히 남서부 주에서 그 비율이 높다. 이들은 영어 대신 에스파냐어를 사용하기 때문에 히스패닉의 증가는 미국의 국가 정체성과 정치, 경제, 언론 등을 변화시키는 주요한 이슈로 떠오르고 있다. 2050년에는 히스패닉이 미국 인구의 약 25%를 점할 것으로 예상된다.

에스파냐의 혈통을 이어받은 히스패닉 미국의 히스패닉은 출신 국가는 다르지만 에스파냐의 혈통을 이어받았고 가톨릭교를 믿으며 에스파냐어를 사용한다는 점에서 미국 내의 독자적인 에스파냐 문화를 형성하고 있다.

문이다.

히스패닉을 미국인으로 보아야 할지 아니면 에스파냐인으로 보아야 할지 그 구별이 어려울 만큼 미국 사회의 정체성 혼돈과 이질성이 심화되고 있다. 다인종·다민족 문화를 흡수, 동화해 내는 거대한 용광로와 같은 미국의 문화적 정체성에 히스패닉이 걸림돌이 되고 있는 것이다. 히스패닉으로 인한 사회 문제가 심각해지자 주 정부 차원에서 영어를 공용어로 법제화하자는 법안이 여러 차례 제출되기도 했다. 하지만 히스패닉계 의원들에 의해 번번히 묵살되었다.

물론 히스패닉들도 미국 사회에 동화되기 위해 노력하고 있으나, 대부분의 히스패닉은 에스파냐어만을 계속 쓰고 있다. 이들이 주로 살고 있는 캘리포니아주와 텍사스주도 사실 과거 에스파냐의 식민지였던 멕시코 땅으로 몇 세기에 걸쳐 에스파냐어를 써 왔던 곳이다. 현재 미국에서는 히스패닉이 미국에 동화되는 것이 아니라 미국이 히스패닉에 동화되고 있다는 말까지 나오고 있기도 하다.

● **미국에는 모국어가 없다.**

미국은 세계 여러 나라에서 온 민족으로 이루어진 다민족 국가이다. 그런 만큼 온갖 언어들이 난무하는 언어의 백화점 같은 곳으로 미국의 학교에서는 실제로 80여 개의 언어가 사용되고 있다고 한다.

사람들은 미국의 공용어는 영어라고 생각하지만 미국에는 법으로 정해진 공용어가 없다. 그러나 연방 정부가 아닌 주 정부 차원에서는 법으로 영어를 주의 공용어로 정하고 있다. 영어를 공용어로 법제화한 최초의 주는 루이지애나주이며, 이후 네브래스카주, 1980년대 들어서는 버지니아주, 인디애나주, 켄터키주 등이 이를 따랐다. 히스패닉이 가장 많이 살고 있는 캘리포니아주도 국민 투표 끝에 1986년에 주 공용어로 영어를 채택했다. 현재까지 절반 정도의 주만이 영어를 공용어로 지정했을 뿐이다. 영어의 종주국 행세를 하고 있는 미국이지만 영어는 미국의 언어를 대표하는 하나의 언어일 뿐이다.

모하비 사막 협곡의 특이한 지형은 어떻게 만들어졌을까?

고원 대지에 발달한 메사와 뷰트

미국 애리조나주와 유타주에 걸쳐 있는 모하비사막의 모뉴먼트 밸리에는 돌기둥들이 삐쭉삐쭉 솟아 있어 웅장한 묘비석이나 예배당을 보는 듯하다. 또한 저녁 노을에 물든 돌기둥들이 펼쳐 내는 광경은 자연의 장엄함 그 자체이다. 정상부는 편평하지만 그 주위는 급경사를 이루는 탁자 모양의 암석 구릉은 견고한 암석의 일부가 침식과 풍화에 살아남은 것이다. 그 가운데 규모가 작은 비석 모양의 암석 구릉을 뷰트butte, 거대한 성채처럼 규모가 큰 암석 구릉을 에스파냐어로 '탁자'를 뜻하는 메사mesa라고 한다.

이런 지형은 수평을 이루는 경암층硬岩層이 연암층軟岩層을 덮고 있는 고원이나 대지에서 잘 발달한다. 고원이나 대지의 표면에 발달한 좁은 틈으로 빗물과 하천수가 유입되어 연약한 지층이 먼저 깎여 나간 후 상층의 단단한 지층이 탁자 모양으로 남는 것이다. 큰 규모의 메사가 대체로 먼저 형성되며 계속 침식을 받으면서 더욱 작은 형태의 뷰트가 된다. 메사와 뷰트의 정상은 과거 고지高地의 흔적으로 이전 지표면의 높이를 알려 준다.

모하비 사막 모뉴먼트 밸리의 메사와 뷰트 뷰트는 수백만 년에 걸쳐 비바람에 의한 침식과 풍화에 살아남은 견고한 사암의 일부로, 그 정상은 과거 지표면의 높이를 알려 준다. 이러한 암석 구릉 지형은 미국 서부 영화에서 자주 등장한다.

중생대 트라이아스기에 모하비사막 일대에는 멕시코만의 물이 유입되어 바다에
잠겨 있었다. 이때 모래가 해저에서 퇴적되어 사암이 형성되었고, 이후 여러 차
례 지반이 융기하면서 육지가 되었다. 약 2,500만 년 전부터는 강물, 빗물, 바람
등이 고원의 약한 절리 틈을 따라 오랫동안 침식을 가하면서 계곡이 더욱 넓어지
고 깊어졌다. 이 과정에서 정상부의 단단한 암층만이 남아 지금의 지형이 만들어
졌다.

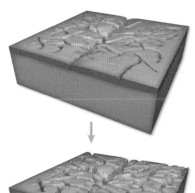

뷰트 형성 단계 1 퇴적암 층으로 이루어진
고원의 지표면에 생긴 균열을 따라 하천이
흐르며 침식을 가한다.

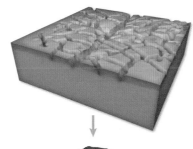

뷰트 형성 단계 2 하부의 연암층이 상부의
경암층에 비해 더 빠르게 깎여 나가 상부의
경암층만이 남아 넓은 메사가 형성된다.

뷰트 형성 단계 3 하부의 연암층의 침식과
더불어 상부의 경암층에도 침식이 가해져
메사는 규모가 작은 뷰트로 변해 간다.

왜 퀘벡주는 캐나다에서
분리 독립하려는 걸까?

오랫동안 차별받아 온 프랑스계 캐나다인의 설움

AMERICA
23

캐나다는 대한민국 면적의 100배가량 되며 러시아 다음으로 면적이 큰 나라이다. 15세기경 어느 프랑스 탐험가가 세인트로렌스강을 타고 올라오면서 원주민을 만났는데, 이들이 쓰던 이로코이어의 '카나타Kanata('마을'이라는 뜻)'라는 말에서 국명이 유래했다고 한다. 캐나다는 1,000만km²의 면적에 3,000여만 명이 살고 있어 인구 밀도는 낮지만 자원이 풍부하여 세계에서 가장 살기 좋은 나라로 꼽힌다.

캐나다 국기와 화폐에는 붉은 단풍나무 잎이 그려져 있다. 캐나다에는 붉은 단풍나무, 즉 메이플이 아주 많아 이곳 원주민들은 일 년에 한 번씩 단풍나무에서 수액을 채취하여 이를 끓여 시럽을 만들었다. 시럽은 감미료나 조미료로 사용한다. 이러한 문화가 생활 전반에 녹아들어 단풍나무가 캐나다의 상징으로 자리 잡은 것이다. 캐나다는 전 세계 단풍나무 시럽의 약 70%를 생산한다. 이 가운데 약 90% 이상을 퀘벡(원주민어로 '강의 폭이 좁아지는 곳'이란 뜻)주의 몬트리올에서 생산한다.

원주민인 아메리카 인디언과 이누이트가 살던 캐나다에 처음 상륙한 유럽인은 프랑스인이었다. 프랑스인들은 캐나다를 프랑스령으로 선언하고 모피 교역소를 차린 뒤 본격적인 식민지 건설에 나섰다. 모피와 대구 어장을 탐내며 뒤늦게 상륙한 영국과의 전쟁은 불을 보듯 뻔했다. 영국에게 일방적으로 몰리고 있던 프랑스는 마지막 보루였던 퀘벡주 사수에 실패함으로써 북아메리카의 식민 영토 모두를 상실했다. 퀘벡주는 영국령이 되었지만 프랑스인들은 떠나지 않고 그대로 남아 퀘벡주는 '캐나다 속의 작은 프랑스'로 불리기도 한다.

캐나다의 언어 분포

영어 사용
- 90 이상
- 80~90
- 65~80
- 50~65

프랑스어 사용
- 80 이상
- 80 미만

단위: %

캐나다 국기에 그려진 캐나다의 상징 단풍나무 캐나다는 단풍나무(메이플)에서 채취한 수액을 끓여 시럽을 만들어 감미료나 조미료로 사용한다. 이런 문화가 생활 전반에 녹아들어 단풍나무가 캐나다의 상징으로 통한다. 전세계 단풍나무 70%가 캐나다에서 생산되며, 이 가운데 90% 이상을 퀘벡주의 몬트리올에서 생산한다.

캐나다의 작은 프랑스, 퀘벡 프랑스인들이 건설한 퀘벡 시는 캐나다에서 가장 오래된 도시이다. 현재 몬트리올이 위치한 퀘벡주에는 주민의 약 85% 이상이 프랑스인들이어서 '캐나다 속의 작은 프랑스'로 불린다. 프랑스인이 절대적 우세인 퀘벡주는 캐나다 연방 정부로부터 분리 독립을 시도하고 있다. 성벽으로 둘러싸인 퀘벡주의 구시가지인 '퀘벡 역사 지구'는 세계 문화유산으로, 프랑스의 문화유산을 그대로 옮겨 놓은 듯하다.

영어와 불어를 함께 사용하는 사례 캐나다 또한 미국처럼 이민자들로 구성된 국가이다. 다문화주의 정책을 추진하는 캐나다는 퀘벡주의 분리 독립을 막기 위해 불어를 중시한다. 이런 취지에서 생활 구석구석에서 영어와 불어를 함께 사용하고 있다.

영국은 1867년 영국 연방을 창설하여 캐나다의 기틀을 마련했다. 영국 연방 창설 당시에는 프랑스계 캐나다인과 영국계 캐나다인 모두 건국 민족으로 인정받았다. 하지만 프랑스계 캐나다인은 오랫동안 피지배자로 차별을 받아 왔다. 결국 프랑스계 캐나다인은 1960년대에 더 이상 프랑스계 캐나다인이 아닌 퀘벡인으로 살 것임을 천명하며 일어섰다. 연방 정부는 이들을 달래기 위해 프랑스어를 공용어로 인정하면서 프랑스계 캐나다인의 위상을 높여 주었다.

프랑스계 캐나다인들은 캐나다 연방 정부 차원에서 퀘벡주의 분리 독립을 묻는 국민 투표를 시도하기도 했다. 1992년 분리 독립을 묻는 국민 투표 결과 반대 55%, 1995년 반대 50.6% 등 간발의 차로 부결되었다. 분리 독립 시도가 연이어 좌절되었으나 퀘벡주는 현재도 계속적으로 분리 독립을 추진하고 있어 캐나다의 '뜨거운 감자'가 되고 있다.

● 소수 민족인 이누이트를 배려한 캐나다의 다문화주의 정책

캐나다 또한 미국처럼 다양한 국가 출신의 이민자들로 구성된 나라이다. 캐나다는 1971년 소수 민족의 권익을 보장하기 위해 다문화주의 정책을 추진했다. 그러나 실은 퀘벡주의 분리 독립 활동으로 곤욕을 치른 캐나다 주 정부가 퀘벡주 프랑스계 캐나다인들의 입지를 약화시킬 목적으로 내놓은 정책이었다. 캐나다의 다문화주의 정책으로 소수 민족의 영향력은 점차 커졌다. 캐나다에서 'First nations'로 불리며 다양한 문화를 지니고 있었던 이누이트는 1970년대 중반부터 과거 자신들의 영토 회복과 식민지 개척 과정에서의 피해 보상을 요구하며 연방 정부와 끈질긴 협상을 벌였다. 그 결과 이누이트는 자신들의 자치권이 인정되는 누나부트(이누이트어로 '우리 땅'이란 뜻)라는 새로운 행정 구역을 얻었다. 캐나다 육지 면적의 4분의 1의 크기로 현재 약 2만 5,000명의 이누이트가 살고 있는 누나부트는 캐나다의 다른 영토와 동등한 권리와 지위를 가진다. 이렇게 소수 민족을 배려하는 캐나다의 다문화주의 정책은 국제 사회에서 원주민 권리 보장의 성공 사례로 손꼽힌다.

O C E A N I A

오세아니아 외

가장 작은 대륙인 오스트레일리아 대륙과 태평양 상의 2만여 개의 섬들로 이루어져
있으며, 전 세계 인구의 0.5%가 안 되는 약 3,100만 명이 살고 있다. 태평양의 섬들은
가장 동쪽의 폴리네시아, 인도네시아와 인접한 멜라네시아, 북쪽의 미크로네시아로 구
분된다. 인류 거주의 역사가 가장 짧은 곳으로, 약 5만 년 전 동남아시아에서 건너간
아시아 인종이 거주하기 시작하여 원주민 문화는 아시아와 비슷했다. 17세기 유럽인
에 의해 발견되면서 세계에 알려졌으며, 유럽인의 진출로 원주민 문화는 거의 사라지
고 그리스도교 중심의 유럽 문화가 전해졌다.

오스트레일리아 대륙은
어떻게 발견되었을까?

1600년대에야 그 존재가 드러난 미지의 대륙

세계에서 가장 작은 대륙인 오스트레일리아 대륙에는 오스트레일리아라는 하나의 국가만이 있다. 유럽인이 오스트레일리아 대륙의 존재를 최초로 알게 된 시기는 17세기 초반으로 그 이전까지 오스트레일리아 대륙은 오랫동안 미지의 상상 속의 대륙으로 있었다.

고대 그리스 시대의 피타고라스 학파는 지구가 구체라고 한다면 지축의 지점에서 지구가 균형을 유지하기 위해서라도 남반구에 거대한 대륙이 존재할 것으로 보았다. 이러한 생각은 로마 시대에도 이어져 43년경 로마 제국의 지리학자 폼포니우스 멜라Pomponius Mela는 『지지地誌』에서 남방 대륙의 존재를 언급했다. 150년경 이집트의 프톨레마이오스는 전 8권의 『지리학 안내Geographic highgesis』에서 세계 지도를 그렸는데, 인도양의 동쪽과 아프리카 적도 이남에 상상의 대륙이 그려져 있다. 여기서 '인도 남쪽의 미지의 남방 대륙'이란 뜻의 '테라 아우스트랄리스 인코그니타Terra Australis Incognita'라는 말이 생겨났다.

중세 유럽의 대항해 시대에는 신대륙과 많은 대양의 도서들이 널리 알려졌다. 마젤란이 대서양-태평양-인도양을 도는 세계 일주를 했음에도 미지의 남방 대륙은 좀처럼 그 존재를 드러내지 않았다.

유럽인이 최초로 오스트레일리아 대륙을 인지한 때는 1606년이다. 희망봉을 돌아 인도를 오가며 무역을 하던 네덜란드의 상선 두이프켄 호가 풍랑에 밀려 오스트레일리아 북부 카펀테리아만에 흘러들었다. 선장 요한슨은 이 땅이 그동안 탐험대가 찾던 미지의 남

오스트레일리아 원주민, 애버리지니 애버리지니는 유럽인이 당도하기 이전인 약 5만~3만 년 전 동남아시아를 거쳐 대륙으로 이주해 온 원주민들이다. 나무로 만든 사냥 도구인 부메랑을 사용하는 것으로 유명하다. 애버리지니는 신대륙이 개척되는 과정에서 백인들에 의해 학살되거나 백인들이 들여온 병에 걸려 죽고 현재 약 45만 명만이 남아 있을 뿐이다.

방 대륙이라고 확신하고 신홀란트New Holland라고 명명했다. 그러나 이러한 사실이 유럽 각국에서 인정받지 못하자 네덜란드 정부와 동인도 회사는 1642~1644년에 당대 최고의 항해가로 이름을 날리던 타스만Abel Janszoon Tasman을 대장으로 탐험대를 조직하여 조사하도록 했다.

오스트레일리아의 상징, 시드니 오페라하우스　영국의 식민지였던 오스트레일리아는 처음에는 죄수들의 유형지로 개발되기 시작했다. 뉴사우스웨일스주의 주도인 시드니는 식민 정책을 이끌었던 책임자인 시드니의 이름을 따서 명명된 도시이다. 1973년에 가장 인상적인 20세기의 건축물 가운데 하나인 시드니의 오페라 하우스가 완공되었다.

타스만의 탐험대는 제1차 항해 때 대륙 남부의 태즈메이니아를 돌아 뉴질랜드(네덜란드 남부의 '젤란트'라는 이름에서 '뉴젤란트'로 명명한 것에서 유래)를 발견했고, 1644년 제2차 항해에서는 대륙에 첫발을 디디며 대륙의 존재를 확인했다. 그러나 네덜란드 정부는 "이 대륙은 야만인들이 득실거리는 쓸모없는 땅"이라는 보고를 받고는 이 땅에서 손을 떼 버렸다. 이후 1776년 이 섬을 다시 찾은 사람이 바로 영국의 제임스 쿡이다. 그는 운 좋게도 '오스트레일리아 최초의 발견자'라는 명예를 얻었다.

영국을 출발한 지 2년 만에 뉴질랜드에 도착한 쿡 선장은 뉴질랜드 남북 섬 사이

오스트레일리아 대륙의 발견　오스트레일리아 대륙은 미지의 대륙으로 남아 있다가 17세기 초반에 네덜란드 상인에 의해 처음으로 알려졌다. 이후 네덜란드의 타스만과 영국의 쿡 선장의 항해로 유럽에 본격적으로 알려지면서 개척되기 시작했다.

일본

필리핀　타스만(1644)　마셜 제도　태평양

파푸아 뉴기니　솔로몬 제도　타스만(1642)

투발루　서사모아

인도네시아　바누아투　피지　통가

프랑스령 누벨칼레도니섬

오스트레일리아　쿡(1770)

프랑스령 폴리네시아

뉴질랜드

개척 연도
1830년 이전
1830~1850
1850~1875
1875~1900
1900년 이후

의 쿡 해협을 지나 1770년 오스트레일리아 동부 해안에 닻을 내렸다. 그러고는 대륙이 영국의 소유임을 천명하고 뉴웨일스라는 이름을 붙였다. 1788년 미국 독립 전쟁에서 패한 영국의 식민 장관 시드니는 오스트레일리아 대륙을 새로운 유형지로 삼고자 했다. 그해 유형수 726명과 해병대 1,500여 명을 태운 영국 선단 11척이 상륙하여 식민지 개척에 나섬으로써 오스트레일리아 대륙은 영국의 영토가 되었다.

그 뒤 대륙을 일주한 탐험가 매튜 플린더스Mathew Flinders가 대륙의 지도를 완성할 때 대륙에 테라 아우스트랄리스 인코그니타라는 이름을 붙였는데, 영국 해군성이 이를 인정함으로써 오스트레일리아라는 지명이 최초로 지도에 표기되었다. 1817년에는 플린더스의 건의에 의해 오스트레일리아라는 정식 국가명이 채택되었다. 오스트레일리아는 이후 1901년 1월 1일에 6개의 식민지 연합으로 구성된 연방 국가로 영국으로부터 독립했다.

● **다른 대륙과의 단절로 형성된 오스트레일리아의 독특한 생태계**

오스트레일리아 대륙에는 다른 대륙에서는 볼 수 없는 흥미로운 동물들이 많다. 주머니 속에 새끼를 넣고 기르는 캥거루, 코알라, 왈라비 등과 같은 유대류의 포유동물과 오리너구리, 바늘두더지와 같이 알을 낳는 단공류의 포유동물이 그것이다. 오스트레일리아 대륙은 처음에는 남극 대륙과 아프리카 대륙에 붙어 있었으나 약 6,500만 년 전 서로 분리되기 시작하여 현재의 위치로 이동했다. 이때 다른 대륙에 살던 사자, 코끼리, 원숭이와 같은 동물들은 이 대륙으로 이동하지 못했다. 다른 대륙과 단절된 상태에서 오랫동안 독립 진화를 거쳤기 때문에 유대류 및 단공류와 같은 판이하고 독자적인 생태계가 형성된 것이다.

오스트레일리아 대륙에서만 볼 수 있는 유대류 캥거루, 왈라비, 코알라

인류가 이동의 역사를 멈춘 곳은 어디일까?

세계 최대의 바다, 태평양의 섬들

약 12만 년 전 현생 인류의 직계 조상인 호모 사피엔스 사피엔스가 인류의 기원 지인 아프리카를 벗어나 서서히 대륙 곳곳으로 이동했다. 인류가 이동의 역사를 멈춘 최후의 기착지는 태평양의 섬들이었다.

태평양은 전 세계 해양 면적의 2분의 1을 차지할 정도로 세계 최대의 바다이다. 괌섬 부근의 비티아스 해연海淵(마리아나 해구, 1만 1,034km)은 에베레스트산 (8,848m)을 거꾸로 꽂아도 모자라는 깊은 곳이다. 태평양 해역에는 2만 여 개의 많은 섬들이 산재해 있는데, 크게 폴리네시아, 미크로네시아, 멜라네시아로 구분 된다.

'많은 섬들'이라는 뜻의 폴리네시아는 태평양 가장 동쪽에 위치한 섬들을 일컫는 말로 사모아, 하와이, 타히티 등이 이에 속한다. 미크로네시아는 '작은 섬들'이라 는 뜻으로 폴리네시아 서부와 동남아시아에 가까운 괌, 마리아나 제도, 마셜 제 도 등이 이에 속한다. 멜라네시아는 검은색 피부의 사람들이 많아 붙여진 이름으 로 '검은 섬들'이라는 뜻이다. 뉴기니섬, 누벨칼레도니섬을 거쳐 피지 제도에 이 르는 섬들이 여기에 속한다.

태평양의 도서 지역에 사람들이 살기 시작한 것은 대륙에서 배를 타고 멀리 대 양으로 나아갈 때부터였는데, 이들은 황인종의 말레이계인과 오스트랄로이드 였다. 오스트랄로이드는 '오스트레일리아형 인종'이라는 뜻으로 황인종, 흑인종, 백인종 이외에 인종을 넷으로 구분할 때 등장하는 말이다. 오스트랄로이드는 피 부 빛이 갈색이고 머리가 길며 코가 넓적한 특징을 지녔으며, 오스트레일리아 원 주민인 애버리지니와 유사한 인종으로 고인류의 특징을 두루 지녔다. 아프리카

19세기 유럽 열강의 식민지 경쟁 무대, 태평양 마젤란 이후 드레이크, 쿡 등에 의해 태평양의 여러 섬들이 발견되면서 아시아에서 아메리카에 이르는 태평양 전역의 지도가 만들어졌다. 이 과정에서 태평양의 많은 섬들이 19세기 유럽 국가들의 식민지 경쟁의 무대가 되었다. 몇몇 나라들만이 독립했을 뿐 대부분의 나라들은 유럽과 미국의 연방이나 자치주 형태를 띠고 있다. 유럽의 오랜 식민 지배를 받아 고유한 도서 문화는 사라지고 영어를 사용하며 그리스도교를 믿는 유럽 문화의 색채가 강하다.

의 부시먼, 인도의 드라비다족, 오스트레일리아의 애버리지니로 이어지는 인류가 모두 유전적으로 같은 부류임이 증명되어 동남아시아에서 오스트레일리아로 넘어간 사람들이 모두 한 부류의 사람들임이 밝혀지기도 했다.

말레이계인과 오스트랄로이드의 태평양으로의 이동은 크게 두 시기로 나누어져 이루어졌다. 첫 번째 이동은 지금으로부터 약 2만 5,000년 전부터 시작되었다. 약 2만 5,000년 전부터 1만 년 전에 이르는 시기는 최후 빙기였기 때문에 지금보다 해수면이 약 120m가량 낮았다. 따라서 이 시기에 동남아시아의 섬들은 아시아 대륙과 연결되어 있었으며, 뉴기니 또한 오스트레일리아 대륙과 연결되어 있었다. 멜라네시아의 대부분의 섬들 또한 육지와 연결되어 있었기 때문에 육로를 통해 쉽게 이동할 수 있었다. 반면 미크로네시아와 폴리네시아의 섬들은 깊은 해양에서 솟아오른 화산섬이었기 때문에 이동이 어려웠다. 두 번째 시기는 약

하와이 빅아일랜드 마우나케아산(4,205m) 정상의 천문대 태평양 한가운데 있는 하와이는 태평양 항공·해운 교통의 요지이다. 하와이에 인류가 도착한 것은 약 500년경이다. 하와이는 북위 21°에 위치하여 열대성 기후를 띤다. 따라서 하와이에는 눈이 내리지 않을 것으로 알고 있으나, 해발 4,000m가 넘는 마우나케아산에는 겨울철에 눈이 쌓여 스키도 탈 수 있다.

폴리네시아에 속하는 뉴질랜드의 원주민, 마오리족 인류가 이동의 역사를 멈춘 최후의 기착지는 대륙이 아닌 태평양의 섬들이었다. 이 가운데 뉴질랜드는 가장 늦게 이동한 섬이며 그 이동의 주인공은 마오리족이다. 오스트레일리아의 애버리니지가 백인들에게 학살당한 것과는 달리, 뉴질랜드의 마오리족은 와이탕 조약(1840년 2월 6일, 뉴질랜드 북섬 와이탕에서 당시 무력 충돌이 끊이지 않았던 원주민 마오리족과 영국 사이에 체결된 평화 조약)으로 동등한 관계에서 한 나라를 유지할 수 있었다. 현재 뉴질랜드 정부에서도 마오리족의 전통을 존중하고 그들의 문화를 관광 자원으로 발전시키고 있다.

5,000~4,000년 전에 시작되었는데, 이때는 해수면 상승으로 육로가 아닌 배를 타고 이동해야만 했다.

초기에 육로를 통해 멜라네시아의 섬들로 이주한 원주민들은 이후 배를 타고 서서히 태평양 전역으로 나아갔다. 먼저 가까운 미크로네시아로 이주를 시작했고 그 다음으로 더 멀리 떨어진 폴리네시아로 이주를 시작했다. 이들은 약 3,000년 전에 피지 제도에 도착했으며 이곳에서 약 1,000년 동안 머무르며 삶의 뿌리를 내린 다음 또다시 서쪽으로 이동을 시작했다. 기원후 300년부터는 마르키즈 제도와 멀리 이스터섬까지 나아갔고 하와이섬에 도착했다. 이후 다시 방향을 돌려 1,000년경에는 뉴질랜드에 이주하여 정착했다. 이때 한 무리의 사람들은 태평양이 아닌 반대 방향인 인도양으로도 이주했는데 마다가스카르에 도달한 이들이 바로 그들이었다.

이들은 인종적으로뿐만 아니라 도서 지역의 독특한 생활을 지닌 동일 문화권에 속한다. 하와이 제도를 처음 발견한 쿡 선장은 하와이의 카우와이 섬사람들이 타히티 섬사람들과 같은 말을 사용하는 것을 보고, "이처럼 넓은 해양에 걸쳐, 이만큼 멀리까지 같은 민족이 분포하고 있다는 이 사실을 어떻게 설명해야 할 것인가!" 하며 놀라워하기도 했다.

● 삼대양의 이름 유래와 범위

태평양(Pacific ocean)이라는 이름은 포르투갈의 항해가인 마젤란이 마젤란 해협을 힘겹게 통과한 후 놀라울 정도로 고요하고 평온한 바다를 만나고는 '마레 파시피쿰[Mare Pacificum('평화의 바다'라는 뜻)]'이라고 부른 데서 유래한다. 7세기 초반 이탈리아 선교사 마테오 리치가 동양 최초의 세계 지도인 곤여만국지도를 작성할 때 '태평양'이라고 음역한 뒤부터 이 이름이 쓰이고 있다.

대서양(Atlantic ocean)의 이름은 그리스의 아틀라스[Atlas, 티탄 신족(神族)] 신화에서 기인한다. 페르세우스가 지브롤터 해협을 지나다가 아틀라스에게 휴식을 청했으나 그는 반겨 하지 않았다. 화가 난 페르세우스가 가지고 있던 메두사의 머리를 그에게 보여 주자 아틀라스는 놀라 곧 돌로 변하고 말았다. 북아프리카 모로코에 있는 아틀라스산맥은 이렇게 해서 만들어진 산이며, 이 산맥의 앞바다를 가리켜 대서양이라 부르게 되었다. 인도양(Indian ocean)은 인도의 국명에서 유래한다.

북극과 남극의 얼음이 다 녹으면 지구는 물에 잠길까?

해수면 상승에 영향을 주지 않는 북극의 얼음

지구 온난화로 전 세계가 기상 이변과 자연재해로 몸살을 앓고 있다. 빙하가 녹으면서 해수면이 상승하여 남태평양의 투발루, 인도양의 몰디브를 비롯한 섬나라들이 수몰될 위기에 있다. 기후 변화에 관한 정부간 패널의 2007년 보고에 따르면, 20세기에 이르는 동안 세계의 해수면이 약 17cm 상승했다고 한다. 또한 21세기 말까지 20~60cm 상승할 것이며 남극의 얼음이 모두 녹으면 약 65m, 그린란드의 얼음이 모두 녹으면 7m 상승할 것으로 추정했다. 이는 인류에게 큰 재앙을 가져올지도 모르는 무시무시한 결과이다.

철이 열을 받으면 부피가 팽창하듯, 바다 또한 수온이 상승하면 부피가 팽창하기 때문에 전체적으로 해수면이 상승한다. 또한 알프스, 히말라야산맥 등의 대륙에 퇴적된 빙하나 빙상이 녹아 흘러도 바닷물의 양이 늘어나 해수면이 상승한다. 하지만 북극해에서만큼은 얼음이 모두 녹아도 해수면이 상승하지 않는다. 이는 북극의 해빙海氷 때문이다. 북극의 해빙은 여름에는 녹고 겨울에는 허드슨만에서 그린란드까지, 노르웨이령의 스발바르 제도에서 러시아와 알래스카 북부까지 얼어붙는다. 이렇게 해빙의 크기가 여름에는 작아지고 겨울에는 커지기 때문에 결과적으로 전체 부피에는 큰 변화가 없다.

이것은 아르키메데스의 원리로도 설명할 수 있다. 남극과 북극의 지형적 차이를 보면, 남극은 대륙 위에 눈이 쌓여 굳은 대륙 빙상으로 대륙이라 할 수 있지만 북극은 바닷물이 4m 두께로 얼어붙은 바다이기 때문에 대륙이라 할 수 없다. 북극의 얼음을 물이 담긴 그릇에 넣어 본다고 가정하면 그릇 속의 얼음과 물의 부피는 얼음이 다 녹은 물의 부피와 같다. 그래서 물속의 얼음이 다 녹아도 물의 양은

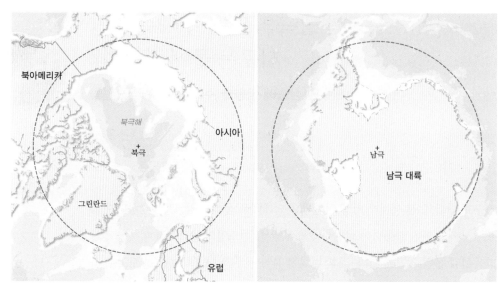

북극해와 남극 대륙 북극은 바닷물이 얼어붙은 바다이지만 남극은 두꺼운 얼음이 쌓인 대륙이다. 해양과 대륙의 비열차로 인하여 북극이 남극에 비해 온화한 기단을 형성한다.

	북극	남극
형태	유라시아 대륙과 북아메리카 대륙으로 둘러싸인 넓은 바다(1,200km²) • 바다 중심 얼음 두께: 3~4m	남빙양이라는 바다로 둘러싸인 거대한 대륙 (1,360km²) • 빙하 평균 두께: 2,160m
연평균 기온	−16~6℃(관측 최저 온도: −70℃)	−40~0℃(관측 최저 온도: −89.6℃)
대표 생물	여우, 순록, 곰, 고래 등	펭귄, 크릴, 물개, 고래 등
원주민 유무	있음(이누이트)	없음(과학 기지만 있음)
소유 유무	주변 섬 모두 소유자가 있음	남극 조약에 의해 전반적으로 관리(영유권 인정 보류)
가치	• 지구 환경 변화 연구 • 주요 어장 • 대규모 에너지 자원 매장 • 북극 항로 및 수로 개발	• 인간에 의한 개발이 이루어지지 않은 지구상 마지막 대륙 • 지구 환경 변화 연구 • 에너지 및 각종 금속 자원 다량 매장(2048년까지 유보)

늘어나지 않으며, 얼음 전체가 녹은 물의 무게는 수면 아래 얼음 부피의 물의 무게와 같다. 이런 이유로 북극해의 얼음이 다 녹아도 해수면의 변동은 일어나지 않을 것이지만, 남극에서는 빙하가 녹은 부피만큼 해수면이 상승하기 때문에 엄청난 결과가 초래될 것이다.

남극의 유빙 지구 온난화에 의해 남극의 빙붕에서 떨어져 나온 유빙들이 해류를 따라 남극해 주변을 떠다닌다. 파도와 바람에 씻기고 깎인 유빙들은 자연이 만들어 낸 또 하나의 조각품이다.

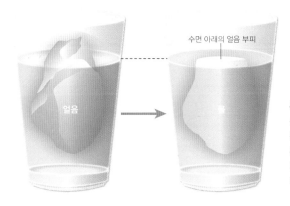

수면 아래의 얼음 부피

얼음

북극의 얼음이 녹아도 해수면이 상승하지 않는 원리 컵에 담긴 얼음은 녹더라도 물이 컵을 넘지 않는다. 아르키메데스 원리에 의하면 얼음의 부피가 이미 물에 포함되어 있기 때문이다.

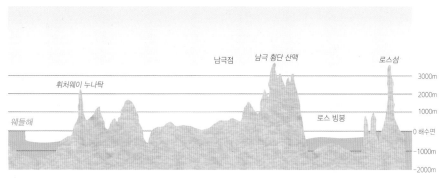

남극점 남극 횡단 산맥 로스섬

휘처웨이 누나탁 3000m

2000m

1000m

웨들해 로스 빙붕

0 해수면

-1000m

-2000m

남극 대륙의 단면도 남극 대륙은 빙붕을 포함한 얼음 두께가 평균 1,700m에 달한다. 오랜 기간 눈이 쌓여 자체의 무거운 하중에 의해 타원형의 두꺼운 얼음 돔이 만들어졌다. 하지만 얼음 아래는 대륙이기 때문에 북극과는 달리 빙하가 녹은 부피만큼 해수면이 상승한다.

● 북극에 펭귄, 남극에 백곰이 살지 않는 이유

북극에는 곰이 살지만 펭귄을 찾아볼 수 없고, 남극에서는 펭귄을 볼 수 있는 대신 곰은 볼 수 없다. 곰은 원래 아시아, 유럽, 아메리카의 침엽수림 지역이 주 서식지였으나, 북반구의 대륙과 기까워 겨울이면 얼음을 타고 쉽게 북극 주변으로 이동하여 물범 등을 사냥하며 서식할 수 있었다. 반면, 남극 대륙은 북극과 달리 육지와 멀리 떨어져 있으며 거대한 바다가 가로막고 있어 이동이 어려웠다. 펭귄은 원래 날아다녔으나 남극 대륙에 천적 포식자가 없어지자 바다에서만 먹이를 구하여 점차 날지 못하고 육상과 바다를 오가는 조류로 진화했다. 이런 이유로 북극에서는 북극곰이, 남극에서는 펭귄이 서식한다.

북극의 곰과 남극의 아델리 펭귄

지구 온난화 재앙의 시한폭탄이 묻힌 곳은 어디인가?

엄청난 양의 메탄 가스가 매장된 영구 동토층

대기를 감싸고 있는 온실 가스는 상반된 두 작용을 한다. 온실 가스가 없다면 지표면에 도달하는 태양 에너지 대부분이 우주 공간으로 빠져나가 평균 온도 약 −18℃가 되어 지구는 생명체가 살 수 없는 행성이 될 것이다. 하지만 인간의 산업 활동으로 배출되는 온실 가스는 태양으로부터 받은 지구의 복사열을 흡수하여 지구 온난화를 일으키는 주범이다. 최근 온실 가스가 증가하면서 극지방의 영구 동토층이 녹고 이와 더불어 메탄 가스의 발생량도 증가하여 지구 온난화가 가속되고 있다.

영구 동토층은 지중 온도가 연중 0℃ 이하로 일 년 내내 얼어 있는 땅이다. 혹한의 기후 때문에 이곳에는 수목이 거의 자라지 못하고 지의류, 선태류와 같은 이끼 등이 자랄 뿐이다. 영구 동토층은 북위 50° 이북의 시베리아, 알래스카, 캐나다와 그린란드의 일부를 포함하며 전 육지의 약 20~25%를 차지한다.

그런데 지구의 대기 온도가 높아지면서 영구 동토층이 지구 온난화재앙의 시한폭탄이 되고 있다. 이 층의 상부에 화석 연료처럼 탄소를 함유한 상당 양의 유기 탄소, 즉 메탄 가스가 있기 때문이다. 영구 동토층은 약 1만 년 전 마지막 빙하가 끝나갈 무렵 수많은 동식물 시체와 잔해가 대량 매장되어 형성되었다. 이 동식물들이 부패하면서 탄소가 이산화탄소나 메탄의 형태로 지상에 방출되는 것이다. 현재 대기 중에 있는 탄소량은 약 7,300억 톤으로 추정되는데, 영구 동토층에 매장된 탄소의 양은 무려 약 5,000억 톤에 달한다고 한다.

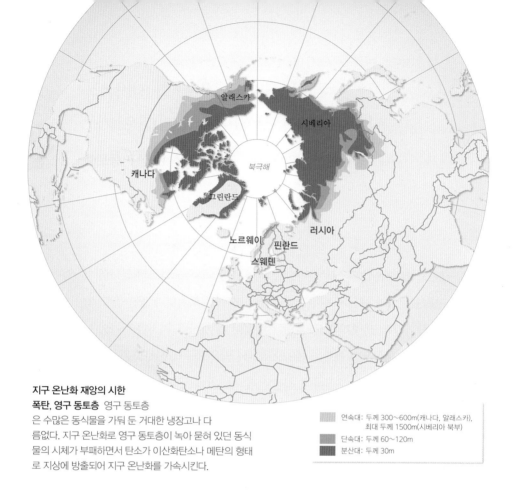

지구 온난화 재앙의 시한
폭탄, 영구 동토층 영구 동토층
은 수많은 동식물을 가둬 둔 거대한 냉장고나 다
름없다. 지구 온난화로 영구 동토층이 녹아 묻혀 있던 동식
물의 시체가 부패하면서 탄소가 이산화탄소나 메탄의 형태
로 지상에 방출되어 지구 온난화를 가속시킨다.

■ 연속대: 두께 300~600m(캐나다, 알래스카),
　　최대 두께 1500m(시베리아 북부)
■ 단속대: 두께 60~120m
■ 분산대: 두께 30m

● 활동층에 집을 마련하기 위해 생겨난 공중 가옥

아이슬란드, 그린란드를 비롯한 북극권에서는 땅에 말뚝을 깊숙이 박
고 그 위에 집을 짓는다. 일 년 내내 토양이 얼어 있는 북극권에서는 여
름철 일시적으로 지하 1~2m 아래까지 얼음이 녹는다. 여름에 지표층
이 녹으면 그 밑에 얼어 있는 동토층이 토양수의 배수를 막는다. 그러
면 이 지표층은 수분으로 가득 차 운동력이 커지는데, 이를 활동층이
라고 한다. 활동층의 구성 물질은 미립질로 이루어져 매우 유연하기
때문에 2°밖에 되지 않는 완만한 사면에서도 쉽게 흘러내린다.

그린란드의 공중 가옥

이를 솔리플럭션(solifluction)이라고 한다. 솔리플럭션의 속도는 대체
로 연간 수미터에 달한다. 이런 곳에 집을 지을 경우 건축물이 붕괴될
위험성이 높다. 그렇기 때문에 동토층 깊숙이 지지대를 박아 건축물의
유동을 막는 토대 조성 공사를 먼저 해야 한다. 발열성인 구조물이 지표 바로 위에 세워질 경우 지표의 언 땅이 녹기 때문
에 지표에서 일정한 높이로 띄워 집을 지어야 한다.

에라토스테네스가
지구 둘레를 측정한 방법은?

낙타와 고대 수학 원리로 알아낸 지구 둘레

고대 그리스 시대 초기에는 지구가 원반 모양으로 평평하게 생겼다고 믿었다. 그러나 기원전 5세기에 피타고라스에 의해 지구가 공 모양일 것이라는 구형설球形說이 제기되었고 그것이 점차 정설로 받아들여졌다. 그다음으로 '그렇다면 지구 둘레는 얼마나 될까?'라는 문제가 제기되었다. 인공위성과 자동 항법 장치를 이용한 오늘날의 첨단 과학 장비를 가지고 지구 둘레를 재는 것은 쉬운 일이다. 그러나 2,200여 년 전 수학의 원리만으로 지구 둘레를 정확히 잰 사람이 있었다. 바로 고대 그리스 시대 대수학자였던 에라토스테네스이다.

기원전 235년경 에라토스테네스는 알렉산드리아의 남쪽에 자리 잡은 시에네(지금의 아스완)에서는 하짓날(양력 6월 21일경) 정오 무렵이면 수직으로 깊이 파인 우물에 태양이 반사되어 보인다는 사실을 우연히 알게 되었다. 그는 태양이 바로 우물 위에 있어서 90°를 이루기 때문에 이런 현상이 일어난다고 생각했다. 에라토스테네스는 시에네에서 거의 정북쪽에 위치한 알렉산드리아에서는 같은 날 정오에 수직으로 선 신전의 오벨리스크 그림자가 짧기는 해도 없어지지는 않는 것으로 보아 태양이 머리 바로 위에 있지 않다는 사실을 알았다.

에라토스테네스는 시에네와 알렉산드리아의 두 지점에서 같은 날 정오에 그림자가 다르게 나타나는 것은 지구 표면이 곡선처럼 휘어져 있어야만 가능하다는 사실을 알아냈고, 이로써 지구는 둥글다는 결론을 얻었다. 더 나아가 에라토스테네스는 두 지점에서 나타나는 그림자의 차이를 이용하면 지구 둘레를 잴 수 있을 것이라 생각했다. 그는 지구는 완전한 구형이며, 태양 광선은 두 지점에 평행하게 도달하며, 시에네와 알렉산드리아는 동일 경도상에 있다는 세 가지 가정을 세우고 지구 둘레를 다음과 같이 측정했다.

에라토스테네스는 시에네의 우물에 태양빛이 가득 비치는 시각에 알렉산드리아 신전 오벨리스크의 그림자 각을 측정하여 약 7.2°라는 값을 얻었다. 그리고 그림을 그려, 측정값인 7.2°와 지구 중심에서 시에네와 알렉산드리아 사이의 각의 크기가 같음을 알아냈다.

당시 시에네와 알렉산드리아 사이의 거리는 5,000스타디아(그리스의 경주장 크기를 기준으로 한 측정 단위인 스타디움의 복수로 1스타디아는 약 185m임)로 알려졌는데, 그것은 7.2°에 대한 지구 둘레의 호弧를 의미했다. 어떤 원에서도 중심각이 같은 호는 그 원둘레와 호의 비가 항상 같기 때문에 지구 둘레는 360°: 7.2°= X: 5,000스타디아라는 공식이 성립한다. 이를 계산하면 X값인 지구 둘레는 250,000스타디아, 즉 약 4만 6,250km가 된다. 이는 실제 지구 둘레인 4만 8km와 15%밖에 차이가 나지 않는다. 하지만 에라토스테네스의 측정 수치에서 오차가 생긴 이유는 그가 세운 가정이 사실과 일치하지 않았기 때문이다.

지구는 실제로 완전한 구형이 아니라 약간 찌그러진 타원이라는 점, 시에네가 정

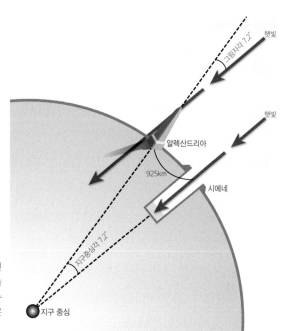

에라토스테네스의 지구 둘레 측정 원리

$$\frac{7.2°}{360°} = \frac{시에네와\ 알렉산드리아\ 사이의\ 거리}{지구\ 둘레}$$

지구 둘레는 기원전 235년 지리학자이자 수학자인 에라토스테네스에 의하여 최초로 측정되었다. 오늘날에는 첨단 과학 장비로 지구 둘레를 쉽게 측정할 수 있지만, 당시에 수학적인 원리만으로 계산해 낸 것은 놀라운 일이다.

확히 북회귀선상에 있지 않다는 점, 그리고 시에네와 알렉산드리아가 정확히 동일 경도에 있지 않다는 점 때문에 지구 둘레가 실제 둘레보다 길게 측정된 것이다. 오차가 있기는 하지만 변변한 측정 기계도 없던 고대에 지구 둘레를 이렇게 정확하게 쟀다는 것은 놀라운 사실이다.

● 지구 둘레 측정에 동원된 '사막을 건너는 배', 낙타

낙타만큼 주어진 환경에 잘 적응하는 동물도 없다. 낙타는 사막 기후에 견딜 수 있는 특이한 신체 구조를 지녔다. 낙타는 몇 주일 동안 물을 마시지 않아도 살 수 있으며, 몇 달을 아무것도 먹지 않고도 견딜 수 있다. 등에 있는 혹에 지방질이 저장되어 있어 필요한 수분이나 영양분을 혹의 지방을 분해시켜 충당하기 때문이다. 후각 기능 또한 뛰어나 몇 킬로미터 떨어진 곳에서 나는 물의 냄새도 맡을 수 있으며, 물 한 방울 마시지 않고 320km를 갈 수 있다. 기다란 속눈썹은 태양의 직사광선을 가릴 수 있으며, 스스로 여닫을 수 있는 코는 콧속으로 모래가 들어오는 것을 막는다.

혹이 한 개 있는 단봉낙타는 낙타의 90%를 차지하며 아프리카, 아라비아반도, 소아시아, 이란, 인도 북서부 등지에서 사육되어 왔다. 혹이 두 개가 있으며 화물 운반에 주로 이용되는 쌍봉낙타는 아프가니스탄, 파키스탄, 고비 사막, 몽골, 알타이산맥 등지에서 예부터 사육되었다. 낙타는 승용으로 사용되는 것은 물론, 젖은 음료로, 고기는 식용으로, 털은 직물용으로 이용되기 때문에 사막 생활에서 유목민과 대상들에게 없어서는 안 될 소중한 가축이다.

에라토스테네스는 지구 둘레를 측정할 때 낙타를 이용해 시에네와 알렉산드리아 간의 거리를 계산했다. 당시는 낙타가 계산기로 이용되기도 했다. 건강한 낙타는 하루에 약 100스타디아를 갈 수 있었고 알렉산드리아에서 시에네까지 약 50일이 걸렸다. 따라서 두 지점 간의 거리는 약 5,000스타디아이며, 이를 킬로미터로 환산하면 약 925km가 된다.

사막 낙타

왜 사막은 적도를 중심으로 대칭을 이룰까?

지구 대기의 순환 체계가 만들어 내는 사막

지구상에서 가장 무덥고 건조한 곳인 사막은 생명체가 살기 어려운 곳이다. 사막은 지구 육지 면적의 약 3분의 1을 차지하며 현재 지구 온난화의 영향으로 그 면적이 조금씩 커지고 있다. 그런데 사막의 대부분은 적도를 중심으로 남·북위 20~30° 사이에서 두 개의 거대한 모래 띠를 이루며 지구를 감싸고 있다. 북반구에는 북회귀선을 따라 북아프리카의 사하라 사막과 아라비아 사막, 중앙아시아의 타클라마칸 사막과 고비 사막 등이 있다. 남반구에는 남회귀선을 따라 아프리카의 나미브 사막과 칼라하리 사막, 오스트레일리아의 기브슨 사막과 그레이트빅토리아 사막, 칠레의 아타카마 사막 등이 있다.

지구의 사막들이 이렇게 남북 회귀선을 따라 대칭을 이루며 분포하는 것은 지구 대기의 순환 체계 때문이다. 지구의 대기는 태양 에너지에 의해 끊임없이 운동하는 열 기계 장치처럼 움직인다. 태양이 여름과 겨울에 지면과 거의 수직인 곳에 있는 적도의 열대 지방은 지구에 도달하는 태양 에너지를 가장 많이 흡수한다. 적도 부근의 데워진 공기는 팽창하여 가벼워져 상승하며, 이때 열대 바다의 수증

모하비 사막에 있는 죽음의 계곡 미국 서부의 모하비 사막은 서부 연안의 코스트산맥과 시에라네바다산맥이 태평양으로부터 유입되는 비구름대를 차단하여 강수량이 줄어든 결과 형성되었다. 죽음의 계곡은 서부 개척 시대에 금광을 좇아 이곳을 통과하던 많은 사람이 물이 없어 죽음을 맞은 데서 붙여진 이름이다. 수분 증발에 의해 지표에 굳은 소금이 넘쳐난다.

세계의 사막 분포 적도를 사이에 두고 지구를 감싸는 두 개의 거대한 사막의 모래 띠는 지구 대기의 순환 체계에 의한 결과이다. 중앙아시아의 타클라마칸 사막과 고비 사막은 내륙 깊숙이 위치하여 바다로부터 수분을 함유한 대기의 접근이 어려워 메마른 사막 지대를 이룬다. 인도양으로부터 불어오는 비구름대를 히말라야산맥이 가로막는 것도 한 요인이다.

기도 함께 상승한다. 대기가 상승하여 10km 부근의 상공에 이르면 냉각되어 무거워지기 때문에 부력을 잃고 남북으로 넓게 퍼진다. 공기가 냉각되면 수분이 응축되어 적도 지방에 큰 비를 쏟아 내며, 이후 수분이 빠진 공기는 양 극을 향해 남북으로 이동하다가 가라앉는다. 공기는 하강하면서 압축되어 다시 따뜻해지며, 100m 하강할 때마다 약 1℃ 이상 상승한다. 이 뜨겁고 건조한 공기가 남북 회귀선 부근에서 다시 지표면으로 내려와 적도로 돌아오는 것이다.

남북 회귀선 부근은 건조한 공기가 지나는 길목이기 때문에 좀처럼 비가 내리지 않는다. 이로 인해 암석의 기계적 풍화가 빠르게 진행되어 사막이 형성되며, 비가 적게 내려 식생이 빈약하고 주변 바다의 염도 또한 다른 지역보다 높다.

● 사막 오아시스의 물은 어디서 오는가?

사막은 강수량에 비해 증발량이 크기 때문에 물이 언제나 절대적으로 부족하다. 그러나 물이 전혀 없는 것은 아니다. 국지적으로는 지하로 스며든 물이 고여 지표로 유출된 오아시스가 있다. 오아시스는 사막 생활의 거점으로 대추야자, 밀, 보리 등을 재배할 수 있을 뿐만 아니라 사막을 오가는 대상들의 기착지로서 중요한 역할을 한다.

오아시스의 대부분은 영구적인 샘 주변에 발달하는데, 이는 지표면 모래층 아래에 풍부한 지하수가 있다는 것을 말해 준다. 샘물의 공급원은 오아시스에서 가까운 고지나 때로는 수백 킬로미터 떨어진 고지에 있는 대수층이다. 이곳에 있던 물이 단층선을 따라 흐르다가 물이 통과하기 어려운 치밀한 암질대가 엇비슷하게 놓이면 물길의 이동이 차단된다. 이때 발생한 압력 차에 의해 대수층으로부터 수맥이 끊어진 틈인 단층선을 따라 지하수가 솟아오른다. 한편 오랜 침식에 의해 사막의 표고가 낮아져 지하 수면보다 낮은 오목한 분지 지형이 형성되기도 하는데, 이때 대수층이 지표에 노출되기도 한다. 대수층에 포화된 물은 낮은 저지대로 이동하여 자연스럽게 샘을 형성한다.

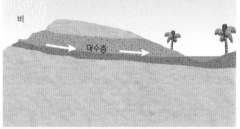

오아시스 생성 원리 전혀 물이 없을 것 같은 사막에도 지하에는 풍부한 물을 머금은 대수층이 존재하여 생명의 샘인 오아시스를 만들어 낸다.

사막에 위치한 중국의
예야콴(月牙川)

콜럼버스는 왜 아메리카 대륙을 인도로 착각했을까?

잘못된 지구 둘레 측정이 낳은 가장 위대한 착각

에라토스테네스가 간단한 방법으로 측정한 지구 둘레는 그 이후 사람들에게 무시된 채 잊혀졌다. 그런데 그리스의 지리학자 스트라보는 어떤 이유에서인지 지구 둘레를 에라토스테네스가 측정한 것보다 4분의 1이나 작은 약 2만 8,800km로 줄여 버렸다. 스트라보의 이러한 실수 때문에 사람들은 지표상의 거리를 실제 거리보다 짧게 생각하게 되었다. 당대 천문학자로 유명했던 프톨레마이오스마저도 이에 기초하여 세계 지도를 작성했으며, 이는 중세에 이르기까지 아무런 의심 없이 받아들여졌다.

15세기 콜럼버스는 프톨레마이오스의 세계 지도에서 유럽과 아시아의 거리가 무척 가까웠기 때문에 포르투갈에서 인도까지 가는 길이 그리 어렵지 않을 것으로 생각했다. 콜럼버스는 나름대로 대서양 크기에 대한 과학적 확신을 가지고 있었다. 우선 유라시아 대륙의 크기를 당시 지리학자들이 추정하던 경도 225°에 해당하는 값으로 보았으며, 마르코 폴로의 『동방견문록』에 나타난 동아시아의 모

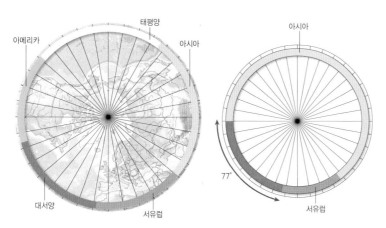

콜럼버스의 착각 프톨레마이오스의 세계 지도를 참조한 콜럼버스는 아메리카와 태평양의 존재를 알지 못했다. 그래서 대서양을 서쪽으로 77°정도만 항해해 나가면 아시아에 다다를 것으로 확신했다. 세계 역사의 경로를 바꾼 대사건 가운데 하나인 콜럼버스의 신대륙 발견과 마젤란의 세계 일주는 1,400년 전 스트라보의 잘못된 지구 둘레 표기에서 비롯되었다.

습을 보고 28°를 추가해야 한다고 생각했다. 그리고 동아시아 해안에서 섬나라 지팡구(지금의 일본)의 동쪽 끝까지 거리가 30°라고 추정했기 때문에 유럽 서쪽에서 아시아 대륙의 동쪽 끝까지의 거리는 283°(즉 225°+28°+30°)란 결론을 얻었다.

그의 계산대로라면 나머지 77°정도만 대서양을 서쪽으로 항해해 나가면 아시아에 다다를 수 있었다. 그는 카나리아 제도로부터 6,280km에 해당되는 지점에 아시아가 있을 것이라 생각했다. 이윽고 그는 에스파냐를 출발하여 바하마 군도의 구아나하니섬에 도착했다. 그가 죽는 날까지 아시아 대륙의 인도로 믿었던 아메리카 대륙을 발견한 순간이었다. 이것은 인류 역사상 가장 중대한 착각이었다.

콜럼버스의 신대륙 발견에 이어 세계 일주에 나선 마젤란 또한 프톨레마이오스의 세계 지도를 보고 거리를 어림했기 때문에 세계를 실제보다 작게 인식할 수밖에 없었다. 그 결과 식량과 물자를 실제 항해 거리에 필요한 것보다 적게 꾸려 탐험에 나섰기 때문에 항해 내내 심한 고통과 어려움을 겪었다.

● 프톨레마이오스의 세계 지도는 근대 지도의 효시

당시 유럽인들은 오랫동안 동쪽을 위쪽에 놓고 기준으로 삼았는데, 지도의 동쪽에 있는 성지 예루살렘이 세계의 중심임을 강조하기 위해서였다. 그러나 프톨레마이오스의 세계 지도는 북쪽을 위쪽에 놓고 방위 개념을 설정한 최초의 지도였다. 에라토스테네스의 지도를 발전시켜 지구를 360° 등분하여 경·위선 망을 최초로 설정했으며 원추 도법을 고안하여 0~180°에 이르는 세계 반구도를 제작했다는 점에서 근대 지도의 효시로 평가받는다.

경선과 위선이라는 개념은 에라토스테네스에 의해 최초로 도입되었으나, 정확도가 떨어져 신뢰도가 낮았다. 이를 수정, 보완하기 위해 프톨레마이오스는 천체 관측을 통하여 적도를 기준으로 남·북위로 위도를 구분했으며, 카나리아 제도를 기준 경선으로 하여 격자 간격의 질서 정연한 체계를 갖춘 지도를 완성했다.

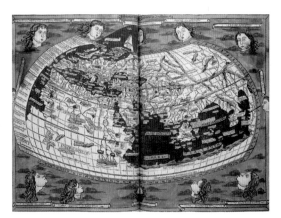

프톨레마이오스의 세계 지도 프톨레마이오스는 세계 최초로 북쪽을 기준으로 방위를 설정했으며 과학적인 경·위선망을 이용하여 세계 지도를 그렸다.

지구가 둥글다고 증명된 것은 언제일까?

뉴턴이 제기하고 경선 측정으로 증명된 타원체 지구

지구가 둥글다는 것은 이제 누구나 아는 사실이지만 지구는 공같이 완전히 둥근 형태는 아니다. 지구가 공 같다면 위도 1°, 즉 중심각 1°에 해당되는 지표상의 거리가 지구상의 어디서나 똑같아야 한다. 그러나 지구는 적도 쪽이 극 쪽보다 약간 튀어나온 타원체이기 때문에 적도에서 고위도로 갈수록 곡률 반경이 더 커져 위도 사이의 간격이 약간씩 넓어진다. 실제로 위도 1°의 거리가 적도에서는 110.569km이지만 양극에서는 111.700km로 더 멀어진다. 지구 중심에서 적도까지의 반지름은 6,378km, 극까지의 반지름은 6,357km로 적도가 극보다 21km 더 길다.

지구가 타원체가 되는 이유는 지구의 자전 때문이다. 지구는 가만히 있는 것 같지만 하루에 한 바퀴씩 회전한다. 지구 둘레가 4만 8km이고 하루가 24시간이므로 지구는 시속 1,669km의 빠른 속도로 회전하는 셈이다. 고무공을 빠른 속도로 회전시키면, 회전에 의해 원심력이 발생하여 고무공이 중심부에서 밖으로 튀어나가려고 한다. 내부가 준準액체인 지구 또한 마찬가지다. 이때 회전력은 회전축의 직각 방향이 되는 적도 쪽에서 가장 크게 작용하며 회전축 방향이 되는 극 쪽의 회전력은 0이 된다. 그래서 팽이가 돌 때의 모양과 비슷하게 적도인 중심부가 부푼 형태가 되는 것이다.

지구가 극축이 짧은 회전 타원체라는 사실은 17세기 초 세계 각국이 경쟁적으로 경도 측량에 나서던 시기에 밝혀졌다. 프랑스의 루이 14세는 경도 측량과 화성 관측을 위해 천문학자 리셰르J. Richer를 북위 5°에 있는 프랑스령 기아나 해안의 카옌으로 파견했다. 그는 이곳에서 파리에서 가져온 진자시계가 카옌에서 하루에 약 2분 30초가량 늦게 가는 것을 알게 되었다. 그래서 진자의 길이를 짧게 하여 시간을 맞추곤 했다.

그러나 당시에는 왜 이런 일이 일어나는지 그 이유를 정확히 알지 못했다. 해답의 실마리를 제공한 사람은 중력의 개념을 발견한 뉴턴이었다. 뉴턴은 지구가 자전에 의한 원심력으로 적도 부분이 약간 튀어나온 회전 타원체로 되어 있으며, 이 때문에 적도에서는 원심력에 의해 중력이 작게 작용할 것이라는 가설을 제창했다. 원심력에 의해 진자시계의 추에 작용한 중력이 약해져 시계가 더디게 갔다는 것이다.

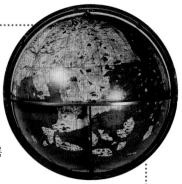

타원체인 지구 지구는 공같이 둥근 모양으로 보이지만 실제로는 지구 중심에서 적도까지의 반지름이 극까지의 반지름보다 21km 더 긴 타원체이다. 이는 지구가 시속 1,669km의 빠른 속도로 회전하기 때문에 적도 부근의 중심부가 원심력에 의해 부풀기 때문이다.

뉴턴이 제기한 가설은 18세기 프랑스학사원이 파견한 두 원정대에 의해 사실로 판명되었다. 1736~1737년에 파리 이북 스칸디나비아 북부 라프랜드로 간 원정대는 북위 66°에서 위도 값 0°57′에 해당하는 경선의 길이를 측정했다. 그런데 그 길이가 파리(북위 48°58′) 부근에서 측정한 위도 값 0°57′에 해당하는 경선의 길이보다 길었다. 한편, 1736~1743년에 파리 이남 적도 부근 에콰도르의 키토로 간 원정대는 키토(남위 0°42′)에서 위도 값 3° 이상에 해당하는 경선의 길이를 측정했다. 그 길이는 파리에서 측정한 위도 값 0°57′에 해당하는 경선의 길이보다 짧았다. 이로써 경선의 길이가 적도에서 극으로 갈수록 짧아진다는 것, 즉 지구는 적도 부근이 튀어나온 타원체임이 사실로 밝혀졌다.

● **현존하는 가장 오래된 지구본**

현존하는 가장 오래된 지구본은 1492년 독일의 마르틴 베하임(Martin Behaim)이 만든 것으로 애플(Apple)이라 불리는 지름 52cm의 금속제 지구본이다. 이 지구본의 세계 지도는 프톨레마이오스의 세계 지도를 참고하여 그려졌기 때문에 유라시아 대륙의 동서 길이가 실제보다 짧게 표시되어 정확성이 떨어진다. 그러나 중국과 일본이 아시아 동쪽의 끝으로 되어 있고 바스쿠 다가마가 발견한 아프리카의 희망봉이 표시된 것으로 보아 당시의 신지식을 받아들여 제작된 것이라는 점에서 그 의의가 크다. 콜럼버스가 신대륙을 발견한 같은 해에 제작되었기 때문에 아메리카와 오스트레일리아 대륙은 지도에 없다.

베하임이 제작한 세계 최초의 지구본 지구가 평평하다고 믿던 시절, 포르투갈의 항해 고문관으로 임명된 베하임은 아프리카 서해안 일대를 탐험한 후 가죽을 이용하여 세계 최초로 둥근 모양의 지구본을 만들었다.

지구가 사각형이 아님을
증명한 사람은 누구인가?

북극성과 항구의 배를 이용한 아리스토텔레스

고대 그리스와 바빌로니아 사람들은 속이 텅 빈 거대한 공 모양의 천장에 태양과 별이 붙어 있고 그 가운데 지구가 원반 모양으로 바다 위에 둥둥 떠 있을 것으로 생각했다. 그리고 그 세계의 중심에 자신들이 살고 있다고 믿었다. 비슷한 시기에 아프리카의 이집트 사람들 또한 지구는 바다 위에 떠 있는 직사각형이나 쟁반처럼 생겼으며 그 중심에 자신들이 살고 있다고 믿었다. 이들과 반대편에 있던 동양의 중국인들 또한 그러했다. 진나라 여불위呂不韋가 지은 『여씨춘추呂氏春秋』의 "천원지방天圓地方(하늘은 둥글고 땅은 네모이다)"이라는 말에서 그 생각을 엿볼 수 있다.

지구 모양에 관심을 갖고 구체적인 답을 내놓은 사람은 약 2,500년 전 그리스의 철학자이자 수학자인 피타고라스이다. 그는 '물체의 가장 완전한 형태는 구球이다'라는 철학적 기초 아래 지구 구형설을 확신했다. 그러나 그는 철학적인 입장에서 지구가 둥글다고 주장했을 뿐 실증적으로 증명하지는 못했다. 이후 지구가 둥글다는 사실을 증명한 사람은 아리스토텔레스이다.

아리스토텔레스는 다음과 같은 점을 들어 지구가 둥근 것을 증명했다. 첫째, 만약 지구가 둥글지 않고 편평하다면 항상 고정된 자리에 있는 북극성의 고도는 지구 표면 어느 곳에서나 동일하게 관측되어야 한다. 그런데 실제 지구 위에서 북극성의 고도는 위도에 따라 변한다. 둘째, 월식 때 달 표면에 생기는 지구 그림자의 모서리는 둥글게 나타난다. 셋째, 지표면에서 높은 곳으로 올라갈수록 사람이 볼 수 있는 시야가 넓어진다. 넷째, 먼바다에서 항구로 들어오는 배를 보면 위쪽인 돛대부터 보인다.

지구 구형설을 주장한 아리스토텔레스의 세 가지 증명

1. 월식 때 지구 그림자의 모서리가 둥글게 나타남

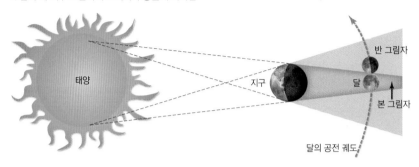

2. 높은 곳에 올라갈수록 시야가 넓어짐

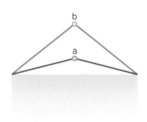

지구가 편평한 경우

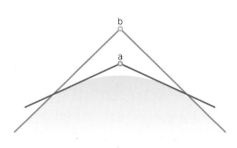

지구가 구형인 경우

3. 항구에 들어오는 배가 돛부터 보임

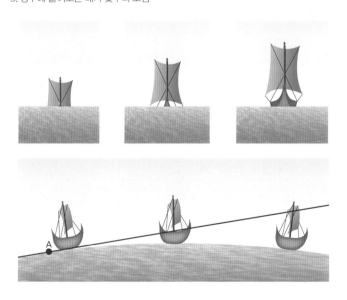

● 내가 사는 곳이 세상의 중심, 옴파로스 증후군

고대 사람들은 과학적인 천체 관측을 할 만한 지식과 장비가 없었기 때문에 당시 자신들이 살고 있는 환경, 즉 당시의 전래된 신화와 축적된 지리적 지식과 경험을 토대로 세계를 인식할 수밖에 없었다. 그래서 고대 사람들은 동서양을 막론하고 자신들이 살고 있는 곳을 중심으로 세상의 모든 현상을 판단하고 가치와 의미를 부여했다. 이와 같은 생각을 옴파로스 증후군(omphalos syndrome)이라고 한다. 옴파로스는 '중심', 또는 '중앙'을 의미하는 라틴어로서 '배꼽', '세상의 중심'을 뜻한다. 고대 그리스 사람들은 델포이의 아폴론 신전 중앙에 있는 돌을 세상의 중심으로 여겨 그리스가 세상의 중심이라 생각했다. 중국(中國)은 이 생각에 따라 국명을 짓기도 했다.

델포이 아폴론 신전 중앙의 돌

바다를 나누는
기준은 무엇인가?

시대에 따라 구분의 기준과 수가 달라진 바다

세계의 대륙과 바다는 오대양 육대주로 나뉜다. 육대주는 아시아, 유럽, 아프리카, 오세아니아, 남아메리카, 북아메리카를, 오대양은 태평양, 대서양, 인도양, 남극해, 북극해를 말한다. 하지만 바다를 나누는 기준은 시대에 따라 변해 왔다. 오대양으로 나누기 이전에는 태평양과 대서양을 남북으로 나누어 남태평양, 북태평양, 남대서양, 북대서양으로 세분하여 칠대양으로 나누었다.

중세 이슬람교와 문화를 배경으로 한 『아라비안나이트』의 「신드바드의 모험」에 나오는 칠대양은 남중국해, 뱅골만해, 아라비아해, 페르시아만, 홍해, 지중해, 대서양을 가리킨다. 이는 이슬람 세계가 당시 아바스 왕조의 수도였던 바그다드를 기준으로 아시아의 중국으로부터 유럽의 대서양에 이르기까지 광범위한 지역과 교류했음을 말해 준다.

유럽에서는 중세 해상 왕국이었던 베네치아에서 칠대양이란 말이 유래되었다. 베네치아는 로마 시대 아드리아해의 수많은 작은 섬과 늪지대를 기반으로 발전한 수상 도시 국가였다. 로마의 역사가 소小 플리니우스[로마 시대에 삼촌과 조카의 관계로 플리니우스라는 두 명의 사람이 있었다. 대大 플리니우스(23~79)는 로마의 정치가이자 군인으로 79년 베수비오 화산 폭발로 사망했으며, 소小 플리니우스(61?~113?)는 로마의 정치가이자 문인으로 대 플리니우스의 조카였다] 는 이곳에 있던 일곱 개의 석호를 가리켜 일곱 바다라고 했으며, 석호에 터전을 잡고 살던 섬사람들의 뛰어난 항해 솜씨를 보고는 "일곱 바다를 누빈다"라며 찬탄했다. 이들의 후손인 베네치아인들은 지중해를 넘어 대서양 연안까지 바다를 누비며 항해가로서 최고의 명성과 부를 쌓았다. 여기서 칠대양이란 말이 생겨난 듯하다.

칠대양에서 남북으로 나뉘었던 태
평양과 대서양은 남북이 합쳐진 태
평양과 대서양이 되어 오대양이 되
었다. 오대양에 남극해와 북극해가
있는데, 남극해는 태평양, 대서양,
인도양의 연장으로 여겨져 대양이
라 할 수 없지만 북극해는 북아메리
카, 유라시아, 아이슬란드로 둘러
싸인 독립적인 대양이라 볼 수 있
다. 현재는 바다를 사대양, 즉 태평

이탈리아 북부 아드리아해 연안의 수상 도시 베네치아 베네치아는 중세 지중해의 해상 강국으로 세력을 떨쳤다. 사람들은 일곱 개의 석호에 터전을 잡았는데 이를 가리켜 일곱 바다라고 지칭한 데서 칠대양이란 말이 생겨났다.

양, 대서양, 인도양, 북극해로 나누지만 엄밀히 따지면 대양은 북극해를 제외한
태평양, 대서양, 인도양만을 포함한다고 할 수 있다.

● 가라앉고 있는 수상 도시, 베네치아

베네치아는 이탈리아 베네치아만 안쪽 석호 위에 흩
어져 있는 118개의 섬들과 이를 연결하는 약 400개
의 다리로 이어진 '물의 도시'이다. 567년 게르만족
이 침입하자 이를 피해 남쪽으로 이주한 로마인들이
방어를 목적으로 수많은 작은 섬과 늪지대로 이루어
진 석호 위에 말뚝을 박아 기초를 다진 후 집을 지으
면서 도시가 형성되기 시작했다. 따라서 베네치아에
서는 배가 생활 속에서 중요한 역할을 하며 베네치아
사람들이 만든 독특한 배인 곤돌라는 긴요한 도시 교
통수단이다. 베네치아는 원래 사주에 세워진 도시여
서 계속되는 지반 침하와 해수면 상승으로 도시가 물
에 잠기고 있다.

베네치아의 유명한 교통수단인 곤돌라 베네치아는 석호 위에 세워진
도시이기 때문에 수상 교통이 도시의 주요한 교통이다.

시계 하나가 식민지 쟁탈의 주도권을 좌우한 까닭은?

경도 측정을 가능케 한 해리슨의 해상 시계

지구의 특정 지역은 위도와 경도로 그 위치 값을 표시할 수 있다. 지구의 위도는 적도를 중심으로 하여 남북으로 평행하게 그은 선으로 고정된 값이다. 그러나 경도는 북극을 출발하여 정반대쪽에 있는 남극을 거쳐 다시 북극으로 돌아오면서 그어지기 때문에 고정된 것이라 할 수 없다. 지구는 하루 24시간 동안 360° 자전하여 1시간에 15°, 4분에 1°씩 움직인다. 그렇기 때문에 경도가 15° 차이 나는 두 지점은 시간상으로 1시간 차이가 난다. 그러나 경도 15°의 간격은 지구가 타원체이기 때문에 위도에 따라 그 길이가 달라진다. 적도에서 900해리(1해리는 1,852m이므로 900해리는 1666.8km)에 해당되는 거리는 적도에서 극쪽으로 멀어질수록 좁아진다. 적도 부근에서 항해하는 선박이 경도 1°를 잘못 계산하면 60해리(111.12km)의 오차가 생겨 목적지를 잃기 쉽다.

유럽 열강들은 콜럼버스가 신세계를 발견한 이후 경도를 찾기 위해 혈안이 되어 있었다. 정확한 경도를 알아내면 안전하고 신속하게 항해하여 다른 나라와의 해외 식민지 개척 경쟁에서 우위를 점할 수 있었기 때문이다. 초기에 천문학자들은 하늘에서 그 해법을 찾으려 했으나 찾을 수 없었다.

1707년 영국 실리 제도 부근에서 귀향하던 영국 전함 4척이 짙은 안개로 항로를 잃고 암초에 부딪혀 좌초되면서 2,000여 명이 목숨을 잃는 일이 일어났다. 이 사건을 계기로 영국 왕실과 의회는 경도를 측정하는 방법, 즉 경도법을 제안하는 사람에게 2만 파운드의 보상금을 지급하기로 했다. 경도법은 많은 사람들의 과학적 호기심을 자극했다. 경도는 거리에 따른 시간의 변화 값으로 나타낼 수 있기 때문에 출항지와 현재 지점 간의 시간 차를 알면 경도는 물론 항해 거리도 측

시계 하나로 세계 역사를 다시 쓴 존 해리슨과 해상 시계 H-4 존 해리슨은 원래 목수였으나 그가 만든 항해용 시계가 세계의 역사를 바꿔 놓은 결정적인 계기가 되었다. 영국은 해리슨이 만든 해상 시계 H-4 덕분에 망망대해에서도 선박의 항해 거리와 항해 시간을 측정할 수 있었고 목적지까지 정확한 항해가 가능했다. 이는 영국이 전 세계 해양을 누비며 거대한 식민 제국을 건설하는 데 크게 기여했다. 이러한 공로를 인정받아 존 해리슨은 BBC가 선정한 역사 인물 100인 중 39위를 차지하기도 했다.

정할 수 있었다. 당대 내로라하는 천문학자들도 정확한 경도를 알아내지 못했지만, 영국의 시계 수리공인 존 해리슨John Harrison(1693~1776년)이 경도를 정확히 측정할 수 있는 시계를 만들어 냈다.

해리슨은 목수의 아들로 태어나 어려서부터 손재주가 뛰어났다. 고집스러움과 천재성을 지닌 해리슨은 꼬박 60년을 해상 시계 발명에 헌신했다. 마침내 1759년, 부품끼리 완벽한 균형과 조화를 이루어 폭풍과 거센 흔들림에도 부서지지 않고 기온 변화에도 수축, 팽창하지 않으며 녹슬지 않는 항해용 시계 H-4를 제작, 완성했다. 그가 만든 시계의 우수성은 세 차례에 걸친 쿡 선장의 세계 일주를 통해 입증되었다. 쿡 선장은 해리슨의 시계를 "우리의 충실한 길잡이", "믿음직스런 친구", "실수를 모르는 길잡이" 등으로 극찬하기도 했다.

영국은 해리슨의 시계를 이용하여 깜깜한 밤에도, 짙은 안개가 깔린 망망대해에서도 선박의 항해 거리와 항해 시간을 측정할 수 있었다. 영국이 전 세계에 거대한 식민 제국을 건설하여 '해가 지지 않는 나라'라는 이름을 얻게 된 데는 해리슨이 제작한 해상 시계가 일등 공신이었다.

지구상의 대륙은
어떻게 만들어졌을까?

상상의 대륙 레무리아

약 5,000만 년 전 진원류眞猿類가 등장하기 이전에 레무르lemur라 불리는 여우원숭이들이 잠시 동안 숲의 제왕으로 전 세계에 퍼져 살았다. 여우원숭이들은 현재 아메리카와 유럽에서는 찾아볼 수 없고, 아시아와 아프리카에 13종이 남아 있을 뿐이다. 그런데 마다가스카르에는 22종이나 흩어져 살고 있다. 이러한 특이한 점은 19세기 진화론자들을 놀라게 했다.

다윈의 진화론 신봉자였던 독일의 생물학자 헤켈Ernst Heinrich Haeckel은 여우원숭이가 마다가스카르와 바다를 사이에 두고 멀리 인도, 말레이반도 등지에 서식하고 있는 것을 발견했다. 이로써 헤켈은 이곳이 하나의 대륙으로 연결되어 있었으며, 아프리카와 인도를 연결하는 거대한 대륙이 존재했을 것으로 생각했다. 아울러 이 대륙이 인류가 탄생한 장소로, 이후 침몰하여 바다에 가라앉았을 것으로 추정했다.

안경원숭이 영장류 초기 단계의 원숭이로 인류 진화의 역사를 연구하는 데 큰 의미를 지닌다.

영국의 조류학자 필립 스클레이터Philip Sclater는 인도네시아의 순다 열도에서 마다가스카르를 지나 아프리카 동해안에 여우원숭이가 어떻게 분포되어 있는지를 세밀히 연구했다. 그러고 나서 그 분포를 헤켈이 주장한 가상의 대륙에 대입함으로써 헤켈이 추정한 수수께끼의 대륙을 명쾌하게 설명했다. 그는 여우원숭이를 뜻하는 '레무르'에다가 땅, 나라를 의미하는 접미사 '-이아ia'를 붙여, 그 상상의 대륙을 '레무리아lemuria'라고 명명했다. 헤켈은 아프리카와 인도 사이의 바다에서 거대한 육교의 역할을 했던 레무리아라는 대륙이 가라앉아 있는 것으로 보았으며, 마다가스카르는 그 대륙의 일부라고 확신했다.

그러나 레무리아 대륙에 대한 주장이 설득력을 잃으면서 현재는 부정되고 있다.

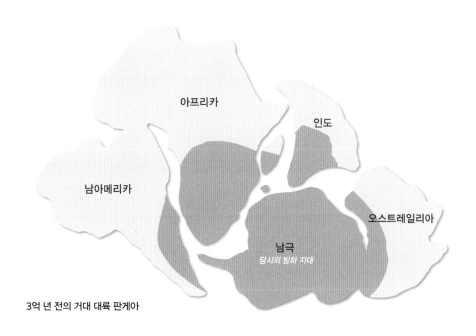

3억 년 전의 거대 대륙 판게아

현재의 대륙 분포

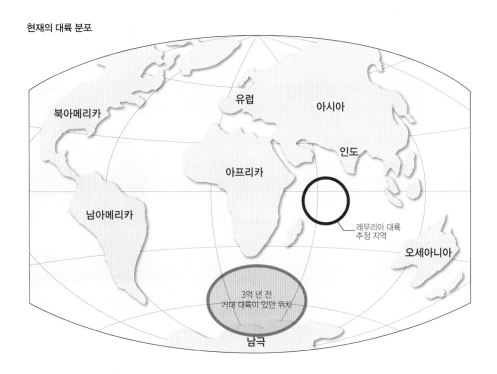

그 대신 알프레드 베게너Alfred Wegener(1880~1930년)의 대륙 이동설이 학계에 널리 받아들여지고 있다. 베게너는 지금으로부터 약 1억 5,000만 년 전 중생대에 지구상에는 아틀란티스, 레무리아, 앙가라 대륙이 하나로 뭉쳐진 초대륙인 판게아가 있었다고 주장했다. 이후 대륙들이 분열을 거듭하며 점차 지구상 여러 곳으로 이동하면서 현재의 자리에 이르렀다는 것이다.

대륙 이동설에 의하여 인도가 예전에는 남반구에 있었다는 사실 또한 밝혀졌다. 아프리카와 인도 사이의 인도양 해저에 레무리아가 가라앉았다는 헤켈의 주장보다는 대륙이 갈라지면서 이동한 후 그곳에 바닷물이 들어와 지금의 인도양이 만들어졌다고 보는 것이 정설이다. 이후에도 신비주의자들은 과학적인 근거 없이 레무리아의 존재를 계속적으로 주장해 왔다. 그러나 현재 레무리아는 아틀란티스와 마찬가지로 상상의 대륙으로 남아 있다.

● 고지자기학에 의해 부활한 베게너의 대륙 이동설

독일의 기상학자 알프레드 베게너는 아프리카의 동쪽 해안선과 남아메리카 서쪽 해안선이 정교하게 일치한다는 점에 주목하고, 두 대륙 간에 동식물 화석과 고생대 말 빙하 퇴적층이 양 대륙에 공통적으로 분포하고, 지질 구조가 서로 일치한다는 점 등을 증거로 들어 1915년 「대륙 이동설(Continental drift theory)」이라는 논문을 발표했다. 과거 지구의 모든 대륙은 판게아(pangaea)라고 불리는 하나의 초대륙을 이루고 있다가 서로 분리, 이동하여 지금과 같이 떨어지게 되었다는 것으로 대륙이 마치 살아 있는 생명체처럼 지각 위를 떠다닌다고 세상에 알린 것이다.

베게너의 이런 주장은 당시 과학의 발전 단계와 수준에 비춰볼 때 지나치게 파격적이고 획기적이었기 때문에 찰스 다윈이 『종의 기원』을 세상에 내놓았을 때 못지않은 파장을 일으켰다. 대륙이 이동하게 된 결정적인 메커니즘을 명쾌하게 설명할 수 없었던 대륙 이동설은 과학계의 오랜 비판을 받다가 그가 죽은 지 20여 년이 지나 빛을 보게 되었다. 제2차 세계 대전으로 촉발된 과학 기술의 발달로 고지자기학(古地磁氣學, 지각의 암석 내부에는 철로 구성된 광물이 소량 포함되어 있는데, 암석이 형성될 때 이들 광물이 지구 자기의 영향을 받아 일정하게 배열되는 경향에 기초한 학문)이 개척되면서 과학적인 증거가 분명해졌기 때문이다.

잃어버린 낙원,
아틀란티스의 정체는?

미노아 문명의 발상지, 크레타섬

OCEANIA
13

“아득한 옛날 풍요롭고도 강대한 세력을 누리던 섬나라가 유럽과 아프리카에 걸친 대제국을 건설하여 지배하고 있었다. 지상낙원과도 같은 그 나라의 주민들은 훌륭한 문화를 지녔으며 전쟁 솜씨도 뛰어났으나 도덕적으로 부패하여 그 벌로 바다에 삼켜져 멸망하고 말았다.” 이는 플라톤이 자신의 저서 『대화편對話篇』에서 언급한 아틀란티스와 관련된 이야기이다. 아틀란티스에 대해서는 언제, 어디에 존재했으며, 또 어떻게 사라졌는지 아직도 명쾌한 해답을 얻지 못하고 있다.

플라톤은 잃어버린 낙원의 섬을 아틀란티스라 이름 지으면서 그것은 '헤라클레스의 기둥' 너머 넓은 바다에 있다고 했다. '헤라클레스의 기둥'이란 오늘날 지중해와 대서양이 만나는 지브롤터 해협을 말한다. 그리고 아틀란티스는 아라비아

산토리니섬의 가옥 산토리니섬의 가옥들은 지중해의 강렬한 햇빛을 차단하기 위해 집들이 모두 흰색으로 칠해져 있으며 지진 피해를 막기 위해 가옥과 가옥이 밀착되어 있다. 지중해의 대표적인 관광지로 많은 사람이 찾고 있다.

아틀란티스일 것으로 추정되어 주목받고 있는 산토리니섬 산토리니섬은 중앙 화구가 내려앉은 칼데라 자리에 바닷물이 유입하여 형성된 크레타섬의 일부이다. 과거 미노아 문명이 발흥했던 미노아 제국의 일부였던 크레타섬은 기원전 1400년경에 화산 대폭발과 해일로 인해 바닷속으로 사라졌다. 이는 플라톤이 말한 아틀란티스와 시기적으로 일치하여 신빙성을 더해 준다.

와 아시아를 합친 것보다 크다고 했다. 이러한 크기의 대륙이 있을 만한 곳은 유럽, 아프리카, 아메리카의 중간 지대인 대서양이었을 것으로 생각된다. 대서양Atlantic Ocean은 '아틀란티스가 가라앉은 바다'라고 하여 붙여진 이름이기도 하다.

플라톤의 아틀란티스에 대한 기록은 그의 조상 솔론이 이집트를 여행하면서 이집트의 신관으로부터 전해 들은 이야기, 즉 약 9,000년 전에 번영을 누리던 아틀란티스라는 제국이 하루아침에 사라졌다는 이야기를 바탕으로 한다. 어떤 이들은 플라톤이 아틀란티스가 대서양 어딘가에 있다고 확신했던 데에 주목하여 아조레스 제도, 카나리아 제도, 마데이라 제도들을 아틀란티스가 물에 잠기고 남은 높은 산들의 잔재로 보았다. 이 제도들 부근이 아틀란티스가 가라앉은 곳이라고 생각한 것이다. 일부 학자들은 아메리카 문명권과 아프리카 문명권 간에 피라미드와 미라, 역법과 천문학 등에서 유사성이 있다는 점을 들어 두 대륙 사이에 중계 역할을 한 대륙이 존재했을 것으로 보았다. 그래서 대서양 중앙 부근에 아틀란티스가 잠겨 있을 것으로 추정했다.

그러나 해양 지질학 연구 결과, 대서양 중앙 해령을 중심으로 새로운 땅이 계속 만들어지고 있음이 밝혀져 이 주장들은 신빙성을 잃었다. 최근에는 에게해 미노아 문명의 발상지인 크레타섬이 아틀란티스일 것이라는 주장이 힘을 얻고 있다. 크레타섬의 미노아 제국은 바다의 신 포세이돈을 받들면서 잘 정비된 사회 조직과 성문화된 법률 그리고 우수한 군사력을 지니고 있었으며 뛰어난 토목 건축술, 풍부한 자원과 농산물로 안정된 생활을 누리고 있었다.

기원전 20~기원전 15세기에 최대 절정기를 누리던 미노아 문명은 어느 날 갑자기 유령처럼 사라졌다. 그러나 독일의 고고학자 하인리히 슐리만Heinrich Schliemann에 의해 트로이 문명이, 뒤이어 영국의 고고학자 아서 에반스Arthur Evans에 의해 크레타섬의 크노소스 궁전 등 미케네 유적이 발견됨에 따라 크레타섬이 아틀란티스일 것이라는 주장이 설득력을 얻게 되었다.

기원전 1400년경 에게해의 테라섬 한가운데서 화산이 엄청난 규모로 분화했다. 막대한 양의 마그마가 분출된 후, 지하에 공극이 생기고 이후 상층에 굳은 화산암이 중력에 의해 무너져 내리면서 거대한 칼데라가 생겨났다. 이로 인해 거대한 해일이 밀어닥쳐 미노아 제국의 크레타섬을 비롯한 주변 섬들을 모두 삼켜 버렸다. 해면의 남은 화구의 잔재가 바로 지금의 산토리니섬이다. 이 섬의 표면은 30m 두께의 화산재가 쌓여 굳은 응회암으로 미노아 제국의 유물은 현재 이 화산재층 아래서 발견되고 있다.

테라섬의 대폭발과 아틀란티스가 연결된 것은 역사가 옮겨지는 과정에서의 오류, 즉 플라톤이 솔론으로부터 전해 들은 이야기를 옮기는 과정에서 일어난 실수 때문인 것 같다. 아틀란티스가 사라진 때가 솔론이 태어나기 9,000년 전이 아니라 900년 전이었다고 한다면, 이는 테라섬에 화산 폭발이 일어난 때와 일치한다. 또한 아틀란티스의 크기가 사실은 20만km²이었는데, 플라톤이 2,000만km²라고 잘못 썼을 가능성도 적지 않다. 20만km²의 섬이라면 지금의 에게해와 꼭 들어맞기 때문이다.

● **에스파냐와 스페인의 다른 점**

에스파냐는 로마 시대에는 히스파니아로 불렸다. 에스파냐를 영어식으로 스페인이라고 부르기도 하는데, 에스파냐 사람들은 자신의 나라를 스페인으로 부르는 것을 아주 싫어한다. '토끼가 많은 땅'이라는 뜻의 스페인이란 말은 이베리아반도에 식민지를 건설했던 페니키아인들이 이곳에 토끼가 많았기 때문에 붙인 이름에서 유래된 것이기 때문이다. 또한 스페인은 에스파냐(Espana)를 영어식으로 표현하는 과정에서 'E' 자가 떨어져 나가면서 굳어진 말이기도 하다.

● 지브롤터 해협에 있는 '헤라클레스의 기둥'

지브롤터 해협을 '헤라클레스의 기둥'이라고 하는 이유는 당시 그리스인들이 '세상의 끝'을 지중해가 끝나는 지브롤터 해협으로 생각했기 때문이다. 당시 그리스인들은 지구를 편평한 것으로 보아 지브롤터 해협을 벗어나면 곧바로 낭떠러지로 떨어진다고 생각했다.

헤라클레스의 12가지의 과업 가운데 열 번째 과업은 몸과 머리가 세 개인 게리온의 소를 훔쳐 오는 것이었다. 헤라클레스는 태양신 헬리오스로부터 '황금 사발'이라는 이름의 마법의 배를 빌려 타고 지중해를 가로질러 세상의 서쪽 끝을 향했다. 지브롤터 해협에 도착한 헤라클레스는 이곳에 온 것을 기념하기 위해 유럽 쪽에 칼페, 아프리카 쪽에 아빌라라는 바위산을 하나씩 세웠다. 후세 사람들은 이 바위산들을 '헤라클레스의 기둥'이라 불렀다. 에스파냐 국기의 문양에는 두 개의 기둥이 그려져 있는데 이는 바로 '헤라클레스의 기둥'을 뜻한다. 이 문양은 카를로스 3세의 명에 의해 초기 군함용 깃발로 만들어진 이후 이사벨 2세가 군기로 사용한 이래 지금까지 국기의 문양으로 사용되었다.

지브롤터라는 명칭은 '타리크산'이라는 뜻의 아랍어 자발타리크에서 유래한다. 지브롤터는 지중해와 대서양이 만나는 지점에 있는 지중해의 군사적 요충지이며, 1830년 영국이 직할 식민지로 삼은 이후 현재까지 남아 있는 유럽 최후의 식민지이다. 에스파냐는 자국 영토였던 지브롤터를 돌려받기 위해 다각적인 노력을 하고 있다. 영국은 1967년 지브롤터 주민들에게 에스파냐의 통치를 선택할 것인지 계속 영국과 긴밀한 관계를 유지할 것인지를 묻는 주민 투표를 실시했다. 투표 결과, 지브롤터 주민들은 1만 2,138표 대 44표라는 압도적인 차로 영국을 지지했다. 영국은 1981년부터 지브롤터 주민들에게 영국 시민권을 부여하여 본국 국민과 똑같은 대우를 하고 있다.

에스파냐 국기 노랑은 국토를, 빨강은 국토를 지킨 피를 나타낸다. 헤라클레스의 기둥이 들어 있는 문장은 옛날 에스파냐에 있었던 5 왕국의 문장을 조합한 것이다.

유럽 최후의 식민지 지브롤터 역사적으로 지중해 패권을 좌우하는 군사적 요충지인 지브롤터를 선점하기 위해 유럽, 아프리카, 아시아의 여러 민족이 쟁탈전을 벌였다. 지브롤터는 현재 영국령으로 유럽 최후의 식민지이다. 원래 지브롤터를 소유했던 에스파냐가 지속적으로 영토 반환을 요구하고 있으나 쉽사리 해결되지 않고 있다. 가장 큰 이유는 지브롤터에 거주하는 주민들 대부분이 영국령이기를 원하기 때문이다.

오리엔트라는 말은 어떻게 생겨났을까?

로마 제국 동서 분열 과정의 산물

유럽은 일찍이 동양을 라틴어로 '해가 뜨는 곳'이란 뜻을 지닌 오리엔트Orient로 불렸다. 그리고 해가 지는 쪽에 있는 서양을 옥시덴트Occident라고 불렀다. 세계를 동서로 양분하는 오리엔트와 옥시덴트라는 말은 로마 제국의 동서 분열 과정에서 생겨난 역사적 산물이다.

카이사르가 암살된 후, 그의 조카인 옥타비아누스가 로마 제국의 혼란을 마무리 짓고 아우구스투스로 등극하여 제정 시대를 열면서 로마는 평온을 되찾았다. 약 200년간 오현제가 등극하면서 로마 제국은 역사상 가장 융성한 시대를 맞는다. 3세기에 이르러 로마 제국은 대내외적으로 심각한 위기에 처한다. 게르만족과 사산조 페르시아의 계속되는 침략, 약 50년 동안 병사 출신인 26명의 군인 황제

로마 제국의 4분할 통치 체제
동로마 제국의 정황제인 디오클레티아누스는 아시아, 이집트를, 부황제인 갈레리우스는 발칸반도를 통치했으며, 서로마 제국의 정황제인 막시미아누스는 이탈리아, 아프리카, 에스파냐를, 부황제인 콘스탄티누스는 갈리아, 브리타니아를 통치했다. 4분할 통치 체제로 거대한 로마 제국의 질서가 유지될 수 있었다.

동양의 심장부라고 할 수 있는 중국의 홍콩 동양이란 좁게는 동아시아, 넓게는 비서구권을 가리킨다. 원래 청나라 이전 필리핀의 루손섬과 인도네시아 수마트라섬을 오가며 상업을 하던 중국 상인들이 동남아시아 주변 해역을 가리키는 말이었다.

가 바뀌는 군인 황제 시대가 시작되면서 무정부 상태나 다름없는 혼란을 겪게 된 것이다.

284년 마지막 군인 황제 디오클레티아누스가 즉위하면서 로마 제국은 통일과 안정을 이루었다. 그는 지금의 체제로는 제국의 통치가 불가능하다고 판단하여 제국을 동서로 나누고 이를 다시 양분하는 4분할 통치 체제를 도입하여 공동 통치했다. 제국의 반을 갈라 동쪽은 자신이, 서쪽은 동료이자 친구인 막시미아누스, 이렇게 두 명의 정正황제를 두고 각각 그 밑에 부副황제를 두어 4분할 통치한 것이다. 이로써 국경의 수비가 강화되고 반란의 소지 또한 사라져 다시 제국의 평화를 되찾았다.

디오클레티아누스가 퇴위한 후, 로마 제국은 내란으로 다시금 혼란에 빠졌으나 콘스탄티누스 1세가 혼란을 극복하고 제국의 통일을 이루면서 황제로 등극했다. 그는 로마 제국의 분열과 외환을 극복하기 위해 밀라노 칙령으로 그리스도교를 공인하여 로마를 사상적으로 통일했다. 그리고 수도를 비잔티움으로 옮겨 제국의 부흥을 꾀하고자 했다.

395년 테오도시우스 황제는 제국의 동쪽은 장남인 아르카디우스에게, 서쪽은 차남인 호노리우스에게 넘겨 주었다. 하나였던 로마 제국은 동로마 제국인 오리엔트 제국과 서로마 제국인 옥시덴트 제국으로 영구히 분열되었다. 이 가운데 옥시덴트는 이후 거의 사용되지 않은 죽은 말이 되었고 오리엔트라는 말만이 전해져 오늘날 동양을 의미하게 되었다.

환초는 산호초들이 성장하여 형성되는 것일까?

다윈의 산호초 진화론이 정설

산호는 열대 및 아열대의 얕은 바다에 사는 자포刺胞동물로 고착 군집 생활을 한다. 수심 30~100m, 연평균 표면 수온 23.25℃인 곳에서 가장 잘 발달하며 대서양의 카리브해, 인도양, 지중해 그리고 태평양의 서부 해역에 집중 분포한다. 산호는 보통 1년에 약 1.5cm 성장하며, 태평양의 화산섬에 발달한 산호는 약 15만~20만 년 정도 자란 것이다.

산호는 여러 가지 종의 석회질 및 각질의 골격을 만들며 이들이 쌓여 굳으면 석회암이 된다. 이러한 석회성 골격들이 얕은 바다 속에 쌓여 만들어진 암초 등성이인 산호초는 그 형태에 따라 산호가 섬 주위를 둘러싸고 있는 거초裾礁, 섬과 산초호가 바다에 의해 나뉘어진 보초堡礁, 섬이 없고 고리 모양의 산호초로만 된 환초環礁 이렇게 세 가지로 구분된다.

각각의 모양을 비교해 보면 산호초는 어떤 상관성이 있는 것처럼 보인다. 이에 주목하여 환초의 형성 과정을 처음으로 규명한 사람이 바로 다윈이다. 1836년 다윈은 오스트레일리아 남서부를 돌아 인도네시아 남서쪽 코코스 제도에 도착했다. 그는 이곳에서 고리 모양의 수많은 환초들을 보았다. 그때까지 환초는 해면 아래 둥근 화구의 가장자리에 착생한 산호초들이 성장하여 형성되는 것으로 여겨졌다. 그러나 다윈은 환초의 형성이 화산섬의 침강과 관련 있는 것으로 생각했다. 다윈은 화산섬에 산호가 성장한 후 섬의 침

열대의 고리 모양 섬, 환초 환초는 화산섬에 산호가 자란 뒤 섬이 침강하면서 고리 모양만 남은 산호초로서 열대의 바다에 많다. 환초 주변의 물결이 잔잔하기 때문에 해상 교통과 군사상의 거점으로 이용되기도 한다.

환초 형성 단계 1
섬을 둘러싼 가장자리를 따라 산호초가
착생히기 시작히여 기초기 형성된디.

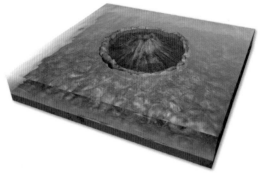

환초 형성 단계 2
거초는 섬의 침강과 해수면 상승으로 섬
과 거초 사이에 넓은 초호(礁湖)가 있는
보초로 변해 간다.

환초 형성 단계 3
섬이 완전히 침강하고 나면 섬을 둘러싼
둥근 산호초 군락만 남아 환초를 형성한
다.

강으로 인하여 환초가 형성되는, 즉 거초→보초→환초의 3단계 과정을 거쳐 환
초가 형성되는 것으로 보았다. 오늘날 다윈이 제안한 산호초 진화론은 정설로 받
아들여지고 있다.

· 참고문헌 ·

H. J. de Blij, Peter O. Muller, 『개념과 지역 중심으로 풀어 쓴 세계지리』, 이종호 외 옮김, 시그마프레스, 2009

가바야마 고이치, 『상식 밖의 세계사』, 박윤명 옮김, 중원문화, 2010

계몽사 편집부, 『뉴턴 하이라이트-아시아, 유럽, 아메리카, 아프리카, 오세아니아 외』, 계몽사

교학사 편집부, 『국기와 함께 알아보는 세계역사』, 교학사, 2003

권삼윤, 『자존심의 문명 이슬람의 힘』, 동아일보사, 2001

김종래, 『유목민 이야기-유라시아 초원에서 디지털 제국까지』, 꿈엔들, 2005

남경태, 『트라이앵글 세계사』, 푸른숲, 2001

뉴턴코리아 편집부, 『뉴턴』, 뉴턴코리아, 2002년 7, 8월호

뉴턴코리아 편집부, 『뉴턴』, 뉴턴코리아, 2005년 5, 6월호

다니엘라 포르니, 『탐험의 시대』, 권지현 옮김, 사계절, 2006

데이바 소벨 외, 『경도』, 김진준 옮김, 생각의나무, 2001

데이바 소벨, 『해상시계』, 김진준 옮김, 생각의나무, 2005

데이비드 데이, 『정복의 법칙』, 이경식 옮김, 휴먼앤북스, 2006

동경서적 출판편집부, 『유적으로 읽는 고대사』, 푸른길, 2002

롬 인터내셔널, 『세계지도의 비밀』, 홍성민 옮김, 좋은생각, 2005

롬 인터내셔널, 『지도로 보는 세계지도의 비밀』, 정미영 옮김, 이다미디어, 2010

루츠 판 다이크, 『처음 읽는 아프리카의 역사』, 안인희 옮김, 웅진씽크빅, 2005

류강, 『고지도의 비밀: 중국 고지도의 경이로운 이야기와 세계사의 재발견』, 이재훈 옮김, 글항아리, 2011

르몽드 디플로마티크, 『르몽드 세계사 1: 우리가 해결해야 할 전지구적 이슈와 쟁점들』, 권지현 옮김, 휴머니스트, 2008

르몽드 디플로마티크, 『르몽드 세계사 2: 세계질서의 재편과 아프리카의 도전』, 이주영·최서연 옮김, 휴머니스트, 2010

마빈 해리스, 『문화의 수수께끼』, 박종열 옮김, 한길사, 2006

마스다 다카유키, 『한눈에 보는 세계 분쟁 지도』, 이상술 옮김, 해나무, 2004

미야자키 마사카쓰, 『지도로 보는 세계사』, 노은주 옮김, 이다미디어, 2005

미야자키 마사카츠, 『하룻밤에 읽는 물건사』, 오근영 옮김, 랜덤하우스중앙, 2003

박광종, 『세계사 100문 100답』, 하서, 1997

박영수, 『지구촌 문화여행』, 거인, 2004

박영준, 『섬의 세계사』, 가람기획, 1999

박은봉, 『세계사 100장면』, 실천문학사, 1998

박은봉, 『세계사 뒷이야기』, 실천문학사, 1994

발 로스, 『지도를 만든 사람들』, 홍영분 옮김, 아침이슬, 2007

베른하르트 카이, 『항해의 역사』, 박계수 옮김, 북폴리오, 2006

세계박학클럽, 『사진과 텍스트로 배우는 지리이야기』, 윤명현 옮김, 글담, 2003

세계역사연구회, 『상식으로 꼭 알아야 할 세계사』, 삼양미디어, 2008

세계정세를읽는모임, 『지도로 보는 세계분쟁』, 박소영 옮김, 이다미디어, 2005

송영복, 『라틴아메리카강의노트』, 상지사, 2007

쓰지하라 야스오, 『사진과 그림으로 보는 국기의 세계사』, 박경옥 옮김, 황금가지, 2005

쓰지하라 야스오, 『세계사의 숨겨진 이야기』, 최민순 옮김, 경학사, 1999

쓰지하라 야스오, 『지명으로 알아보는 교실밖 세계사』, 이기화 옮김, 혜문서관, 2005

아미르 악셀, 『나침반의 수수께끼』, 김진준 옮김, 경문사, 2005

앤 기번스, 『최초의 인류』, 오숙은 옮김, 뿌리와이파리, 2008

앤 밀라드, 『세계고대문명』, 정기문 옮김, 루덴스, 2009

앤 벤투스, 『세계에서 가장 경이로운 자연·문화 유산 100』, 박웅희 옮김, 서강북스, 2007

앤서니 애브니, 『시간의 문화사: 달력, 시계 그리고 문명 이야기』, 최광열 옮김, 북로드,
        2007

오가와 히데오, 『3일 만에 읽는 고대문명』, 고선윤 옮김, 서울문화사, 2002

오강남, 『세계 종교 둘러보기』, 현암사, 2003

오기노 요이치, 『이야기가 있는 세계 지도』, 김경화 옮김, 푸른길, 2004

오지 도시아키, 『세계 지도의 탄생』, 송태욱 옮김, 알마, 2010

옥한석·이영민·이민부·서태열, 『세계화 시대의 세계지리 읽기』, 한울아카데미, 2009

원지명, 『클릭@인류 역사의 수수께끼』, 예담, 2000

원학희 외, 『러시아의 지리』, 아카넷, 2002

유시민, 『거꾸로 읽는 세계사』, 푸른나무, 2008

윤덕노, 『음식잡학사전―음식에 녹아 있는 뜻밖의 문화사』, 북로드, 2007

이병철, 『세계 탐험사 100장면』, 가람기획, 2002

이시 히로유키 외, 『환경은 세계사를 어떻게 바꾸었는가』, 이하준 옮김, 경당, 2003

이옥순, 『인도에 미치다』, 김영사, 2007

이정록·구동회, 『세계의 분쟁지역』, 푸른길, 2005

이희수, 『80일간의 세계문화기행』, 청아출판사, 2007

이희수, 『이희수 교수의 세계문화기행』, 일빛, 2003

이희수, 『이희수 교수의 지중해 문화기행』, 일빛, 2003

이희수·이원삼, 『이슬람』, 청아출판사, 2008

장 크리스토프 빅토르, 『아틀라스 세계는 지금: 정치지리의 세계사』, 김희균 옮김, 책과함
　　께, 2007

장서우밍·가오팡잉, 『세계 지리 오디세이』, 김태성 옮김, 일빛, 2008

장수하늘소, 『구석구석 세계 지리 이야기-앉아서 지구의 크기를 재다』, 아이세움, 2006

장준희, 『중앙아시아』, 청아출판사, 2004

재미있는 지리학회, 『세상에서 가장 재미있는 세계지도』, 박영난 옮김, 북스토리, 2010

전국역사교사모임, 『살아 있는 세계사 교과서 1·2』, 휴머니스트, 2005

정수일, 『실크로드 문명기행』, 한겨레출판사, 2006

정수일, 『이슬람 문명』, 창비, 2002

정은주, 『비단길에서 만난 세계사』, 창비, 2005

조르주 뒤비, 『조르주 뒤비의 지도로 보는 세계사』, 채인택 옮김, 생각의 나무, 2006

존 클라크·제러미 블랙·마르쿠스 카우퍼·데이브시 데이·체트 헌, 『지도 박물관: 역사상
　　가장 주목할 만한 지도 100가지』, 김성은 옮김, 웅진지식하우스, 2007

존아일리프, 『아프리카의 역사』, 이한규 외 옮김, 이산, 2002

주경철, 『문명과 바다: 바다에서 만들어진 근대』, 산처럼, 2009

지경사 편집부, 『세계의 역사와 문화를 보는 국가와 국기』, 지경사, 2005

지오프리 파커, 『아틀라스 세계사』, 김성환 옮김, 사계절, 2004

진 프리츠, 『삐딱하고 재미있는 세계 탐험 이야기』, 이용인 옮김, 푸른숲, 2003

케네스 C. 데이비스, 『말랑하고 쫀득한 세계 지리 이야기』, 노태영 옮김, 푸른숲, 2007

케네스 C. 데이비스, 『지오그래피』, 이희재 옮김, 푸른숲, 2003

콜린 윌슨, 『풀리지 않은 세계의 불가사의』, 황종호 옮김, 하서, 2009

타케미츠 마코토, 『세계지도로 역사를 읽는다』, 이진복·정혜선 옮김, 황금가지, 2009

한국일보 타임-라이프 편집부, 『대륙충돌·화산·홍수·사막·간빙기·빙하』, 한국일보 타
　　임-라이프

· 지도 참고문헌 ·

017『아틀라스 세계는 지금』(책과함께, 2007) | 019『아틀라스 세계사』(사계절출판사, 2005) | 023 세계일보 | 031『지도로 보는 세계사』(생각의나무, 2006) | 083『지도로 보는 세계분쟁』(이다미디어, 2005) | 095『지도로 보는 세계사』(생각의나무, 2006) | 105『지도로 보는 세계사』(생각의나무, 2006) | 118『역사부도』(금성출판사) | 121『지도로 보는 세계분쟁』(이다미디어, 2005) | 130『지도로 보는 세계사』(생각의나무, 2006) | 134『지도로 보는 세계사』(생각의나무, 2006) | 144『아틀라스 세계는 지금』(책과함께, 2007) | 160『지도로 보는 세계사』(생각의나무, 2006) | 181 세계일보 | 195 두산세계대백과사전 | 201『지도로 보는 세계사』(생각의나무, 2006) | 205『지도로 보는 세계사』(생각의나무, 2006) | 212 연합뉴스 | 219 구드 세계 지도 | 224『아틀라스 세계사』(사계절출판사, 2005) | 229『지도로 보는 세계사』(생각의나무, 2006) | 257『역사부도』(금성출판사) | 262『세계 지도로 역사를 읽는다』(황금가지, 2009) | 297『역사부도』(금성출판사) | 311 위키백과 | 317『지도로 보는 세계사』(생각의나무, 2006) | 322『역사부도』(금성출판사) | 330『아틀라스 세계사』(사계절출판사, 2005) | 363『지도로 보는 세계사』(생각의나무, 2006) | 365『지도로 보는 세계사』(생각의나무, 2006) | 382『뉴튼』(2005년 6월호) | 450 위키백과 | 462『교과서 한국지리』(비상교육) | 500『르몽드 세계사』(휴머니스트, 2008) | 519 캐나다 영구 동토층 협회(IPA) | 528『타임라이프-건조지대』(한국일보 타임-라이프) | 556『지도로 보는 세계사』(생각의나무, 2006) | 560『지구』(사이언스북스, 2006)

·사진 출처·

27 명·청 왕조의 궁성 자금성 DrM4ng0_Wikimedia Commons | 28 당대에 유행하던 도자기 당삼채 Walters Art Museum_Wikimedia Commons | 29 매가 장식된 흉노 선우의 금관 三猫_Wikimedia Commons | 31 당대 정치의 중심지였던 화청궁 내의 화칭츠(华淸池) Macchi_Flickr | 33 몽골 제국 통행증의 일종인 해청패 RadioFan_Wikimedia Commons | 35 몽골 초원 Clay Gilliland_Wikimedia Commons | 42 세계 유일의 원대 법전, 『지정조격』 한국학중앙연구소 | 52 인도기러기 Diliff_Wikimedia commons | 67 폴포트 정권에 의해 희생된 사람들의 유골과 사진 위: istolethetv_Wikimedia Commons 아래: Christian Haugen_flickr | 79 석주비 Chrisi1964_Wikimedia Commons | 82 조로아스터교의 조장이 행해지는 침묵의 탑 Maziart_Wikimedia Commons | 93 인더스 문명을 대표하는 모헨조다로 유적 Saqib Qayyum_Wikimedia Commons | 100 코란 TDV İslâm Ansiklopedisi | 125 항해의 선구자 페니키아인들이 사용했던 배 Bukvoed_Wikimedia Commons | 130 아르메니아 그레고리 정교회의 총본산인 에치미아진 성당 Playlight55_Wikimedia Commons | 135 산타클로스 Miel Van Opstal_flickr | 139 유럽과 지리적으로 가까운 터키 Maurice07_Wikimedia Commons | 157 코소보 프리슈티나에서 코소보의 독립을 축하하고 있는 알바니아계 사람들 David Bailey_flickr | 170 루마니아의 민속춤 Joe Mabel_Wikimedia Commons

145가지 궁금증으로 완성하는
모자이크 세계지도

초판 1쇄 발행 2020년 1월 15일
초판 4쇄 발행 2024년 9월 11일

지은이 이우평

펴낸이 김선기
펴낸곳 (주)푸른길
출판등록 1996년 4월 12일 제16-1292호
주소 (08377) 서울시 구로구 디지털로 33길 48 대륭포스트타워 제7차 1008호
전화 02-523-2907, 6942-9570-2
팩스 02-523-2951
이메일 purungilbook@naver.com
홈페이지 www.purungil.co.kr

ISBN 978-89-6291-851-9 03980

ⓒ 이우평, 2020